“十四五”普通高等教育本科系列教材

全国电力行业“十四五”规划教材

JIXIE LINGBUJIAN CEHUI

机械零部件测绘

（第四版）

主　编　高　红　张　贺　孙振东

副主编　白　斌　李铁钢　刘劲涛

参　编　范智广　郭维城　尹晓伟　肖　楠

王　琳　李　彪　陈丽华

主　审　王天煜　张　凯

中国电力出版社

CHINA ELECTRIC POWER PRESS

内 容 提 要

本书共十章，主要内容为零部件测绘前的技术准备，零部件的拆卸，零件草图的绘制，零部件测量与尺寸标注，零件加工质量要求的确定与注写，零件材料的选择与热处理，装配图和零件图的绘制，零部件测绘综合举例，计算机绘图。本书在内容编排上，从工程实际出发，以应用型为主导，加强了徒手绘图和工程实际应用部分的讲解和训练。全书以零部件测绘的实际顺序编排，图文并茂，通俗易懂。

本书可作为高等工科院校机类、近机类专业机械零部件测绘的教材，也可供高职高专相关专业使用，还可供有关工程技术人员参考。

图书在版编目（CIP）数据

机械零部件测绘/高红，张贺，孙振东主编．—4版．—北京：中国电力出版社，2024.1（2025.1重印）
ISBN 978-7-5198-7398-1

Ⅰ.①机…　Ⅱ.①高…　②张…　③孙…　Ⅲ.①机械元件－测绘　Ⅳ.①TH13

中国国家版本馆CIP数据核字（2023）第036590号

出版发行：中国电力出版社
地　　址：北京市东城区北京站西街19号（邮政编码100005）
网　　址：http://www.cepp.sgcc.com.cn
责任编辑：周巧玲（010－63412539）
责任校对：黄　蓓　常燕昆
装帧设计：郝晓燕
责任印制：吴　迪

印　　刷：三河市航远印刷有限公司
版　　次：2008年7月第一版　2024年1月第四版
印　　次：2025年1月北京第四次印刷
开　　本：787毫米×1092毫米　16开本
印　　张：16
字　　数：395千字
定　　价：48.00元

前　言

本书第一版自 2008 年出版后，多年来承蒙大家的关照和支持，又迎来了它的第四次再版。

为了贯彻落实教育部《关于进一步加强高等学校本科教学工作的若干意见》，以及教育部颁发的“高等学校工程图学课程教学基本要求”的精神，加强教材建设，确保教材质量，在满足学科发展和人才培养需求的基础上，坚持专业基础课教材与教学急需的专业教材并重的原则，编者结合自身多年的教学改革经验，并吸取同行专家的宝贵意见，在第三版的基础上进行了修订。为了提升学生综合素质和工程意识，拓宽学生知识面，优化知识结构，本次修订结合广大读者提出的意见和建议，对图书的内容做了进一步的修改和完善，修正了一些瑕疵，也补充了一些新的内容。

工程制图是高等工科院校机类和近机类专业的一门重要基础课，机械零部件测绘则是对工程制图的重要实践教学环节。通过零部件测绘实训，学生可以提高绘图能力、空间想象能力和动手能力，巩固工程制图所学知识，为后续相关课程打下坚实的基础。同时也是学生走向社会、综合运用所学知识、独立解决工程实际问题的重要起点。本书在内容编排上，从工程实际出发，以实际应用为主，加强徒手绘图和工程实际应用部分讲解和训练，全书以零件测绘的实际顺序编排，图文并茂，通俗易懂。

本书由沈阳工程学院高红、张贺、孙振东任主编，白斌、李铁钢、刘劲涛任副主编，沈阳工程学院王天煜和张凯担任主审。

由于编者水平所限，难免有错漏之处，恳请广大读者批评指正。

编　者

2023 年 11 月

第一版前言

为贯彻落实教育部《关于进一步加强高等学校本科教学工作的若干意见》和《教育部关于以就业为导向深化高等职业教育改革的若干意见》的精神，加强教材建设，确保教材质量，中国电力教育协会组织制订了普通高等教育“十一五”教材规划。该规划强调适应不同层次、不同类型院校，满足学科发展和人才培养的需求，坚持专业基础课教材与教学急需的专业教材并重、新编与修订相结合。本书为新编教材。

本书是为适应高等院校教学改革需要而编写的。目标是加强学生综合素质教育和工程意识的培养，拓宽学生的知识面，优化知识结构。

工程制图是高等工科院校机类和近机类专业的一门重要基础课，机械零部件测绘则是这门课程的重要实践教学环节。通过零部件测绘实训，可以提高学生的绘图能力、空间想象能力和动手能力，巩固工程制图所学知识，为后续相关课程打下坚实的基础。同时也是学生走向社会、综合运用所学知识独立解决工程实际问题的重要起点。

由于目前在机械零部件测绘实践教学环节中比较成熟的教材较少，大多院校使用的教材多为供校内使用的实训指导书，编写一部能够适应新时期实训教学需要的教材便成为一项紧迫的任务。为满足培养综合素质人才的需要，编者在原有《普通高等教育“十一五”规划教材　工程制图》的基础上，总结多年来零部件测绘的教学经验编写了这部《机械零部件测绘》。在编写过程中，我们力图使本书具有以下特点。

（1）内容全面，涵盖面广。本书按测绘实训的实际顺序编写，力图使本书能够满足目前机类和近机类专业开展实训教学的需要。

（2）理论联系实际。本书以培养学生的动手能力、实践能力、空间想象能力、绘图能力及综合运用知识的能力为宗旨，紧密联系工程实际，采用大量的工程实际图例，注重培养学生的工程意识。

（3）适应学生的实际水平。在本书编写过程中，充分考虑了各校“零部件测绘实训”教学安排的实际，将书中所涉及后续开设的材料力学、机械原理、机械设计等课程中所使用的概念和术语进行了处理，以便于教师的教学和学生阅读。

（4）融入了计算机绘图部分。本书第九、第十两章通过实例介绍利用计算机绘图技术进行机械零部件测绘的方法和步骤，涉猎了现代测绘技术和方法，可供计算机绘图实训教学参考。

本书由沈阳工程学院高红任主编，张贺、马涛任副主编，孙振东、郭维城、徐秀玲参加了部分章节的编写工作。

本书由张凯、王天煜主审，并提出了许多宝贵的建议。

本书在编写过程中，得到了沈阳工程学院李彪同志的大力支持，不仅参加了本书的策划，还参加了统稿工作，在此表示衷心感谢。

鉴于编者的水平所限，书中错漏之处在所难免，恳请广大读者批评指正。

编　者

2008 年 5 月

第二版前言

本书第一版自2008年出版后，很多读者给予了较高的评价。经过几年的使用，编者结合教学过程中的体会，以及使用本书作为教材的各位同行提出的意见和建议，开展了本次修订工作。

第二版修订工作主要是充实、完善了一些在教学实践中所必需的内容，按照最新的机械制图国家标准对全书的图样及所使用的概念进行了统一和更换，并采用AutoCAD 2012重新编写了第九、十章计算机绘图的内容。经过本次修订，第二版教材具有以下特点：

（1）在编写体例上，保留了常规教材的编写模式，但在各章节内容的安排上，借鉴了最新流行的CDIO（conceive构思、design设计、implement实施、operate运行）工程教育模式的基本思路，以实训的工作进程为线索，将相关理论融于其中，避免了传统教材中以理论逻辑为线索的编写模式，突出了实训的目的性。

（2）针对实训的需要，精心设计了测绘内容，从基本知识的储备到各种测量工具的应用，从测绘各种零件的步骤到绘图方案的选择，从尺寸标注技巧到零件技术要求的编写，从作业流程到常见问题的解决方法都进行了详细的阐述，并附有大量案例，能够全面满足教学的需要。

（3）充分考虑零部件测绘实训教学安排的实际，将书中所涉及后续开设的材料力学、机械原理、机械设计等课程中所使用的概念和术语进行了处理，以方便教学和学生阅读。同时，本书还继续融入了计算机绘图部分，通过实例介绍利用计算机绘图技术进行机械零部件测绘的方法和步骤，与现代企业的实际应用结合紧密。

（4）针对机械零部件测绘的实际情况，挑选了常见的铣刀头、安全阀、卧式齿轮油泵、机用虎钳四套装配部件的测绘综合图例，可供学生在画图时学习和参考。

本书由高红、张贺、李彪任主编，孙振东、郭维城、孙长青任副主编。

本书由中航工业沈阳飞机工业（集团）有限公司杨雨东、沈阳工程学院王天煜和张凯担任主审，同时，中航工业沈阳飞机工业（集团）有限公司张秀云等高级工程技术人员也提出了许多宝贵的建议，在此一并表示感谢。

编　者

2012年12月

第三版前言

本书第一版于2008年出版，当时国内尚没有一本系统、全面地介绍机械零部件测绘过程与方法的书籍。随着计算机的普及和发展，学生的思维方式和学习方法发生了很大的改变，需要有一本适合新时期学生思维特点和学习特点的教材。在本书第二版出版后，很多读者给予了较高的评价并提出了宝贵的意见和建议，在此表示衷心的感谢。

此次第三版修订工作主要是参考了编者在教学实践中体会的新思路、发现的新问题，对原有体系进行了完善和补充，同时对全书中所使用的术语、概念和图样按照最新的国家标准进行了修改和统一。

本书由沈阳工程学院高红、张贺、孙振东任主编，白斌、李铁钢、刘劲涛任副主编。

由于编者水平所限，本书难免有疏漏之处，恳请广大读者批评指正。

编　者

2016年11月

目 录

绪　　论

部件和零件是两个不同的概念。零件是机器上不可再拆分的最小构成单位，而部件则是整部机器或为实现机器的某一功能由多个零件组成的集合。在不致引起误解的前提下，本书不对部件、机器或设备做严格区分。

一、零部件测绘概述

零部件测绘就是对现有的机器或部件进行拆卸与分析，并选择合适的表达方案，绘制出全部非标准零件的草图和装配示意图，然后对零件的尺寸及工艺结构进行测量，对测得的尺寸和数据进行圆整与标准化，确定零件的材料和技术要求，最后根据零件草图绘制出装配图和零件工作图的整个过程。

1. 零部件测绘的目的

零部件测绘在现有机器设备的改造、维修及技术引进、技术革新等方面有着重要的意义，也是工程制图的实际运用。因此，它是工程技术人员应掌握的基本技能。

零部件测绘是学生巩固所学工程制图知识的重要方式。零部件测绘是高等工科院校机类、近机类各专业学习工程制图的重要实践训练环节。它是在完成工程制图理论部分学习的基础上进行的，在工程制图中所进行的各种单项训练，都要通过零部件测绘课程进行整合。对零部件进行测绘，可以加深学生对工程制图理论的理解，使所学理论更具有针对性。同时，通过零部件测绘的实际训练，学生可以更牢固地掌握并熟练运用在课堂上学到的各种理论知识和制图技巧。从这个意义上说，零部件测绘是工程制图课程的延续。

零部件测绘是学生将所学的工程制图知识向实际应用转化的重要途径。尽管零部件测绘是工程制图课程的延续，是工程制图理论知识的综合运用，但在这个延续和运用中，也会有一些以前没有接触到的知识和技巧。测绘是以实际产品为对象的，不同于在理论教学中的模型。例如，零部件测绘中需要先绘制零件草图，由于条件的限制，不可能一边测量，一边在图纸上直接画出视图，必须先画出草图，再进行测量。零件草图的绘制要求徒手进行。然后在标准图纸上画出零件的工作图，徒手画草图就需要一些不同于尺规作图的特殊要求和技能。

零部件测绘也是机械工程师的必备能力之一。无论是机械产品的设计，还是机械设备的维护，都需要零部件测绘的能力。在设计工作中不可能完全靠想象设计出一台新的机器，很多部件或零件都是在借鉴其他设备的基础上进行变化或重新组合的。而这些原有的零部件不可能都有现成的图纸，需要设计者自己绘制。设计人员可能在出差、观看展览、上街购物等活动中看到某个物体，认为对设计工作有帮助，需要能够立即画出草图，并估测其尺寸，这些也都需要具有徒手绘图和估测尺寸的能力。

设备维修时，经常要对机器设备进行拆卸，检修结束后，又要装配复原。在检修过程中，对磨损或损坏的零件则需要更换，而加工这些待更换的零件就需要对原零件进行测绘。

总之，零部件测绘是机械工程师的基础能力之一。机械零部件测绘实训正是培养学生实际测绘能力的有效途径。

2. 零部件测绘实训的内容和要求

根据零部件测绘的特点和教学目的，零部件测绘实训的内容和要求如下：

（1）零部件测绘实训的内容。

1）掌握机械零部件测绘的全过程。

2）掌握测绘工具的使用方法和测量方法。

3）绘制被测绘零部件的草图。

4）绘制被测绘零部件的工作图。

5）绘制被测绘零部件的装配示意图和装配图。

6）标注所有被测绘零部件的尺寸和技术要求。

（2）零部件测绘实训的要求。参加零部件测绘实训的学生，要在教师的指导下，每人独立完成除标准件以外的全部零件草图（复杂的部件也可以由 3～5 名学生合作完成），画出装配图和零件工作图。具体完成图纸的数量，由指导教师根据实际情况确定。

对于不同专业的学生，指导教师可为学生提出与专业方向或就业方向相关的测绘实训要求。例如，与发电厂设备维修相关的专业，可根据发电厂经常需要测绘轴类零件的实际，要求学生除了完成一般的测绘任务，还要完成一项轴类零件的测绘任务；而与汽车相关的专业，可指定箱体类部件的测绘作为实训内容。

二、零部件测绘的步骤

零部件测绘是一项复杂的系统工程，学生在实训期间应掌握规范的作业程序，培养严谨的工作作风。一般说来，零部件测绘可按以下几个步骤进行。

1. 做好测绘前的准备工作

在正式测绘前，应全面细致地了解被测绘零部件的用途、工作原理、性能指标、结构特点、装配关系等；了解测绘实训的内容和任务要求，做好人员组织与分工，准备好有关资料、拆卸工具、测量工具和绘图工具。待上述准备工作完成后，再开始进行实际的测绘。

2. 拆卸部件

对零部件有了完整、清晰、正确的了解以后，首先要对被测部件进行拆卸。在拆卸之前，还要弄清零部件的组装次序、部件的工作原理、结构形状和装配关系。要按与组装相反的顺序进行拆卸。在拆卸过程中，要弄清各零件的名称、作用和结构特点，对拆下的每一个零件都要进行编号、分类和登记。

3. 绘制装配示意图

装配示意图是在机器或部件拆卸过程中绘制的工程图样，它是绘制装配图和重新进行装配的基本依据。装配示意图主要表达各零件之间的相对位置、装配、连接关系、传动路线等。装配示意图通常用简单的符号、线条画出零件的大致轮廓及相互关系，而不必绘制出每个零件的细节及尺寸。装配示意图应在部件拆卸前完成，最迟也应与拆卸同时完成。

4. 绘制零件草图

部件拆卸完成后，要画出部件中除标准件外的每一个零件的草图。对于标准件要列出明细表。

5. 测量零件尺寸

绘制零件草图与测量零件尺寸并不是同时完成的，测量工作要在零件草图绘制完成后统一进行。测量时应对每一个零件的每一个尺寸进行测量，将所得到的尺寸和相关数据标注在草图上。标注时，要注意零件的结构特点，尤其要注意零部件的基准及相关零件之间的配合尺寸和关联尺寸。

6. 尺寸圆整与技术要求的注写

对所测得的零件尺寸要进行圆整，使尺寸标准化、规格化、系列化。同时，还要对零件采用的材料、尺寸公差和几何公差、配合关系等技术要求进行选择，并注写到草图上。

7. 绘制装配图

根据装配示意图和零件草图绘制装配图，装配图不仅是表达装配体的工作原理、装配关系、配合尺寸、主要零件的结构形状和技术要求的工程技术文件，也是检查零件草图中的零件结构是否合理、尺寸是否准确的依据。

8. 绘制零件工作图

零件工作图是零件加工的基本依据。当装配图完成以后，要根据装配图、零件草图并结合零部件的其他资料，用尺规或计算机绘制出零件工作图。

9. 测绘总结与答辩

测绘工作完成以后，学生要对在零部件测绘过程中所学到的测绘知识、技能及学习体会、收获以书面的形式写出总结报告，并参加答辩。

三、零部件测绘前的准备工作

在零部件测绘前，要做一些必要的准备，包括人员安排、资料收集、场地、工具等。

1. 零部件测绘的组织准备

零部件测绘的组织准备即人员的安排。人员安排要根据测绘对象的复杂程度、工作量的大小和参加人员的多少而定。

零部件测绘实训大都是以班级为单位进行的。实训中，通常将学生分成几个测绘小组。各小组在全面了解测绘对象的基础上，重点了解本组所要测绘零部件的作用以及与其他零部件之间的联系。然后在此基础上讨论测绘实施方案，再对本组内的人员进行再次分工。

2. 零部件测绘的资料准备

资料准备也是零部件测绘前的必要准备环节。在测绘前，要准备的必要资料包括：有关机械设计和制图的国家标准、相关的参考书籍，有关被测绘零部件的资料、手册等。其中，针对被测绘对象的资料包括：被测绘部件的原始资料，如产品说明书、零部件的铭牌、产品样本、维修记录等；有关零部件的拆卸、测量、制图等方面的资料，如有关零部件的拆卸与装配方法的资料、有关零部件的测量和公差确定方法的资料、机械零件设计手册、机械制图手册、机修手册、相关工具书籍等。

3. 零部件测绘场所和测绘工具准备

零部件测绘应选择安静宽敞、光线较好且相对封闭的场所，并且满足便于操作、利于管理和相对安全的要求。

测绘场所内应根据测绘的需要划分成若干个功能区：被测件存放区、资料区、工具区、绘图区等。如果同一地点有多个测绘小组，可根据实际情况划分为公共区和小组工作区。将共用的资料、工具及其他公共物品存放在公共区内，小组专用物品放在小组工作区，而每个小组内也应划分为被测绘零部件存放区、绘图区等不同的工作区域。

在实际测绘前，应准备的工具很多，按用途分至少包括以下六大类：

（1）拆卸工具类，如扳手、螺丝刀、钳子等。

（2）测量量具类，如游标卡尺、钢板尺、千分尺及表面粗糙度的量具、量仪等。

（3）绘图用具类，如草图纸（一般为方格纸）、画工程图的图纸、绘图工具等。

（4）记录工具类，如拆卸记录表、工作进程表、数码照相机、摄像机等。

（5）保管存放类，如储放柜、存放架、多规格的塑料箱等。

（6）其他工具类，如起吊设备、加热设备、清洗液、防腐蚀用品等。

4. 零部件测绘的操作规则

零部件测绘是一项过程相对复杂，理论与实践结合紧密，使用的设备、工具及用品较多的工作。在操作前必须制订严格的操作规则，以保证测绘作业的安全性、规范性和完整性。零部件测绘实训的操作规则包括以下几个方面：

（1）有关安全方面的规则。安全方面的规则主要有人身安全、用品安全和防火防盗三个方面的内容。

人身安全的内容包括：使用电气设备时应检验设备的额定电压，按设备的操作规程正确使用电器；使用转动设备时，应注意着装的要求，留长发的女同学应将头发放在帽子内，操作者应穿紧袖工装，启动设备时应观察有无妨碍和危险；使用夹紧工具时应防止夹伤；起吊设备时应注意下面的人员等。

设备安全主要是要求学生按照工作设备的操作规程正确使用工具和设备，避免工具设备的损坏，贵重和精密的仪器设备应轻拿轻放等。

防火防盗是要求学生在室内无人时应注意关窗锁门，以防物品丢失；在使用除锈剂、油料等时，应注意防止污染，避免引发火灾。

（2）有关作业规范方面的规则。作业规范方面的规则主要有物品摆放有序，如不同物品应放在不同的功能区，同一功能区的物品应整齐排列，工具设备使用完毕应放回原位等。

（3）有关清洁卫生方面的规则。清洁卫生方面的规则包括室内卫生清洁规则和物品清洁规则。卫生清洁规则包括卫生清扫值日制度，禁止将食物、饮料及其他可能造成图纸污损、零件锈蚀和妨碍测绘作业的物品带入实训室内。

四、零部件测绘实训的教学安排与成绩评定

按照工程制图课程教学实践环节的基本要求，零部件测绘实训学时通常根据各专业培养方案，集中安排1～2周的时间。如果要求计算机绘制零件工作图和装配图，可适当延长时间。

1. 测绘内容及学时分配表

表0-1给出了一周和两周两种不同时间长度的实训安排建议，以供参考。

表0-1 测绘内容及学时分配

序号	测绘内容	学时分配	
		两周测绘	一周测绘
1	组织分工、授课	1.5天	0.5天
2	拆卸部件，绘制装配示意图	0.5天	0.5天
3	绘制零件草图，测量尺寸	2天	0.5天
4	绘制装配图	1.5天	1天
5	绘制零件工作图	1.5天	0.5天
6	审查校核	0.5天	0.5天
7	撰写测绘报告书	0.5天	0.5天
8	答辩	1天	0.5天
9	机动	1天	0.5天

注 如果要求用计算机绘制零件工作图和装配图，学时可适当增加或另外安排。

2. 零部件测绘中对图纸的要求

零部件测绘中对图纸的总体要求是投影正确、视图选择与配置恰当、图面洁净、字体工整、线型和尺寸标注符合国家标准。

（1）对装配图的要求。除符合总体要求外，还要求标注规格尺寸、外形尺寸、装配尺寸、安装尺寸及其他重要尺寸。其中，相关尺寸要与零件图中的零件尺寸完全一致。此外，零件编号和明细表、标题栏也必须符合国家标准的要求。

（2）对零件工作图的要求。除符合总体要求外，还需要做到尺寸齐全、清晰、合理，表面粗糙度与公差配合选用恰当，标注正确，标题栏符合要求。

（3）对零件草图的要求。零件草图除要求用徒手（不得借助尺规等绘图工具）画出，除尺寸比例、线型不做严格要求外，其他要求与零件图相同。

3. 零部件测绘实训中对报告的要求

零部件测绘实训一般要求学生提供两份报告。一份是被测绘部件的工作原理分析报告，另一份是实训总结报告。如果被测绘部件比较简单且只安排一周时间，也可只要求一份报告。

被测绘部件工作原理分析报告的内容包括：画出被测绘部件的装配示意图，并说明工作原理和作用；说明有关配合、公差、材料的选择及理由；给出被测绘部件的主要性能（规格）尺寸、总体尺寸、安装尺寸的大小等。

总结报告应对测绘过程中的体会和收获做出书面总结。

指导教师在学生上交报告和图纸之前，应提醒学生检查班级、姓名、学号是否齐全。在确认没有遗漏之后，将所绘制的装配图、零件图及零件草图折叠成 A4 幅面，连同总结报告一起送交指导教师。

4. 零部件测绘实训成绩的评定

零部件测绘实训成绩的评定应根据零件草图、装配图、零件图和总结报告综合评分。评分标准按不同专业的教学大纲来确定。例如，表达方案、投影、尺寸标注、技术要求和零件材料选用的正确性占总分的 50%，线型正确、字体工整、图面洁净占 10%，实训报告占 10%，平时成绩占 10%，答辩占 20%。

平时考核主要考查学生的工作态度和独立完成实训任务的情况。

测绘实训的成绩通常采用五级分制，即优秀、良好、中等、及格和不及格。

第一章　零部件测绘前的技术准备

在零部件测绘前，除了做好组织准备、制度准备外，还要做好必要的技术准备。零部件测绘的技术准备包括资料收集、被测零部件分析、拆卸工具等方面的准备。做好技术准备是保证测绘工作顺利进行的前提，是不可忽视的重要环节。

第一节　资　料　准　备

资料准备是零部件测绘前的重要准备内容，甚至被测绘部件的名称也需要通过各种资料来认识。在零部件测绘中，首先要了解被测绘部件的工作原理，以便对部件中存在的各种关系具有全面的认识，进而正确地选择配合，确定公差等级，选取材料。

一、测绘对象的原始资料

原始资料是针对某一具体产品而由生产厂商提供的资料。通过这类资料可以了解到被测绘零部件的名称，组成该产品各部分的名称，产品的型号、性能、使用方法等。这类资料主要有以下几种形式。

1. 零部件铭牌

零部件铭牌是固定在产品上的牌匾形标志，一般标明生产厂商、产品名称、规格型号、出厂日期、主要技术参数等。尽管零部件铭牌提供的内容比较简单，但从中可以了解到该产品的出处，缩小资料收集的范围。因此，零部件铭牌是应首先考虑收集的资料。

2. 产品合格证书

产品的合格证书是提供给某一具体设备的出厂证明，主要标有该产品的生产厂商、产品型号、主要技术指标、生产日期、该设备的出产编号等。产品合格证书也是应优先考虑收集的资料。

3. 产品说明书

产品说明书也称为使用说明书、用户手册等，一般包括产品名称、型号、性能、规格、使用方法等。产品说明书一般都附有插图和产品的主要尺寸，有的还附有备件一览表。这种资料是对测绘最有帮助的原始资料之一，应重点收集。

4. 产品配件目录

产品配件表（或称易损件表）是生产厂商为提高设备完好率、统一管理和计划供应配件而编制的，主要介绍机器设备易损配件的性能数据、型号和规格，附有配件型号、规格、生产厂家、材料、质量、价格、装配示意图等，也是非常有用的原始资料。

5. 维修手册

维修手册是由生产厂商提供给产品使用者的用户维修资料，一般都附有详细的原理图、结构拆卸图和零部件装配图。此外，维修手册还提供主要技术参数、使用注意事项、调整方法等内容。维修手册对于详细了解产品各零部件的技术参数是非常有用的参考资料。

6. 产品样本

产品样本是供销售部门使用的宣传材料，它的内容不如产品说明书详细，多表述产品的用途、性能和特点，通常提供外形照片、结构简图及型号、规格、主要性能参数等内容。产品样本不是针对某一台具体的机器设备，而是针对某一类产品而编写的资料。当查不到被测零部件的产品说明书时，产品样本也具有一定的参考价值。

7. 产品性能标签

产品性能标签是近年来出现的产品证书，相当于产品的身份证。产品性能标签比较详细地描述了产品外貌、名称、型号、各项性能指标、使用要求等内容。

8. 产品年鉴

产品年鉴是按年份排列汇集、介绍某一种或某一类产品的情况及统计资料的参考书，具有连续性、技术发展性的特点，通常由企业或行业协会编辑。通过产品年鉴可以了解到产品的发展概况、新旧两种产品之间的互换与改进关系等方面的信息。

9. 产品广告

产品广告是介绍产品规格性能的一种宣传材料，通常有外观照片、立体图等。

10. 被测绘零部件的使用和维修记录

被测绘零部件的使用和维修记录是由使用者提供的历史文献。通过这些记录，可以了解到该产品的维修率、易损件、易松动部分等方面的信息。

二、有关零部件拆卸、测量、制图等方面的资料

这类资料一般不针对某个具体产品，但它却是测绘中必不可少的基本资料。这类资料主要包括以下几种：

（1）有关零部件的拆卸与装配方法的资料。

（2）有关零件尺寸的测量和公差确定方法的资料。

（3）有关制图及校核的资料。

（4）有关零部件技术标准的资料。

（5）齿轮、螺纹、花键、弹簧等典型零件的测绘经验资料。

（6）标准件的有关资料。

（7）与测绘对象相近的同类产品的有关资料。

（8）机械零件设计手册、机械制图手册、机修手册等工具书籍。

三、资料收集的途径和原则

1. 资料收集的途径

资料收集往往需要占用大量的时间，花费大量的精力。掌握正确的收集程序和方法，了解资料收集的途径，会大大提高工作效率。

（1）查阅档案。查阅档案是最简单的资料收集方法。对于大型企业，档案管理比较规范，可以通过查阅档案的方法来获得有关资料。

（2）向生产厂商索取。如果使用者没有保存被测绘零部件的原始资料，可以通过产品的铭牌找到生产厂商的相关信息，向生产厂商索取。

（3）计算机网络查询。随着计算机网络的发展，可以通过网络查找和收集被测绘对象的资料与信息。但这种方法仅适用于较新的设备，对于几十年前生产的设备来说，这种方法往往不可行。

（4）使用者口述。产品使用者最了解该产品的使用方法和性能，当书面资料难以收集时，向使用者了解产品情况便是最可行的资料收集渠道。

2. 资料收集的原则

资料收集应遵从由粗到细的原则。所谓由粗到细是指要先收集有关产品宏观方面的信息，如产品的种类、名称、生产厂商及其联系电话、生产日期、规格型号等一般信息；然后再收集关于该产品的结构、组成零件等细节信息。

由粗到细的原则可以确定资料收集的方向，保证在收集细节信息时少走弯路。例如，可以通过了解产品的名称查找到该类产品的用途、功能、使用方法、注意事项等方面的信息。这在缺少原始资料时是非常必要的。

由粗到细的原则可以保证在收集资料时少犯错误甚至不犯错误。机电类产品中的零件有很多相似之处，但对不同的产品相同零件的作用是不同的。如果不了解产品的类型和用途，仅凭主观臆断来猜测零件的作用，就容易犯错误。

由粗到细的原则可以提高资料收集的效率。这个原则实际上缩小了资料收集的范围，在收集宏观信息之后再收集微观资料，会更有针对性和方向性，进而提高资料收集的效率。

第二节 部 件 分 析

为了做好测绘工作，在测绘前，首先要对被测绘部件进行基本的了解和初步的分析。部件分析主要是通过观察实物、查阅有关资料及调查研究来了解部件的名称、用途、性能、工作原理、结构特点、零件之间的装配关系、拆装方法等方面的内容。

部件分析包括工作原理分析和部件结构分析两个方面，其目的是了解被测部件的性能、零件间的装配关系、大致的配合性质及活动零件的极限位置。

1. 工作原理分析

（1）部件所在机构分析。工作原理分析的首要任务是通过确认部件在生产中的作用了解其类型和精密程度，进而确定该部件在制造上的技术要求。例如，用在汽车上和用在农用机械上的齿轮变速器便有不同的技术要求，主要表现在制造精度上，用于汽车上的齿轮变速器制造精度要高于用于农业机械上的齿轮变速器。

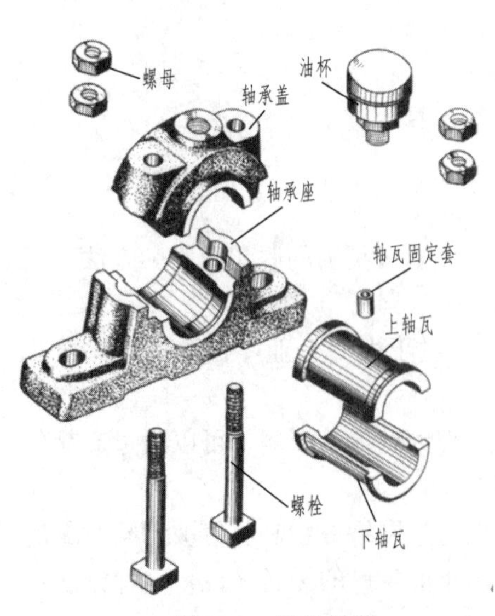

图 1-1 滑动轴承

（2）部件工作方式分析。工作原理分析还要分析部件的工作方式。下面以滑动轴承为例来说明工作方式分析的方法。如图 1-1 所示的滑动轴承是将两片轴瓦紧箍在转动轴上，轴瓦与轴座之间有滑道，轴转动时带动轴瓦在滑道内做回转运动，该轴承还要起支承作用。

（3）确认关键零件。关键零件是部件中起关键作用的零件，多具有较高的加工精度要求。确认关键零件是测绘中的一项重要工作。如图 1-1 所示的滑动轴承，根据对滑动轴承的工作方式分析可知，轴瓦与轴需要紧密配合，不能有相对运动，因而轴瓦是关键零件。轴瓦在轴承座上应能灵活滑动，二者之间的配合是间隙配合，滑道的形状和位置应有较高的精度，以减小摩擦，因而上盖与底座也是关键零件。

2. 部件结构分析

结构分析是分析部件内各个零件的相互关系及其结构方式，它是测绘中制订拆卸和装配部件方案的依据。如图 1-1 所示的滑动轴承由八种零件组装而成，其中，螺栓、螺母是标准件，油杯是标准组合件。为了便于安装轴，轴瓦做成上、下两片可分离的结构。上、下轴瓦分别装在轴承座与轴承盖之间，轴瓦两端的凸缘侧面分别与轴承座和轴承盖两边的端面配合，约束轴瓦，使之不能侧向移动。轴承座与轴承盖之间做成阶梯形止口配合，是为了防止轴承座与轴承盖之间横向错动。轴瓦固定套的作用是防止轴瓦与轴之间发生转动。轴承座与轴承盖用螺栓和螺母连接起来，采用方头螺栓是为了在拧紧螺母时，螺栓不会随着一起转动。为了防止松动，每个螺栓上用两个螺母紧固。油杯中填入油脂，拧动杯盖，便可将油脂挤入轴瓦内起润滑作用。

第三节　绘制装配示意图

装配示意图是用线条和符号来表示装配体中零件间的装配关系和工作方式的一种工程简图。它主要表明部件中各零件的相对位置、装配连接关系和运转情况，以确保绘制装配图和重新装配工作的顺利进行。装配示意图也是绘制装配图的重要参考资料。

一、装配示意图的常用符号

绘制装配示意图所使用的符号目前还没有统一的规定。在工程实践中，工程技术人员创造了一些常用零件的符号，其中一些符号得到广泛采用，已有约定俗成的趋势。装配示意图的常用符号见附表 35，供大家测绘时参考。

二、装配示意图的两种常见画法

装配示意图的画法也没有统一的规定。通常，图上各零件的结构形状和装配关系，可用较少的线条形象地表示，简单的甚至可以只用单线条来表示。目前，较为常见的有“单线＋符号”和“轮廓＋符号”两种画法。

1. 用“单线＋符号”画法绘制装配示意图

“单线＋符号”画法是将结构件用线条来表示，对装配体中的标准件和常用件用符号来表示的一种装配示意图画法。用这种画法绘制装配示意图时，两零件间的接触面应按非接触面的画法来绘制。

图 1-2 所示为管路中球阀的轴测图、装配图及装配示意图。如图 1-2（c）所示，零件 9 和零件 14，零件 10、11 和 12 之间都是接触表面，在图中要用两条线来表示。其中，所有的非标准件都是用单线来表示的。

2. 用“轮廓＋符号”画法绘制装配示意图

装配示意图的另一种画法是“轮廓＋符号”画法。这种画法是画出部件中一些较大零件的轮廓，其他较小的零件用单线或符号来表示。

图 1-3 所示为螺旋千斤顶的轴测图、装配图和装配示意图。如图 1-3（c）所示，千斤顶外壳、顶盖的画法采用了轮廓画法。

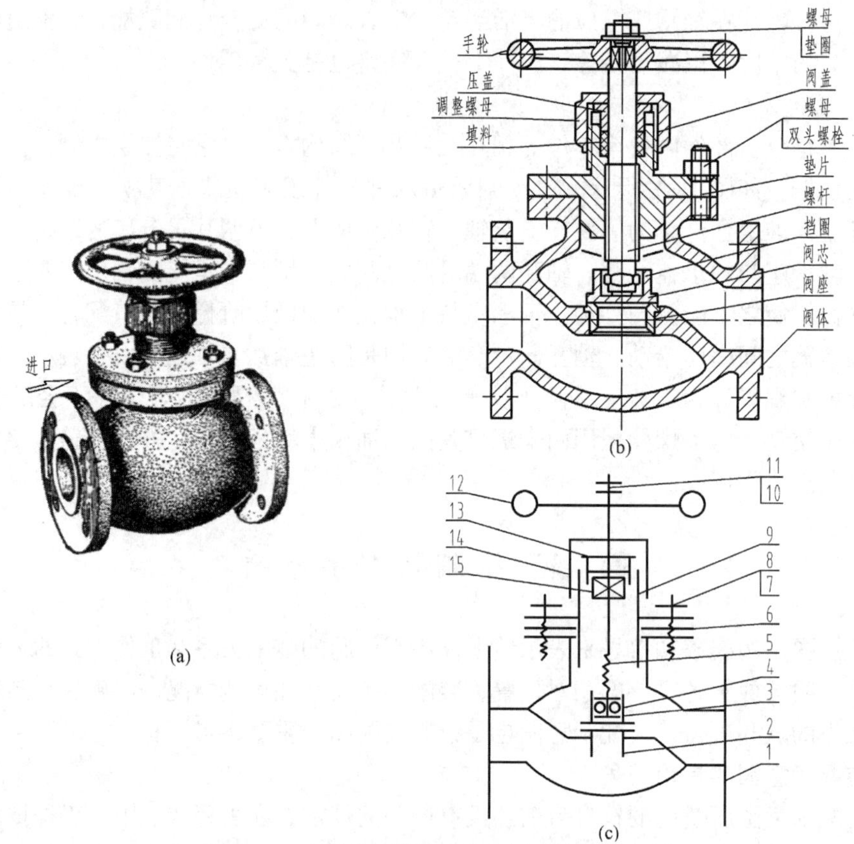

图 1-2　球阀的轴测图、装配图及装配示意图

(a) 轴测图；(b) 装配图；(c) 装配示意图

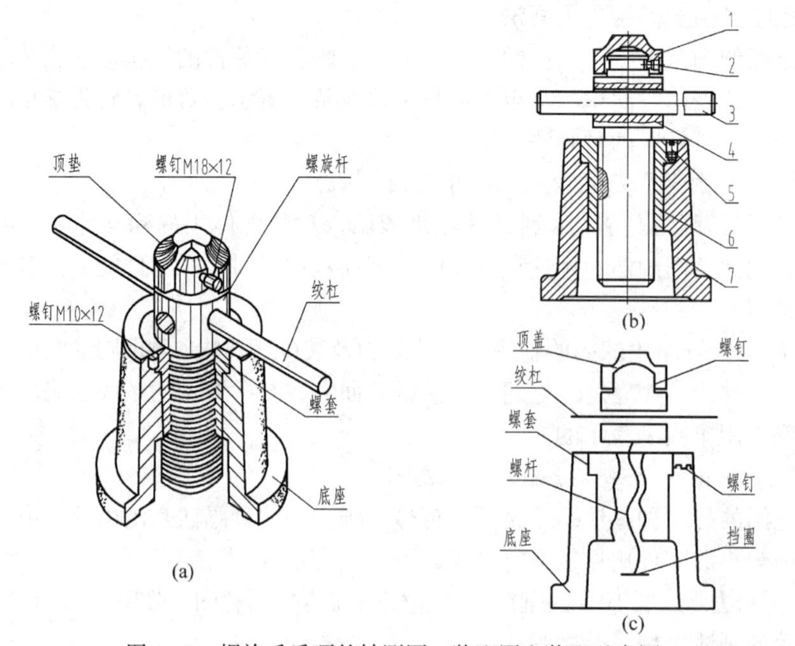

图 1-3　螺旋千斤顶的轴测图、装配图和装配示意图

(a) 轴测图；(b) 装配图；(c) 装配示意图

装配示意图是一种工程简图，画法也没有统一的规定，因此绘制时应将构成装配体的所有零件在图上以文字的方式明确标注出来。标注时可以直接在图上注写文字，并用引线指向零件；也可以将零件编号，然后统一注写在明细表中。

三、画装配示意图的一般规则

装配示意图是一种粗略的工程简图，其画法的一般规则有以下几点：

（1）将装配体看作是透明体，既要画出外部轮廓，又要画出外部及内部零件间的关系。

（2）各零件只用简单的符号和线条画出粗略的轮廓，对轴、杆、螺钉等一般用单独的粗线条表示，但涉及工作原理的重要结构则应表示清楚。

（3）两接触面之间最好留出空隙，以便区别不同的零件。在保证不致发生误解的前提下也可以不留空隙。零件中的通孔可按剖面形状画成开口，以便更清楚地表达通路关系。

（4）装配示意图一般只画一个视图，主要表达零件间的相互位置及工作原理。根据需要也可以画成两个或多个视图。

（5）装配示意图上的零件编号一般按从外到内的次序编号，在图中的明细表内注明零件名称及件数，不同位置的同一种零件仍编一个号码。装配示意图上的零件编号不强求按一定的顺序排列。画装配图时，序号可另行编排。

第四节　常用拆卸工具及其使用方法

拆卸零部件时，为了不损坏零件和影响装配精度，应在了解装配体结构的基础上选择适当的工具。常用的拆卸工具有扳手类、螺钉旋具类、手钳类和拉拔器、铜冲、铜棒、钳工锤等。

一、扳手类

扳手的种类较多，常用的有活扳手、呆扳手、梅花扳手、内六角扳手、套筒扳手、管子钳等。

1. 活扳手

活扳手（GB/T 4440—2008）的外形如图 1-4 所示。

活扳手的规格以总长度×最大开口宽度表示，例如，100×13 表示总长度为 100mm，最大开口宽度为 13mm。

活扳手在使用时通过转动螺杆来调整活舌，用开口卡住螺母、螺栓等，转动手柄即可旋紧或旋松零件。

活扳手具有在可调范围内紧固或拆卸任意大小转动零件的优点，但同时也具有工作效率低、工作时容易松动、不易卡紧的缺点。

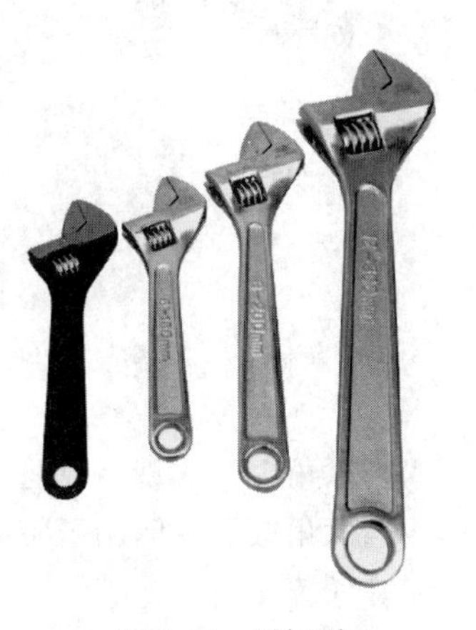

图 1-4　活扳手

2. 呆扳手和梅花扳手

（1）呆扳手。呆扳手（GB/T 4388—2008）分为单头和双头两种，其外形如图 1-5 所示。

单头呆扳手的规格以开口宽度表示，如 8、10、12、14、17、19 等；双头呆扳手的规格以两头开口宽度表示，如 8×10、12×14、17×19 等。

呆扳手用于紧固或拆卸固定规格的四角、六角和具有平行面的螺杆、螺母。

呆扳手的开口宽度为固定值，使用时不需调整，因而具有工作效率高的优点。但缺点是每把扳手只适用于一种或两种规格的螺杆、螺母，工作时常常需要成套携带，并且由于只有两个接触表面，容易造成被拆卸件的机械损伤。

（2）梅花扳手。梅花扳手（GB/T 4388—2008）分为单头和双头两种，并按颈部形状分为矮颈型、高颈型、直颈型和弯颈型。双头梅花扳手的外形如图 1-6 所示。

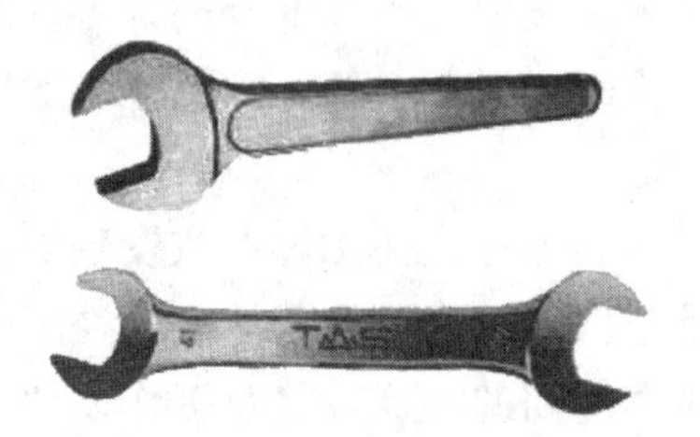

图 1-5 呆扳手

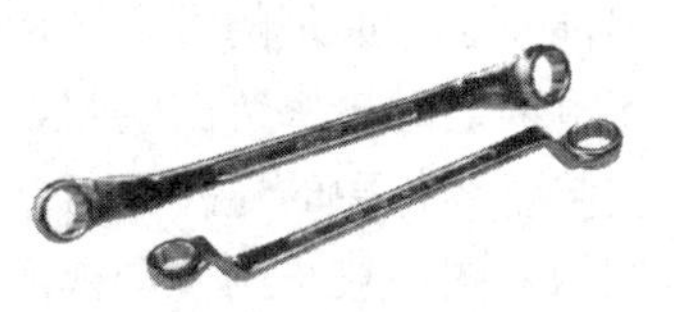

图 1-6 双头梅花扳手

单头梅花扳手的规格以适用的六角头对边宽度来表示，如 8、10、12、14、17、19 等；双头梅花扳手的规格以两头适用的六角头对边宽度来表示，如 8×10、10×11、17×19 等。

梅花扳手专用于紧固或拆卸六角头螺杆、螺母，如图 1-7 所示。

梅花扳手在使用时因开口宽度为固定值不需要调整，因此与活扳手相比具有较高的工作效率，与前两类扳手相比占用空间较小，是使用较多的一种扳手。同时，因梅花扳手有六个工作面，克服了前两种扳手接触面小、容易造成被拆卸件机械损伤的缺点，但也有需要成套准备的缺点。

3. 内六角扳手

内六角扳手（GB/T 5356—2021）的外形如图 1-8 所示。

图 1-7 梅花扳手的使用

图 1-8 内六角扳手

内六角扳手的规格以适用的六角孔对边宽度表示，如 2.5、4、5、6、8、10 等。

内六角扳手专门用于装拆标准内六角螺钉，其使用方法如图 1-9 所示。

4. 套筒扳手

套筒扳手（GB/T 3390.1～3390.5—2013）由套筒、连接件、传动附件等组成，一般由多个不同规格的套筒和连接件、传动附件组成扳手套装，如图 1-10 所示。

套筒扳手的规格以适用的六角孔对边宽度表示，如 10、11、12 等。每套内的件数有 9、

13、17、24、28、32件等。

图1-9　内六角扳手的使用

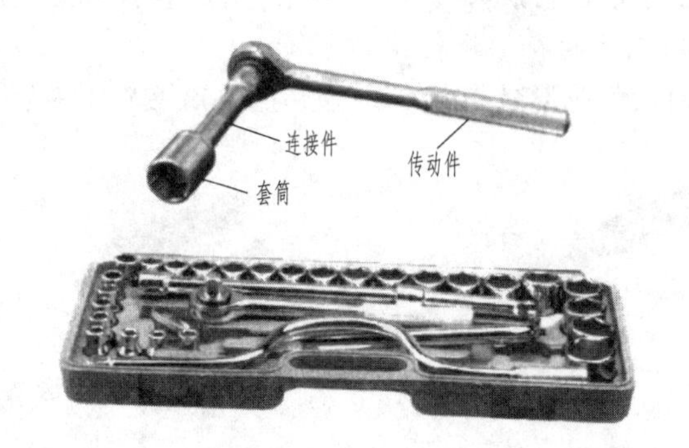

图1-10　套筒扳手套盒

套筒扳手用于紧固或拆卸六角螺栓、螺母，特别适用于空间狭小、位置深凹的工作场合，如图1-11所示。

5. 管子钳

管子钳（QB/T 2508—2016）的外形如图1-12所示。

图1-11　套筒扳手的使用

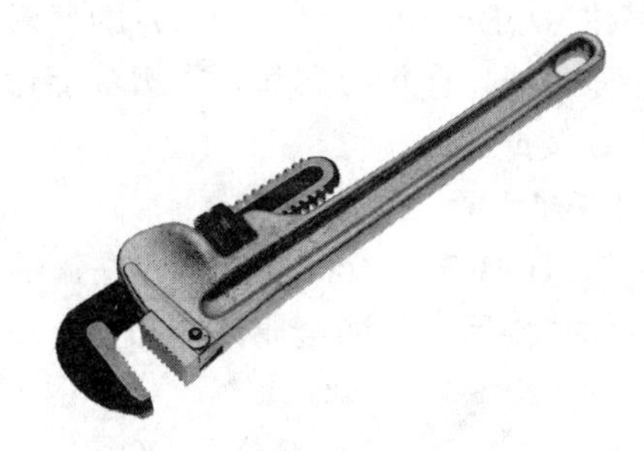

图1-12　管子钳

这种工具尽管名称为管子钳，但因为它用于紧固或拆卸金属管和其他圆柱形零件，所以仍属于扳手类工具。

管子钳一般用来夹持和旋转钢管类工件。用管子钳钳住管子使它转动以完成连接。

管子钳规格是指夹持管子最大外径时管子钳全长（公称尺寸）。

二、螺钉旋具类

螺钉旋具俗称螺丝刀。常见的螺钉旋具按工作端形状不同分为一字槽、十字槽及内六角花形螺丝刀。

1. 一字槽螺钉旋具

一字槽螺钉旋具（QB/T 2564.2—2012）的外形如图1-13所示。

一字槽螺钉旋具的规格以旋杆长度×工作端口厚×工作端口宽表示，如50×0.4×2.5、100×0.6×4等。

一字槽螺钉旋具专用于紧固或拆卸各种标准的一字槽螺钉。

2. 十字槽螺钉旋具

十字槽螺钉旋具（QB/T 2564.5—2012）的外形如图1-14所示。

十字槽螺钉旋具的规格以旋杆槽号表示，如0、2、3、4等。

十字槽螺钉旋具专用于紧固或拆卸各种标准的十字槽螺钉。

3. 内六角花形螺钉旋具

内六角花形螺钉旋具（GB/T 5358—2021）专用于旋拧内六角螺钉，其外形如图 1-15 所示。

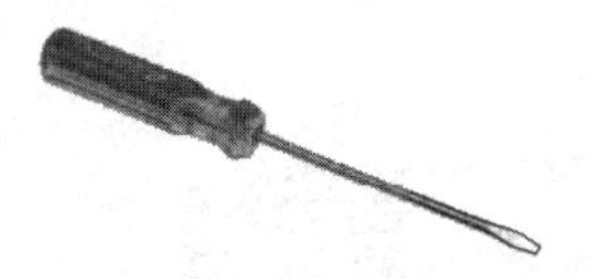

图 1-13　一字形螺钉旋具

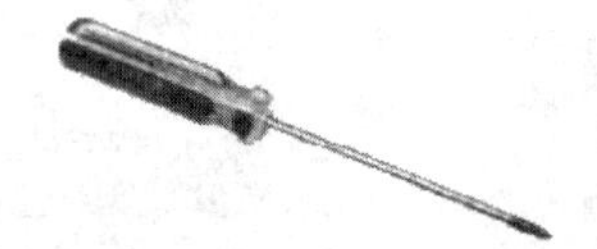

图 1-14　十字形螺钉旋具

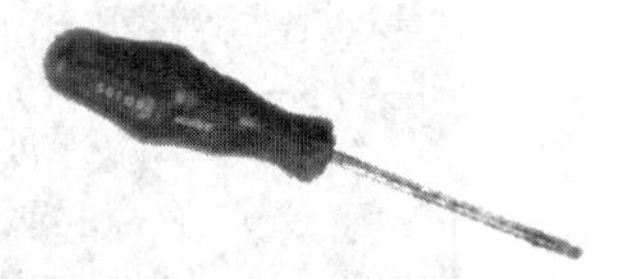

图 1-15　内六角花形螺钉旋具

内六角花形螺钉旋具的标记由产品名称、代号、旋杆长度、有无磁性和标准号组成。例如，内六角花形螺钉旋具 T10×75H，字母 H 表示带有磁性。

三、手钳类

手钳类工具是专用于夹持、切断、扭曲金属丝或细小零件的工具。手钳类工具的规格均以钳名＋钳长表示，如尖嘴钳 125，表示全长为 125mm 的尖嘴钳。

1. 尖嘴钳

尖嘴钳（QB/T 2440.1—2007）的外形如图 1-16 所示。尖嘴钳的用途是在狭小工作空间夹持小零件或扭曲细金属丝，带刃尖嘴钳还可以切断金属丝，主要用于仪表、电信器材、电器的安装及拆卸。

2. 扁嘴钳

扁嘴钳（QB/T 2440.2—2007）按钳嘴形式分为长嘴和短嘴两种，其外形如图 1-17 所示。扁嘴钳主要用于弯曲金属薄片和细金属丝，拔装销子、弹簧等小零件。

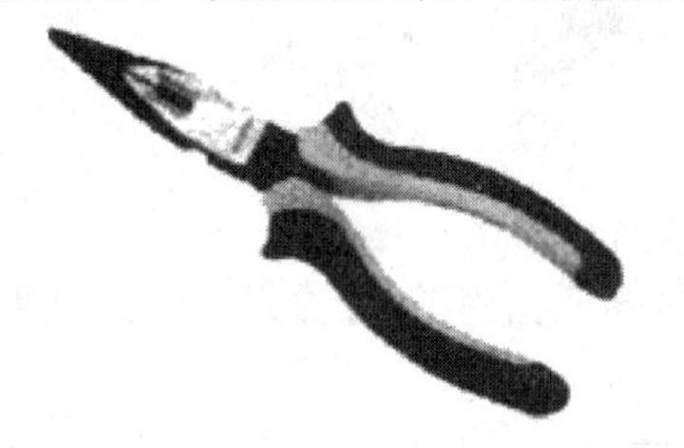

图 1-16　尖嘴钳

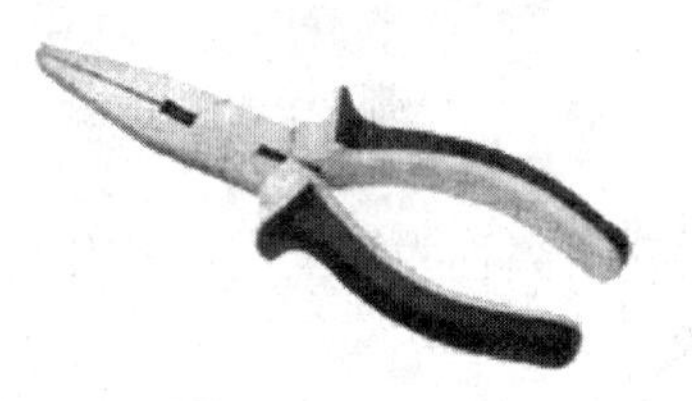

图 1-17　扁嘴钳

3. 弯嘴钳

弯嘴钳（QB/T 2440.3—2007）的外形如图 1-18 所示。弯嘴钳主要用于在狭窄或凹陷的工作空间中夹持零件。

4. 钢丝钳

钢丝钳（QB/T 2442.1—2007）又称为夹扭剪切钳，其外形如图 1-19 所示。钢丝钳主要用于夹持或弯折金属薄片、细圆柱形件，切断细金属丝，带绝缘柄的钢丝钳可在带电条件下使用。

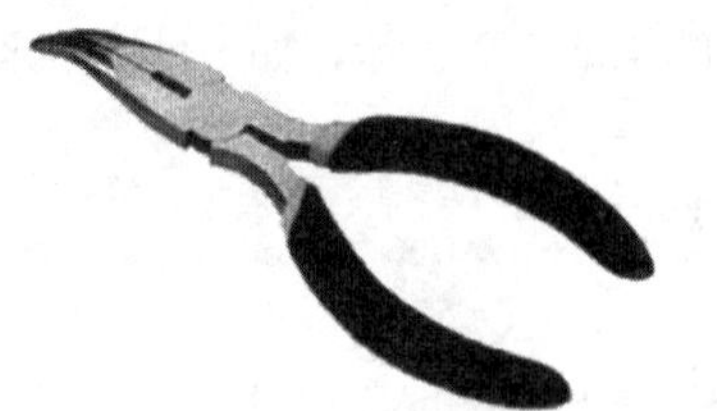

图 1-18　弯嘴钳

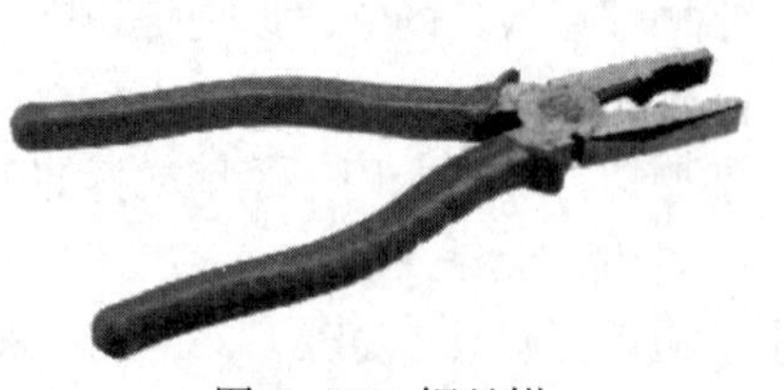

图 1-19　钢丝钳

5. 卡簧钳

卡簧钳（JB/T 3411.47—1999）也称为挡圈钳，分轴用和孔用两种。为适应安装在各种位置的挡圈，这两种卡簧钳又分为直嘴式和弯嘴式两种结构，如图 1-20 所示。用于装拆弹性挡圈的卡簧钳如图 1-21 所示。

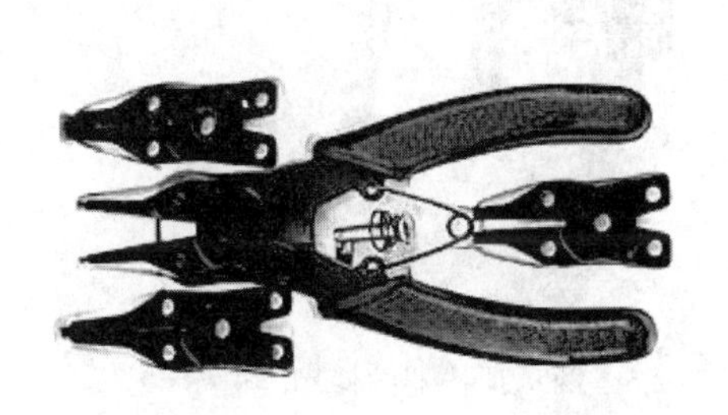

图 1-20　卡簧钳

图 1-21　用于装拆弹性挡圈的卡簧钳

四、顶拔器

顶拔器是拆卸轴或轴上零件的专用工具，分为三爪和两爪两种。

1. 三爪顶拔器

三爪顶拔器（JB/T 3411.51—1999）的外形如图 1-22 所示。三爪顶拔器用于轴系零件的拆卸，如轮、盘、轴承等，其使用方法如图 1-23 所示。三爪顶拔器的规格用可拉拔零件的最大直径表示，如 160、300 等。

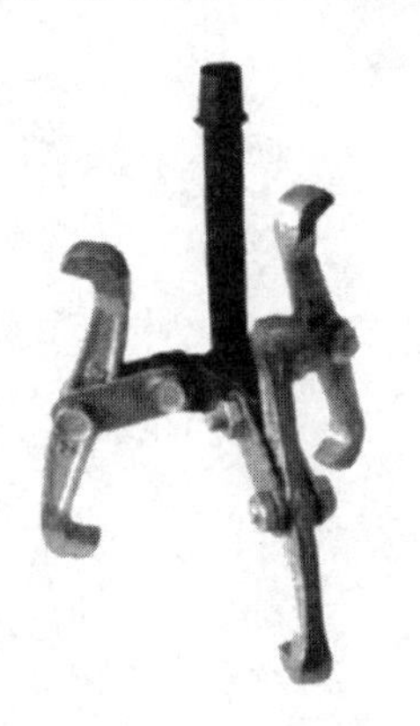

图 1-22　三爪顶拔器

图 1-23　三爪顶拔器的使用

2. 两爪顶拔器

两爪顶拔器（JB/T 3411.50—1999）的外形如图 1-24 所示。两爪顶拔器主要用来拆卸轴上的轴承、轮盘等，也可以用来拆卸非圆形零件，其使用方法如图 1-25 所示。两爪顶拔器的规格用爪臂长表示，如 160、250、380 等。

五、其他拆卸工具

除了上述介绍的拆卸工具之外，常用的拆卸工具还有铜冲、铜棒和钳工锤。

铜冲和铜棒的外形如图 1-26 所示，专用于拆卸孔内的零件，如销钉等。

钳工锤（木锤、橡胶锤、铁锤等）如图 1-27 所示。钳工锤可作一般锤击用。

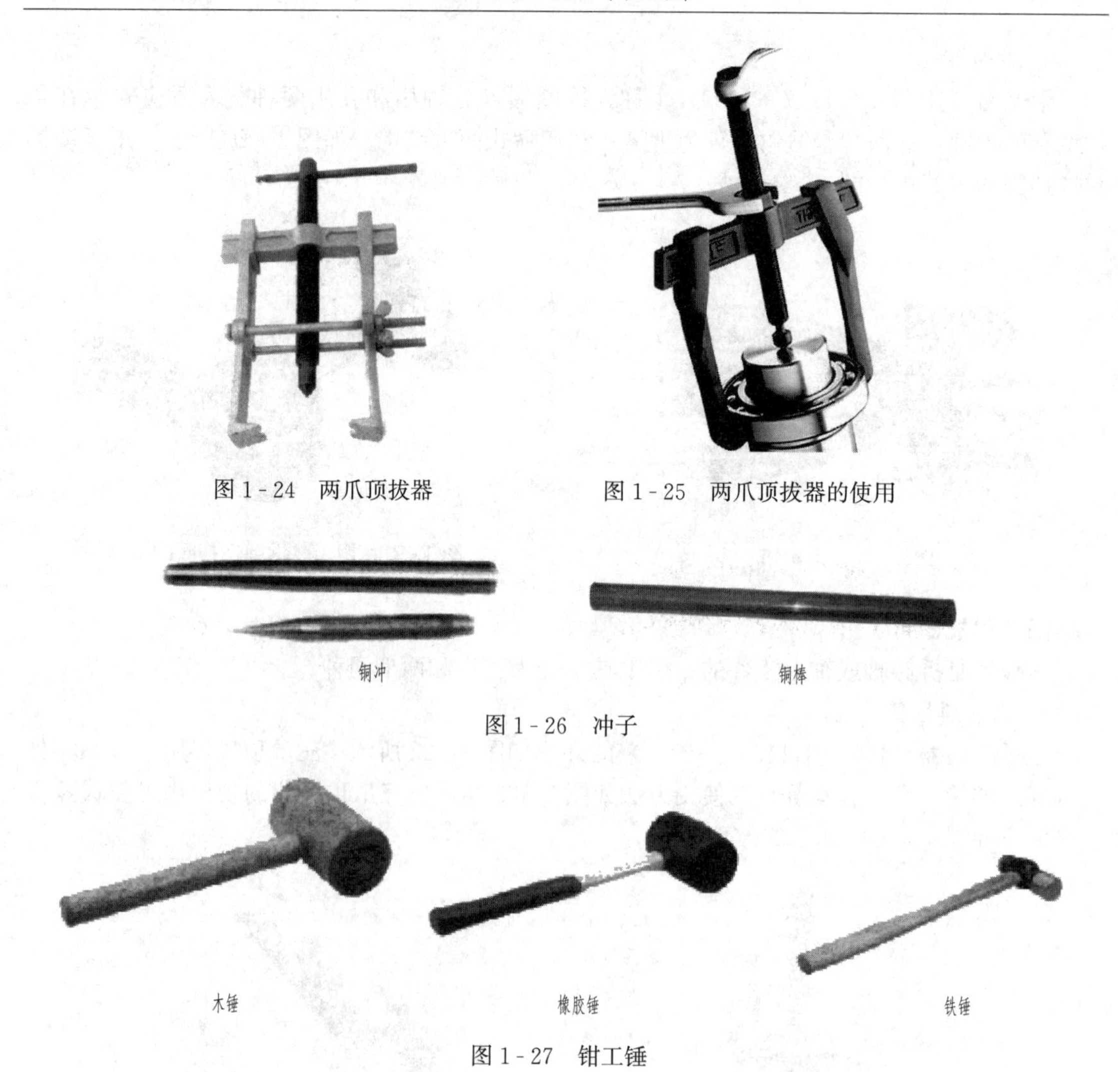

图 1-24　两爪顶拔器

图 1-25　两爪顶拔器的使用

图 1-26　冲子

图 1-27　钳工锤

第二章　零部件的拆卸

零部件的拆卸是测绘工作的前提。只有通过对零部件进行拆卸，才能彻底弄清被测绘零部件的工作原理、连接关系和结构形状。

第一节　零部件拆卸的原则和程序

零部件拆卸的目的是弄清零部件的装配关系，准确方便地测量每个零件的尺寸、公差，测定零件的表面粗糙度，确定相应的技术要求等。零部件的拆卸是一项技术性较强的工作，必须按照一定的原则和程序进行。

一、零部件的拆卸原则

在拆卸零部件之前，应当首先分析被测绘对象的连接特点和装配关系，以便选择正确的拆卸方法和拆卸步骤；然后准备所需的拆卸工具。完成上述工作后，才能进行拆卸操作。

零部件拆卸时必须遵从以下几个原则。

1. 恢复原样原则

恢复原样原则要求被测绘零部件在拆卸后能够被恢复到拆卸前的状态，除了要保证原部件的完整性、密封性和准确度外，还要保证在使用性能上与原部件相同。恢复原样原则是贯穿整个拆卸过程的基本原则，在拆卸之前就应考虑再装配时要与原部件相同。

2. 不拆卸原则

不拆卸原则有两个方面含义：一是在满足测绘需要的前提下，能不拆卸的就不拆卸；二是对于拆开后不易装配或调整复位的零件尽量不要拆卸。按照这一原则，遇到下列情况时尽量不要拆卸。

（1）过盈配合的部分，如衬套、销钉，壳体上的螺柱、螺套、丝套等。

（2）需要经过调整才能满足使用需要的部分，如刻度盘、游标尺等。

（3）配合精度要求较高，重新装配困难或可能损坏原有精度的部分。

（4）结构复杂、拆卸后难以重新装配的部分。

3. 无损原则

无损原则也有两方面的含义：一是指在零部件拆卸时，不要用重力敲击，对于已经锈蚀的零部件，应先用除锈剂、松动剂等去除锈蚀的影响，再进行拆卸，以免对零部件造成损伤，这一点对于精密和重要的零部件有着特别重要的意义；二是指在测绘过程中应保证零部件无锈无损，如检验应选择无损检验的方法，保管中应注意防锈蚀、防腐蚀、防冲撞等。

4. 后装先拆原则

拆卸是与装配相反的过程。拆卸时，应先拆卸最后装配的部分，后拆卸最先装配的部分。对于复杂的部件，通常又会分为几个不同的装配单元。对于具有这样装配单元的部件应先把每一个单元看作一个零件，将该单元整体拆下后，再拆卸单元内的各个零件。

以上原则是零部件拆卸过程中的基本原则，对于特殊的零部件或机器还有一些特殊的原则和要求，在拆卸前应查阅有关手册或相关资料。

为满足上述原则，当遇到不可拆的组件或内部结构复杂的部件时，切忌强行拆卸，可以采用X光透视或其他方法进行测绘。

二、零部件拆卸方案的确定

零部件的拆卸具有很强的技巧性，在零部件测绘实训中应按照规定的作业程序进行操作，以免造成失误和损失，同时也有助于培养有序工作的良好习惯。

1. 分析零部件的连接方式

拆卸也就是拆开部件的各个连接。在实际拆卸之前，必须清楚地了解部件的连接方式，确认哪些是可拆的，哪些是不可拆的。从能否被拆卸的角度，部件的连接方式可划分为三种形式。

（1）不可拆连接。不可拆连接是指永久性连接的各个部分。属于不可拆连接的有焊接、铆接、过盈量较大的配合等。在测绘中，这类连接是不可以拆卸的。

（2）半可拆连接。属于半可拆连接的有过盈量较小的配合、具有过盈的过渡配合等。这类连接属于不经常拆卸的连接。在生产中，只有在中修或大修时才允许拆卸。在测绘中，半可拆连接除非特别必要，一般不拆卸。

（3）可拆连接。可拆连接包括各种活动的连接，如间隙配合和具有间隙的过渡配合，也包括零件之间虽然无相对运动，但是用可以拆卸的螺纹、键、销等连接的部分。可拆卸连接仅仅是指允许拆卸，并不是指一定需要拆卸。应根据测绘的实际需要确定是否需要拆卸。

2. 确定合理的拆卸步骤

零部件的拆卸一般是由表及里、由外向内的顺序拆卸，即按照装配的逆过程进行拆卸。根据被拆卸零部件的不同，拆卸步骤也不尽相同。

（1）根据被测零部件的构造及工作原理确定合理的拆卸顺序。对于不熟悉的零部件，拆卸前应仔细观察分析其内部的结构特点，力求看懂记牢，或采用拍照、绘图等方法记录。对零部件内部的、不拆卸则无法搞清楚的部分可小心地边拆卸边记录，或者查阅相关参考资料后再确定拆卸方案。

（2）拆卸方法要正确。在拆卸过程中，还要确定合适的拆卸方法。若方法不当，往往容易造成零件损坏或变形，严重时可能导致零件报废。在制订拆卸方案时，应仔细揣摩零部件的装配方法，切勿选择那些硬撬硬扭的方法，以免损坏零件。

（3）注意相互配合零件的拆卸。装配在一起的零件间一般都有一定的配合，由于相互配合的松紧度和配合性质不同，在拆卸过程中往往都需要用钳工锤冲击。锤击时必须对受击部位采取必要的保护措施，如将铜棒、木棒、木板等放在零件的受击表面再用钳工锤冲击。

（4）拆卸方案的调整。拆卸方案确定后并非是不可更改的。在实际拆卸过程中，随着拆卸过程的不断展开，可能会遇到一些方案中没有预料到的新问题。出现这种情况时，要根据新出现的情况修改拆卸方案，使之更为合理。

第二节 拆卸前的准备工作

拆卸方案确定之后，还要做一些必要的准备才能正式开始拆卸作业。准备工作的基本要求是细致、全面，这是后续工作顺利开展的基本保证。

一、对零件编号和标记

装配示意图画好后，要对图上所有零件进行编号。同时，要准备好带有号码的胶贴，待零部件拆开后，将每个零件的标号粘贴在对应的零件上。拆除的零件应按拆卸顺序将每个零件分组摆好。图 2 - 1 所示为机用虎钳零部件的摆放和编号。

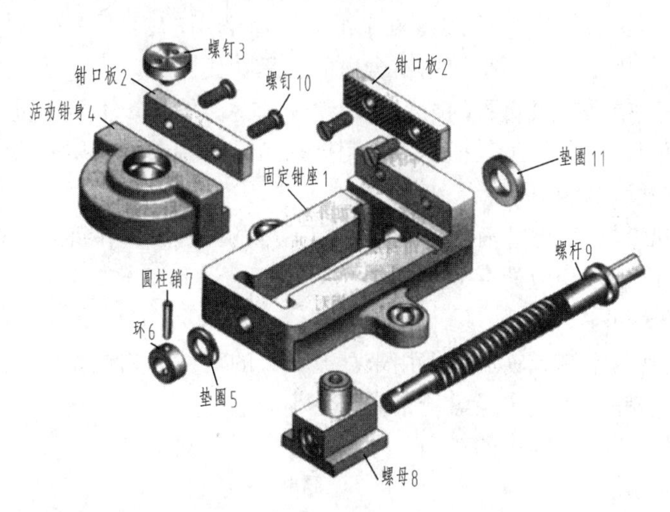

图 2 - 1　机用虎钳零部件的摆放和编号

需要说明的是，如果被拆部件的结构比较复杂，在拆卸前不能画出完整的装配示意图时，也需要准备好标记，允许边拆卸边画图，边画图边编号。

二、拆卸记录准备

拆卸时应做好详细的记录。每一个拆卸步骤都应逐条记录，并写出拆卸过程中遇到的问题及装配注意事项。这就需要事先准备好记录表和记录本。

图 2 - 2 所示为图画形式的拆卸记录，但这一记录只记下了各个零件之间的相对位置关系，并没有记录拆卸过程中遇到的问题，以及测绘、装配时应注意的问题。下面以如图 2 - 2 所示的部件为例，记录表的格式和记录内容见表 2 - 1。

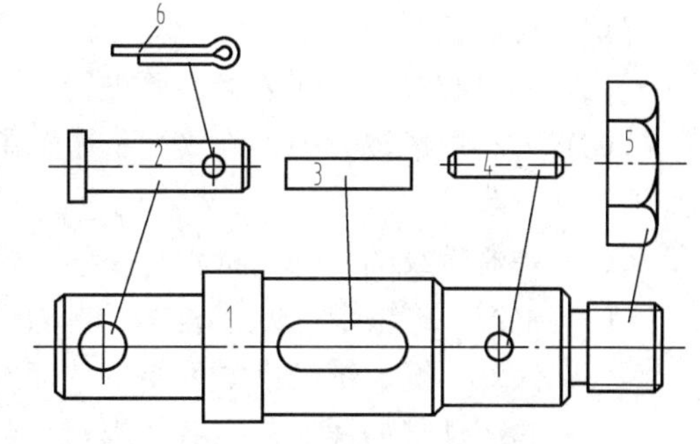

图 2 - 2　草记轴系零部件的拆卸顺序和位置

表 2 - 1　　××轴拆卸记录

时间：　年　月　日　　操作：　　记录：

步骤次序	拆卸内容	遇到的问题及注意事项	备注
1	拆除螺帽 5	已锈蚀，使用松动剂后顺利卸下	
2	拆除开口销 6	销钉老化，回弯时钉脚断掉，应重配	
3	拆除零件 2	磨损较大，已失效，应重配	
⋮	⋮	⋮	

对复杂的组件，最好准备照相机，在拆卸前拍下整机外形，包括管道、电缆、其他附件的安装连接情况及各零部件的形状结构。对在装配中有一定啮合位置、调整位置的零部件，应先进行测量和鉴定，做出标记并详细记录。有条件时也可用摄像机来记录整个拆卸过程。

三、拆卸工具的准备

拆卸工具应根据被拆卸零部件的特点来准备，所选用的工具一定要与被拆卸零件相适应，必要时应使用专用工具，不得使用不合适的工具替代。

工具的准备还应根据工具自身的特点和用途来选择。例如，不能用量具、钳子、扳手等工具代替钳工锤使用，以免将工具损坏。常用拆卸工具的特点和使用方法详见第一章。

四、零件存放预案的制订

拆下的零部件必须有次序、有规则地放置，不可乱扔乱放。在拆卸作业开始前就应制订零件存放预案，并准备好相应的存放工具。

1. 常用零件存放工具

（1）格架：通常为木制或铁制，多用来存放较大的零件，如机壳等。

（2）箱盘：用一些小的箱子或盘子来盛放较小的零件。

（3）线绳：用于将同类较小的垫圈、环形零件串在一起。

2. 零件的保护

零件的保护也是零件存放预案中的重要内容，以下几点提示可供制订零件保管预案时参考：

（1）对于制造困难、价格较贵、精度较高的零件，应选择较软的材料做支承，特别要保护好重要表面。

（2）润滑装置或冷却装置，要先行清洗，然后将其管口封好，以免侵入杂物。

（3）含石墨量较大的零件（如石墨轴承等）要特别注意轻拿轻放，保管中要防止撞击和变形。

（4）带有螺纹的零件，特别是一些工作时受热的螺纹零件，应涂抹润滑油加以保护。

（5）电缆、绝缘垫、防漏垫等，要防止与润滑油等接触，以免玷污或发生化学变化而失效。

（6）滚珠、键、销等小零件要单独存放在小的器皿中，以防丢失。

（7）紧固件（如螺栓、螺钉、螺母、垫圈等）数量较多、规格接近，很容易混淆和丢失，最好将它们串在一起或装回原处，也可以把相同的小零件全部拴在一起，或单独放置在器皿内集中保管。

3. 报废件的管理

报废件有两种情况：一种是一经拆卸就报废的零件；另一种是因失效而报废的零件。对这两种零件应采取不同的方法进行处理。

一经拆卸就报废的零件，应在拆卸前就预先进行测绘并做好记录，包括外形、尺寸、材料等。拆除后应单独存放，不能与其他零件混淆，并应清楚标记“报废”字样。

因失效而报废的零件，一般不需要预先测绘，但也应单独存放，不要与其他零件混淆。

五、被拆卸零部件的预处理

有一些零部件在拆卸前要进行预处理。

（1）对固定使用的机器设备，要拆除地脚螺栓。

（2）预先拆下并保护好电气设备。

（3）放掉机器中的油。

（4）对被拆设备采取必要的防潮措施。

（5）如果被拆设备较脏，应该先对其进行除灰、去垢处理。

六、零部件拆卸中的安全措施

（1）有电源的首先要切断电源，防止发生触电事故。

（2）拆卸较沉重的零部件时，若使用起重设备，应注意起吊、运行安全。放下时要用木块垫平以防零件倾倒。

（3）拆卸过程中进行敲打、搬动等，要谨慎小心，避免事故发生。

第三节 常见零部件的拆卸方法

零部件的拆卸是一项技巧性强、要求较高的工作，在拆卸中应遵守一定的规则和方法。本节介绍一些常见零部件的拆卸方法。

一、螺纹连接件的拆卸

拆卸螺纹连接件时，应选用扳手和螺钉旋具。螺钉旋具的选择主要根据被拆卸螺钉的特点，而扳手的选择则应根据具体情况而定。在多种扳手均适用的场合，一般应按梅花扳手或套筒扳手→呆扳手→活扳手的顺序来选择扳手。

在拆卸作业时，应注意连接件的旋转方向，均匀施力。不确定旋转方向时，可进行试拆，待螺纹松动后，其旋转方向已明确，再逐步旋出。不要用力过猛，以免造成零件损坏。

1. 双头螺柱的拆卸

双头螺柱通常用并紧双螺母法来拆卸。并紧双螺母法是把两个与双头螺柱相同规格的螺母拧在双头螺柱的中部，并将两个螺母相对拧紧。此时，两螺母锁死在螺柱的螺纹中，用扳手旋转靠近螺孔的螺母即可将双头螺柱拧出，如图 2-3 (a) 所示。双头螺柱的另一种拆卸方法是螺帽拧紧法，如图 2-3（b）所示。

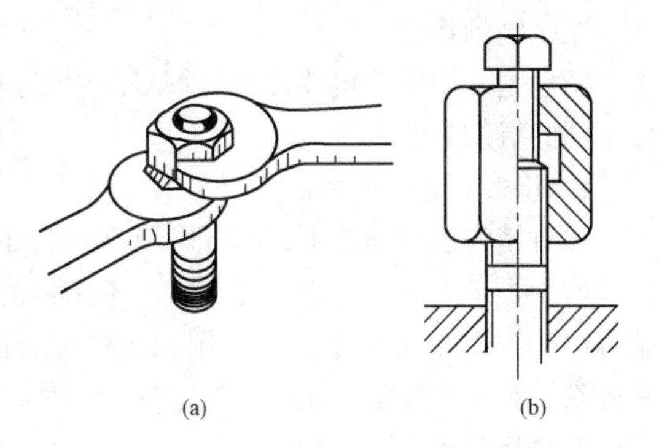

图 2-3 双头螺柱的拆卸

（a）双螺母拆装法；（b）螺帽拧紧法

注意，切不可用夹紧工具（如钢丝钳）等直接卡住螺柱，这样会造成螺牙损伤。

2. 锈蚀螺母、螺钉的拆卸

如果零部件长期没有拆卸，螺母会锈结在螺杆上，螺钉也会锈结在机件上。在这种情况下，就要根据锈结的程度采用相应的方法来拆卸。对于锈结较轻的情况，可先用钳工锤敲击螺母或螺钉，使其受振动而松动，然后用扳手交替拧紧和拧松，反复几次后即可将其卸下。若锈结时间较长，可用煤油浸泡 20～30min 或更长的时间，辅以适当的敲击振动，使锈层松散后便可拧转和拆卸。锈结严重的部位，可用火焰对其加热，经过热膨胀和冷收缩的作用使其松动。

松动剂是专用于缓解锈蚀情况下拆卸螺纹件的化工产品，将其喷涂在待拆螺纹上，经过 20min 左右即可将被拆件卸下。

如果锈结的螺母不能采用上述方法拆卸，也可使用破坏性方法进行拆卸。拆卸时在螺母的一侧钻一小孔（注意不要钻伤螺杆），然后采用锯或錾的方法，将锈结的螺母拆除，如图 2-4 所示。

3. 折断螺钉的拆卸

在拆卸过程中，有时会将螺钉折断。为了取出折断的螺钉，可在断螺钉上钻孔，然后用丝锥攻出相反方向的螺纹，再拧进一个螺钉，将断螺钉取出；也可在断螺钉上加焊一个螺母，然后将其拧出，如图 2-5 所示。

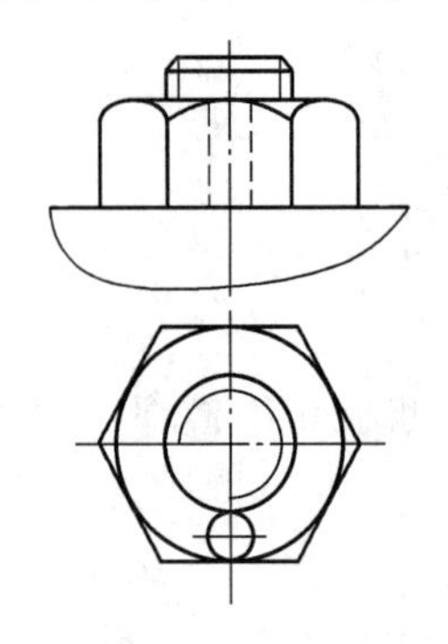

图 2-4 钻孔法拆卸锈结螺母

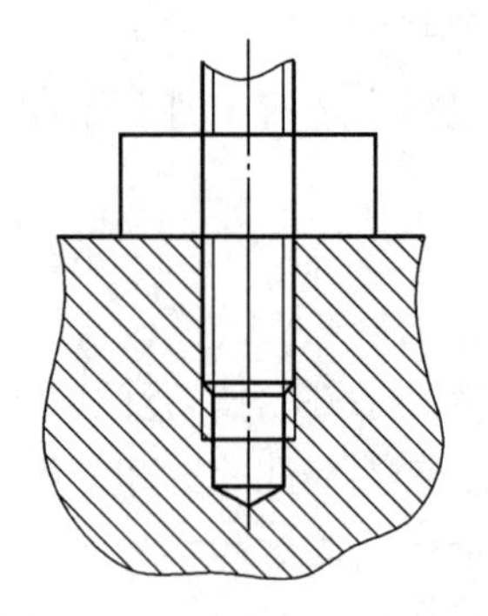

图 2-5 折断螺钉的拆卸

4. 多螺栓紧固件的拆卸

多螺栓紧固的大多是盘盖类零件，材料较软，厚度不大，容易变形。在拆卸这类零件时，螺栓或螺母必须按一定顺序拆卸，以使被拆紧固件的内应力均匀变化，防止因变形而失去精度。具体方法是，按对角交叉的顺序分别将每个螺母一次只拧出 1～2 圈，分几次将全部螺母旋出。

二、销的拆卸

销也是常用的连接件，种类较多。由于销是安装在销孔内的，可以根据销孔的不同来选择不同的拆卸方法。

1. 通孔中销的拆卸

如果销安装在通孔中，拆卸时可在机件下面放置带孔的垫铁，或将机件放在 V 形支承槽或槽铁支承上面，用钳工锤和略小于销径的铜棒敲击销的一端（圆锥销为小端），即可将销拆出，如图 2-6 所示。如果销和零件配合的过盈量较大，手工不易拆出，可借助压力机来拆除。对于定位销，在拆去被定位的零件以后，销往往会留在主要零件上，这时可用销钳或尖嘴钳将其拔出。

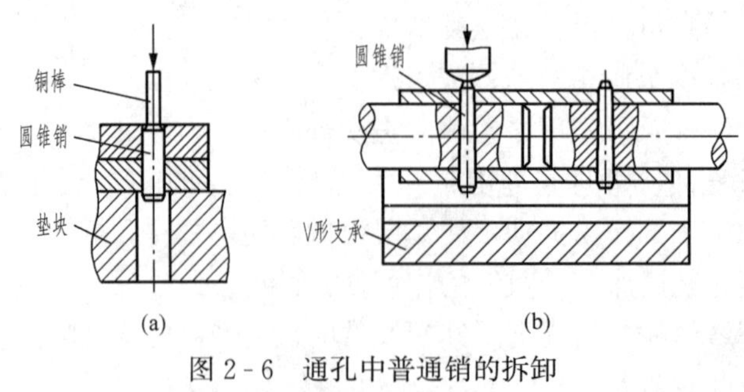

图 2-6 通孔中普通销的拆卸

（a）拆圆柱销；（b）拆圆锥销

2. 内螺纹销的拆卸

内螺纹销是在销的一端有内螺纹的销，有圆柱销和圆锥销两种类型，如图 2-7 所示。

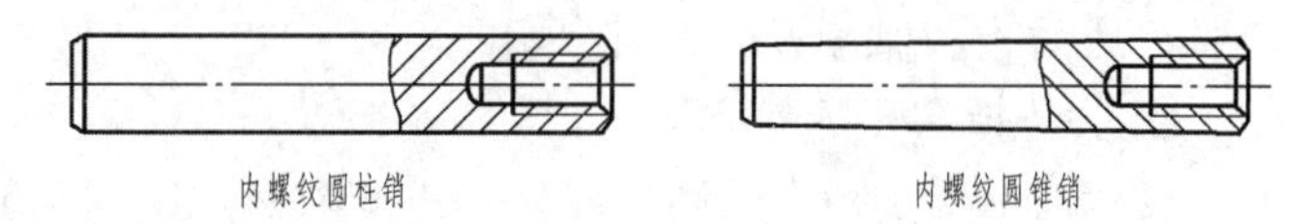

图 2-7 内螺纹销

拆卸内螺纹销时，可使用特制拔销器将销拔出。如图 2-8 所示，当拔销器 3 部分的螺纹旋入销的内螺纹时，用 2 部分冲击 1 部分即可将销取出。

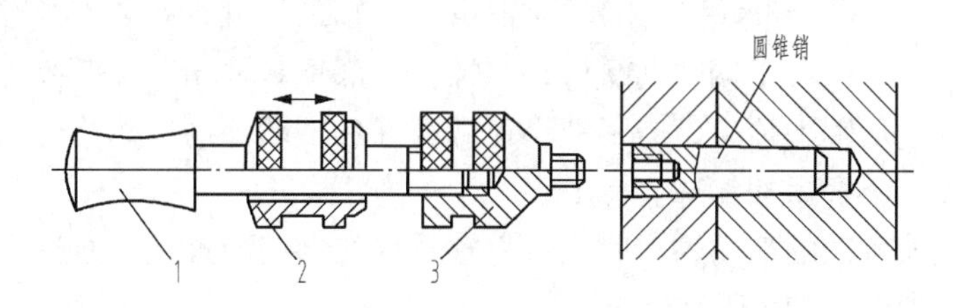

图 2-8 用专用工具拆卸内螺纹销

若无专用工具，可先在销的内螺纹孔中装上六角头螺栓或带有凸边的螺杆，再用木锤、铜冲冲击将销拆下，如图 2-9 所示。

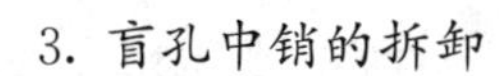

3. 盲孔中销的拆卸

对于盲孔中无内螺纹的销，可在销的头部钻孔攻出内螺纹，再用拆除内螺纹销的办法拆卸。

4. 螺尾销的拆卸

螺尾销是在销的一端有一径向尺寸小于销直径的螺纹结构。螺尾销有螺尾圆柱销和螺尾圆锥销两种类型，如图 2-10 所示。

图 2-9 拆卸内螺纹销或盲孔中的销

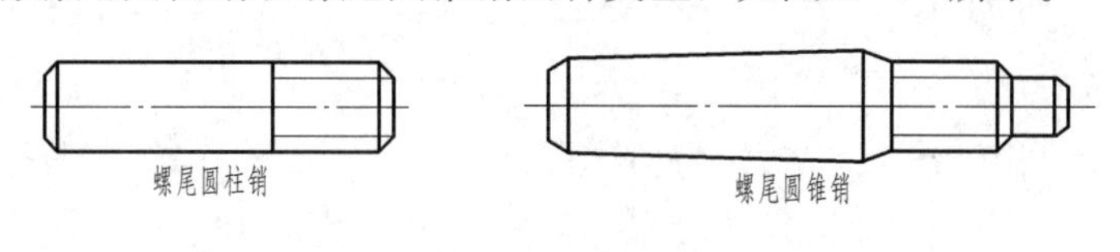

图 2-10 螺尾销

拆卸时，先在螺尾拧上一个螺母，随着螺母被拧紧，即可将销卸出，如图 2-11 所示。

三、盘盖类零件的拆卸

盘盖类零件一般是由键或定位销定位的。如果由销定位，应先拆下定位销，再拆卸所有的连接螺母或螺钉。当盘盖因长期不拆卸而粘在机体上难以拆除时，可用木锤沿盘盖四周反复敲击，使盘盖与机体分离，然后再进行拆卸。

位于盘盖与机体之间的垫圈，若无损伤，则可继续使用；若有损伤，则需更换新垫圈。

四、轴系及轴上零件的拆卸

轴系的拆卸要视轴承与轴、轴承与机体的配合情况而定。拆卸前要认真了解轴和轴承的安装顺序，然后按照安装的相反顺序进行拆卸。拆卸时可用压力机压出或用钳工锤和

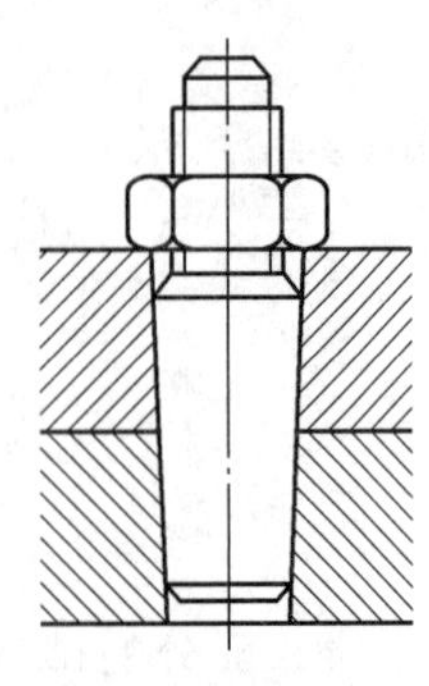
图 2-11　拆螺尾圆柱销

铜棒配合敲击轴端拆卸。敲击时切忌用力过猛，以防损坏。如果轴承与机体配合较松，则轴系连同轴承一同拆掉；反之，则应先将轴系与轴承分离，然后再将轴承从机体中拆出。

1. 滚动轴承的拆卸

滚动轴承属于精度较高的零件，拆卸时必须掌握正确的拆卸方法，并采取一定的保护措施，使轴承保持完好。

当过盈量不大时，可用钳工锤配合套筒轻轻敲击轴承内、外圈，然后慢慢拆出。但要注意一定不要过分用力。如果过盈量较大，切不可用钳工锤敲击，应采用专用工具来拆卸。

（1）拆卸轴上的滚动轴承。从轴上拆卸滚动轴承常使用顶拔器拆卸。用顶拔器拆除轴承时，通过手柄转动螺杆，使螺杆下部顶紧轴端，慢慢扳转手柄杆，旋入顶杆，即可将滚动轴承从轴上顶出。为了减小顶杆端部和轴端部的摩擦，可在顶杆端部与轴头端部中心孔之间放一个合适的钢球。

从轴上拆卸较大直径的滚动轴承时，可将轴系放在专用装置上，通过压力机对轴端施加压力将轴承拆下，如图 2-12 所示。

（2）拆卸孔内的滚动轴承。由于工件的孔有通孔和盲孔之分，所以拆卸孔内轴承的方法也不尽相同。常用的有顶拔法和内涨法。

图 2-13 所示为采用顶拔法拆卸箱体孔内轴承所使用的顶拔器。

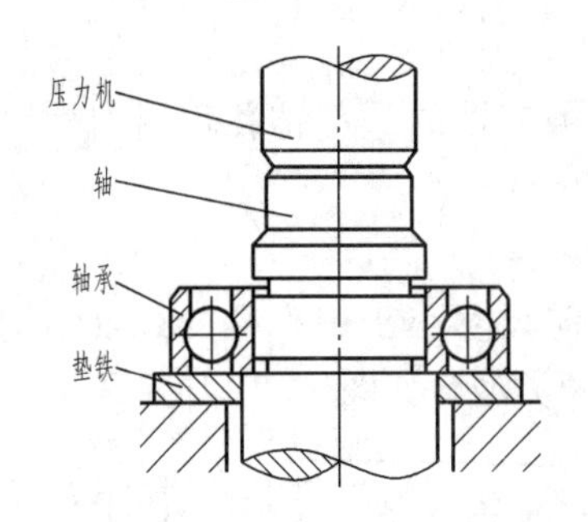

图 2-12　用压力机拆卸较大直径的轴承

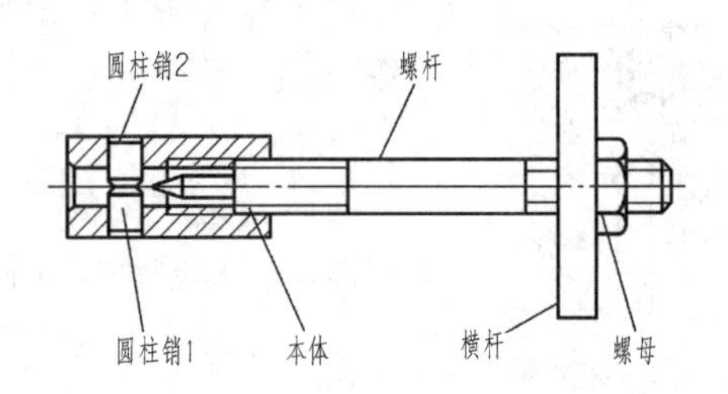

图 2-13　顶拔孔内轴承的工具

如图 2-13 所示，圆柱销 1 和圆柱销 2 可从孔内伸出和退缩，使用时先将其放进轴承孔内，然后拧动螺杆，使螺杆前面的尖端将圆柱销 1 和圆柱销 2 顶出，使两个圆柱销伸出轴承外并钩住轴承，在孔外放横杠的位置，拧动螺母，即可将滚动轴承顶出。图 2-14 所示为采用顶拔法拆卸轴承外圈。

对于盲孔内的滚动轴承常采用内涨法拆卸，如图 2-15 所示。

如图 2-15 所示，涨紧套筒上有 3、4 条开口槽，经热处理淬硬后具有一定的弹性。使用时将心轴上的涨紧套筒和衬套一起放进轴承孔内（超出轴承内侧端面），旋转螺母 2，使涨紧套筒涨紧轴承，然后将等高块垫在工件上，放好横板，旋转螺母 1 时即可将轴承拆下。

使用顶拔器拆卸轴承时，顶拔器的各顶钩应相互平行，钩子和零件贴合要平整。必要时可在螺杆和轴端间、零件和顶钩间垫入垫块，以免损坏零件。

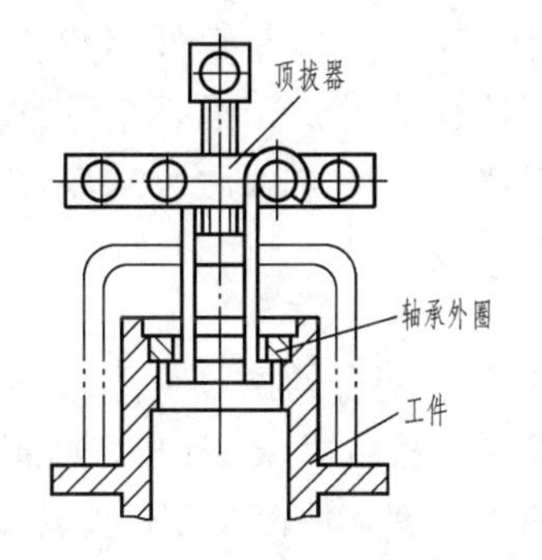

图 2-14　顶拔法拆卸轴承外圈

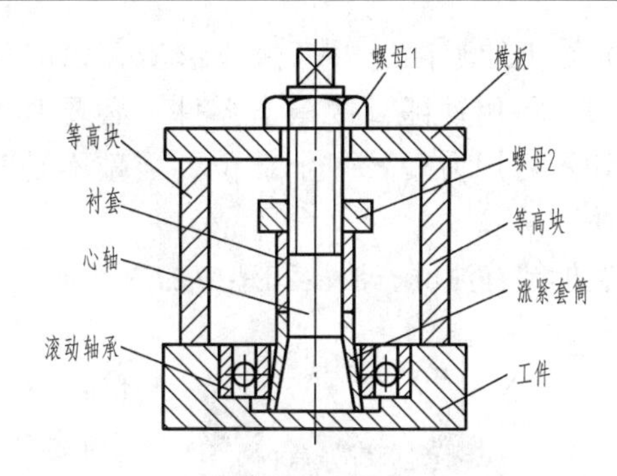

图 2-15　拆卸盲孔内的滚动轴承

2. 其他轴系零件的拆卸

轴系零件除了滚动轴承之外，还有轴套和各种轮、盘、密封圈、联轴器等，其拆卸方法与滚动轴承相似。当这些零件与轴配合较松时，一般用钳工锤和铜棒即可拆卸，较紧时需借助于拉拔器或压力机拆卸。轴上或机体内的挡圈需借助专用挡圈钳拆卸。

五、键的拆卸

平键、半圆键可直接用手钳拆卸，或使用锤子和錾子从键的两端或侧面进行敲击而将键拆下，如图 2-16 所示。

用铜条冲子对着键较薄的一端向外冲击即可卸下楔键。配合较紧或不宜用冲子拆卸的楔键，可用拔键钩或起键器进行拆卸。将起键器套在楔键头部，用螺钉将其与楔键固定压紧，利用撞块冲击螺杆凸缘部分，或用钳工锤敲打撞块，即可将楔键从槽内拉出，如图 2-17 和图 2-18 所示。

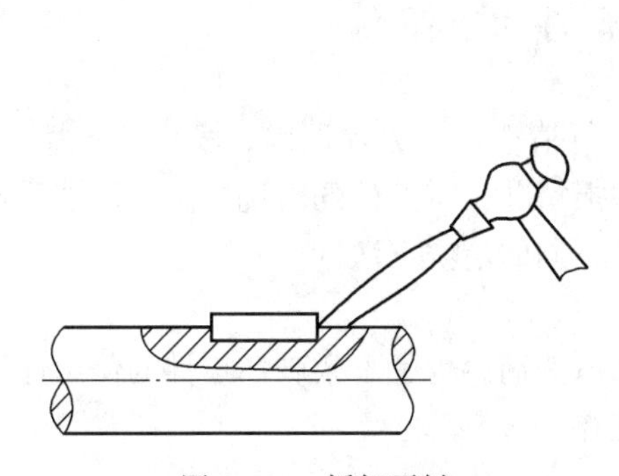

图 2-16　拆卸平键

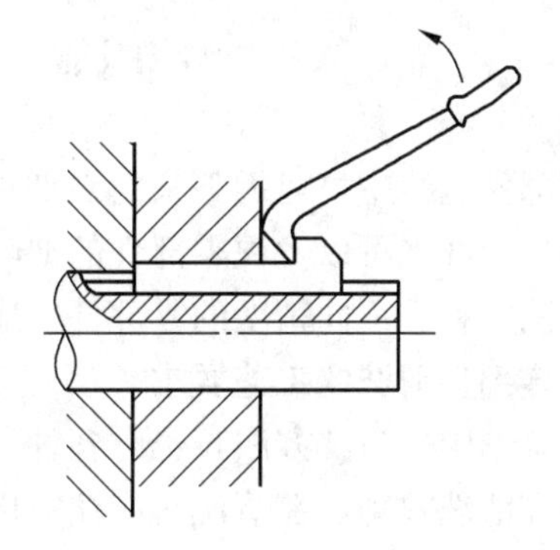

图 2-17　拔键钩拆卸楔键

六、过渡、过盈配合零件的拆卸

过渡、过盈配合零件的拆卸需根据其过盈量的大小而采取不同的方法。当过盈量较小时，可用拉拔器将零件拉出，或用木锤、铜冲冲打将零件拆下；当过盈量较大时，可采用压力机拆卸，或用加温和冷却法进行拆卸。

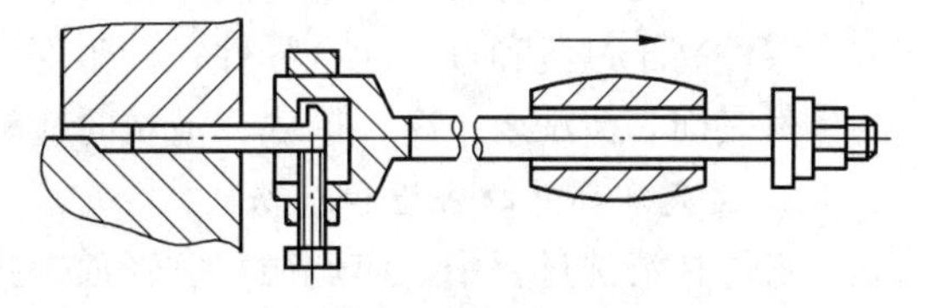

图 2-18　起键器拆卸楔键

拆卸过盈配合零件时应注意以下两个问题：

(1) 被拆卸零件受力要均匀，所受力的合力应位于其轴心线上。

（2）被拆卸零件受力部位应恰当。如用顶拔器顶拔时，顶爪应钩在零件不重要的部位。一般不得用铁锤直接敲击零件，必要时可用硬木或铜棒作为冲头，沿整个零件周边敲打，切不可用力猛敲一个部位。当敲不动时应停止敲击，待查明原因后再采取适当的处理方法。

加温拆卸有油淋、油浸和感应加热三种方法。

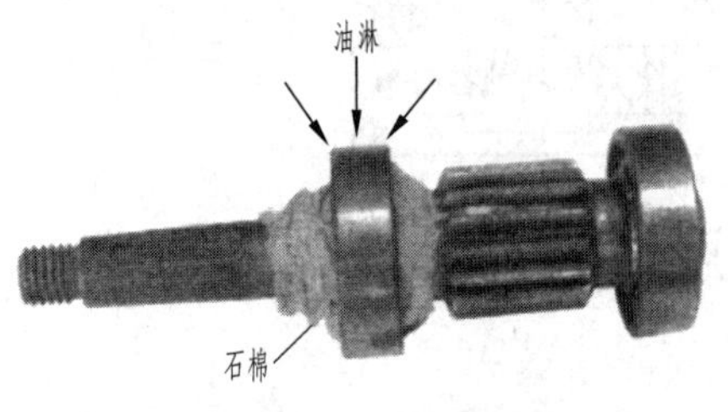

图 2-19 油淋

油淋、油浸法是先把相配合的两零件中轴的配合部位用石棉紧密包裹隔热，然后用 80～100℃热油浇淋或将有孔零件放在热油中浸泡，使有孔零件受热膨胀，即可将两零件分离，如图 2-19 所示。

感应加热法是利用加温器对零件进行加热，由于感应器加热迅速、均匀、清洁、无污染、加热质量高，并能够保证零件不受损伤，因而是一种较先进的加温拆卸方法。感应加温时，加热温度不宜过高，以稍加用力就能将零件分离为准。加热电流应加在有孔零件上。用感应加热法拆卸零件时，必须在断电后才能取出被加热部件。

加温拆卸时，也可采用冰块局部冷却未被加热的零件，这样更便于拆卸。

七、特殊零件的拆卸

在干燥状态下拆卸易被卡住的配合件，应先涂渗一些润滑油，数分钟后再行拆卸。如果仍不易拆卸，应再次涂油，直到能够顺利拆卸为止。这一方法也适用于过盈配合件。

对某些特殊的、精密的零部件，在拆卸时更要小心操作，待油充分渗透后再进行拆卸，切不可急于操作而损伤零部件。

第四节 零部件的清洗

在零部件测绘中，对拆下来的零部件要进行清洗，以去除油腻、积炭、水垢、铁锈等。同时，通过清洗也可以发现零部件的缺陷和磨损情况。零部件的清洗方法对清洗质量有很大影响，不同材料、不同精度的零部件，应采用不同的清洗方法。

一、零部件清洗的工艺要求

清洗有不同的清洗方法，也有各种不同的清洗剂。为了不致破坏零件的使用性能，提高清洗质量和清洗效率，在清洗时应注意以下几点。

1. 清洗程度要有针对性

对不同的零部件有不同的清洗程度要求。一般地说，配合零件要高于非配合零件；间隙配合零件高于过渡和过盈配合零件；精密配合零件高于一般配合零件。对需要喷、镀、黏结的零件表面，清洗要干净、彻底。清洗时应根据上述要求，选择合适的清洗方法和清洗剂。

2. 避免零部件的碰撞和划伤

零件在清洗过程中，应遵循轻拿轻放、排列有序的原则，尽量不要叠放。同时要注意，在手工清洗活塞、喷油嘴、汽缸等零件的积炭时，要使用专门的清洗工具；对传递运动的配合件，顺序不可搞乱。

3. 注意避免清洗剂对零件的腐蚀

轴承孔、光洁表面、齿轮、散热器等零件，在受到潮气，或清洗过程中受腐蚀性溶剂的作用时，会产生斑痕或被腐蚀，对这类零件的清洗要合理选择清洗剂。对清洗过的零件，应该用压缩空气吹干，并采取措施预防腐蚀和氧化对零件的影响。

4. 确保操作安全

在清洗中要注意采取有效措施防止火灾或毒害、腐蚀人体的事故发生。使用过的清洗剂要按有关规定处理，不可直接倒入下水道，以避免腐蚀下水管路和污染环境。

5. 合理选择清洗方法和清洗材料

选择清洗方法和清洗剂的原则是在保证清洗质量和效率的前提下，要兼顾设备造价和材料成本，考虑并兼顾适用性和经济性。

二、零部件清洗的基本方法

按照不同的分类，零部件清洗的方法有很多种。按照清洗的操作方式，有手工清洗和机器清洗；按照清洗液对被洗件的作用方式，有高压清洗、浸泡清洗、涂刷清洗等。每种清洗方法都有自己的特点，在操作中可根据实际情况进行选择。

1. 手工清洗

对于要用刮刀、手锯片或刷子等工具来清除污垢的零件，多用手工清洗。例如，清洗活塞、气门、气门导管、缸口、喷油嘴、燃烧室等零部件，由于上面有积炭、油漆、结胶、密封材料等，目前尚无较好的清洗工具，因而多用手工清洗。在手工清洗过程中，可视需要利用清洗剂在清洗箱槽或清洗盆中进行。手工清洗时要特别注意保护好皮肤，以免受到清洗剂的侵害，操作中也要注意避免清洗液溅出。

2. 高压喷射清洗

高压喷射清洗是利用射流式高压喷射器提供的常温或加热的高压清洗溶液对零件进行清洗。这种方法多用于体积较大的零部件，如汽缸体、汽缸盖和变速器壳体等。

3. 冷浸泡清洗

冷浸泡清洗是将需要清洗的零件放置在网状筐中或用铁丝悬吊，置于盛有冷浸清洗剂的清洗箱中，上下运动几次，即可完成清洗。冷浸泡清洗能有效地清除胶质、油漆、积炭、油泥和其他沉淀物对零件的附着，特别适用于化油器等零件的清洗。

4. 热溶液浸泡清洗

将清洗液置于蒸煮池中，加热至 80～90℃，将零件放入浸泡。这种方法对清洗零件上的油漆、油泥及铁锈、沉积物等有特效，而且简单经济。如果利用旋转式清洗机对零件进行热喷洗，效果更佳。

5. 蒸汽清洗

将清洗剂由水泵泵入加热盘管，盘管中的水被火焰喷射器加热至 150℃左右，并经增压后由清洗轮的喷嘴喷射到零件上，在喷射摩擦力的作用下除掉零件上的脏物。

6. 超声波清洗

超声波是一种交变声压，当它在液体中振动传播时，能使液体介质形成疏密变化，产生超声空化效应。当超声波达到一定的频率和强度时，不断地形成足够数量的空腔，然后不断闭合，在无数个点上形成数百兆帕的爆炸力和冲击波。这种冲击波对油污、积炭有极大的剥离作用，加上清洗液的热力和化学作用，可获得良好的清洗效果。使用超声波清洗时，应根据零部件的大小选择不同型号的超声波清洗机，并严格按照使用说明进行操作。

三、零件清洗时应注意的问题

为提高清洗质量，节省资金，可将清洗液分盛两缸，第一缸洗第一遍，第二缸做第二次清洗；当第一缸清洗液用脏后，将第二缸清洗液改作第一缸用。

清洗时，可逐一将待洗金属件先浸泡 15min，然后用合适的方法清洗。这种方法只适用于体积较小且不易被清洗剂腐蚀的零件。

有螺纹的零件应注意不要互相过度碰撞，以免损伤螺纹。

较小的螺钉应放在细钢丝网中清洗，以防丢失。

零件清洗应按组进行，清洗后应立即放回原处，以避免混淆和丢失。

零件清洗后，应无积炭、结胶、锈斑、油垢和泥迹，零件上的油、水道畅通无阻。

第三章　零件草图的绘制

草图绘制是零部件测绘的基本任务之一，也是工程师的一项基本技能。草图是徒手绘制的工程图样，与尺规作图相比，有其特殊的规律。本章介绍零件草图绘制的一些基本技巧和零件的视图表达方法。

第一节　零件草图绘制概述

草图并不等于潦草，除线宽和比例不做严格要求外，草图上的线型、尺寸标注、字体、标题栏等均需按照国家标准的规定绘制。零件草图是绘制装配图、零件工作图的原始资料和主要依据。

一、零件草图的构成与绘制要求

零件草图不同于尺规作图画出的零件工作图，它有自身的规律和特点，在绘制过程中也有一些特殊的要求，只有掌握这些特点和要求，才能画出一张合格的图样。

1. 零件草图的构成与特点

草图也称为徒手图，是不借助于绘图工具，以目测来估计图形与实物比例，按一定的画法要求徒手绘制的图样。零件草图除对线型和尺寸比例不做严格要求外，其他要求与零件工作图的要求完全一致。在内容上，也是由一组视图、完整的尺寸标注、技术要求和标题栏四个部分组成。在零部件测绘过程中，对零件草图的基本要求是图形正确、表达清晰、尺寸完整、图面整洁、字体工整、技术要求符合规范。

零件草图一般是在测绘现场徒手绘制的零件图，与尺规绘出的零件工作图的区别仅在于目测比例和徒手绘制。由于零件草图的尺寸需要凭借肉眼来判断，在图纸上的尺寸与实际尺寸之间不可能保持严格的比例关系。因此，零件草图只要求图上尺寸与被测零件的实际尺寸大体上保持某一比例即可。但在同一张图样中，图形各部分之间的比例关系尽管不做严格要求，也应大体符合实物各部分之间的比例。

由于零件草图是徒手绘制的，一般不严格区别线宽，但线型仍要按国家标准要求来选择。例如，用实线表示可见轮廓，用虚线表示不可见轮廓，用点画线表示对称等。

2. 零件草图绘制时应注意的问题

零件草图是绘制零件工作图的基本依据，在绘制过程中，要注意和掌握一些基本要求。

（1）零件测绘的优先顺序。部件解体后，应该对其所有非标准零件逐一测绘。由于零件间存在着相互关联，零件的尺寸标注要相互参照，因此就出现了零件测绘的优先顺序问题，一般应按基础件→重要零件→相关度高的零件→一般零件的顺序进行测绘。

基础件一般都比较复杂，与其他零件相关的尺寸较多，部件也常以基础件为核心进行装配，故应优先测绘。通过对基础件的测绘，还可以发现尺寸中的矛盾，从而提高其他零件的测绘效率。

一些重要的轴类零件，如柴油机上的曲轴、凸轮轴、机床的主轴等，因其在部件中的作用重要，其他零件也都以保证这些重要零件正常工作为前提来进行设计，所以应优先安排测绘。

（2）仔细分析，忠于实样。画测绘草图时必须严格忠于实样，不得随意更改，更不能仅凭主观猜测。特别是零件构造上的工艺特征，不得进行更改。在实际测绘中，常会遇到一些难以理解或认为有更优方案的结构，在这种情况下，仍然要以忠于原样为原则，不允许有任何更改。确实需要更改的，可做好记录，在零件工作图绘制阶段再行更改。

如图3-1所示的传动减速箱循环油路，为使两条油路互相沟通，需加工一个垂直工艺孔，这个孔在最终产品上需要堵住，并涂漆保护。但若将其测绘成如图3-2所示的图样，则减速器装配后就不能正常工作。如图3-1所示的工艺孔在最终产品中用螺钉将其堵住后封漆。

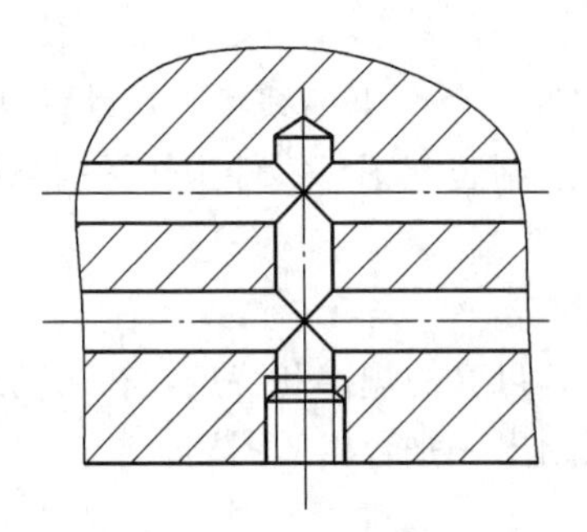

图3-1 循环油路的正确画法

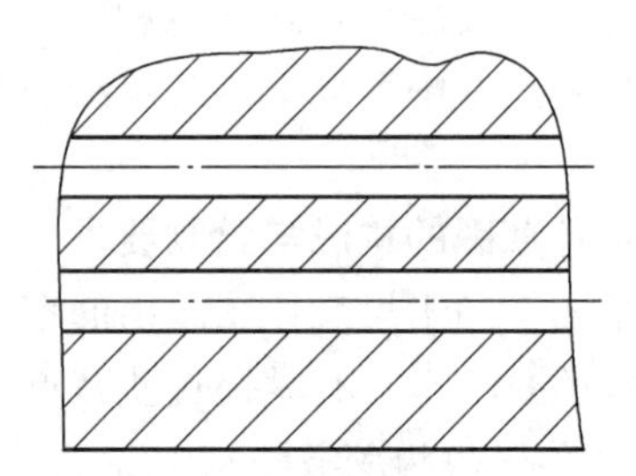

图3-2 循环油路的错误画法

在测绘中最容易忽略的是零件上的一些细小结构，如孔、轴端倒角、转角处的小圆角、沟槽、退刀槽、凸台和凹坑、盲孔前端的锥角等。对这些结构应特别小心检查，以防遗漏。

（3）测绘时应做好记录。绘制零件草图时，应当配备专门的工作记录本；在动手测绘时，应特别注意记好工作摘要。例如，记录实测中一时还很难确定的问题，实测中发现的疑点，某些没有理解清楚的设计结构，必要的验证资料，各种问题的处理过程、意见等。这些工作摘要将是后续各阶段的重要参考资料。

（4）绘制草图时，对一些连接处要给予充分的注意。例如，压力容器的螺栓连接为了保证连接的紧密性和工作的可靠性，其中螺母的预紧力、螺母和垫圈的厚度、扳手口尺寸等都会影响结合面的密封性。再如，标准件要注意匹配性、成套性，切不可用大垫圈配小螺母。

二、零件草图绘制的步骤

零件草图的绘制过程与尺规作图的过程大体相同，也包括分析零件、选择表达方案、画零件图、画尺寸线、测量并标注尺寸数字、注写技术要求和零件材料、校核零件图等步骤。

1. 了解和分析测绘对象

首先应了解零件的名称、用途、材料及其在部件中的位置和作用，然后对该零件进行结构分析和制造方法分析。

（1）零件结构与表达方法分析。这里所说的结构是从零件图的表达特点上来区分的。一般将零件结构分为轴杆类、盘盖类、叉架类和箱体类。判明一个零件是何种结构是确定视图表达方案的前提，不同的零件结构应采用不同的表达方案。

（2）零件结构在部件中的作用分析。零件在机器或部件中的作用决定了零件各表面在机器或部件中的重要程度，也决定了零件各个尺寸的重要程度及零件与其他零件间采用的配合方式和要求。

（3）零件结构与加工工艺分析。绘制零件图是为了进行加工，这就要求在绘制零件图时必须考虑加工的精确度和工艺要求，尽可能减小加工误差。因此，在绘制零件草图之前，必须考虑加工工艺的要求来标注图中的各个尺寸。

（4）零件的磨损程度分析。判明零件的现有尺寸是否是出厂时的尺寸，有无磨损。对于出现磨损的情况，应在测量尺寸时予以考虑，并参照与之相配合的其他零件和有关文献资料进行矫正。

2. 确定视图表达方案

视图表达方案的选取一般是根据显示零件形状特征的原则，按零件的加工位置或工作位置确定主视图，按零件的内、外结构特点选用必要的其他基本视图和剖视图、断面图、局部放大图等表达方法来表达。例如轴、套、盘、盖等回转体类零件，通常以加工位置或将轴线水平放置作为主视图来表达零件的主体结构，必要时配合局部剖视或其他辅助视图来表达局部的结构形状。

3. 目测零件尺寸与绘制零件草图

草图绘制前要把零件形状看熟，在头脑中形成一个完整的零件全貌。这样，在绘图时既可保证绘图的准确性，又可提高绘图效率。不要看一点画一点，这样的工作方法效率较低。绘制零件草图时，不能先测量再绘图，而是先绘制全部图形，再统一进行测量。因此，在绘制零件草图时，就需要对零件尺寸进行目测。下面以绘制球阀上阀盖（见图 3-3）的零件草图为例，说明目测的方法和绘制零件轮廓的步骤。具体的绘制技巧将在第二节和第三节予以介绍。

（1）视图选定后，要按图纸大小确定视图位置。草图应按比例绘制，以视图清晰、便于标注为准。如图 3-4 所示，绘图者以阀盖轴孔轴线水平方向放置作为主视图，用主、左两个基本视图来表达。在布置视图时，应尽量考虑到零件的最大尺寸，尽可能准确地确定视图的比例。

图 3-3　阀盖零件的轴测剖视图

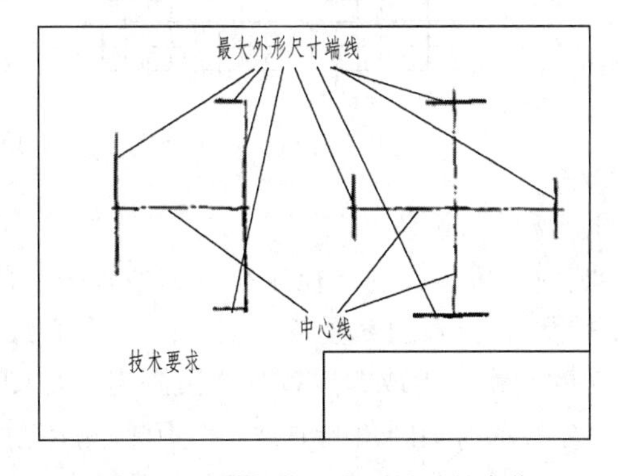

图 3-4　零件草图在图纸上的定位

（2）在图纸上定出各视图的位置，画出主、左视图的对称中心线和作图基准线。

（3）由粗到细、由主体到局部、由外到内逐步完成各视图的底稿。

（4）目测零件轮廓各部分的尺寸，详细地画出零件的结构形状。

（5）确定被测绘零件的尺寸基准。按正确、完整、清晰的要求，尽可能合理地标注零件的尺寸，画出全部尺寸界线、尺寸线和箭头。画完后要进行校对，检查是否有遗漏和不合理的地方。经仔细校核后，按规定线型将图线加深（包括画剖面符号）。

草图绘制阶段至此完成，但图上还缺少尺寸数字及公差，这一部分内容的标注需要在测量之后再行添加。

第二节 徒手绘图基础

绘制草图的基本要求是准确。准确有两方面的含义：一是能够真实地反映零件的特征；二是各线段之间的比例与零件相对应部分的比例应基本一致。要达到上述要求，徒手绘图又不能借助于任何绘图工具，这就必须掌握一定的方法和技巧。

一、图形的徒手画法

徒手绘图时，可在方格纸上进行，尽量使图形中的直线与分格线重合，这样不但容易画好图线，而且便于控制图形大小和图形间的相互关系。在画各种图线时，宜采取手腕悬空，小指轻触纸面的姿势，也可随时将图纸转动到适当的角度，以便画图。

1. 直线的画法

画直线时，眼睛要注意线段的终点，以保证线条平直，方向准确。对于30°、45°、60°等特殊角度的直线，可根据其近似正切值3/5、1、5/3作为直角三角形的斜边画出，如图3-5所示。

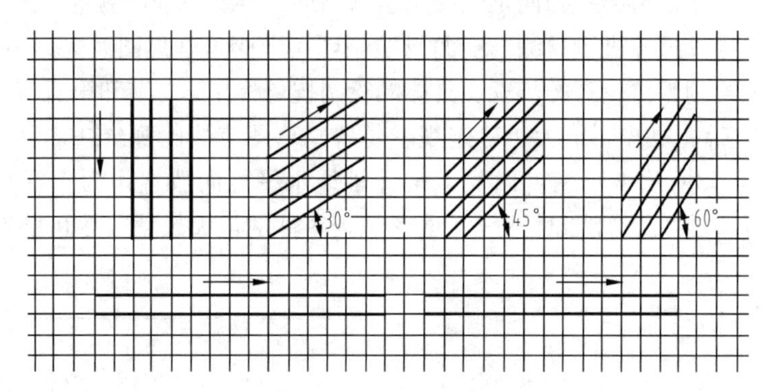

图3-5 直线的画法

2. 圆和圆弧的画法

画小圆时，可按圆的半径先在对称中心线上截取四点，然后分四段逐步连接成圆，如图3-6（a）所示。当圆的直径较大时，除在中心线上截取四点外，还可通过圆心画两条与水平线呈45°的斜线，再取四点，分八段画出，如图3-6（b）所示。

图3-7所示为画圆角的方法：先用目测在角平分线上选取圆心位置，使它与角两边的距离等于圆角的半径；过圆心向两边引垂线定出圆弧的起点和终点，并在分角线上也定出一个圆周点，然后徒手作圆弧，把这三点连接起来。

3. 椭圆的画法

已知长短轴作椭圆的方法如图3-8所示。先画出椭圆的长、短轴，过长、短轴端点作

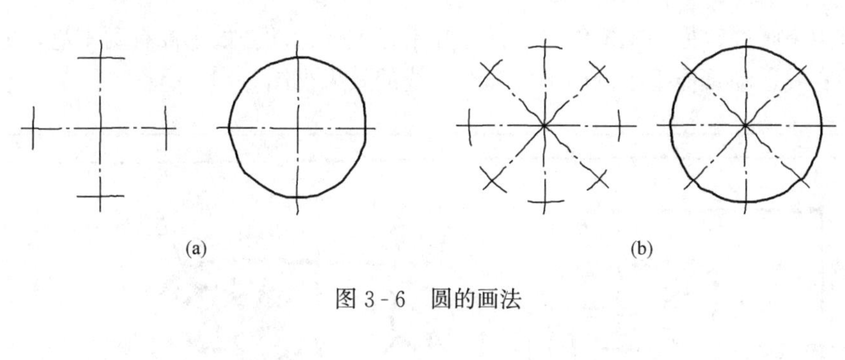

图 3-6　圆的画法

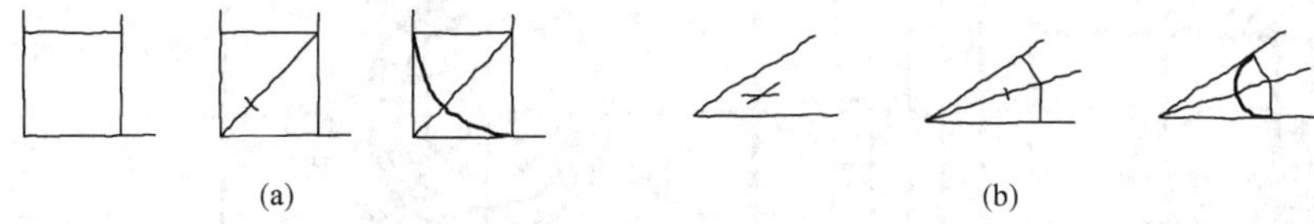

图 3-7　画圆角的方法

(a) 画 90°角圆弧；(b) 画任意角圆弧

其平行线，得到一个矩形，然后再徒手作出与矩形相切的椭圆。

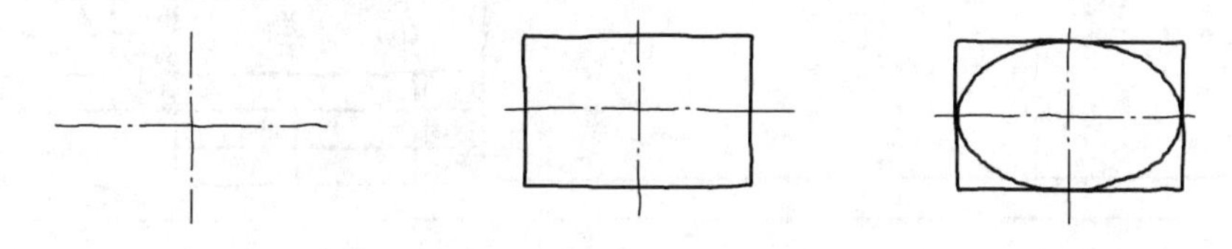

图 3-8　已知长短轴作椭圆的画法

利用外切平行四边形画椭圆的方法如图 3-9 所示。作两相交直线（直线与水平线的倾角均为 30°），以圆半径为长度，以两直线交点为圆心在直线上取四点，过四点分别作两直线的平行线，即得椭圆的外切平行四边形，然后分别用徒手方法作两钝角及两锐角的内切弧，即得所需椭圆。

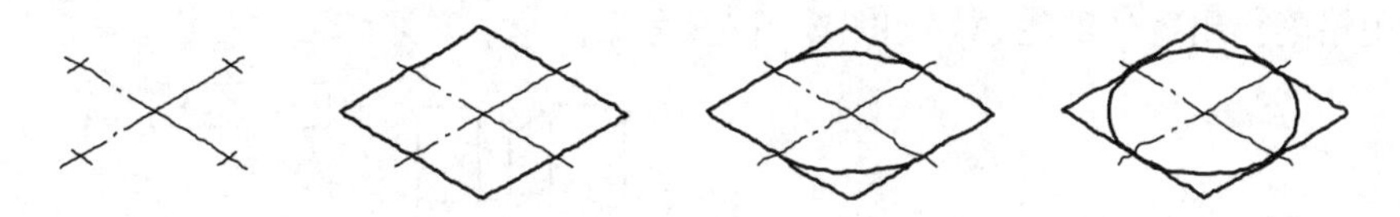

图 3-9　利用外切平行四边形画椭圆的方法

二、草图绘制的技巧

在草图的绘制中，对于一些不容易绘制的形状和图形，可以利用一些辅助的方法和特殊的技巧来完成。

1. 长直线的绘制

对于短直线，一般可直接画出。但对于较长的直线，如图框边线、对称中心线等，初学者不容易画成直线，这时可采用两种办法来解决。第一种是将草图纸折叠出折痕，然后用铅笔描绘这个折痕。第二种是用桌子边缘、工作台边缘、图纸边缘等已知直线作为参照，在图纸上画出平行于这些已知直线的平行线。用这种办法画平行线时，可像拿筷子那样持两支笔，一支笔用来画线，另一支笔沿另一条已知平行直线运动。如果没有两支笔，也可用手指沿一已知的直线运动。徒手绘制图框线和对称线的效果见图 3 - 10。

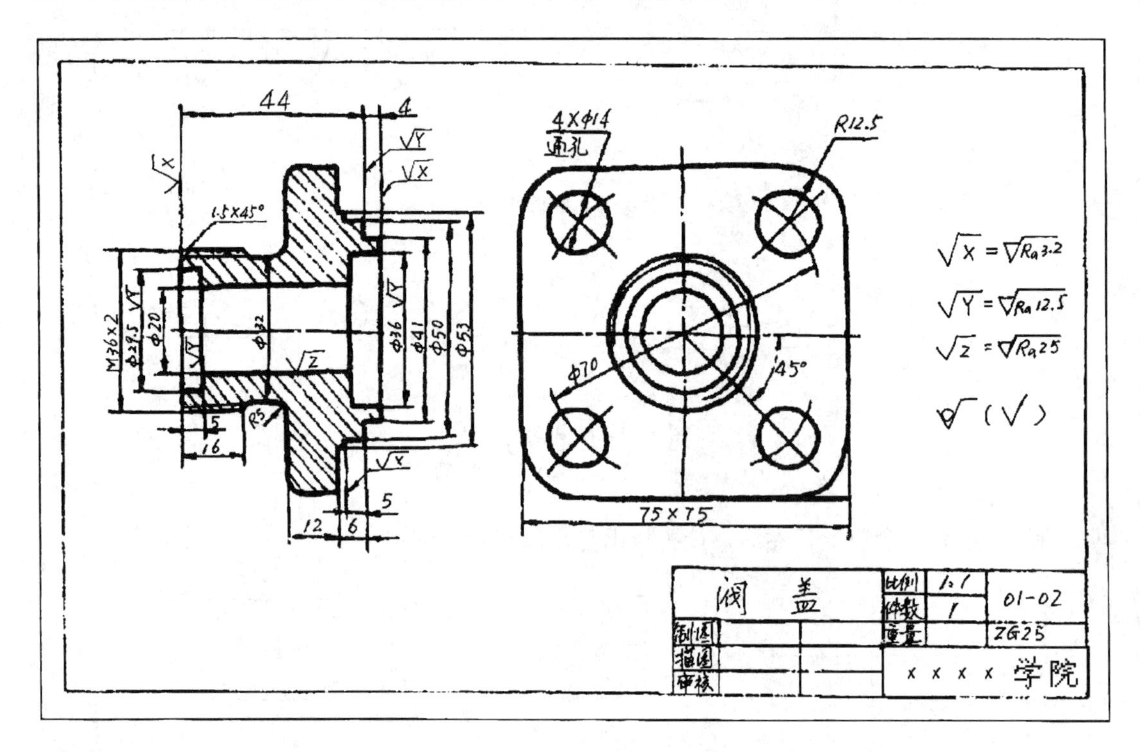

图 3 - 10　徒手绘制图框线和对称线的效果

2. 复杂轮廓的画法

（1）用勾描法绘制轮廓。当复杂平面的轮廓能接触到纸面时，可将该平面直接放在图纸上，用铅笔沿轮廓画线，如图 3 - 11 所示。

（2）用拓印法绘制轮廓。拓印法是将较小的零件（小于绘图纸）在绘图纸上压出一个印痕，然后用铅笔描出零件的轮廓，如图 3 - 12 所示。

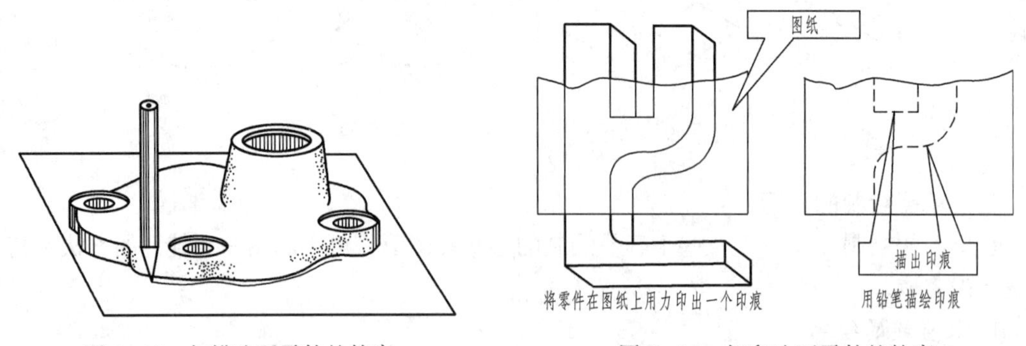

图 3 - 11　勾描法画零件的轮廓　　图 3 - 12　拓印法画零件的轮廓

这种方法虽然简便，但受以下两个条件的限制：一是零件不能大于绘图纸；二是视图的比例应选为 1∶1。绘图时，应先估计零件图在图纸上的位置，然后再进行压痕。

拓印法绘图的过程顺序与正常绘图时的顺序不同。正常绘图时，需要先画出对称线再画轮廓线；而拓印时，是先将零件的轮廓印到图纸上，画出零件的轮廓线后再画对称线。

当零件上的待绘表面受其他结构限制不能接触纸面时，可另选一张纸，在有结构阻挡处将纸挖去一块即可印出曲线轮廓（见图 3 - 13），最后再将印迹描到图纸上。

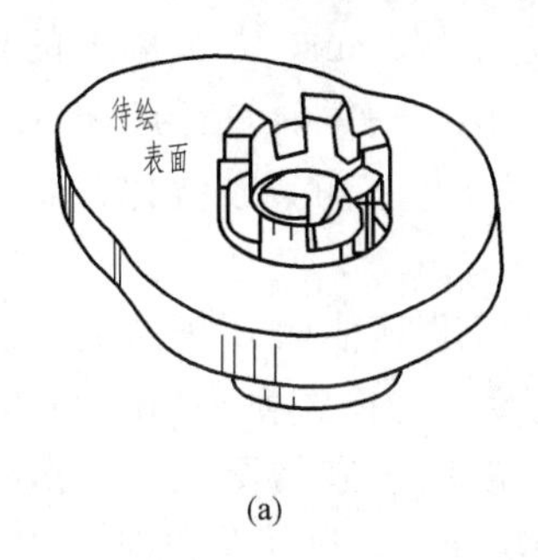

(a)

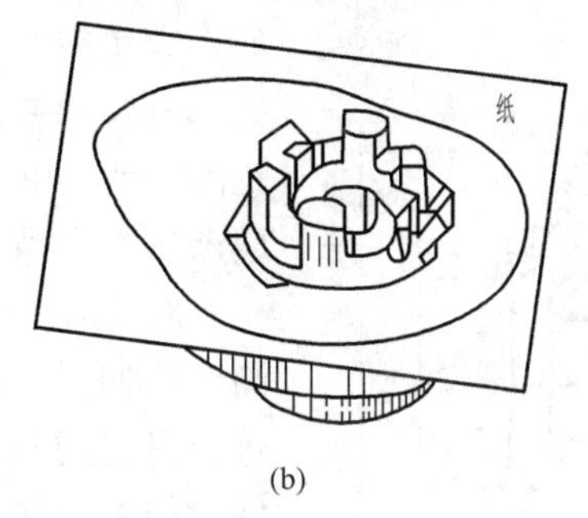

(b)

图 3 - 13　压痕法的应用

（a）待绘表面；（b）将图纸破坏使待绘表面与纸接触

（3）用铅丝法绘制轮廓。取铅丝一段，利用铅丝较柔软的特性，将其沿被测零件的轮廓表面压折成形；然后将铅丝小心取下，放在图纸上，用铅笔描绘出铅丝的形状。所描绘出的曲线就是零件表面的曲线（见图 3 - 14）。

用铅丝法画轮廓曲线，需要找到该曲线的圆心。通过观察可知，该曲线应由两个圆弧连接而成，我们可以在两段圆弧上各取三点（见图 3 - 14 中的 A、B、C 和 E、M、K），并以相邻两点为圆心画弧，过两对弧线的交点作直线，两直线的交点即为曲线的圆心（O_1 和 O_2），圆心到曲线的距离为两圆的半径（R_1、R_2）。

用铅丝法画轮廓线是一种非常简便的方法，但在实际运用中需要注意，由于铅丝较柔软、容易变形，在取下铅丝时必须非常小心，稍有不慎，铅丝就可能变形，使图形的精度降低。因此，在能用其他方法解决问题时，尽量不用铅丝法。若必须使用铅丝法，应选取较硬的铅丝。

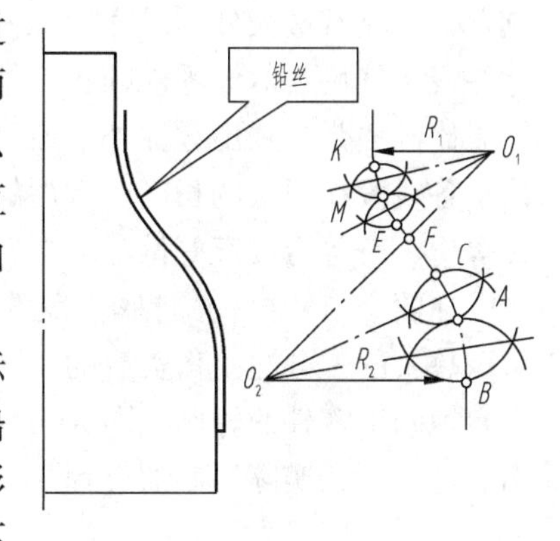

图 3 - 14　铅丝法画轮廓曲线

（4）用坐标法绘制轮廓。将被测绘零件放置在一个平整的台面上，用直尺和三角板在被测零件的表面选若干个测量点。在图纸上画出一个直角坐标。在被测点上测取零件表面到三角板的距离，在图纸上画出相应的点坐标（见图 3 - 15），用曲线板平滑地画出连接各坐标点的曲线，这样就可在图纸上画出该零件的表面轮廓曲线。

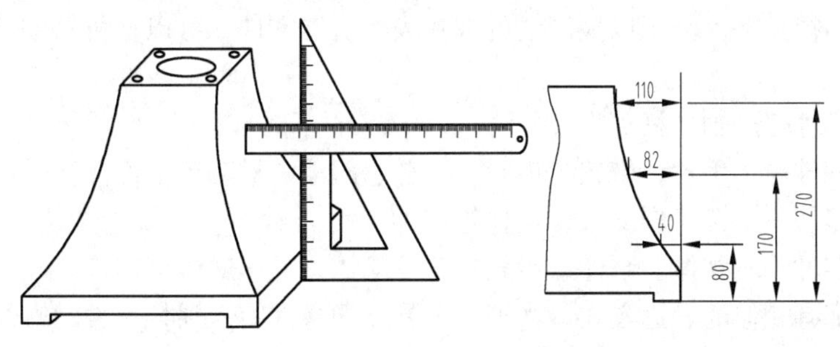

图 3 - 15　坐标法画轮廓曲线

曲线绘出后，需找出该曲线的圆心。找圆心的方法如图 3-14 所示。

3. 比例法画轮廓线

尺寸的估测是工程师的基本功之一，平时应该注意经常练习目测常用尺寸的大小。例如，家用门窗玻璃的厚度约为 3mm，办公桌上的玻璃厚度约为 5mm，手指宽约为 10mm，一拃（拇指与中指展开后的最大距离）约为 200mm 等。上述尺寸可以预先测量，对这些尺寸应该有一个基本的掌握。

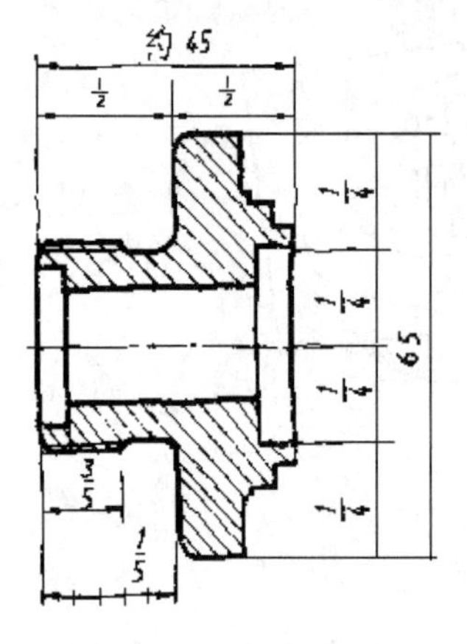

图 3-16　比例法画零件轮廓线

对于较大的尺寸可以借助其他已知物体的长度来进行估测。例如，正方形地面瓷砖的边长多为 600mm 或 800mm，而每块瓷砖的具体长度，可以用手来估测一下。对于较大的零件，如果放在铺有地砖的房间内，则可借助于占用地砖的数量来进行估测。

比例法是在确定最大外轮廓的基础上，按零件的细部与其他部分的比例画出的。图 3-16 所示为用比例法画出的阀盖零件草图。

首先确定被测绘零件的最大外形尺寸。如图 3-16 所示的阀盖，估测其最大外形尺寸为 45mm×65mm，先在图纸上画出通孔的中心线和最大外形尺寸端线，然后再对该零件的各个细节部分的长度用比例估测画出。

比例法是在画出零件外形最大尺寸的基础上，通过估测零件各线段相对于外形的比例来确定各线段在图上的长度。常用的方法有二分法、三分法和五分法，即将某一被测零件分为二等份、三等份或五等份。

在图 3-16 中，估计阀门盖的总长度为 45mm，而阀盖的盖肩约处在总长度一半的位置，可取总长的二分之一作盖肩的轮廓线。类似地，分别估计各点相对于某线段的比例，就可以大致地画出零件的轮廓。图 3-16 所示只给出了部分轮廓的比例，其他部分可依同样办法画出。注意，在实际绘制的过程中，并不需要像图 3-16 中所示标出各线段的比例数值。

第三节　零件的表达方法

简便、经济原则是自然活动中的基本原则，工程图的绘制也要遵循这一原则。具体地说，在工程制图中，能用一个视图来表示的，就不要画多个视图，此即简便、经济。根据零件的结构不同，选取的视图数也不同，表达的方法也不同。

在工程制图的视角下，为了以最简洁的方式表达机器零件，可以把机器零件大致分成以下四类：

（1）轴杆类零件——轴、杆等零件。

（2）盘盖类零件——手轮、带轮、齿轮、端盖、阀盖、衬套等零件。

（3）叉架类零件——拨叉、支架、连杆等零件。

（4）箱体类零件——阀体、泵体、齿轮减速器箱体、液压缸体等零件。

每一类零件都有相似的表达方式，当把一个具体的零件归入到某一类的时候，选择表达方案的问题便相对简单了。

一、轴杆类零件

轴类零件按结构形式不同分为光轴、阶梯轴、花键轴、空心轴、曲轴、凸轮轴等多种形式。杆类零件的结构特点是零件的主要表面为同轴度较高的内外旋转表面，易变形，长度一般大于直径。下面以轴类零件为例说明该类零件的表达特点。

1. 结构分析

如图 3-17 所示，轴类零件是回转零件，通常由外圆柱面、圆锥面、内孔、螺纹、阶梯端面等组成，一般还有花键、键槽、径向孔、沟槽等结构。

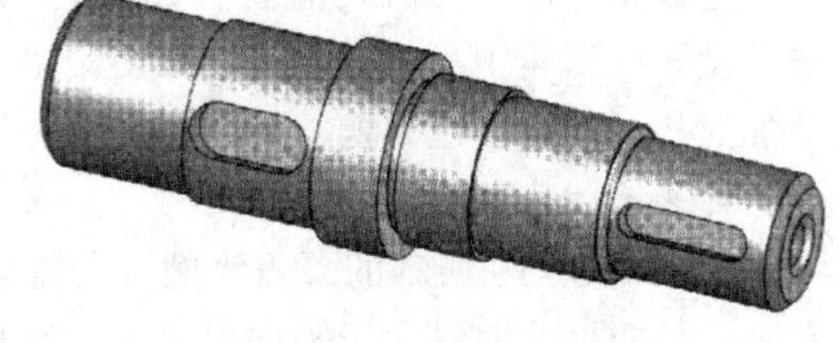

图 3-17　轴的立体图

2. 视图选择

轴类零件主要是在车床和磨床上加工的，装夹时它们按轴线水平放置。因此，此类零件常按装夹位置放置来画主视图。

由于轴类零件都是由圆柱同轴叠加而成，故可只用一个主视图来表达轴的主体结构，用断面图、局部剖视图、局部放大图等辅助视图来表达轴上键槽、孔、退刀槽等局部结构。

如图 3-18 所示的轴零件图，采用一个基本视图加上一系列尺寸，就能表达轴的主要形状及大小；对于轴上的键槽，采用移出断面图表达，既表示了它们的形状，又便于标注尺寸。轴上的其他局部结构（如砂轮越程槽等）采用局部放大图表达，中心孔采用局部剖视图表达。

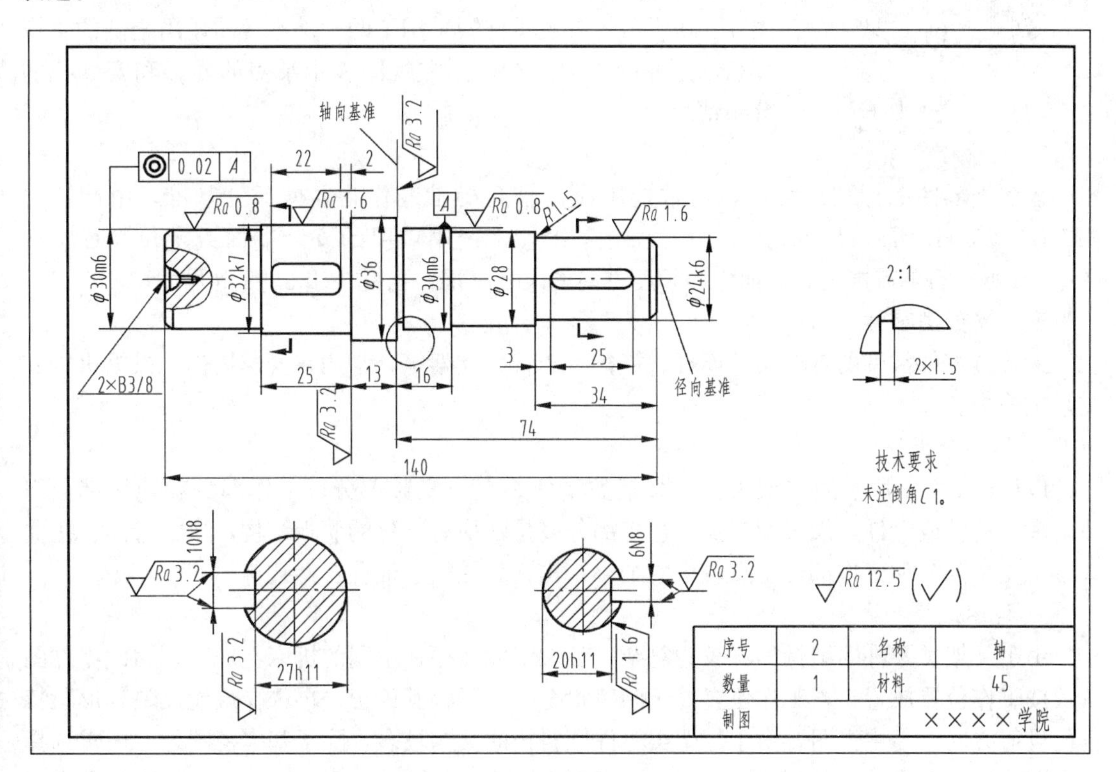

图 3-18　轴零件图

3. 尺寸标注

轴类零件的尺寸分为径向尺寸和轴向尺寸。径向尺寸表示轴上各回转体的直径，它以水平放置的轴线作为径向尺寸基准，如 ϕ30m6、ϕ32k7 的尺寸基准。重要的安装端面（轴肩），如 ϕ36 轴的右端面是轴向主要尺寸基准，由此注出 16、74 等尺寸。轴的两端一般作为辅助尺寸基准（测量基准）。

二、盘盖类零件

盘盖类零件在机器设备上使用较多，如齿轮、蜗轮、带轮、链轮及手轮、端盖、透盖、法兰盘等，都属于盘盖类零件。按使用要求不同，盘盖上常有螺孔、销孔、键槽、弹簧挡圈及加油孔、油沟、退刀槽、砂轮越程槽、倒角等结构。

1. 结构分析

以如图 3-19 所示的泵盖为例，盘盖类零件的主体结构为同一个轴线的多个圆柱或圆柱孔腔，径向尺寸明显大于轴向尺寸，且有与其他零件相结合的较大端面，部分零件由于安装位置的限制和结构需要，常有将某一圆柱切去一部分的不完整结构。

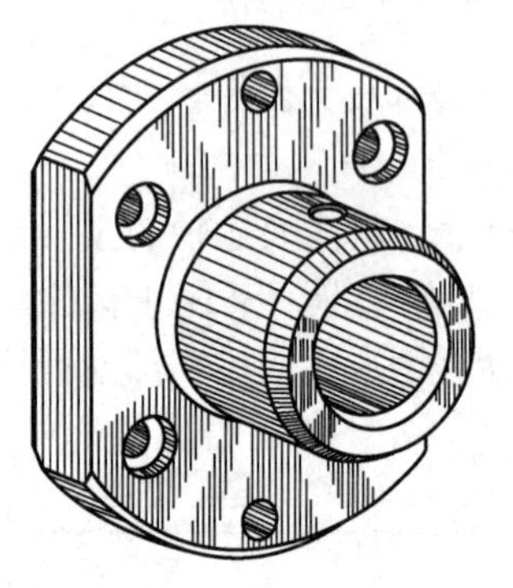

图 3-19　泵盖的立体图

2. 视图选择

盘盖类零件的主视图仍按零件的加工位置选择，即把轴线放成水平位置。盘盖类零件一般采用两个基本视图来表达，主视图常用剖视表示孔、槽等结构形状；左视图表示零件的外形轮廓和各组成部分，如孔、肋、轮辐等沿径向的相对位置。如图 3-20 所示的泵盖零件图采用了两个基本视图，用全剖的主视图表示泵盖的内部结构，用左视图表示泵盖的外形和安装孔的分布情况。

3. 尺寸标注

盘盖类零件在标注尺寸时，通常选用通过轴孔的轴线作为径向尺寸基准，由此注出 ϕ42H7、ϕ55H7 等尺寸。长度方向的尺寸基准，常选用重要的安装端面或定位端面，如图 3-20所示的泵盖选用右端面作为长度方向的尺寸基准，由此注出 3、8 等尺寸。

三、叉架类零件

叉架类零件常见的有拨叉、连杆、杠杆、摇臂、支架等，常用在变速机构、操纵机构和支承机构中。

1. 结构分析

以如图 3-21 所示的支架为例，叉架类零件一般由安装部分、工作部分和连接部分组成，多为铸件或锻件，加工面较少。连接部分多是断面有变化的肋板结构，形状弯曲、扭曲较多。支承部分和工作部分也有较多的细小结构，如油槽、油孔、螺孔等。

2. 视图选择

由于叉架类零件的结构形状较为复杂，各加工面往往在不同的机床上加工，因此零件图一般按工作位置放置。若工作位置处于倾斜状态时，可将其放正，再选择最能反映其形状特征的投射方向作为主视图。由于叉架类零件倾斜扭曲结构较多，除了基本视图外，还常选择斜视图、局部视图、局部剖视图、断面图等表达方法，如图 3-22 所示。

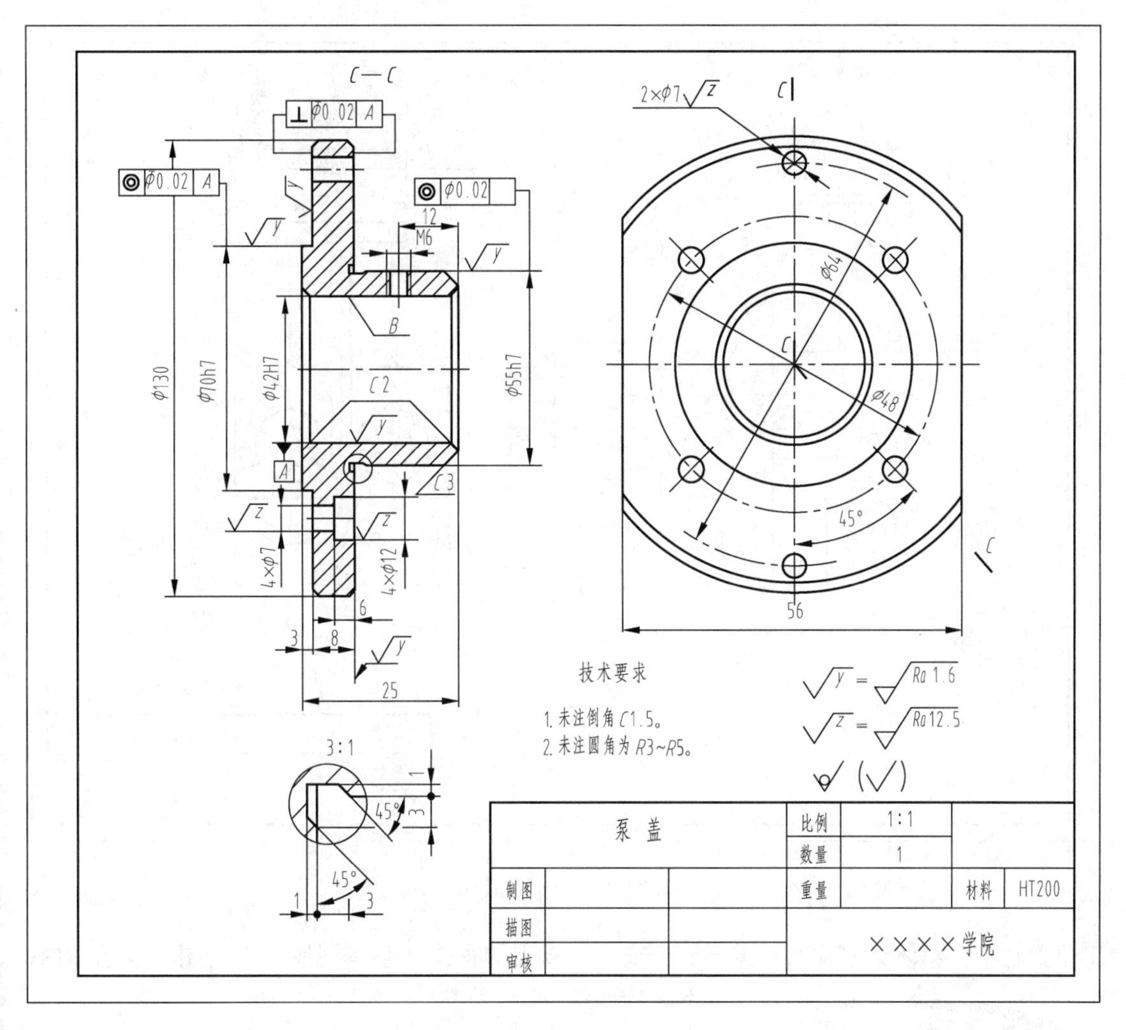

图 3-20　泵盖零件图

3. 尺寸标注

叉架类零件标注尺寸时，通常选用安装面或零件的对称面作为主要尺寸基准。如图3-22所示的支架选用右端面、下端面作为长度方向和高度方向的尺寸基准，分别注出尺寸 60、75，上部轴承的轴线作为 $\phi 20^{+0.027}_{0}$、$\phi 35$ 的径向尺寸基准；零件的对称面作为宽度方向的尺寸基准，分别注出 40.82。

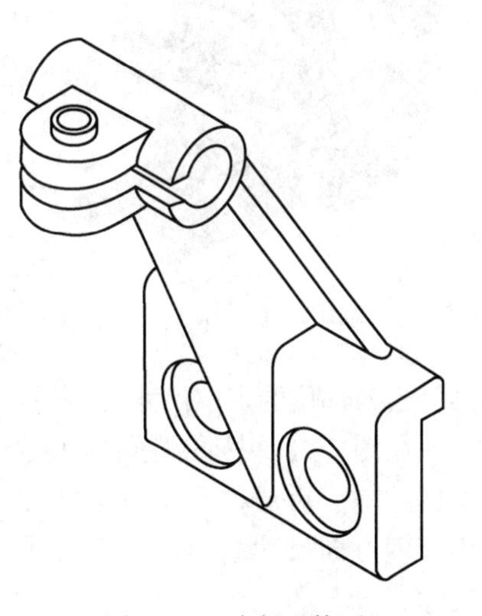

图 3-21　支架立体图

四、箱体类零件

箱体类零件是连接、支承和包容其他零部件的机器零件，一般为机器或部件的外壳，如各种变速器箱体、齿轮泵泵体等。

1. 结构分析

箱体类零件结构形状较为复杂，一般为铸件，其加

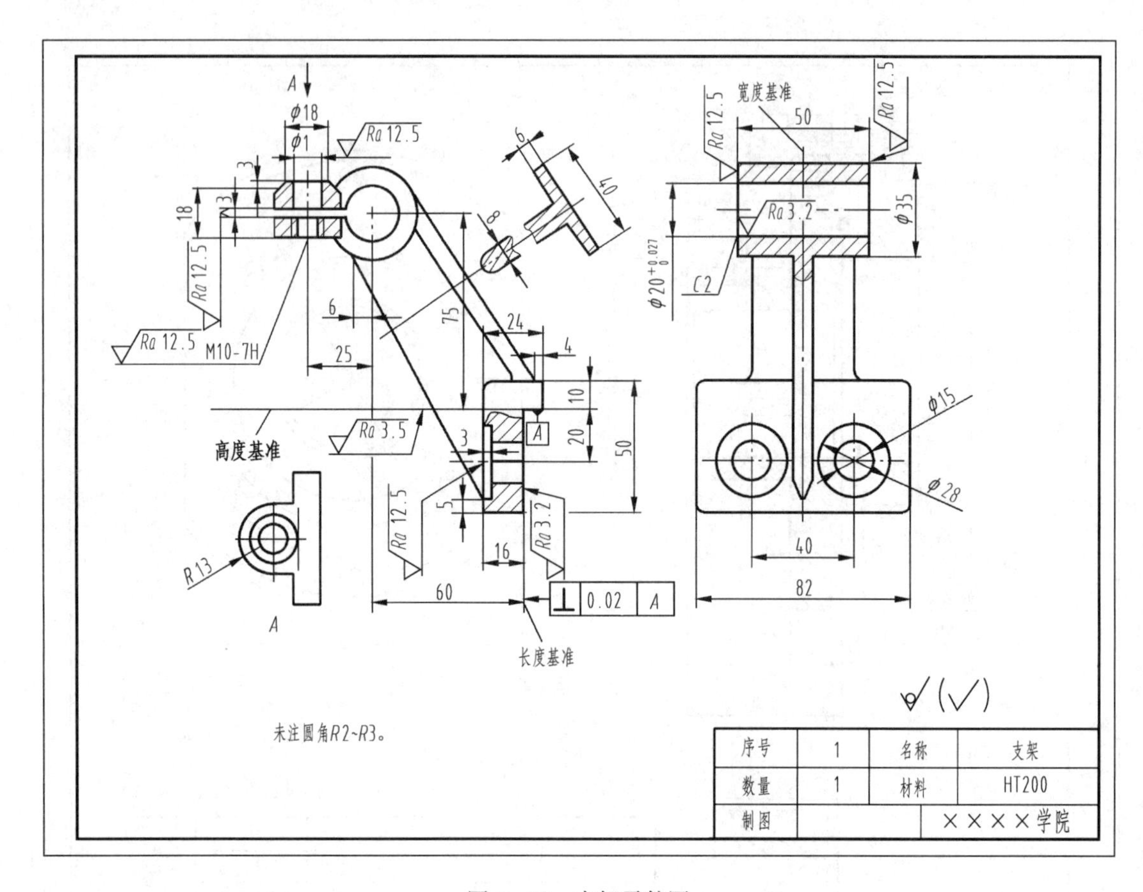

图 3-22　支架零件图

工位置较多。箱体类零件通常需要三个或三个以上的视图（基本视图、剖视图）表示其内、外部结构形状。

图 3-23　泵体

2. 视图选择

如图 3-23 所示的泵体，其零件图见图 3-24，主视图采用全剖视图，以表达泵体泵腔的主要结构特点；左视图采用局部剖视，表达泵体上与单向阀体相接的两个螺孔，它们分别位于泵体的前面和后面，是泵体的进、出油口。

3. 尺寸标注

在标注箱体类零件尺寸时，确定各部位的定位尺寸非常重要，它关系到装配质量的高低，因此首先要选择好基准面，一般以安装表面、主要孔的轴线和主要端面作为尺寸基准。当各部位的定位尺寸确定后，其定形尺寸才能确定。

在图 3-24 中，以泵体的左端面作为长度方向尺寸基准，注出尺寸 $30^{+0.05}_{0}$、28；选用箱体的前、后对称面作为宽度方向尺寸基准，注出尺寸 74、96；选用泵体底座的底面作为高度方向尺寸基准，注出尺寸 50、10 等。确定好各部位的定位尺寸后，逐个标注定形尺寸。

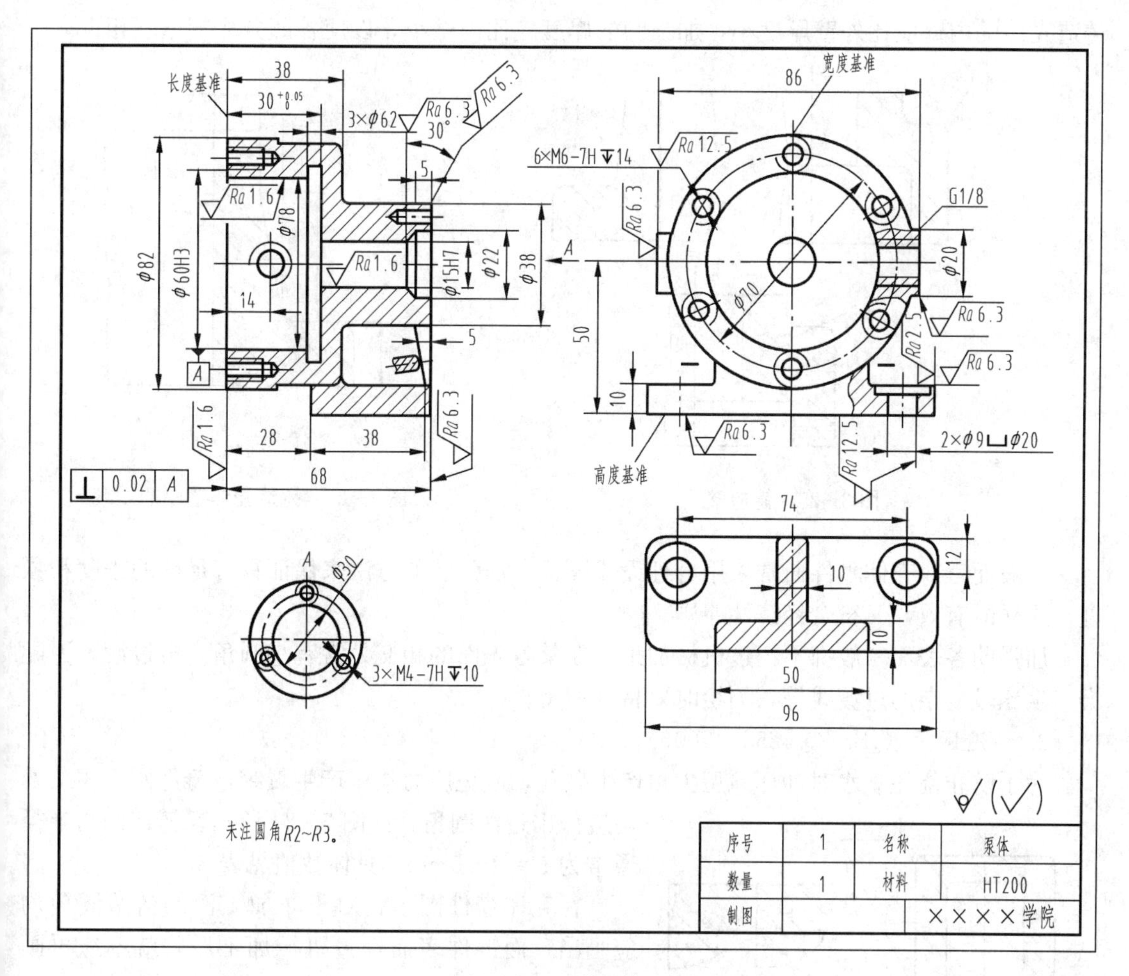

图 3-24 泵体零件图

第四节 零件特殊结构的绘制

零件除需满足功能要求外，其结构形状还应满足加工、测量、装配等制造过程所必需的一系列工艺要求，这是确定零件局部结构的依据。在进行测绘时，还应考虑零件结构的工艺性，这些工艺结构可以根据国家标准的规定，结合具体情况确定。

一、铸造工艺结构的测绘

铸造是将金属材料熔成液态浇入预先制好的模具中，待冷却后形成固体形状的一种制造方法。由于材料在浇铸过程中会混入气体而形成空洞，在从液态向固态转变的过程中会因热胀冷缩而产生裂纹，因此设计时就必须考虑避免或减小这些情况对零件的影响。在工程实践中，常用一些特殊结构来解决上述问题。

1. 铸件壁厚（JB/ZQ 4255—2006）和加强肋

用铸造方法制造零件毛坯时，为了避免浇铸后零件各部分因冷却速度不同而产生残缺、缩孔或裂纹，规定铸件壁厚不能小于某个极限值，且各处壁厚应尽量保持相同或均匀过渡，如图 3-25所示。当壁厚不同时，应采用逐步过渡的结构，以避免壁厚的突变，如图 3-26 所示。

铸造壳体的内壁应比外壁厚度小，加强肋的厚度应比内壁小，以使各部分冷却速度相近。

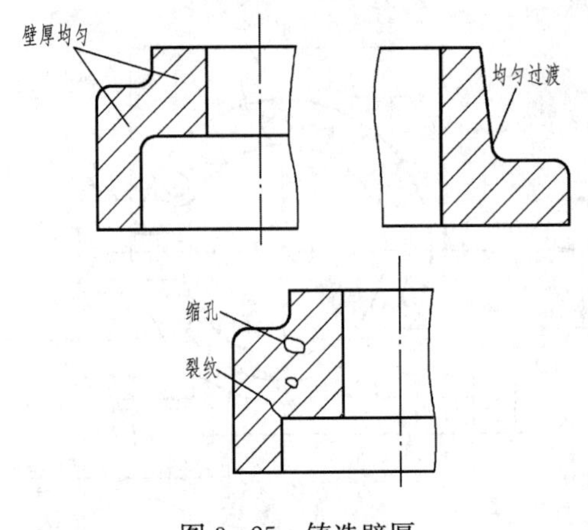

图 3-25　铸造壁厚

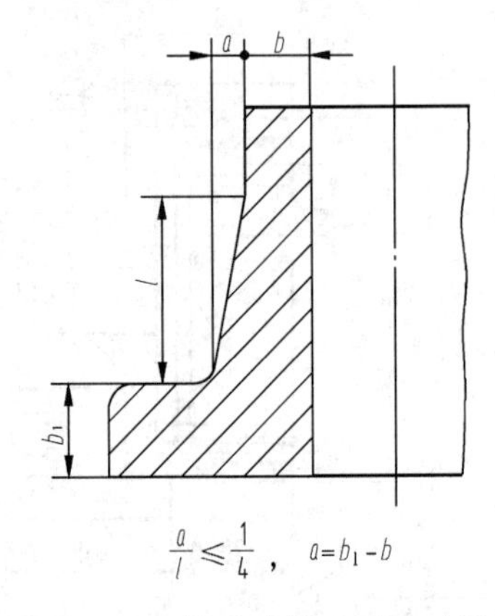

图 3-26　铸造壳体壁厚的过渡

一般而言，壳体零件通常采用合理设置隔板和加强肋的方法来保证具有足够的刚度和强度，这样既有效，又符合经济性原则。

加强肋各表面一般都不经过机械加工，在其各表面的相交处常有小圆角光滑过渡，因此会产生比较复杂的过渡线等，测绘时要特别留意。

2. 铸造圆角（JB/ZQ 4255—2006）

为了防止浇注铁水时冲坏砂型尖角产生砂孔，避免应力集中产生裂纹，铸件两面相交处均应做出过渡圆角，如图 3-27 所示。铸造圆角半径通常为 R=3～5mm，具体数值见表 3-1。

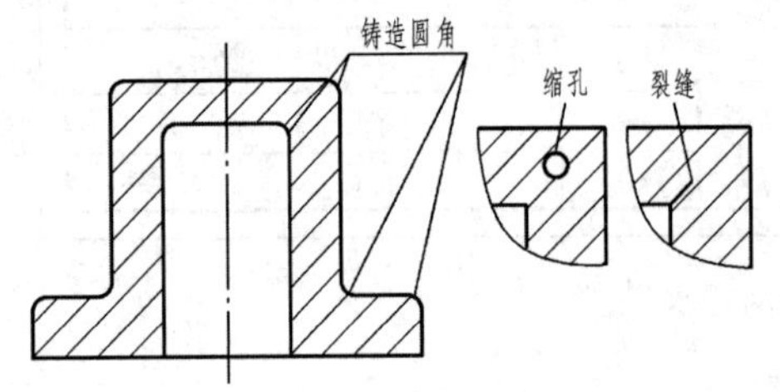

图 3-27　铸造圆角

在壳体零件图上，对于非加工面的铸造圆角均应画出。而铸件表面经过机械加工后，就不应再画圆角。

标注铸造圆角的尺寸时，除个别圆角的半径直接在图样上注出外，也可在技术要求中集中标注。例如，在技术要求中注写“未注铸造圆角均为 $R5$”，或者“未注铸造圆角均为 $R3$～$R5$”。

表 3-1　　铸造圆角半径 R 值（摘自 JB/ZQ 4255—2006）　　mm

$\frac{a+b}{2}$	内圆角 α											
	<50°		51°～75°		76°～105°		106°～135°		136°～165°		>165°	
	钢	铁	钢	铁	钢	铁	钢	铁	钢	铁	钢	铁
≤8	4	4	4	4	6	4	8	6	16	10	20	16
9～12	4	4	4	4	6	6	10	8	16	12	25	20
13～16	4	4	6	4	8	6	12	10	20	16	30	25
17～20	6	4	8	6	10	8	16	12	25	20	40	30
21～27	6	6	10	8	12	10	20	16	30	25	50	40

3. 拔模斜度

为了便于将木模从砂型中取出，在铸件内、外壁上沿着起模方向做成一定的斜度，这个斜度称为拔模斜度。零件上的拔模斜度大小各异，一般取为 0°30′～3°。拔模斜度的实测数据参照实物并根据铸造工艺的有关标准而定。

如图 3-28 所示，在铸件内、外壁上沿着起模方向设计了 1∶20 的斜度，可在零件图上画出，也可在技术要求中用文字说明。

当拔模斜度较小时，在壳体零件图上可不画出、不标注。当拔模斜度较大时，应按几何形体画出，并加以标注，如图 3-29 所示。

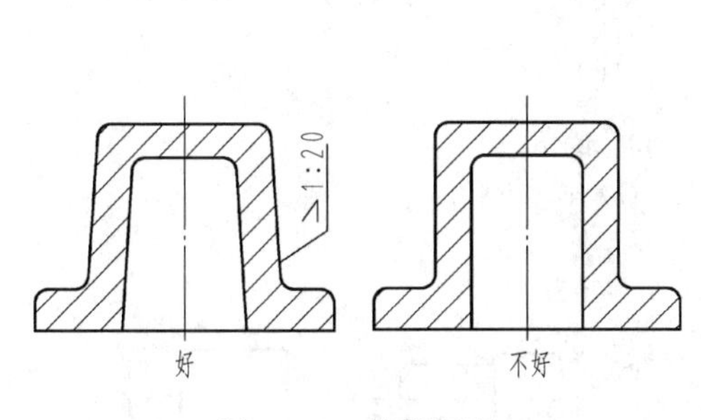

图 3-28 拔模斜度

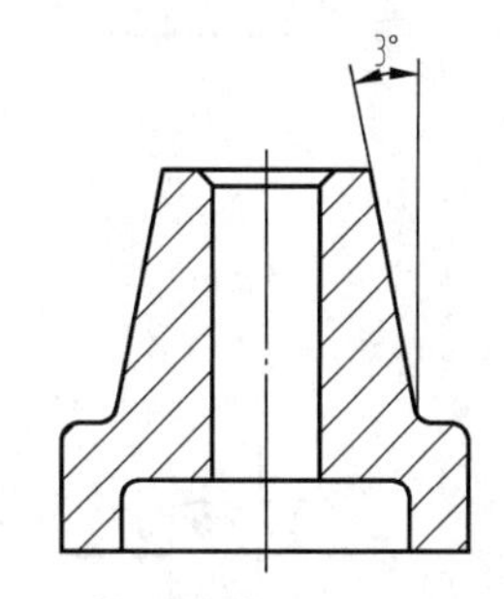

图 3-29 拔模斜度的画法与标注

拔模斜度一般标注在技术要求中，用度数表示，如“拔模斜度为 1°～3°”，也可以直接标注在零件图上，此时通常用斜度锥度的符号形式加以标注。

上述结构是铸造零件所必需的结构。在测绘中，这样的结构如因被测零件的磨损或老化而变形，必须按原设计予以纠正。

二、机械加工工艺结构的绘制

零件大都要经过机械加工。在加工中，由于工具和加工工艺的限制，必须设计成某些特殊的结构，这些结构称为机械加工工艺结构。对这些结构的绘制要遵从国家标准的规定。

1. 倒角（GB/T 6403.4—2008）

为了便于操作和装配，常在零件端部或孔口处加工出倒角。常见的倒角为 45°，也有 30°和 60°的倒角，其尺寸标注如图 3-30 所示。图样中倒角尺寸全部相同或某一尺寸占多数时，可在技术要求中注明。如果倒角为 45°，可用 *C* 表示，后面注写去掉的倒角边长。如 *C*2，*C* 表示 45°倒角，2 表示边长为 2mm，也可以注成 2×45°，二者是等价的。零件中具体的倒角值可根据 GB/T 6403.4—2008 来选择。

2. 圆角（GB/T 6403.4—2008）

为了避免阶梯轴轴肩根部或阶梯孔孔肩处因产生应力集中而断裂，通常在这两处都以圆角过渡，其画法和标注如图 3-31 所示。

3. 钻孔结构

零件上不同形式和不同用途的孔，常用钻头加工而成。为防止钻头歪斜或折断，钻孔端面应与钻头垂直。为此，斜孔、曲面上的孔应制成与钻头垂直的凸台或凹坑，如图 3-32 (a) 所示。用钻削法加工的盲孔，在孔的底部会有 120°的锥角，钻孔深度指的是圆柱部分的深度，不包括锥角。在钻阶梯孔时，其过渡处也存在 120°的锥角，大孔的深度也不包括锥角，如图 3-32 (b) 所示。

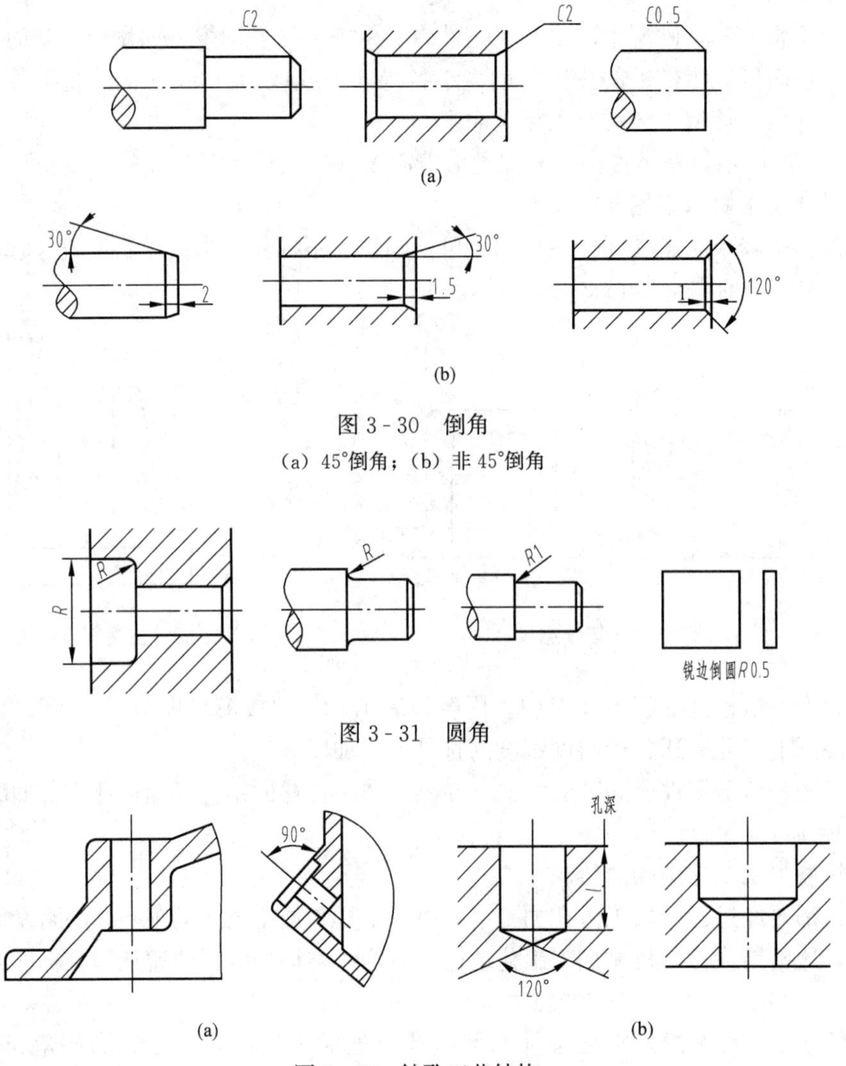

图 3-30 倒角

(a) 45°倒角；(b) 非 45°倒角

图 3-31 圆角

图 3-32 钻孔工艺结构

4. 退刀槽及砂轮越程槽

在对零件进行切削加工时，为了便于退出刀具，保证装配时相关零件接触紧密，在被加工表面台阶处应预先加工出退刀槽或砂轮越程槽。车削外螺纹的退刀槽的尺寸一般可按“槽宽×直径”或“槽宽×槽深”格式标注，如图 3-33（a）所示。磨削外圆或磨削内圆及端面时的砂轮越程槽尺寸标注如图 3-33（b）、（c）所示。

5. 凸台和凹坑

零件上与其他零件的接触面一般都要加工。为了减小加工面积，并保证零件表面之间有良好的接触，常常在铸件上设计出凸台、凹坑等结构。凸台、凹坑结构可减轻零件的重量，节省材料、工时，提高加工精度和装配精度。凸台、凹坑常见工艺结构如图 3-34 所示。

6. 中心孔（GB/T 145—2001）

为了方便轴类零件的装夹和加工，通常在轴的两端加工出中心孔。中心孔有 A 型、B 型、C 型、R 型，其中，A 型和 B 型中心孔的结构如图 3-35 所示，尺寸系列见表 3-2。

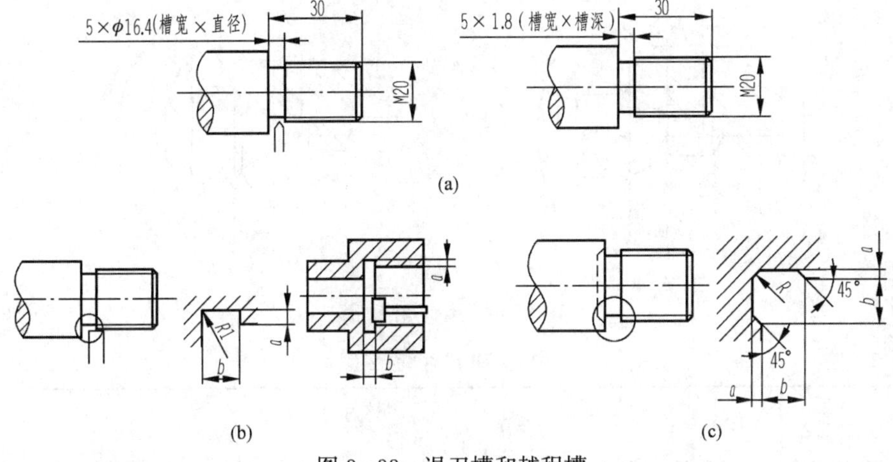

图 3-33　退刀槽和越程槽

(a) 退刀槽；(b) 磨削内、外圆越程槽；(c) 磨削外圆及端面越程槽

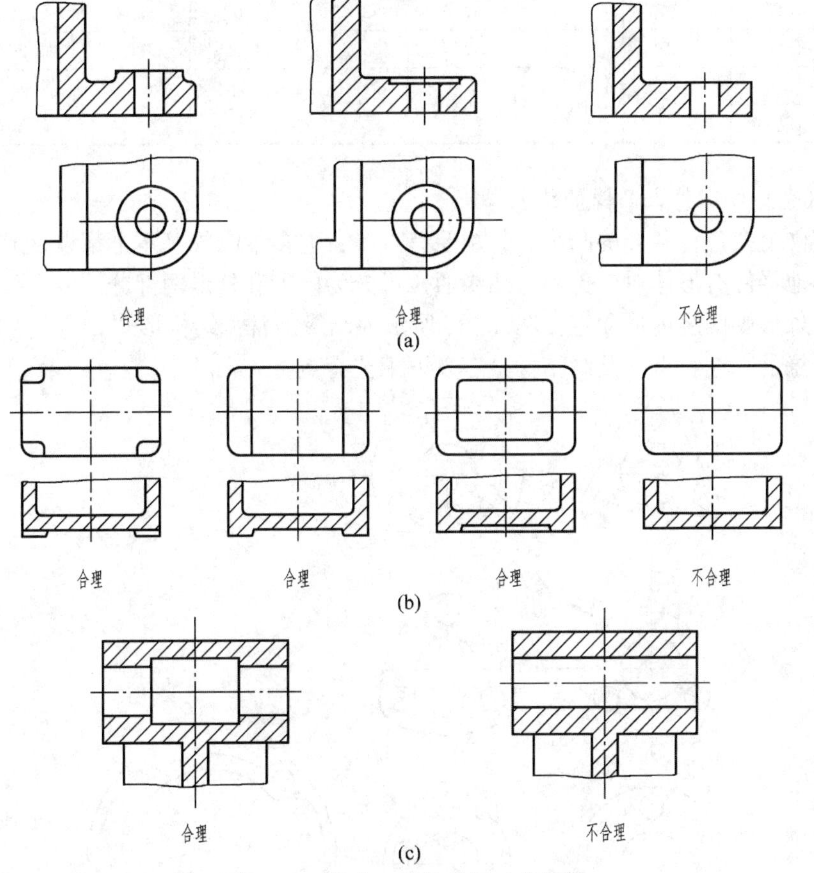

图 3-34　凸台、凹坑常见工艺结构

三、其他常见结构的绘制

箱体零件的结构形状是根据它在部件中的作用及加工工艺性的要求而确定的。箱体零件上有各式各样的局部结构，如凸缘、凸台、凹坑、圆角、斜度、锥度、油孔、螺孔、沟槽、鼓包等，测绘比较烦琐，但又必不可少。测绘中必须了解这些结构的工艺特点及要求，正确测绘。

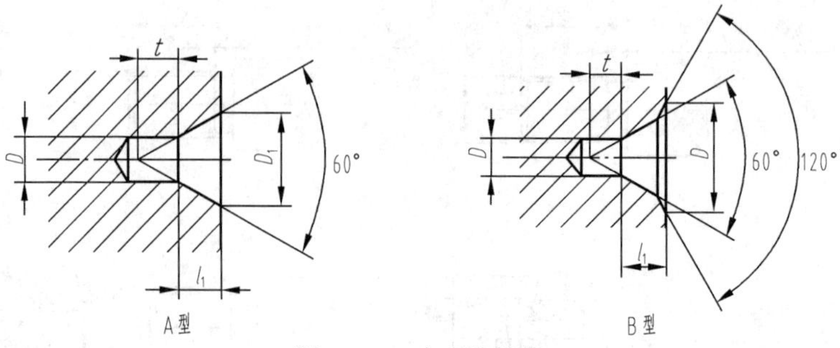

图 3-35 中心孔结构

表 3-2 **中心孔尺寸系列**

D	A型	1.00	1.60	2.00	2.50	3.15	4.00	6.30	10.00
	B型								
D_1	A型	2.12	3.35	4.25	5.30	6.70	8.50	13.20	21.20
	B型	3.15	5.00	6.30	8.00	10.00	12.50	18.00	28.00
l_1	A型	0.97	1.52	1.95	2.42	3.07	3.90	5.98	9.70
	B型	1.27	1.99	2.54	3.20	4.03	5.05	7.36	11.6
t	A型	0.9	1.4	1.8	2.2	2.8	3.5	5.5	8.7
	B型								

1. 箱（壳）体零件上凸缘的绘制

壳体零件上有各种各样的凸缘，其主要特点是：大多数凸缘基本上都设计成直线段和圆弧，且与其他零件有形体对应关系。凸缘通常可分为内形和外形两部分，内形包括全部型孔和连接孔，外形则围绕内形而定。图 3-36 所示为凸缘的常见结构形式。

（1）凸缘的工艺特点。凸缘结构具有以下工艺特点：

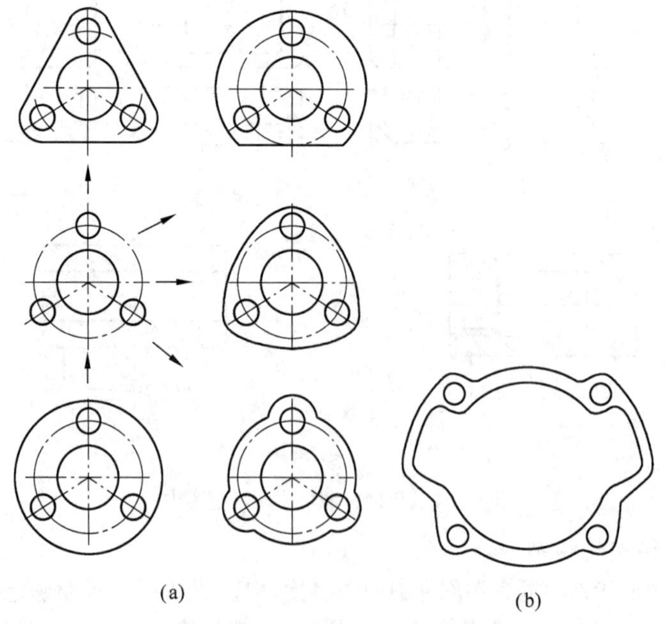

图 3-36 凸缘的常见结构形式

1）由于凸缘的平面与其他零件相连接，故需进行机械加工。

2）在铸造壳体上均设有铸造圆角，使凸缘的轮廓形状光滑过渡。

3）为了便于加工，往往将能够连成一体的单独凸缘连在一起，形成整体式凸缘。

（2）凸缘的形状分析。凸缘的连接表面为平面。通过对凸缘形状的分析，将其轮廓分解为若干条直线和若干段圆弧，然后应用几何知识确定其尺寸的大小和位置。对于直线段，要确定其长度；对于圆弧，则要确定其半径和圆心所在的位置。通常情况下，测绘时只要确定内形连接孔和型孔的中心位置，圆弧的相对位置便可随之确定。

（3）凸缘的测绘。在实际测绘中，由于凸缘部分常常处于同一平面上，可采用拓印法或铅丝法来绘制。

同时，由于壳体上的凸缘形状通常与其他零件的形状有着对应关系，也可以用凸缘部分所对应的零件来代替凸缘部分进行测绘，如图 3-37 所示。尤其在机修测绘中，由于壳体使用过程中可能产生变形、破裂等失效形式，为保证测绘的便利性和准确性，经常采用这种方法。

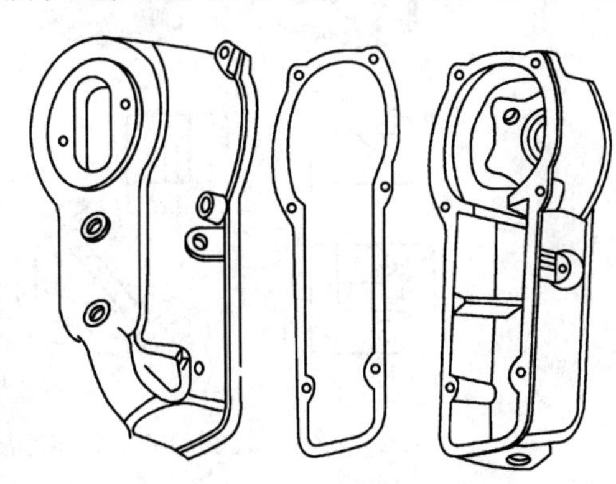

图 3-37 对应法测绘凸缘

2. 箱（壳）体零件上的圆角及过渡线的测绘

由于铸造和锻造壳体上的两表面相交处都有圆角光滑过渡，因而零件表面之间的交线消失。为了便于识图，国家标准中规定按没有圆角时交线的位置，示意性地画出这条线，这条线即为过渡线。

（1）过渡线的表达。壳体上两相交表面的形状、大小及相对位置确定后，过渡线的形状、大小也就完全确定了。因此，在测绘壳体零件时，过渡线不需要测量，也不需要标注尺寸。

（2）常见过渡线的画法。由于壳体零件的结构形状和尺寸大小不同，过渡线的画法也不相同。测绘时，可参阅国家标准或相关资料。下面介绍几种壳体零件上常见的过渡线和相贯线的画法，如图 3-38 和图 3-39 所示，可供测绘时参考。

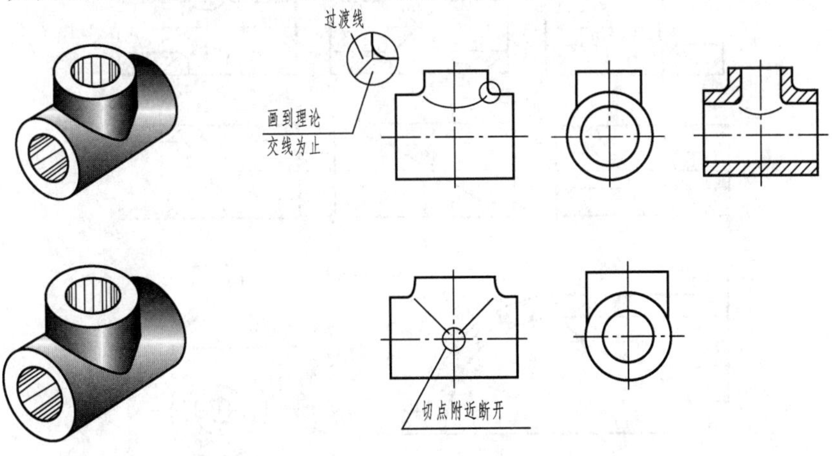

(a)

图 3-38 壳体上常见的几种过渡线（一）

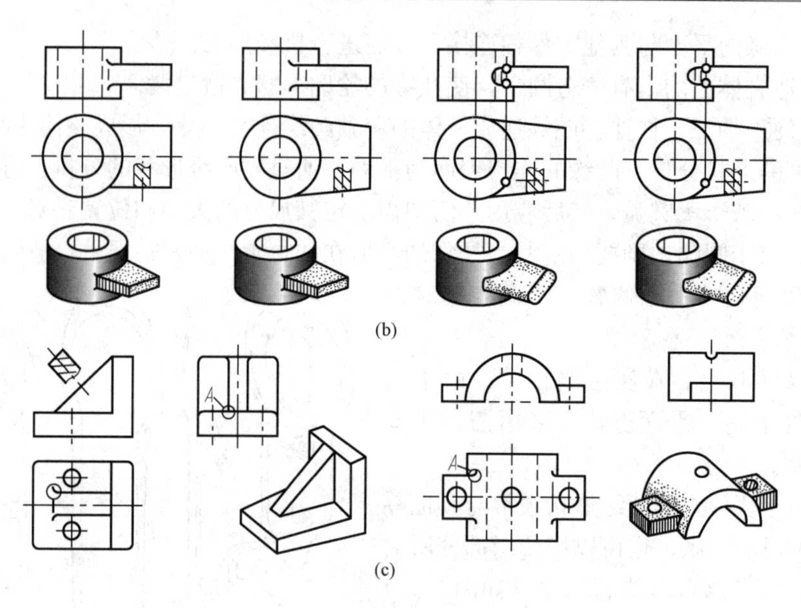

图 3-38　壳体上常见的几种过渡线（二）

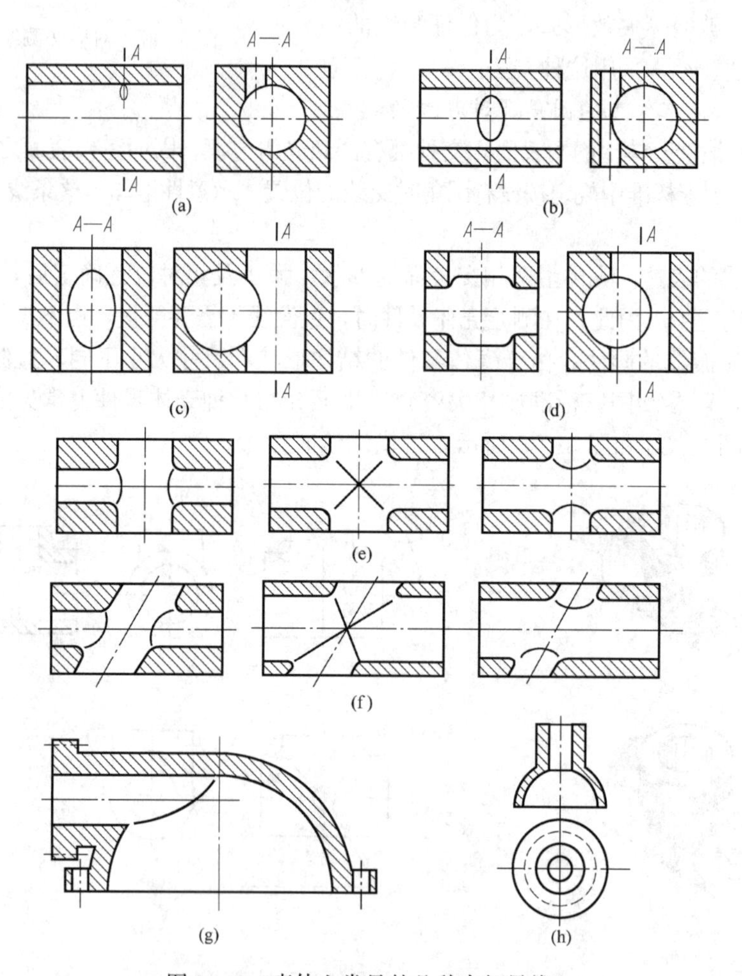

图 3-39　壳体上常见的几种内相贯线

第五节　零件草图绘制举例

要绘制一个零件的草图，首先要对这个零件进行分析，并确定表达方案和视图数量。

以图 3-40 所示的上轴瓦为例，上轴瓦的外形简单、内部结构比较复杂。因此，主视图采用全剖视表达上轴瓦的内部结构，左视图采用全剖视表达上轴瓦的端头特征，其绘图步骤如下：

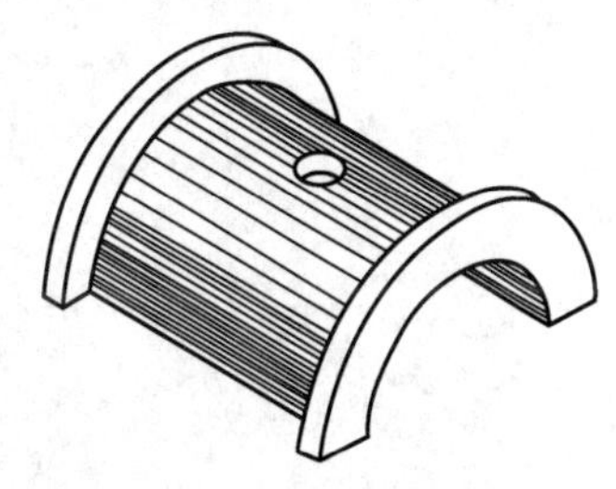

图 3-40　上轴瓦立体图

（1）在图纸上定出各个视图的位置。绘制各视图的基准线、中心线，如图 3-41（a）所示。安排各个视图的位置时，要考虑到各视图间应留有标注尺寸的地方，同时留出右下角标题栏的位置。

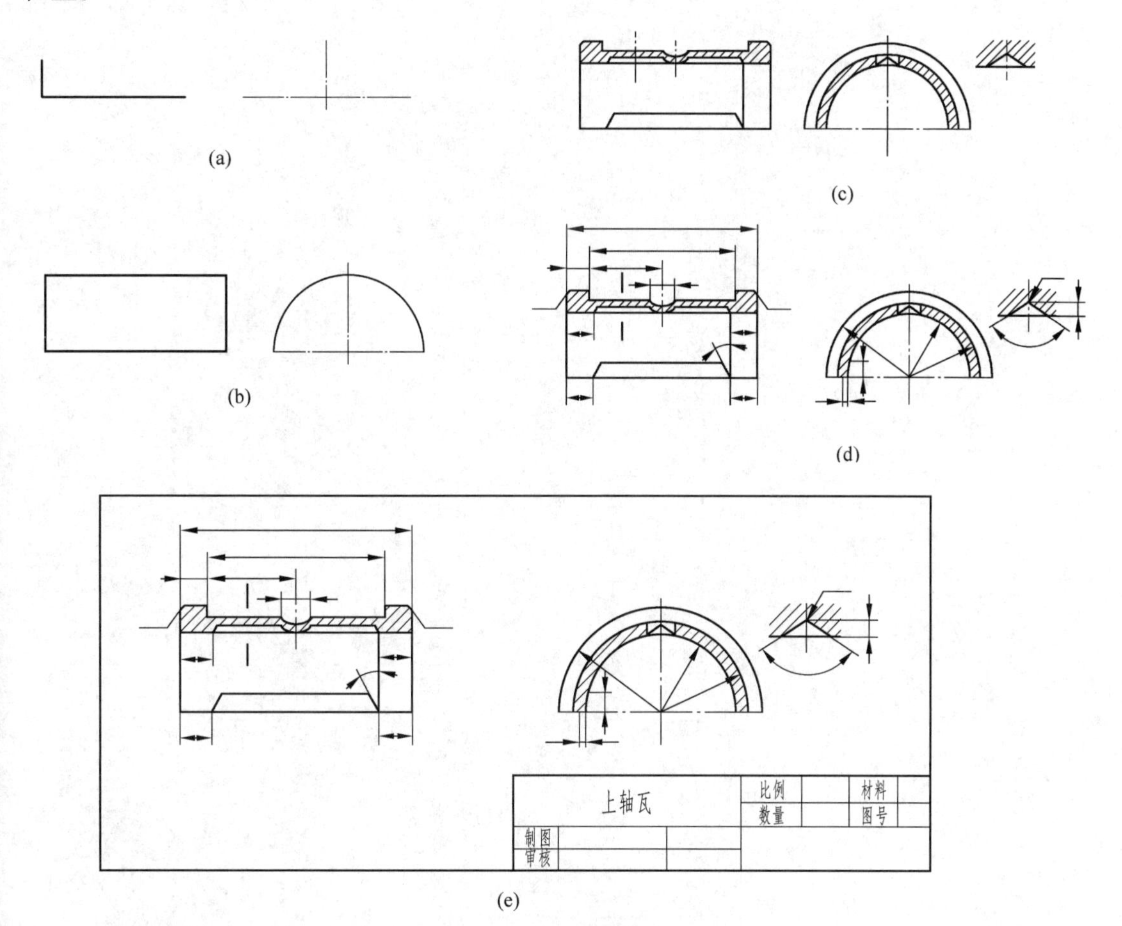

图 3-41　上轴瓦的绘图步骤

（2）从主视图入手，根据目测比例，按投影关系绘制零件的基本轮廓，如图 3-41（b）所示。

（3）绘制零件的详细结构，完成底稿，如图 3-41（c）所示。

（4）确定零件的尺寸基准，绘制尺寸界线、尺寸线和箭头，如图 3-41（d）所示。

（5）绘制图框，填写标题栏，加深图线，如图 3-41（e）所示。

（6）检查、整理，完成草图。

第四章　零部件测量与尺寸标注

零部件的测量过程是确定被测零部件空间几何尺寸量值的实际过程。一个完整的测量过程应包括测量工具的选择、测量的方法和测量技巧、对测量结果的圆整等方面的内容。

第一节　零部件测量工具简介

测量工具简称量具，是专门用来测量零件尺寸、检验零件形状或安装位置的工具。各种不同的测量工具都有不同的适用范围，也都有不同的使用要求和保管要求。在测绘中应根据测绘的需要选择合适的量具，按操作规程使用量具，并要爱护和妥善保管量具。

一、常用测量工具

在零部件测绘中，常用的量具可分为游标类量具、螺旋式量具、机械式量仪、标准量具等。

1. 游标类量具

利用游标和尺身相互配合进行测量和读数的量具称为游标量具。游标量具是一大类量具，具有结构简单、使用方便、测量范围大、易于维护保养等特点，在机械领域应用极为广泛。

（1）游标卡尺。游标卡尺的种类很多，主要结构大同小异，如图 4-1 所示，其性能及用途见表 4-1。

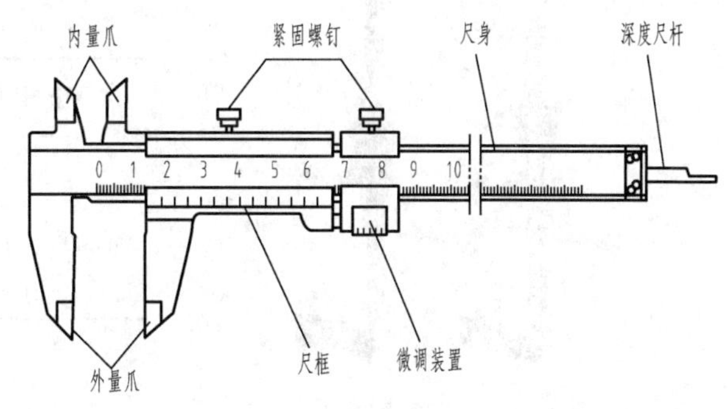

图 4-1　游标卡尺

表 4-1　　游标卡尺的性能及用途

形　　式	测量范围（mm）	精度（mm）	用　　途
Ⅰ	0～125，0～150	0.02，0.05，0.10	适用于测量工件内、外尺寸和深度尺寸
Ⅱ，Ⅲ	0～200，0～300		
Ⅳ	0～500，0～1000		

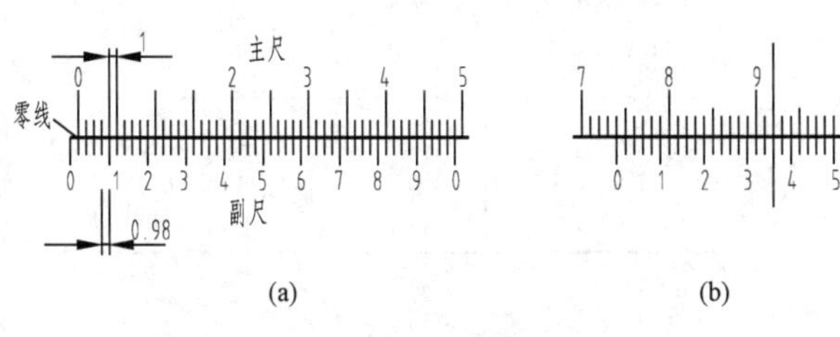

图 4-2　游标卡尺的刻线原理和读数方法
（a）刻线原理；（b）读数方法

读数值时，先在主尺上读出副尺零线左面所对应尺寸的整数值部分，再找出副尺上与主尺刻度对准的那一根刻线，读出副尺的刻线数值，乘以精度值，所得乘积即为尺寸小数值部分，整数与小数之和就是被测零件的尺寸。如图 4-2（b）所示，其读数为 74 + 36 × 0.02

=74.72。

（2）深度游标卡尺。深度游标卡尺的结构如图 4-3 所示，其性能及用途见表 4-2。深度游标卡尺的读数方法同游标卡尺。

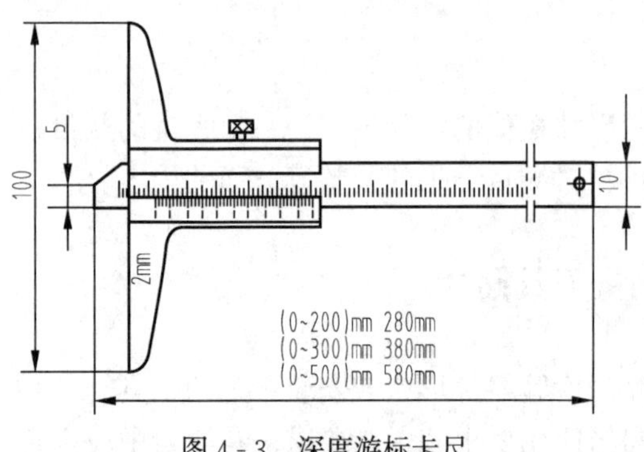

图 4-3 深度游标卡尺

表 4-2 深度游标卡尺的性能及用途

测量范围（mm）	精度（mm）	用　途
0～200，0～300，0～500	0.02，0.05	适用于测量工件深度尺寸、台阶高度或类似的尺寸

（3）高度游标卡尺。高度游标卡尺的结构如图 4-4 所示，其性能及用途见表 4-3。高度游标卡尺的读数方法同游标卡尺。

图 4-4 高度游标卡尺

表 4-3 高度游标卡尺的性能及用途

测量范围（mm）	精度（mm）	用　途
0～200，0～300，0～500，0～1000	0.02，0.05，0.10	适用于测量工件的高度尺寸和精密划线

（4）齿厚游标卡尺。齿厚游标卡尺的结构如图 4-5 所示，其性能及用途见表 4-4。齿厚游标卡尺的读数方法同游标卡尺。

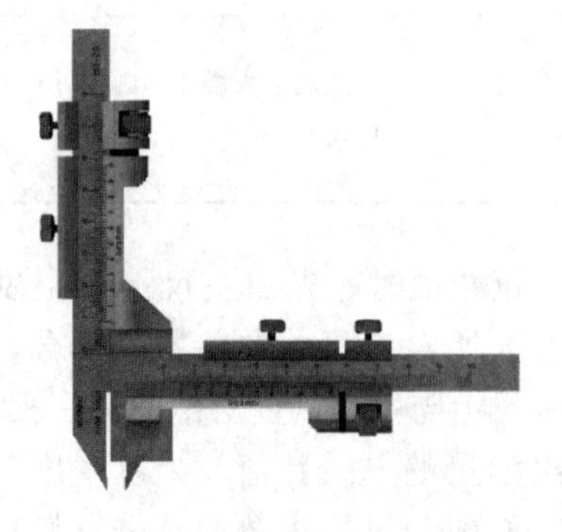

图 4-5 齿厚游标卡尺

表 4-4 齿厚游标卡尺的性能及用途

测量范围（mm）	精度（mm）	用　途
1～18，1～26，2～30	0.02	适用于测量齿轮齿厚尺寸

（5）游标万能角度尺。游标万能角度尺的结构如图 4-6 所示，其性能及用途见表 4-5。

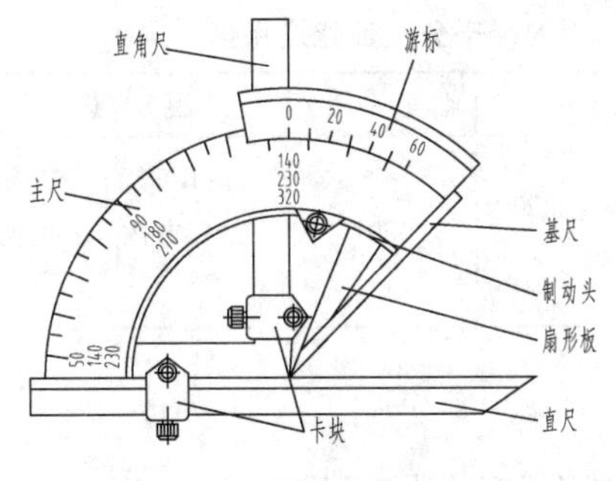

图 4-6　游标万能角度尺

表 4-5　　游标万能角度尺的性能及用途

形　式	测量范围（mm）	精　度	用　　途
Ⅰ	0°～320°	2′和 5′	适用于测量工件或样板的内、外角度
Ⅱ	0°～360°		

游标万能角度尺的读数方法同游标卡尺。

2. 螺旋式量具

螺旋式量具是利用螺旋运动的原理来进行测量和读数的一种测量工具，与游标量具相比，具有测量精度高，使用方便的特点，主要用于测量中等精度的零件尺寸。

（1）外径千分尺。外径千分尺的结构如图 4-7 所示，其性能及用途见表 4-6。

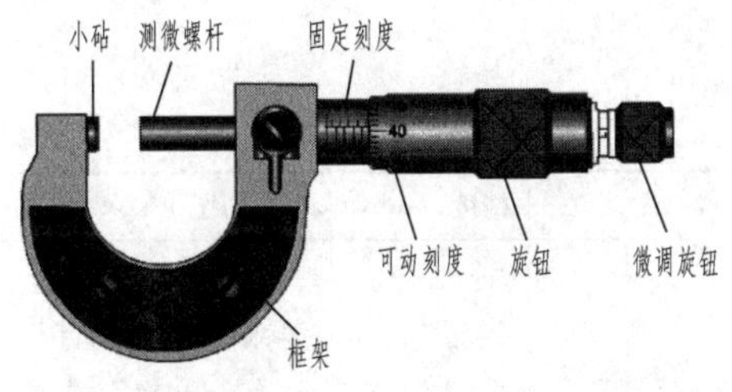

图 4-7　外径千分尺

表 4-6　　外径千分尺的性能及用途

测量范围（mm）	精度（mm）	用　　途
0～25，25～50，50～75，75～100	0.01	适用于测量精密工件的外尺寸、长度、厚度

读数方法：以如图 4-8 所示的读数为例，先读出固定套筒上与活动套管端面对齐的刻线尺寸，在读数时应特别注意不要遗漏 0.5mm 的刻线值，再读出活动套管圆周上与固定套筒的水平基准线（中线）对齐的刻线数值，乘以尺的精度 0.01mm，所得的数值便是活动套管上的尺寸，最后将这两部分尺寸相加，就是被测物体的实测尺寸。

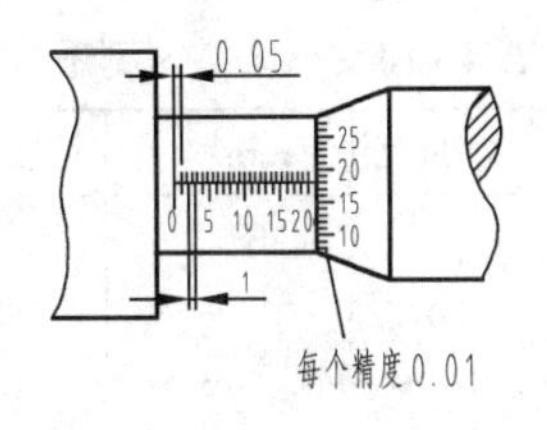

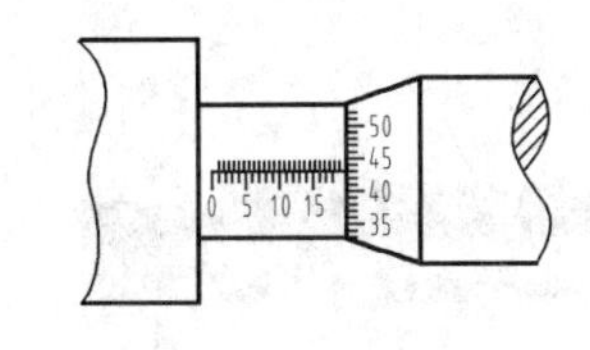

读数＝21＋18×0.01＝21.18　　读数＝18.5＋43×0.01＝18.93

图 4-8　千分尺读数示例

（2）内径千分尺。内径千分尺的结构如图 4-9 所示，其性能及用途见表 4-7。内径千分尺读数方法同外径千分尺。

（3）公法线千分尺。公法线千分尺的结构如图 4-10 所示，其性能及用途见表 4-8。公法线千分尺读数方法同外径千分尺。

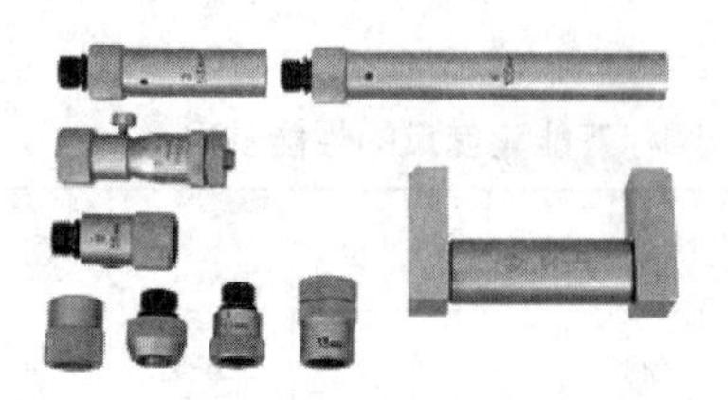

图 4-9　内径千分尺

表 4-7　内径千分尺性能及用途

最小测量范围（mm）	精度（mm）	用　途
50，100，150，250，500，1000，5000	0.01	适用于测量精密工件的内尺寸或槽宽

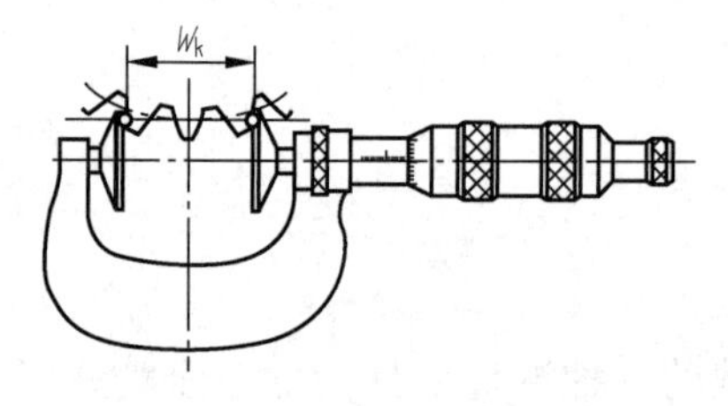

图 4-10　公法线千分尺

表 4-8　公法线千分尺的性能及用途

测量范围（mm）	精度（mm）	用　途
0～25，25～50，50～75，75～100，100～125，125～150	0.01	适用于测量圆柱齿轮的一般标准长度（如公法线长度）

（4）深度千分尺。深度千分尺的结构如图 4-11 所示，其性能及用途见表 4-9。深度千分尺读数方法同外径千分尺。

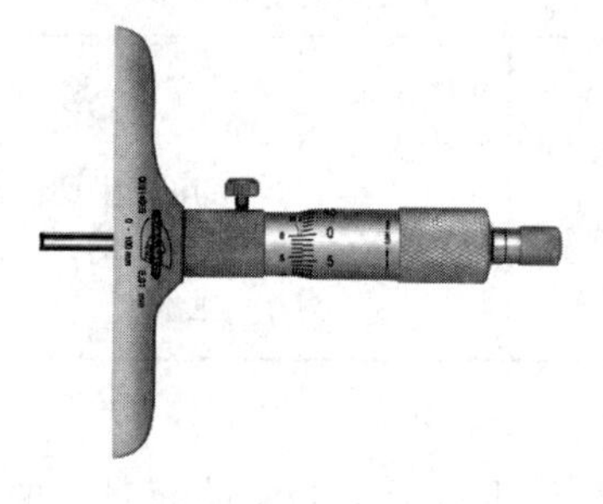

图 4-11　深度千分尺

表 4-9　深度千分尺的性能及用途

测 量 范 围（mm）	精度（mm）	用　途
0～25，0～100，0～150	0.01	适用于测量精度要求较高的通孔、盲孔、阶梯孔、槽的深度和台阶高度尺寸

（5）内测千分尺。内测千分尺的结构如图 4-12 所示，其性能及用途见表 4-10。内测千分尺读数方法同外径千分尺。

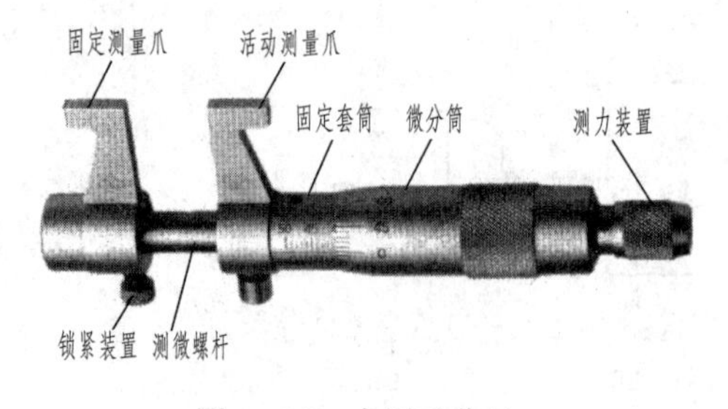

图 4-12　内测千分尺

表 4-10　内测千分尺的性能及用途

测量范围（mm）	精度（mm）	用　途
5～30，25～50，50～75，75～100，100～125，125～150	0.01	适用于测量精密零件的内尺寸，如孔的直径、沟槽的宽度

3. 机械式量仪

机械式量仪是借助杠杆、齿轮、齿条或扭簧的传动，将测量杆的微小位移经传动和放大机构转变为表盘上指针的角位移，从而指示出相应的位置。

机械式量仪最常用的是百分表和千分表，如图 4-13 所示，其性能及用途见表4-11。

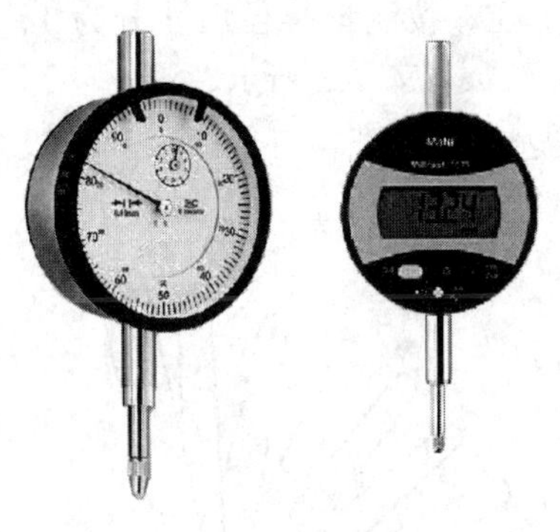

图 4-13　百分表、千分表

表 4-11　　百分表、千分表的性能及用途

测量范围（mm）		精度（mm）	用　途
百分表	0～3，0～5，0～10	0.01	适用于测量工件的各种几何形状和相互位置的正确性及位移量，并可用比较法测量工件的长度
千分表	0～1，0～2，0～3，0～5	0.001	

4. 标准量具

标准量具主要有量块、角度量块和多面棱体、螺纹样板、半径样板、塞尺、螺纹量规等。这类量具的测量值是固定的，所以也称为定值量具。

（1）量块。量块用于测量精密工件或量具的正确尺寸，或用于调整、校正、检验测量仪器、工具，是技术测量中长度测量的基准，如图 4-14 所示。

（2）角度量块和多面棱体。角度量块用于检查零件的内、外角度，如图 4-15 所示。随着角度计量要求的不断提高，又出现了多面棱体。多面棱体是在圆环形的量具上有不同角度的槽，用于检查外角度，如图 4-16 所示。

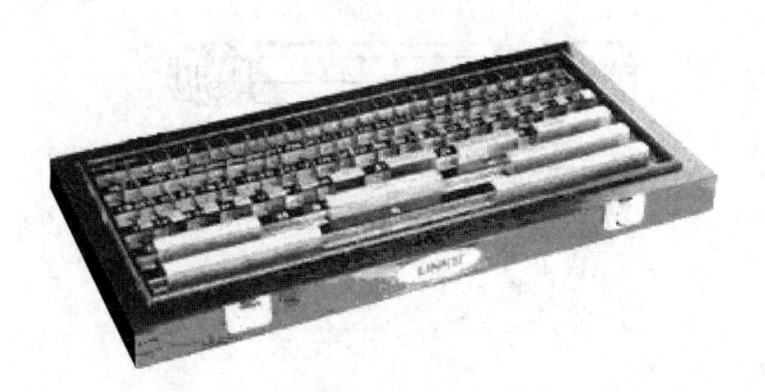

图 4-14　量块

图 4-15　角度量块

（3）螺纹样板。螺纹样板是一种带有不同螺距的标准薄板（规定厚度为 0.5mm），每套螺纹样板有很多片，每片刻有不同的螺距值，如图 4-17 所示。螺纹样板用于测定普通螺纹的螺距。

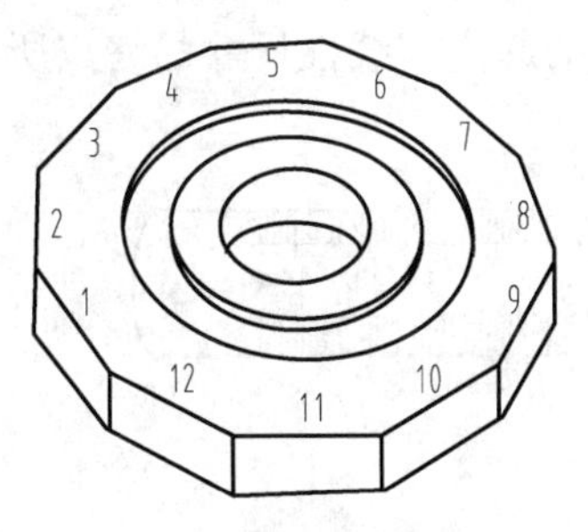

图 4-16　多面棱体

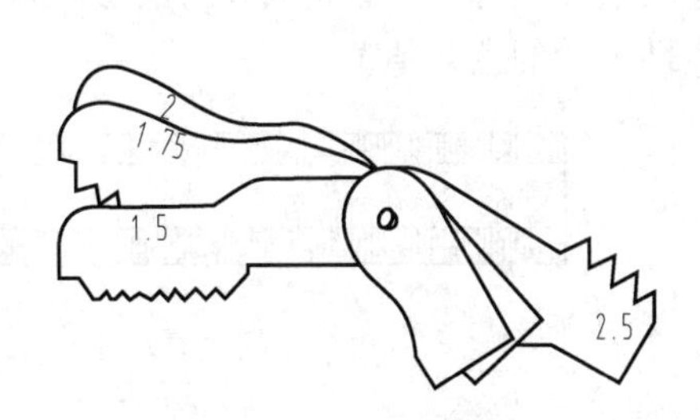

图 4-17　螺纹样板

（4）半径样板。半径样板用于测定工件凸、凹圆弧面的半径。按测量半径尺寸分为1、2、3组，每组30～40片不等。每片尺寸相隔0.25、0.5、1mm，如图4-18所示。

（5）塞尺。塞尺如图4-19所示，用于测量或检验零件两表面的间隙，有普通级和特级两种。

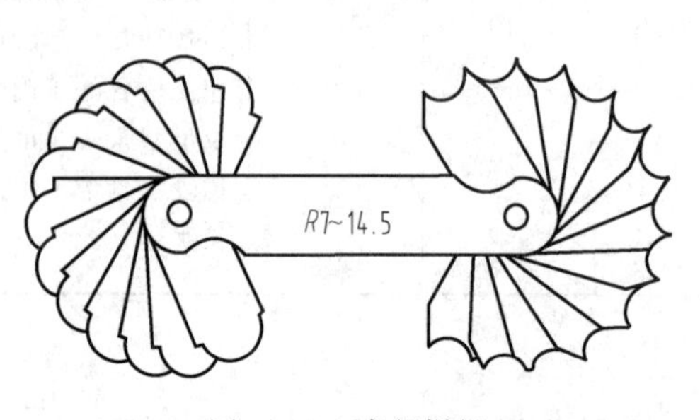

图4-18 半径样板

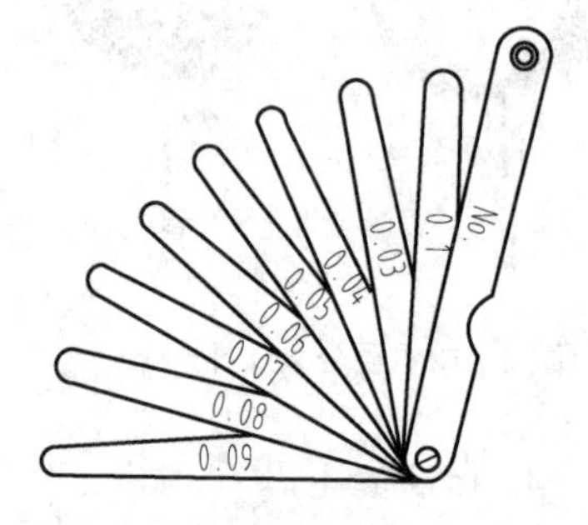

图4-19 塞尺

（6）螺纹量规。螺纹量规分为环规和塞规两类，如图4-20和图4-21所示。螺纹环规用于检验工件的外螺纹尺寸；螺纹塞规用于检验工件的内螺纹尺寸，每种规格分为通规和止规两种，直径系列从M1～M68不等。检验时，若通规能与工件螺纹旋合通过，而止规不能通过或部分旋合，则工件为合格；反之，则为不合格。

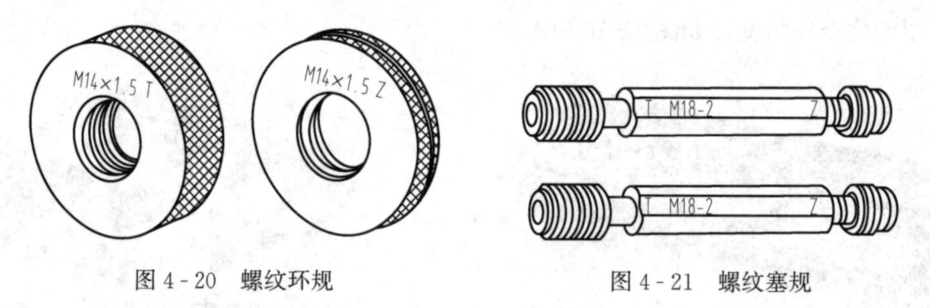

图4-20 螺纹环规　　图4-21 螺纹塞规

5. 其他常用量具

除上述介绍的几类量具外，在零部件测绘中常用的量具还有直尺、卡钳等。

（1）直尺。直尺是用不锈钢薄板制成的一种刻度尺，主要用来测量一般精度的线性尺寸，如图4-22所示。直尺的规格有150、300、500、1000mm四种，直尺的尺面上刻有公制刻线，刻线间隔一般为1mm，部分直尺刻线间隔为0.5mm。使用时，将直尺有刻度的一边与被测量的线性尺寸平行，0刻线对准被测量线性尺寸的起点，线性尺寸的终点所对应的刻度即为线性尺寸的读数值。

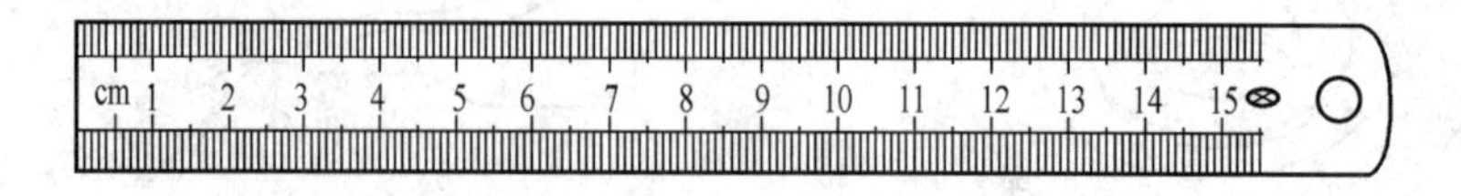

图4-22 钢直尺

（2）卡钳。卡钳分为外卡钳和内卡钳两种，如图4-23和图4-24所示。外卡钳用来测量工件的外径和平行面；内卡钳用来测量工件的内径和内槽。卡钳上没有刻度，是一种间接量具，必须与钢直尺或其他带有刻度的量具结合使用才能读出尺寸。卡钳的规格有（全长）100、125、200、250、300、400、450、500、600mm。

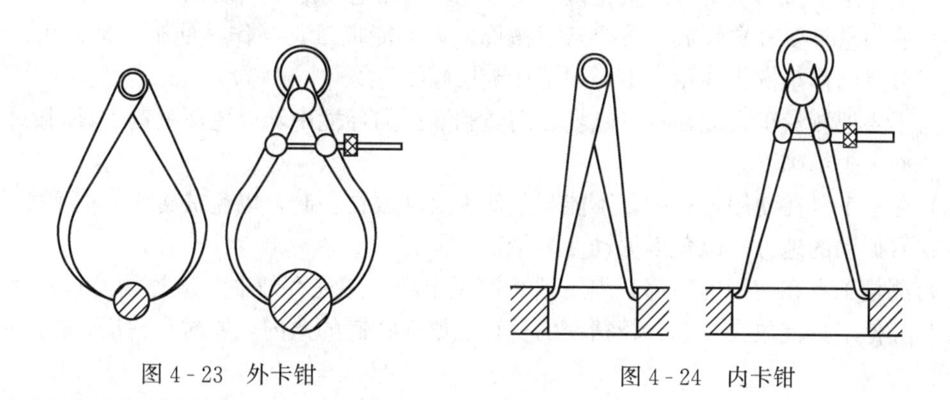

图 4-23　外卡钳　　　　图 4-24　内卡钳

二、常用测量辅助工具

在测绘工作中常用的测量辅助工具有平板、方箱、V 形铁等，如图 4-25 所示。

图 4-25　平板、方箱和 V 形铁

1. 平板

平板在测量时作为工作台使用，通常在其工作面上安放量具、零件及其他辅助工具。也有一些较大规格的平板安装在专用的支架上，统称为平台。

平板的精度等级有 000、00、0、1、2、3 六个等级。平板按其制造材料可分为铸铁平板和花岗岩平板两大类。

2. 方箱

方箱是具有六个工作面的空腔正方体，用铸铁或钢材制成。其中一个工作面上有 V 形槽，以供放置圆柱形工件。

3. V 形铁

V 形铁根据用途分为划线用 V 形铁、带夹紧两面 V 形铁和带夹紧四面 V 形铁三种。图 4-25 所示为划线用 V 形铁，主要用来测量同轴度误差和装夹零件。

三、测量工具的维护和保养

量具的维护和保养直接影响其使用寿命及测量的精度和可靠性。以下提示对于量具的维护和保养是大有裨益的。

（1）测量前应将测量工具的测量面和工件的被测表面擦拭干净，以免由于脏物的存在而影响测量的精确度。

（2）正确使用量具，不能硬卡、硬塞，以免磨损量具。

（3）不能用精密测量工具测量粗糙的铸锻毛坯或带有研磨剂的表面。

（4）使用量具要轻拿轻放，不要随意抛掷，更不能把量具当作其他工具来使用。例如，不可把千分尺当作小榔头使用，不可用游标卡尺画线等。

（5）不要把测量工具放在具有磁场、高温和潮湿的环境中，以免使测量工具因磁化、变形和生锈而失去精确度。

（6）测量工具在使用过程中，不能与其他工具堆放在一起，以免被碰伤。也不能将测量工具放在有振动的地方，以免因振动使测量工具损坏。

（7）测量工具在使用前后都必须用绒布擦拭干净；用完存放时，应擦油防锈；保管时，也不要与其他工具混放在一起，较精密的量具应放在特制的盒内，要衬有软垫，存放在干燥的地方。

（8）清洗光学量仪外表面时，宜用脱脂软细毛的毛笔轻轻拂去浮灰，再用柔软清洁的亚麻布或镜头纸擦拭。光学零件表面若有油渍可蘸一点酒精擦拭，但要尽量减少擦拭次数。

（9）测量工具应定期检定，以免其示值误差超限而影响测量结果。

第二节　零部件测量工具的选用

零件的测量主要有零件的长度、角度、表面粗糙度、几何形状精度、相互位置精度等，这些内容是选用计量器具的主要依据。在实际选择测量工具时，还要考虑到测量对象、测量零部件之间的配合要求、测量精度等因素。

一、零件尺寸的测量

测绘过程包括尺寸测量和绘图两项基本内容。零件尺寸测量的准确与否将直接影响仿制产品的质量，特别是对于某些关键零件的重要尺寸更是如此。

1. 尺寸测量的基本要求

尺寸测量的基本要求是在测量前要做到心中有数，在测量中要仔细认真。

（1）做到心中有数。在测绘过程中，对零件的每个尺寸都要进行测量。但如何测，用什么工具测，哪些几何误差需要测、哪些不需要测，都必须在实际测量之前就做到心中有数。

一般情况下，关键件、基础件、大零件的尺寸，一些非关键件的某些重要尺寸，如齿轮、花键、螺纹、弹簧等的主要几何参数，最好选择测量精度较高的测量工具进行测量。

零件的非功能尺寸（即在图样上不需注出公差的尺寸）一般用普通量具测到小数点后一位即可；而零件的功能尺寸（包括性能尺寸、配合尺寸、装配定位等）及几何误差最好测到小数点后三位，至少也应测到小数点后两位。

（2）测量要仔细认真。测量工作要特别注意仔细认真，不能马虎。应坚持做到“测得准、记得细、写得清”。

若要测得准，就应在测量前确定测量方法，检验并校对量具，必要时还要设计一些专用的测量工具。

记得细是指在测量过程中，要详细记录原始数据，不仅要记录测量读数，而且要记录测量方法及测量用具和零件装配方法。对于非直接测量得到的尺寸，还应绘出测量简图，指明测量基准，换算方法并记下计算公式。

写得清是指要在测量草图或专用记录本上，将上述各项内容，特别是测量数据写得清清楚楚、准确无误。

2. 尺寸测量中的注意事项

(1) 关键零件的尺寸和零件的重要尺寸应反复测量若干次，直到数据稳定可靠为止，然后记录其平均值或各次测得值。整体尺寸应直接测量，不能由几个尺寸叠加获得。

(2) 零件草图上一律标注实测数据。对于复杂的零件，为了便于检查测量尺寸的准确性，可由不同基面注成封闭的尺寸。同时，草图上各个投影尺寸也允许有重复。

(3) 对复杂零件（如叶片等）必须采用边测量、边画放大图的方法，以便及时发现问题。对配合面、型面，应随时考证数据的正确性。

(4) 要正确处理实测数据。在测量较大的孔、轴、长度等尺寸时，必须考虑其几何形状误差的影响，应多测几个点，取其平均数。对于各点差异明显的，还应记下其最大、最小值，但必须分清这种差异是全面性的，还是局部性的。例如，圆柱面在很短的一段圆周出现凹凸现象、圆柱面端头的微小锥度等，只能视为局部差异。

(5) 测量数据的整理。对测量数据要及时整理，特别是间接测得的尺寸数据，更应及时进行整理，并将换算结果记录在草图上。对重要尺寸的测量数据，在整理过程中如有疑问或发现矛盾和遗漏，应立即进行重测或补测。

(6) 测量时，应确保零件处于自由状态，防止由于装夹、量具接触压力等造成零件变形而引起测量误差。对组合前后形状有变化的零件，应分别测量其前后的差异值。

(7) 在测量过程中，要特别防止小零件丢失。在测量暂停和测量结束时，要注意零件的防锈。

(8) 两零件在配合或连接处，其形状结构可能完全一样，测量时也必须各自测量，分别记录，然后相互检验确定其尺寸，绝不能只用一处的测量值来代替。

(9) 测绘过程中，应特别注意原始数据的记录和草图的整理，以便积累资料建立技术档案。

(10) 尺寸的测量一般应按基础件→重要零件→相关度高的零件→一般零件的顺序进行，以便发现尺寸中的矛盾，提高测量的效率。

二、确定测量工具

测量的准确程度与测量工具的精确程度密切相关，但并不是选择精确度高的量具就一定好。量具的选择应该与零件上该尺寸的要求相适应，以满足精度要求为准。因此，应该在弄清草图上待测尺寸精度要求的基础上选择合适的测量工具。

表 4-12 列出了千分表、千分尺及游标卡尺的合理使用范围，可供选择量具时参考。

表 4-12　千分表、千分尺及游标卡尺的合理使用范围

量具名称	单位刻度	量具精度	被测绘零部件的公差等级（IT）											
			5	6	7	8	9	10	11	12	13	14	15	16
千分表	0.001		√	√	√									

续表

量具名称	单位刻度	量具精度	被测绘零部件的公差等级（IT）											
			5	6	7	8	9	10	11	12	13	14	15	16
千分表	0.005		√	√	√	√								
	0.01	0级		√	√	√								
		1级		√	√	√	√							
		2级			√	√	√	√						
千分尺	0.01	0级		√	√	√								
		1级			√	√	√	√						
		2级					√	√	√					
游标卡尺	0.02								√	√	√	√	√	√
	0.05									√	√	√	√	√
	0.1													√

（1）一般精度要求的长度尺寸可直接用钢直尺、外卡钳测量，对于精度要求较高的长度尺寸可根据精度要求的不同选择游标卡尺或千分尺量取，如图4-26所示。

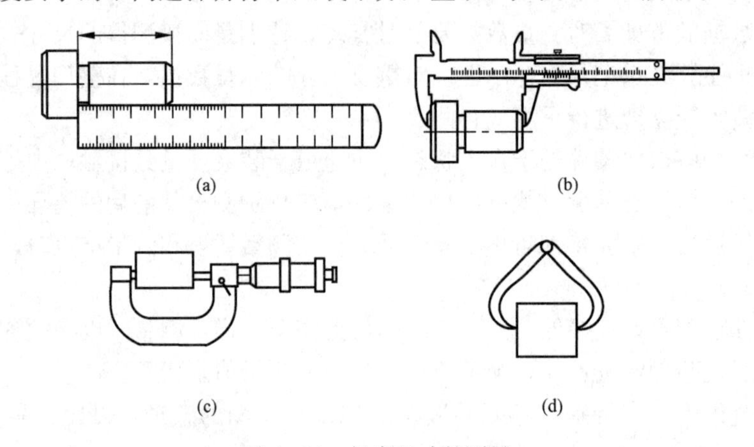

图4-26　长度尺寸的测量

(a) 直尺测长度；(b) 游标卡尺测长度；(c) 千分尺测长度；(d) 卡钳测长度

（2）直径尺寸常用游标卡尺进行测量，而精密零件的内、外径则需用千分尺来测量，如图4-27所示。

（3）半径尺寸常用半径样板直接测量。此外还有一些间接测量半径的方法，图4-28给出了两种求半径的方法。

（4）两孔中心距可用游标卡尺、卡钳或直尺来测量，如图4-29所示。

（5）孔中心高度可用高度游标卡尺测量，还可以用游标卡尺、直尺、卡钳等测出一些相关数据，然后用几何运算方法求出，如图4-30所示。

（6）孔的深度可以用钢直尺、游标卡尺、深度游标卡尺、深度千分尺来测量，如图4-31所示。

（7）壁厚可用钢板直尺直接测量或钢板直尺和外卡钳、游标卡尺和量块结合进行测量，

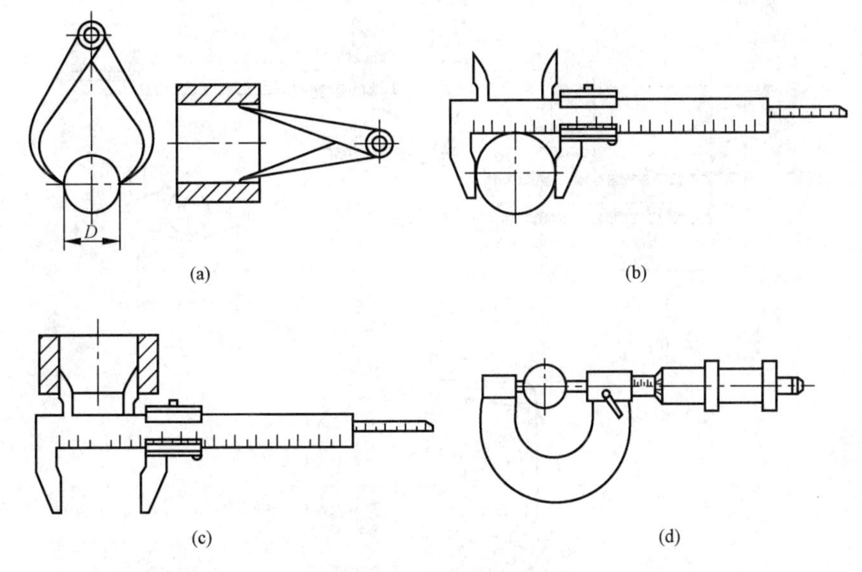

图 4 - 27　直径尺寸的测量

(a) 内、外钳测直径；(b)、(c) 游标卡尺测直径；(d) 外径千分尺测直径

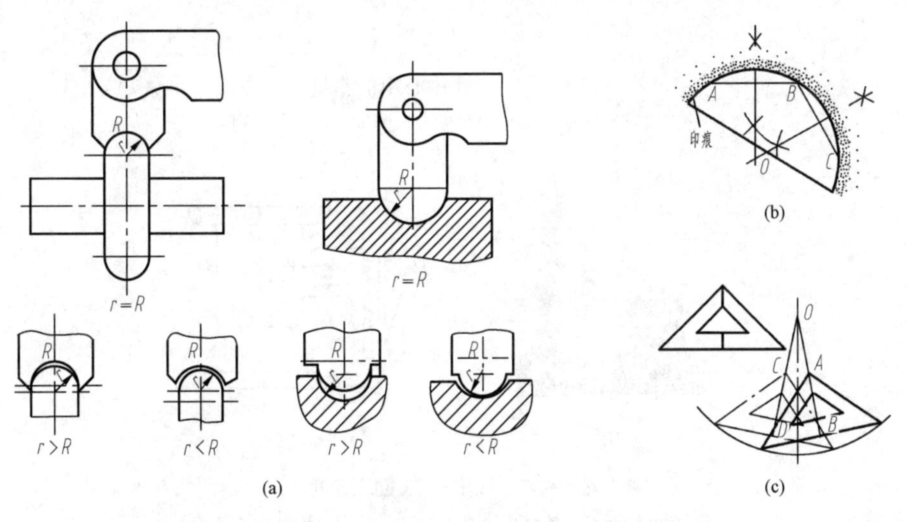

图 4 - 28　半径尺寸的测量

(a) 半径样板测半径；(b) 作图法求半径；(c) 45°三角板定圆心

如图 4 - 32 所示。

(8) 螺纹可使用螺纹量规和螺纹样板来测量。如果没有螺纹量规、螺纹样板或者不能用螺纹量规和螺纹样板进行测量，可用游标卡尺测量大径，用薄纸压痕法测量其螺距，如图 4 - 33所示。

(9) 对于曲线和曲面，如果要求测量很精确，必须用专门的测量仪进行测量，如用三坐标测量机测量；如果不要求十分精确，可采用拓印法、铅丝法、直角坐标法将被测曲线画到纸上，然后再进行测量。

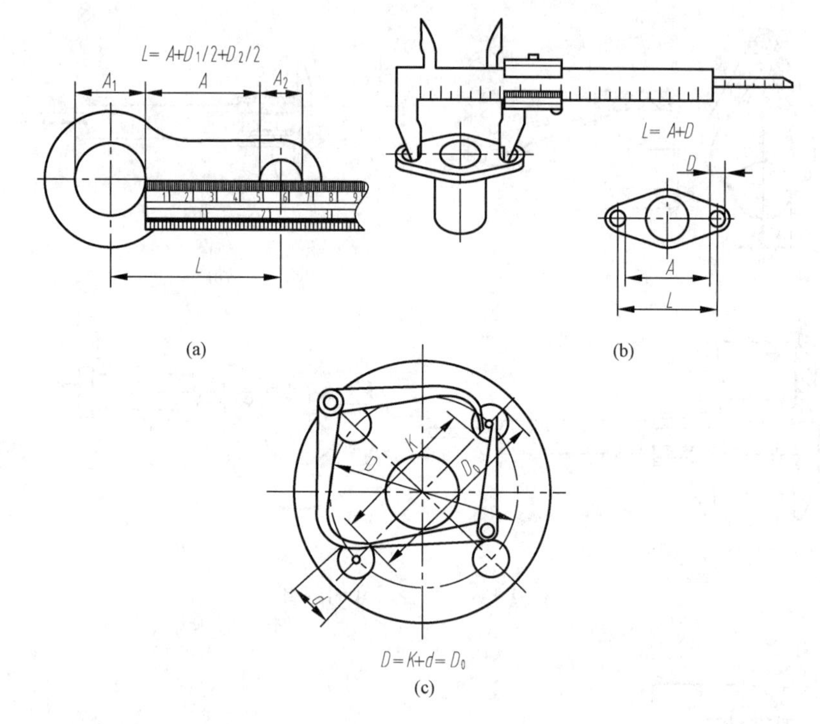

图 4-29　两孔中心距的测量

（a）用直尺测量；（b）用游标卡尺测量；（c）卡钳测量

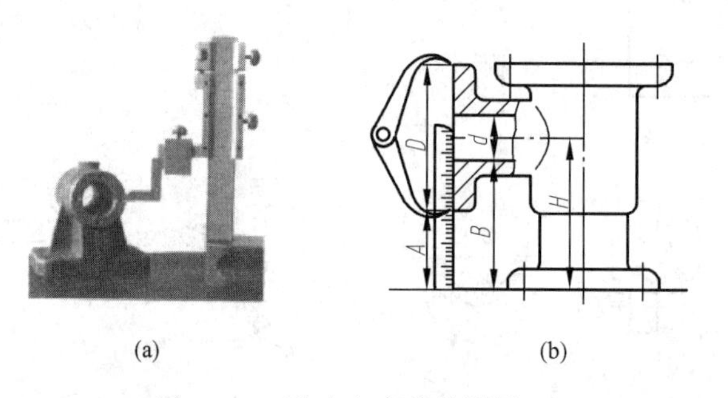

图 4-30　孔中心高度的测量

（a）高度游标卡尺测孔中心高度；（b）综合法测孔中心高度

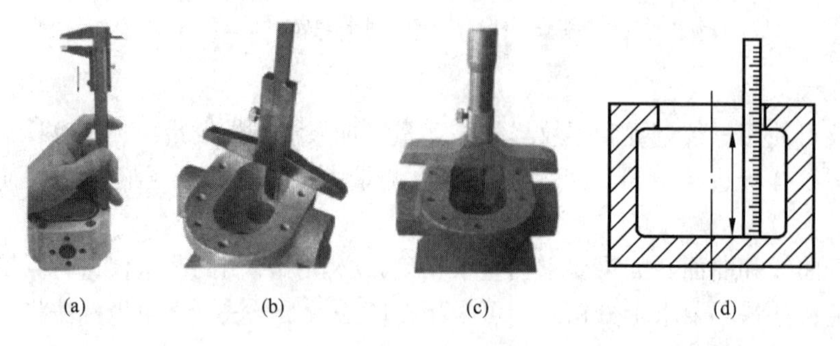

图 4-31　深度的测量

（a）游标卡尺测深度；（b）深度游标卡尺测深度；（c）深度千分尺测深度；（d）钢直尺测深度

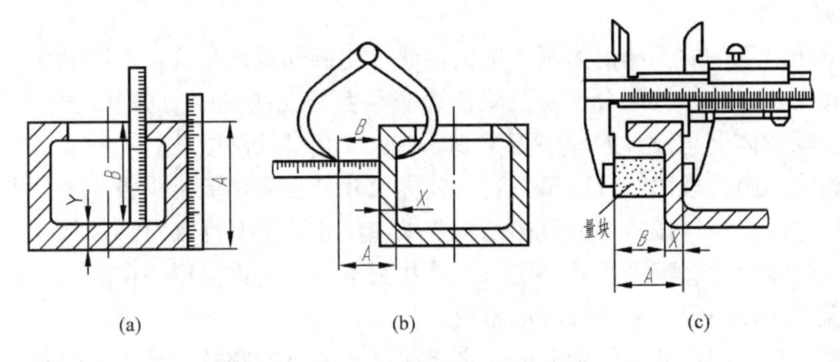

图 4-32　厚度的测量

（a）钢直尺测厚度；（b）外卡钳测厚度；（c）游标卡尺和量块结合测厚度

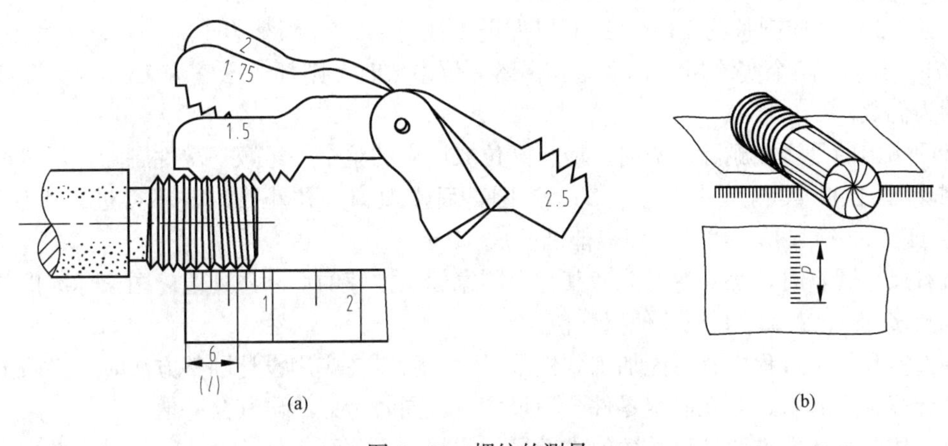

图 4-33　螺纹的测量

（a）螺纹样板测螺纹；（b）压痕法测螺纹

第三节　测绘中尺寸的确定与标注

在测绘过程中，按实样测量出来的尺寸，往往带有小数，这就需要对测得的数据进行圆整，以合理地确定其公称尺寸及尺寸公差。将确定后所得到的尺寸标注在零件图上时，还需满足零件图尺寸标注的基本要求，即正确、完整、清晰、合理。

一、测绘中的尺寸圆整

在测绘过程中，对实测数据进行分析、推断，合理地确定其公称尺寸和尺寸公差的过程称为尺寸圆整。

在测绘过程中，由于被测零件存在着制造误差、测量误差及使用中的磨损而引起的误差，因而使测量的实际值偏离了原设计值。也正是这些误差的存在，使实测值常带有多位小数。这样的数值不仅在加工和测量过程中都很难做到，而且多没有实际意义。对这些数据进行尺寸圆整后，可以更多地采用标准刀具和量具，以降低制造成本。因此，进行尺寸圆整有利于提高测绘效率和劳动生产率。

目前，常用的尺寸圆整方法有设计圆整法和测绘圆整法两种。

1. 设计圆整法

设计圆整法以零件的实测值为基本依据，通过比照同类产品或类似产品来确定被测零件的公称尺寸和尺寸公差，其配合性质及配合制基本上是在测量的前提下，通过分析来给定。这一方法的步骤大体上与设计的程序相类似，故也称为设计圆整法。

设计圆整法的圆整规律比较简单，它以公称尺寸是否需要保留小数为出发点，根据对一般零件公称尺寸的分析，按零件的具体结构要求和尺寸的重要性来对零件尺寸进行圆整。其一般原则是：性能尺寸、配合尺寸、定位尺寸在圆整时，允许保留一位小数；个别重要和关键尺寸可以保留两位小数；其他尺寸取整数。

设计圆整法是根据尺寸的精确程度，将实测尺寸的小数圆整为整数或带有一、二位小数的数值，其尾数删除采用“四舍六入五单双”法，即在尾数删除时，逢四以下舍、逢六以上进，遇五则按保证偶数的原则决定进与舍。

例如，13.77应圆整为13.8（逢6以上进1位）；13.73圆整为13.7（4以下舍去）；但对13.75、13.85两个实测尺寸，当需要保留一位小数时，则都应圆整为13.8（保证圆整后的尺寸为偶数）。

必须指出的是，在删除尾数时，应将某位数以后的整个一组数一次性删除，不得将小数逐位删除。例如，实测尺寸为41.456，当圆整后需保留一位小数时，不得进行逐位圆整，即不能41.456→41.46→41.5，而只能圆整成41.4。

所有尺寸圆整时，都应尽可能使其符合国家标准推荐的尺寸系列值。国家标准推荐的尺寸值尾数多为0、2、5、8或其他偶数值。

零件实际加工过程中有可能加工到极限尺寸，所以在应用设计圆整方法时，必须把测量和设计计算结合起来，并在确定零件公称尺寸时，同时考虑给出其公差值。

（1）按国家标准推荐的尺寸数值进行尺寸圆整。当被测零件符合公制计量标准，且为标准化设计时，其公差与配合标准一般都符合国家标准。对这类零件的尺寸进行圆整时，应使其符合国家标准（GB/T 2822—2005）推荐的尺寸系列，见表4-13。优先选用的顺序是R′10、R′20、R′40系列。注意，R′40系列中有些数值没有与之相配合的轴承，因此选用R′40系列数值时要特别留意。也就是说，可将全部实测尺寸按R′10、R′20及R′40系列圆整成整数。对于配合尺寸更应该按照国家标准圆整成整数。

（2）轴向尺寸及非配合尺寸的圆整。在零件中几乎大多数尺寸都属于这类尺寸。圆整时，可根据尺寸作用的不同，依照下述原则进行。

1）轴向主要尺寸的圆整。轴向主要尺寸是一种功能性尺寸，如参与轴向装配尺寸链的尺寸。在对这类尺寸进行圆整时，可以根据概率论的基本思想来进行。概率论认为，制造误差是由系统误差与偶然误差造成的，其概率分布应符合正态分布，即零件的实际尺寸应位于零件公差带的中部。当零件的轴向尺寸仅有一个实测值时，可将其视为公差的中值，对它的公称尺寸应按国家标准所给定的尺寸系列圆整成整数。按这种方法进行圆整，所给的公差应在IT9级以内。当该尺寸在尺寸链中属孔类尺寸时，取单向正公差；当该尺寸属轴类尺寸时，取单向负公差；当该尺寸属长度尺寸时，应采用双向公差。

表 4-13　　标准尺寸（10～100mm）（摘自 GB/T 2822—2005）

R			R′			R			R′		
R10	R20	R40	R′10	R′20	R′40	R10	R20	R40	R′10	R′20	R′40
10.0	10.0		10	10			35.5	35.5		36	36
	11.2			11				37.5			38
12.5	12.5	12.5	12	12	12	40.0	40.0	40.0	40	40	40
		13.2			13			42.5			42
	14.0	14.0		14	14		45.0	45.0		45	45
		15.0			15			47.5			48
16.0	16.0	16.0	16	16	16	50.0	50.0	50.0	50	50	50
		17.0			17			53.0			53
	18.0	18.0		18	18		56.0	56.0		56	56
		19.0			19			60.0			60
20.0	20.0	20.0	20	20	20	63.0	63.0	63.0	63	63	63
		21.2			21			67.0			67
	22.4	22.4		22	22		71.0	71.0		71	71
		23.6			24			75.0			75
25.0	25.0	25.0	25	25	25	80.0	80.0	80.0	80	80	80
		26.5			26			85.0			85
	28.0	28.0		28	28		90.0	90.0		90	90
		30.0			30			95.0			95
31.5	31.5	31.5	32	32	32	100.0	100.0	100.0	100	100	100
		33.5			34						

【例 4-1】 某传动轴的轴向尺寸实测值为 84.99mm，试将其圆整。

解　查表 4-13，可确定该传动轴的公称尺寸为 85mm。

查附表 5 标准公差数值表，公称尺寸为 80～120mm 时，公差等级 IT9 的公差值为 0.087mm。取公差值 0.080mm。

将实测值 84.99mm 视为公差中值，得圆整方案（85±0.04）mm。

2）非功能尺寸的圆整。非功能尺寸包括除功能尺寸以外的所有轴向尺寸和非配合尺寸。通常，这类尺寸在图纸上均不直接注出公差，其公差等级在不同的行业有很大不同。例如，在机床制造业，尺寸精度可定为 IT14 级；而在航空业，这类尺寸精度可定为 IT18 级。

圆整这类尺寸的基本思路是：圆整后的公称尺寸，应符合我国国家标准所给定的尺寸系列，同时尺寸的实测值在圆整后的尺寸公差范围之内。圆整后的尺寸通常取整数。

例如，可将 121.89 圆整为 122，84.07 圆整为 84，35.98 圆整为 36，7.53 圆整为 7.5。

对有些尺寸的作用难以确定时，可从加工的经济性和可能性上来考虑，并适当提高精度。例如，一轴颈抛光机端盖的长度尺寸实测值为 15.1，则可圆整为 15±0.12（取 IT11 级）。

（3）配合尺寸的圆整。圆整配合尺寸时，除合理地确定相互配合的轴与孔的公称尺寸外，还需确定配合性质及其类别，并确定原设计所用的配合制，进而确定尺寸的公差等级。

【例 4-2】 如图 4-34 所示，飞机上的一个活塞杆Ⅱ段直径与衬套孔配合。用外径千分尺和内径千分尺分别测得活塞杆段直径为 ϕ13.483，衬套孔直径为 ϕ13.510，求孔、轴的公称尺寸，公差与配合。

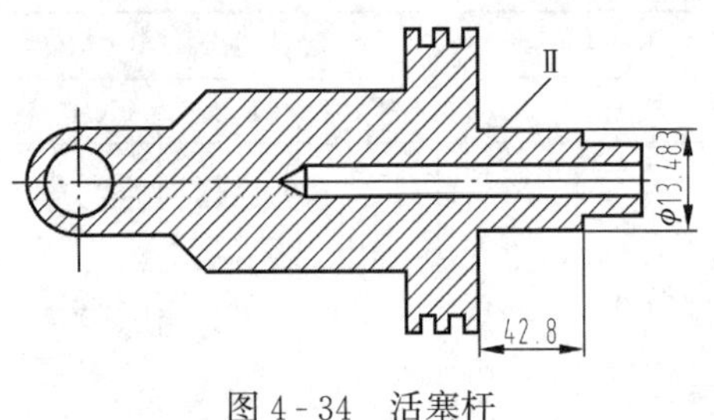

图 4-34 活塞杆

解 1）确定公称尺寸。可以认为，活塞杆和活塞衬套处的配合尺寸属功能尺寸。按照尺寸圆整原则，取孔、轴的公称尺寸为 ϕ13.5（保留一位小数）。

2）确定配合制。由分析活塞杆的作用可知，该活塞杆在工作中要与多个零件相配合，理由是它由多个圆柱同轴组合而成，其各段直径均不相同。在这种情况下，设计上往往是通过改变轴的尺寸来得到不同的配合。因此，活塞杆和其他零件的配合采用的是基孔制，即衬套孔为基准孔。

3）确定公差等级。该活塞杆属于航空产品，根据航空用产品一般加工精度要求较高、Ⅱ段表面粗糙度数值较小及其配合较重要等具体情况，取孔的公差等级为 IT7 级，即孔公差为 H7。同时选取与之相配的基准孔具有相同的公差等级。

4）确定配合性质及配合种类。根据对活塞杆作用的分析可知，Ⅱ段是与活塞衬套相配合的，Ⅱ段的长度为 42.8。在工作过程中，活塞杆做往复直线运动，由此可断定Ⅱ段与活塞衬套的配合不可能是过盈配合，只能是间隙配合。

$$\text{实际间隙} = 13.510 - 13.483 = 0.027$$

根据经验和各种配合的应用范围，先预选其为 g7 间隙配合。此时，活塞和衬套之间的配合形式可写为

$$\phi 13.5\,\frac{\mathrm{H7}}{\mathrm{g7}}$$

由公差表（见附表 1 和附表 2）中查出

$$\phi 13.5\,\frac{\mathrm{H7}}{\mathrm{g7}} = \phi 13.5\,\frac{\mathrm{H7}\left(^{+0.018}_{\ \ 0}\right)}{\mathrm{g7}\left(^{-0.006}_{-0.024}\right)}$$

5）校验。当选用 g7 间隙配合时，活塞杆与活塞衬套之间的最大间隙为 0.042，最小间隙为 0.006，而实测的间隙 0.027 恰好在最大和最小间隙之间，且靠近中值，活塞杆的实测值 13.483 也在规定的公差范围内且接近中值，所以可认为选择 g7 配合是合适的。

2. 测绘圆整法

设计圆整法对配合尺寸的圆整基本上按设计来给定。其公差配合的性质及类别，由测绘者根据设计经验，采用试凑法及对比法，参照实测数据，按照设计的一般程序给出。这种方法具有简便易行的优点，但也有对实际经验依赖较大的缺点，不仅初学者难以把握，也由于其方法粗略，又缺乏对实测值及公差配合标准进行较深入的分析，往往会在仿制过程中出现偏离原设计的情况，使制造出的零件无法与原机零部件互换。

测绘圆整法则是一种较为科学和可靠的圆整方法。测绘圆整法是通过对测绘中所得到的实测数据及对公差配合标准的科学分析，找出实测值与尺寸公差之间的内在联系，并根据它们之间的关系来确定公称尺寸圆整精确度、公差与配合。由于测绘圆整法是以对实测值的分析为基础的，有着明显的测绘特点，所以习惯上称为测绘圆整法。在实践中，测绘圆整法主要用来圆整配合尺寸。

（1）对实测值的分析。测绘圆整法对实测值的分析有两个基本假设。

假设 1：被测零件为合格零件，并且被测尺寸的实测值一定是原设计给定公差范围内的某一数值，即

实测值＝公称尺寸±制造误差±测量误差

由于制造误差与测量误差之和应小于或等于原图规定的公差，所以实测值要么大于或等于零件的最小极限尺寸，要么小于或等于最大极限尺寸。

假设 2：制造误差及测量误差的概率分布均符合正态分布规律，处于公差中值的概率为最大。

假设 2 为处理实测值提供了基本思路。如果仅有一个实测值，可将该实测值作为公差中值。也就是说，将实测的间隙或过盈视为原设计所给间隙或过盈的中值。如果实测值有多个，可通过计算求其中值。

（2）分析实测值与公差配合的内在联系。国家标准规定，公差带由标准公差和基本偏差两部分组成。标准公差确定了公差带的大小，基本偏差确定公差带相对于零线的位置。其主要特点是把公差带大小和公差带位置作为两个独立要素。

在设计时，采用基孔制配合的基准孔的公差带通常选择在零线之上，其上极限偏差 *ES* 即为基准孔的公差，下极限偏差 *EI* 为零；而基准轴的公差带位置固定在零线下面，其上极限偏差 *es* 为零，下极限偏差 *ei* 等于基准轴的公差。在配合件的实测值中，不仅包含公称尺寸、公差，也包含基本偏差。这是因为机器中各种不同性质的配合都是由公差配合标准中规定的 28 个孔和 28 个轴的公差带位置决定的，而每一种公差带位置则由基本偏差确定。基本偏差就是用来确定公差带相对于零线位置的上极限偏差或下极限偏差，一般为靠近零线的那个偏差。实测间隙或过盈的大小反映基本偏差的大小。

由此便可得出圆整尺寸的基本思路，即相互配合的孔与轴的公称尺寸及公差值应该从实测值中去寻找，而配合类别应该从实测的间隙配合或过盈配合中去寻找。这就是实测值与公差配合的内在联系，也是测绘圆整法的基本原则。

【例 4-3】 用测绘圆整法圆整活塞衬套（孔）与活塞杆Ⅱ段（轴）的公称尺寸、公差及配合。

解　1）尺寸测量。孔的实测值为 ϕ13.510，轴的实测值为 ϕ13.483。

2）确定配合基制。根据结构分析，配合制应为基孔制。

3）确定公称尺寸。孔实测尺寸为 ϕ13.510，小数点后第 1 位数为 5，应包含在公称尺寸内。查表 4-14。

表 4-14　公称尺寸的定位

公称尺寸（mm）	实测值小数点后的第一位数	公称尺寸应否含小数值
1～80	≥2	应含
＞80～250	≥3	应含
＞250～500	≥4	应含

为满足不等式

$$孔（轴）公称尺寸<孔实测尺寸$$

故该公称尺寸最大值只能取为 $\phi 13.5$。

再根据不等式

$$孔实测值-公称尺寸\leqslant\frac{1}{2}孔公差（IT11级）$$

进行验证，将

$$13.510-13.5=0.01<0.5\times 0.11$$

故公称尺寸应为 $\phi 13.5$。

4）计算公差，确定尺寸的公差等级。

确定基准孔公差：

$$\Delta D=(D_{实测}-D_{基本})\times 2=(\phi 13.510-\phi 13.5)\times 2=0.02$$

查公差表，IT7 级公差为 0.018，故应选孔公差等级为 IT7，即孔为 H7。

选轴的公差等级与孔同级。

5）计算基本偏差，确定配合类别。

计算孔、轴实测值之差，得实测间隙为 0.027。

求平均公差，得 0.018。

因实测间隙大于平均公差（0.027>0.018），故属第三种间隙，按表 4-15 计算基本偏差绝对值，得 0.027−0.018=0.009，且该值为轴的负偏差。

表 4-15　　间隙配合表（间隙=孔实测值−轴实测值）

实测间隙种类		1	2	3	4
		间隙$=\frac{孔公差+轴公差}{2}$	间隙$<\frac{孔公差+轴公差}{2}$	间隙$>\frac{孔公差+轴公差}{2}$	间隙$=\frac{基准件公差}{2}$
轴（基孔制）	配合代号	h	j	a，b，c，cd，d，e，ef，f，fg，g	js
	基本偏差	上极限偏差	下极限偏差	上极限偏差	$\pm\frac{轴公差}{2}$
	偏差性质	0	−	−	
孔轴基本偏差的计算		不必计算	查公差表	基本偏差−间隙$=\frac{孔公差+轴公差}{2}$	查公差表
孔（基轴制）	配合代号	H	J	A，B，C，CD，D，E，EF，F，FG，G	JS
	基本偏差	下极限偏差	上极限偏差	下极限偏差	$\pm\frac{孔公差}{2}$
	偏差性质	0	+	+	

再查表得，配合上极限偏差为−0.006。

6）确定孔、轴的上、下极限偏差。孔为 H7，有 $\phi 13.5^{+0.018}_{0}$；轴为 g7，则为 $\phi 13.5^{-0.006}_{-0.024}$。

7）修正和转换。经分析无需修正。

二、标准件和常用件的尺寸确定

为了便于制造与使用，把一些应用广泛、使用量大的零件标准化，这些零件就是标准件和常用件。在测绘中，对于这样一些零件不必像其他零件那样精确测量其全部尺寸及公差，只要测量其主要尺寸，经过查表和计算就可以得到全部数据。

1. 标准件的尺寸确定

常用的标准件包括螺栓、螺钉、螺母、垫圈、挡圈、键、销等，它们的结构形状、尺寸都已经标准化，并由专门工厂生产。因此，测绘时对标准件不需要绘制草图，只要将其主要尺寸测量出来，查阅有关设计手册，就能确定其规格、代号、标注方法和材料、质量等，然后填入明细表。

2. 常用件的尺寸确定

常用件仅有其中的部分要素由国家标准规定，因此对常用件中的尺寸还是要进行一些必要的测量和尺寸确定。下面以齿轮和蜗杆为例，说明常用件的尺寸确定方法。

（1）齿轮参数的确定。在齿轮的测绘中，无论被测齿轮传动的啮合原理如何，都是根据测量出来的有关尺寸，按照我国齿轮标准来确定轮齿部分的基本参数，并根据这些参数计算出其他尺寸和参数。

齿轮的形式也有很多种，这里仅以直齿圆柱齿轮的测绘为例予以说明。

1）齿数 z 和齿宽 b。被测齿轮的齿数 z_1 和 z_2 可直接数出，齿宽 b 可用游标卡尺测出。

2）中心距 a。中心距 a 的测量是关键的环节，其测量精度将直接影响齿轮组件的测绘结果，在测量时应力求准确。测量中心距时，可直接测量两齿轮轴和对应的箱体空间的距离，再测出轴和孔的直径，通过换算就可得到中心距。如图 4-35 所示，用游标卡尺测量 A_1 和 A_2，孔径 d_1 和 d_2，则中心距 a 为

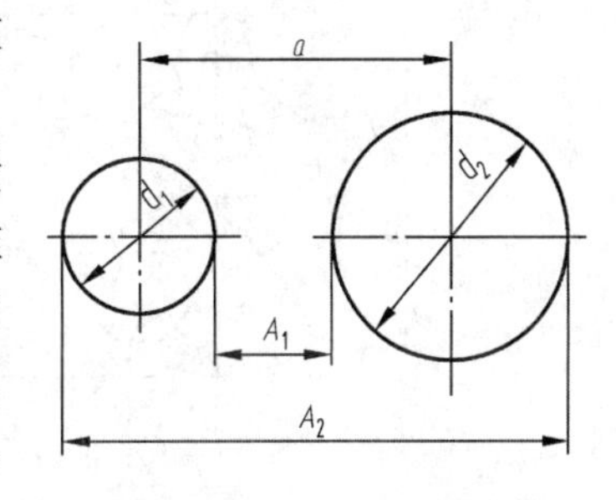

图 4-35　中心距 a 的测量

$$a = A_1 + \frac{d_1 + d_2}{2} \text{ 或 } a = A_2 - \frac{d_1 + d_2}{2}$$

实际测绘中，对以上尺寸都需要进行反复测量，还要测出轴和箱体孔的圆度、圆柱度及轴线的平行度，它们对换算中心距都有重要影响。测轴径和孔径应分别采用外径千分尺和内径千分尺，测轴和孔间距离可采用游标卡尺。

3）公法线长度 W_k 和基圆齿距 P_b。通过测量公法线长度可基本上确定模数和压力角。在测量公法线长度时，要选择适当的跨齿数，一般在相邻齿上多测几组数据，以便进行比较。

直齿圆柱齿轮可用公法线千分尺或游标卡尺测出相邻两齿公法线长度 W_k 和 W_{k+1}（k 为跨齿数），如图 4-36 所示。依据渐开线性质，理论上，卡尺在任何位置测得的公法线长度均相等。但实际测量时，以分度圆附近测得的尺寸精度最高。因此，测量时应尽可能使卡尺置于分度圆附近，避免卡尺接触齿尖或齿根圆角。测量时，若切点偏高，可减少跨齿数 k；反之，要增加跨齿数 k。跨齿数 k 可按公式进行计算或直接查表得出，其计算公式为

$$k = z\frac{a}{180^\circ} + 0.5$$

从图 4-36 中可以看出，公法线长度每增加一个跨齿，就增加一个基圆齿距 P_b，即

$$P_b = W_{k+1} - W_k = W_k - S_b$$

S_b 可用齿厚游标卡尺测出，考虑到公法线长度的变动误差，每次测量时，必须在同一

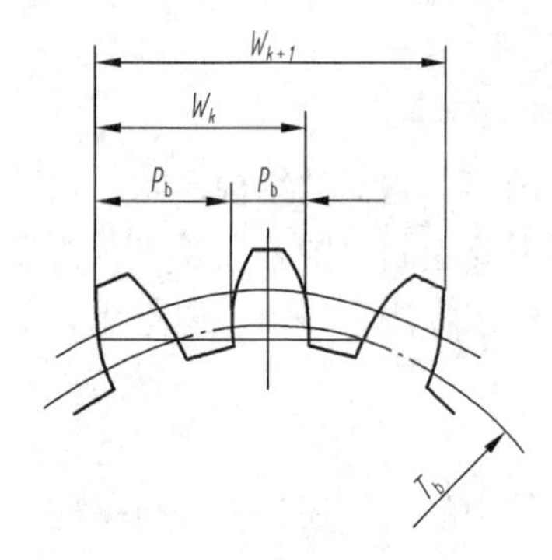

图 4-36 公法线长度 W_k 的测量

位置，即从同一起始位置，沿同一方向进行测量。

4）齿顶圆直径 d_a 与齿根圆直径 d_f。用游标卡尺或螺旋千分尺测量齿顶圆直径 d_{a1} 和 d_{a2}，在不同的径向上多测几组数据，取其平均值。当被测齿轮的齿数为奇数时，不能直接测量齿顶圆直径，可先测图 4-37 中的 D 值，通过计算求得齿顶圆直径 d_a 为

$$d_a = \frac{D}{\cos^2\theta}$$

其中

$$\theta = \arctan\frac{b}{2D}$$

也可通过测量内孔直径 d 和内孔壁到齿顶的距离 H_1 来确定 d_a，通过测量内孔直径 d 与由内孔壁到齿根的距离 H_2 确定 d_f，如图 4-38 所示，则有

$$d_a = d + 2H_1, \quad d_f = d + 2H_2$$

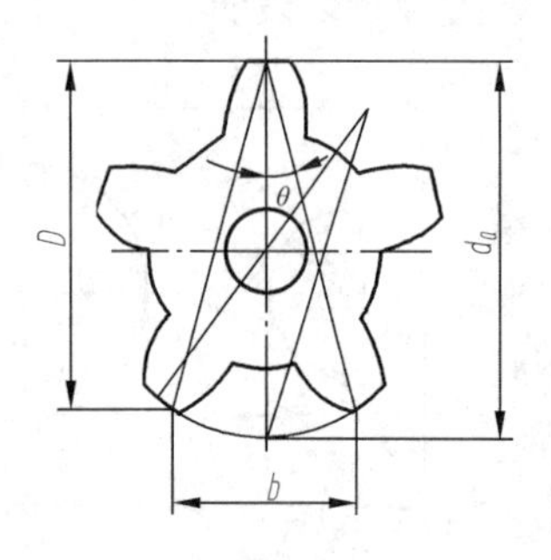

图 4-37 齿顶圆直径 d_a 的测量

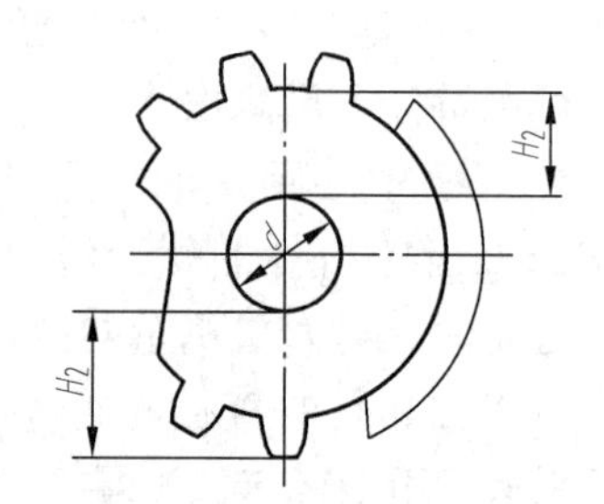

图 4-38 用游标卡尺测量 d_a 和 d_f

5）全齿高。可用深度尺直接测出全齿高度 h，也可以通过测量齿顶和齿根到齿轮内孔的距离换算得到 h，有

$$h = H_1 - H_2$$

6）齿侧间隙及齿顶间隙。为了保证两齿轮能进行正常啮合运行，齿轮间需要有一定的侧隙及顶隙。

理论侧隙为

$$j = (W_{k1} - W_{k1'}) + (W_{k2} - W_{k2'})$$

理论顶隙为 c^*。

齿侧间隙的测量应在传动状态下利用塞尺进行。测量时，一个齿轮固定不动，另一个齿轮的侧面与其相邻的齿面相接触，此时的最小间隙即为 j。测量时应注意在两个齿轮的节圆附近测量，以使测出的数据更为准确。顶隙可同样在齿轮啮合状态下用塞尺测出。

（2）蜗轮、蜗杆参数的确定。

1）蜗杆头数 z_1（齿数）、蜗轮齿数 z_2。目测确定 z_1，并数出 z_2。

2）蜗杆齿顶高及蜗轮喉圆直径 d_{a1}、d_{a2}。可用游标卡尺或千分尺直接测量，用游标卡尺测量蜗轮喉圆直径 d_{a2} 的方法如图 4-39 所示。测量时，可在 3、4 个不同位

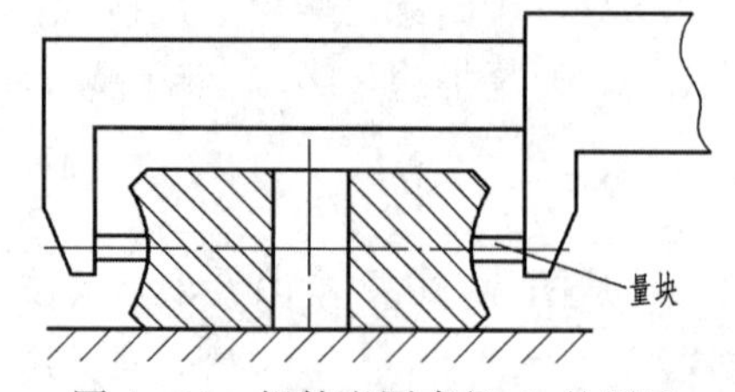

图 4-39 蜗轮喉圆直径 d_{a2} 的测量

置上进行，取其中的最大值。当蜗轮齿数为偶数时，齿顶圆直径就是将卡尺的读数减去两端量块高度之和；当蜗轮的齿数为奇数时，可按圆柱齿轮奇数齿所介绍的方法进行。

3）蜗杆齿高 h_1。蜗杆齿高 h_1 可用游标卡尺的深度尺或其他深度测量工具直接测得，如图 4-40 所示。

4）蜗杆轴向齿距 P_z'。测量蜗杆轴向齿距 P_z' 可用直尺或游标卡尺在蜗杆的齿顶圆柱上沿轴向直接测量，如图 4-41 所示。为了保证精确，测量时要多跨几个轴向齿距，然后将所测得的数除以跨齿数，所得数值就是蜗杆的轴向齿距。

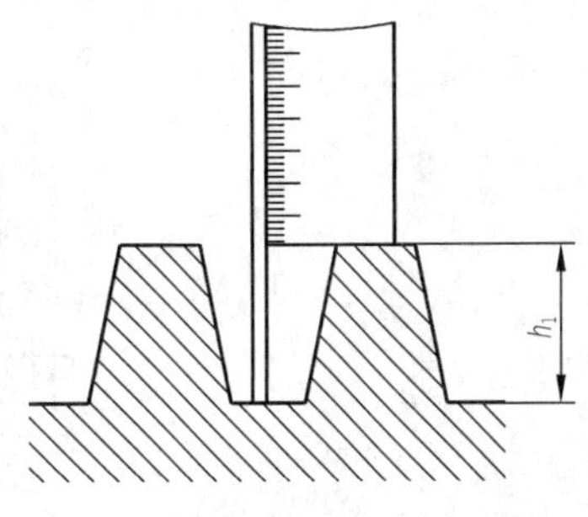

图 4-40　蜗杆齿高 h_1 的测量

5）蜗杆齿形角 α。蜗杆齿形角可用角度尺或齿形样板在蜗杆的轴向剖面和法向剖面内测量，将两个剖面的数值都记录下来，在确定参数时作为参考。

6）蜗杆和蜗轮中心距 a'。蜗杆和蜗轮中心距的测量对蜗杆传动啮合参数的确定及对校核所定参数的正确性都具有重要意义。因此，应该仔细测量，力求精确。需要注意，只有当根据测绘的几何参数所计算出来的中心距与实测的中心距相一致时，才能保证蜗杆传动的正确啮合。

测量中心距时，可利用设备原有的蜗杆和蜗轮轴，清洗后重新装配进行测量。常用的测量方法是用游标卡尺或千分尺测出两轴外侧间的距离 L'，如图 4-42 所示，则中心距为

$$a' = L' - \frac{D_1' + D_2'}{2}$$

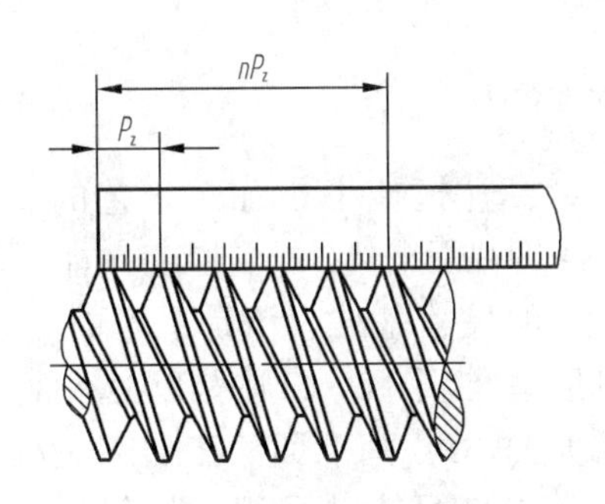

图 4-41　蜗杆轴向齿距的测量

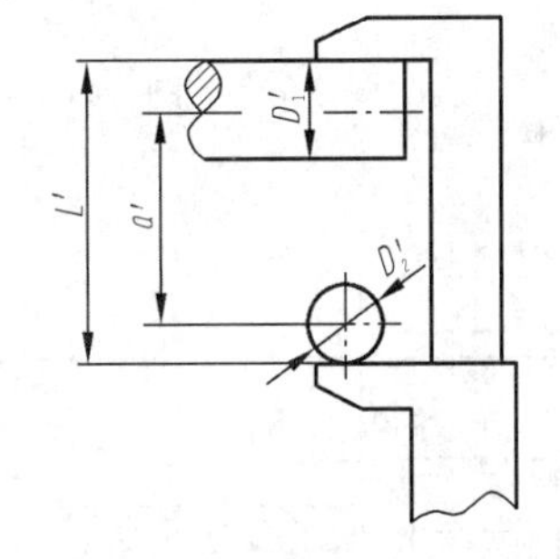

图 4-42　测蜗轮、蜗杆轴外侧间的距离 L'

三、零件图尺寸的合理标注

所谓合理标注尺寸，就是指零件图上所标注的尺寸应保证达到设计要求并满足便于加工、测量、装配等方面的要求。因此，对零件草图进行修改时，就必须根据零件的结构、工艺，合理地标注尺寸。

对尺寸的标注应遵守以下几个原则：

(1) 重要尺寸应直接标注，以免产生积累误差，并在此基础上确定尺寸的主要基准。

以齿轮泵的端盖为例（见图 4-43），通过对其工作原理的分析可知，装有两齿轮轴的孔距尺寸（22.76±0.016）是重要尺寸，这个尺寸就应在图上直接标出，故没有误差。因此，图 4-43 中采用的标注方法是正确的。这种标注方法实际上也确定了端盖长度方向尺寸的主

要基准是两轴的轴线。

如果按图 4-44 的方法标注尺寸，两轴间中心线的尺寸 22.76 不是直接标注，而是通过其他尺寸经过计算得来的，即 78.76－2×28。按照这样的方法进行标注，在实际加工过程中，尺寸 22.76 就会产生较大的积累误差。

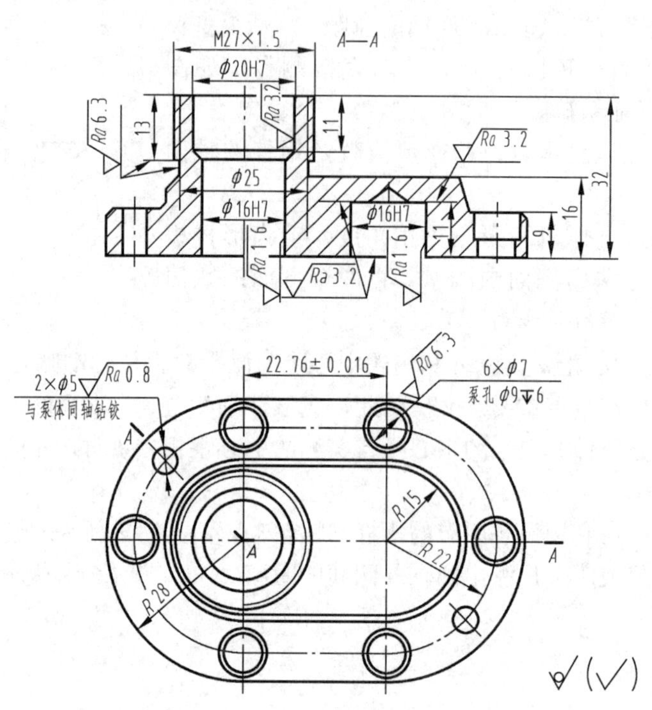

图 4-43　齿轮油泵右端盖的尺寸标注

尺寸标注还应考虑加工工艺的要求。从 A—A 剖视图来看，端盖厚度方向（图中的高度）的尺寸基准应该是下底面，上端面为辅助基准。图 4-43 中是以上端面作为高度方面的尺寸基准面，在加工过程中，至少孔 ϕ16H7 只能以下底面为基准进行加工。这个孔深的尺寸就应直接标注，而不能像图 4-44 那样需要经过计算得出。

（2）有装配关系的尺寸应协调。有装配关系的尺寸协调包括基准协调、公称尺寸协调和尺寸精度协调。例如，基准协调是指两个有装配关系的零件，在标注定位尺寸时，所采用的基准应是一致的。

（3）具有毛面和加工面的零件，加工面与毛面之间，在同一方向上，一般只能有一个尺寸联系，其余为毛面之间或加工面之间的联系。

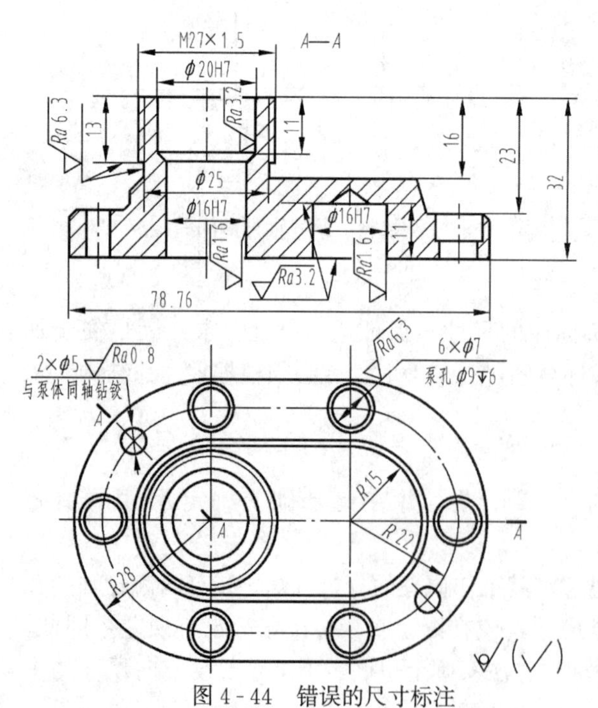

图 4-44　错误的尺寸标注

此外，当零件具有毛面和加工面时，加工尺寸和毛坯尺寸最好分开标注。

第四节　零部件测量与尺寸标注举例

轴类零件是组成机器的重要零件之一，是测绘中经常碰到的典型零件。下面以如图 4-45 所示的阶梯轴为例，说明零部件测量与尺寸标注的过程和方法。

一、分析零件各部分功能

（1）阶梯轴Ⅰ段有键槽与齿轮用键连接，轴径与齿轮轮毂上的孔有配合要求。

（2）阶梯轴Ⅱ段是为满足加工要求设计的退刀槽。

（3）阶梯轴Ⅲ段对整个轴起支承作用，属于一般尺寸，有配合要求但精度要求不高。

（4）阶梯轴Ⅳ段是为了加工螺纹留有的退刀槽。

（5）阶梯轴Ⅴ段外螺纹与其他内螺纹配合使用。

（6）各段轴上的倒角是为了装配方便。

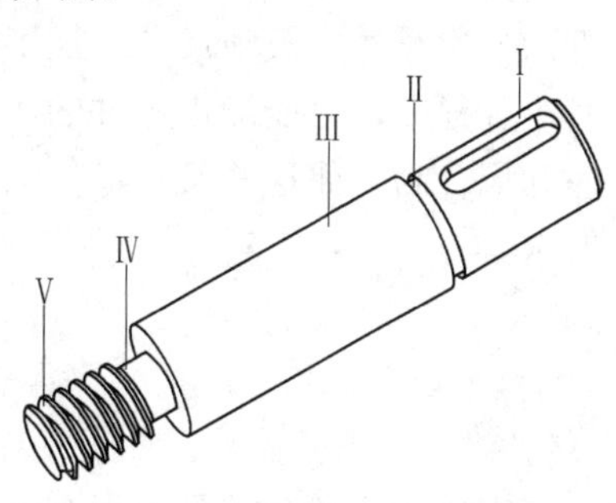

图 4-45　阶梯轴

二、选择合适的测量工具

（1）用直尺测量各轴段长度、轴总长度、倒角及键的定位尺寸。

（2）用游标卡尺测量Ⅰ、Ⅱ、Ⅲ、Ⅳ各段轴径及键槽宽度、深度。

（3）用螺纹环规测量Ⅴ段外螺纹。

三、尺寸圆整

（1）测得Ⅰ、Ⅱ、Ⅲ、Ⅳ、Ⅴ轴段长度和总长度分别为 24.3、2.1、33.9、4.9、15.3、80.2mm；圆整后的尺寸分别为 24、2、34、5、15、80mm。

（2）测得Ⅴ轴段外螺纹为 M12。

（3）测得Ⅰ、Ⅱ、Ⅲ、Ⅳ各轴段直径分别为 ϕ16.06、ϕ15.04、ϕ17.85、ϕ8.96mm；圆整后的尺寸分别为 ϕ16h6（$^{0}_{-0.011}$）、ϕ15、ϕ18f7（$^{-0.1}_{-0.2}$）、ϕ9。

（4）测得键槽长度、宽度、深度尺寸分别为 20.12、4.97、3.11；圆整后的尺寸分别为 20、5h7（$^{0}_{-0.03}$）、3H7（$^{+0.01}_{0}$）。

（5）测得倒角、键的定位尺寸分别为 1.0、2.1mm；圆整后的尺寸分别为 1、2mm。

四、尺寸标注

将圆整后的尺寸标注在图上，其结果见图 4-46。

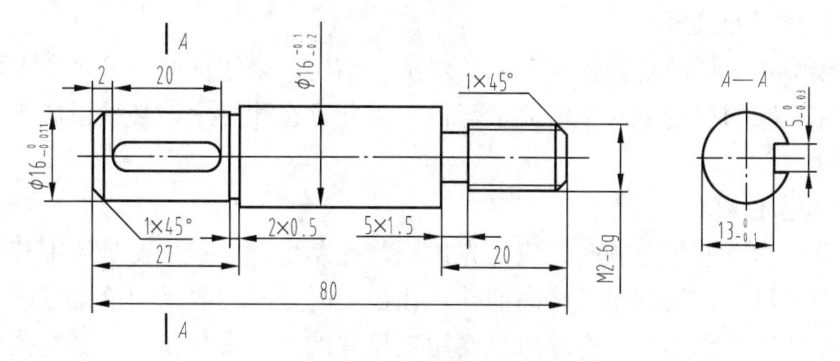

图 4-46　阶梯轴尺寸标注

第五章　零件加工质量要求的确定与注写

为了实现零部件的设计功能，必须对零件的加工提出各种不同的要求。这些要求包括零件的公称尺寸、极限尺寸、加工精度、几何变形的程度及零件间的相互配合等。在零部件的测绘过程中，只能测得零件的实际尺寸、实际间隙或实际过盈，不能确定尺寸公差、几何公差和配合制，而这些又是零件图中必须注写的，因此就必须采取其他方法来确定合理的技术要求。

第一节　极限与配合的确定

零件的尺寸公差是由很多方面的因素综合决定的。在通常情况下，确定零件的尺寸公差需要考虑三方面的因素：基准制的选择、公差等级和配合。

一、配合与配合制

配合是表述两个零件间接触紧密程度的术语，通常用来表述孔与轴之间的相互结合关系。孔与轴之间的配合有三种情况：间隙配合、过盈配合和过渡配合。间隙配合是指孔与轴之间存在一定的空隙，轴在孔中可以灵活转动；过盈配合则相反，轴比孔大，往往需要特殊的方法才能将轴装入孔中，轴不能在孔中自由转动，例如轴承的外圈与机座之间的配合及轴承内圈与轴的配合通常是过盈配合；处于二者之间的是过渡配合，或有小的间隙，或有小的过盈。

配合制也称配合基准制，它是确定在同一种配合下孔与轴何者为先的一种配合制度。在工程上，孔与轴的实际尺寸不可能都做得十分精确，从“加工量最小”的角度考虑，可以孔为基准修改轴，也可以轴为基准修改孔。这就出现了基孔制配合与基轴制配合两种配合制度。

仅从工艺角度看，无论基孔制配合还是基轴制配合都符合“工艺等价”的原则，即二者都仅需要确定一个零件，修改另一个零件。二者均可只修改一个零件就实现相同的配合要求，也就是所谓“同名配合”具有相同的配合性质。例如，20H7/f6 与 20F7/h6 在配合上是完全等效的。

二、配合基准制的选择

在工程实践中，选择配合制要从工艺、经济、结构、采用标准件等多个方面来考虑，基孔制与基轴制在不同的视角下并不能完全等价。因此，在测绘中，必须根据实际情况来选取不同的配合制度。

1. 优先选用基孔制

一般情况下，当选取配合制时，应优先选用基孔制配合，这主要是从工艺和经济性上来考虑的。对于中小尺寸、精度要求较高的孔，在加工时通常需要采用价格较昂贵的钻头、铰刀、拉刀等定尺寸刀具来加工，检验时也要用定尺寸的量具来检验。只要对孔进行修改就要更换刀具、量具，不仅加工困难，也不经济。

但对不同尺寸的轴，通常只要用一种规格的车刀和砂轮，仅需调整刀具与工件的相对位置即可完成对轴的修改，对轴径的测量采用通用量具就能测得。因此，采用基孔制所需要的刀具和量具的种类、规格和数量要远远少于基轴制，实现同样的目的，但生产成本却可大大降低。

2. 基轴制的应用场合

尽管基孔制有很多优点，应为首选，但并不排除选择基轴制。在一些特殊情况下，应该选择基轴制。

（1）目前，机械制造用的冷拔圆钢型材，尺寸公差已经可以达到IT7～IT10级，表面粗糙度达到$Ra0.8\sim3.2\mu m$。如果用来做轴，已经可以满足农机、纺机、仪器中某些轴的使用精度要求。当这种圆钢可以不经加工或极少加工就能满足性能要求时，采用基轴制不仅在技术上合理，在经济上也是划算的。

（2）如果在同一公称尺寸的轴上需要装配多个具有不同配合性质的零件，应选用基轴制配合。以图5-1（a）所示的活塞为例，活塞销1与连杆3及活塞2相互配合。根据要求，活塞销1与活塞2应为过渡配合，而活塞销1与连杆3之间有相对运动，应为间隙配合。如果三个零件间的配合均选基孔制配合，则应为ϕ30H6/m5、ϕ30H6/h5和ϕ30H6/m5。这就必须将轴做成阶梯轴才能满足各部分配合要求，如图5-1（b）所示。但这样的设计既不便于加工，又不利于装配。如果改用基轴制配合，则三段的配合可改为ϕ30M6/h5、ϕ30H6/h5和ϕ30M6/h5，对活塞销1来说，只要做成如图5-1（c）所示的光轴，就能满足要求，既方便加工，又利于装配。

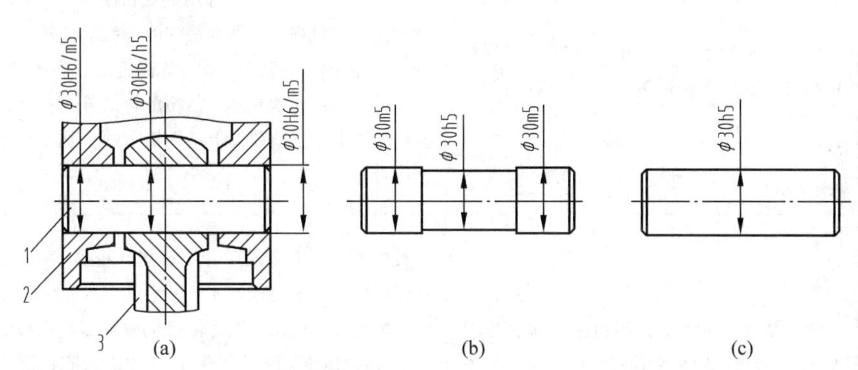

图5-1　活塞部件装配

（a）活塞；（b）设计为阶梯轴；（c）设计为光轴

1—活塞销；2—活塞；3—连杆

（3）当两个相互配合的零件中有一个是标准件时，应以标准件作为基准。标准件通常由专门工厂批量生产，制造时其配合部分的基准制已确定，使用时，与之配合的轴或孔应服从标准件上既定的基准制。例如，与键相配合的键槽应为基轴制，与滚动轴承相配合的轴为基孔制。当选用标准件的基准为基准时，在装配图上只标注非标准件的公差带代号即可。

（4）对于特大件与特小件，也应考虑采用基轴制。

三、公差等级的选择

零件加工时的允许偏差由GB/T 1800规定，称为尺寸公差或公差。在测绘时，公差等级常用类比法或计算法来确定。

1. 用类比法确定公差等级

类比法是指将两个不同的事物相对比的一种科学方法。在机械设计中，类比主要是将待确定公差等级的零件与其他同类产品的类似零件相对比，或将待确定公差等级的零件与本机中基本零件相对比。在设计中，不可能每次都能够找到合适的参照对象进行对比，但人们已经将各种公差等级的应用情况进行汇总（见表 5 - 1）。在实际工作中，可以通过将待定公差等级的零件与汇总表中的各种应用情况进行对比来确定其公差等级。

表 5 - 1　　公差等级的应用举例

公差等级	应用条件说明	应　用　举　例
IT01	用于特别精密的尺寸传递基准	特别精密的标准量块
IT0	用于特别精密的尺寸传递基准及宇航设备中特别重要的极个别精密配合尺寸	特别精密的标准量块；个别特别重要的精密机件尺寸；校验 IT6 级轴用量规的校对量规
IT1	用于精密的尺寸传递基准、高精密测量工具、特别重要的极个别精密配合尺寸	高精密标准量规；校验 IT7～IT9 级轴用量规的校对量规；个别特别重要的精密机件
IT2	用于高精密的测量工具、特别重要的精密配合尺寸	校验 IT6、IT7 级工件用量规的尺寸制造公差，校验 IT8～IT11 级轴用量规的校对量规；个别特别重要的精密机械零件
IT3	用于精密测量工具、小尺寸零件的高精度精密配合及与 4 级滚动轴承配合的轴径和外壳孔径	校验 IT8～IT11 级工件用量规和校验 IT9～IT13 级轴用量规的校对量规；与特别精密的 4 级滚动轴承内环孔（≤ϕ100）相配合的机床主轴、精密机械和高速机械的轴径；与 4 级向心球轴承外环外径相配合的外壳孔径；航空工业及航海工业中导航仪器上特别精密的个别小尺寸零件的精密配合
IT4	用于精密测量工具、高精度的精密配合和 4、5 级滚动轴承配合的轴径和外壳孔径	校验 IT9～IT12 级工件用量规和校验 IT12～IT14 级轴用量规的校对量规；与 4 级轴承孔（>ϕ100）及与 5 级轴承孔相配合的机床主轴，精密机械及高速机械的轴径；与 4 级轴承相配的机床外壳孔；柴油机活塞销及活塞销座孔径；高精度（1～4 级）齿轮的基准孔或轴径；航空及航海工业用仪器中特殊精密的孔径
IT5	用于机床、发动机和仪表中特别重要的配合，在配合公差要求很小，形状精度要求很高的条件下，这类公差等级能使配合性质较为稳定，它对加工要求较高，一般机械制造中较少应用	检验 IT11～IT14 级工件用量规和校验 IT14～IT15 级轴用量规的校对量规；与 5 级滚动轴承相配合的机床箱体孔；与 6 级滚动轴承孔相配合的机床主轴，精密机械及高速机械的轴径；机床尾架套筒，高精度分度盘轴径；分度头主轴、精密丝杆基准轴径；高精度镗套的外径；发动机中主轴的外径，活塞销外径与活塞的配合；精密仪器中轴与各种传动件轴承的配合；航空、航海工业用仪表中重要精密孔的配合；5 级精度齿轮的基准孔及 5、6 级精度齿轮的基准轴

续表

公差等级	应用条件说明	应用举例
IT6	广泛用于机械制造中的重要配合，配合表面有较高均匀性的要求，能保证相当高的配合性质，使用可靠	检验IT12～IT15级工件用量规和校验IT15、IT16级轴用量规的校对量规；与6级滚动轴承相配合的外壳孔及与滚子轴承相配合的机床主轴轴径；机床制造中，装配式青铜蜗轮、轮壳外径安装齿轮、蜗轮、联轴器、皮带轮、凸轮的轴径；机床丝杠支承轴径、矩形花键的定心直径、摇臂钻床的立柱等；机床夹具的导向件外径；精密仪器、光学仪器、计量仪器和航空、航海仪器仪表中的精密轴；无线电工业、自动化仪表、电子仪器中特别重要的轴；导航仪器中主罗经的方位轴、微电机轴、电子计算机外围设备中的重要尺寸；医疗器械中牙科直车头中心齿轴及X线机齿轮箱的精密轴等；缝纫机中重要轴类；发动机中的汽缸套外径、曲轴主轴径、活塞销、连杆衬套、连杆和轴瓦外径等；6级精度齿轮的基准孔和7、8级精度齿轮的基准轴径，以及特别精密（1级、2级精度）齿轮的顶圆直径
IT7	应用条件与IT6相似，但精度比IT6稍低，在一般机械制造业中应用较普遍	校验IT14～IT16级工件用量规和校验IT16级轴用量规的校对量规；机床制造中装配式青铜蜗轮轮缘孔径、联轴器、皮带轮、凸轮的孔径、机床卡盘座孔、摇臂钻床的摇臂孔、车床丝杆的轴承孔等；机床夹头导向件的孔（如钻套、衬套、镗套等）；发动机中的连杆孔、活塞孔、铰制螺栓定位孔等；纺织机械中的重要零件；印染机械中要求较高的零件；精密仪器、光学仪器中精密配合的内孔；手表中的离合杆压簧等；导航仪器中主罗经壳底座孔、方位支架孔；医疗器械中牙科直车头中心齿轮轴的轴承孔及X线机齿轮箱的转盘孔；计算机、电子仪器、仪表、自动化仪表中的重要内孔；缝纫机中的重要轴内孔零件；邮电机械中重要零件的内孔；7、8级精度齿轮的基准孔和9、10级精度齿轮的基准轴
IT8	用于机械制造中，属中等精度；在仪器、仪表及钟表制造中，由于公称尺寸较小，所以属较高精度范畴；在配合确定性要求不太高时，是应用较多的一个等级。尤其是在农业机械、纺织机械、印染机械、缝纫机、医疗器械中应用最广	检验IT16级工件用量规，轴承座衬套沿宽度方向的尺寸配合；手表中跨齿轴、棘爪拨针轮与夹板的配合；无线电、仪表工业中的一般配合；电子仪器仪表中较重要的内孔；计算机中变数齿轮孔和轴的配合；医疗器械中牙科车头钻头套的孔与车针柄部的配合；导航仪器中主罗经粗刻度盘孔、月牙形支架与微电机汇电环孔等；电机制造中铁芯与机座的配合；发动机活塞油环槽宽、连杆轴瓦内径、低精度（9～12级精度）齿轮的基准孔和11、12级精度齿轮的基准轴，6～8级精度齿轮的顶圆

续表

公差等级	应用条件说明	应 用 举 例
IT9	应用条件与IT8相类似，但要求精度低于IT8	机床制造中轴套外径与孔，操纵件与轴、空转皮带轮与轴、操纵系统的轴与轴承的配合；纺织机械、印刷机械中的一般配合；发动机中机油泵体内孔、气门导管内孔、飞轮与飞轮套、圈衬套、混合气预热阀轴、汽缸盖孔径、活塞槽环的配合等；光学仪器、自动化仪表中的一般配合；手表中要求较高零件的未注公差尺寸的配合；单键连接中键宽配合；打字机中的运动件配合等
IT10	应用条件与IT9相类似，但要求精度低于IT9	电子仪器仪表中支架上的配合；导航仪器中绝缘衬套孔与汇电环衬套轴；打字机中铆合件的配合尺寸；闹钟机构中的中心管与前夹板；轴套与轴；手表中尺寸小于18mm时要求一般的未注公差尺寸及大于18mm要求较高的未注公差尺寸；发动机中油封挡圈孔与曲轴皮带轮毂
IT11	用于配合精度要求较粗糙，装配后可能有较大的间隙，特别适用于要求间隙较大，且有显著变动而不会引起危险的场合	机床上法兰盘止口与孔、滑块与滑移齿轮、凹槽等；农业机械、机车车厢部件及冲压加工的配合零件；钟表制造中不重要的零件，手表制造用的工具及设备中的未注公差尺寸；纺织机械中较粗糙的活动配合；印染机械中要求较低的配合；医疗器械中手术刀片的配合；磨床制造中的螺纹连接及粗糙的动连接；不作测量基准用的齿轮顶圆直径公差
IT12	配合精度要求很粗糙，装配后有很大的间隙，适用于基本上无配合要求的场合或要求较高未注公差尺寸的极限偏差	非配合尺寸及工序间尺寸；发动机分离杆；手表制造中工艺装备未注公差尺寸；计算机行业切削加工中未注公差尺寸的极限偏差；医疗器械中手术刀柄的配合；机床制造中扳手孔与扳手座的连接
IT13	应用条件与IT12相类似，但要求精度低于IT12	非配合尺寸及工序间尺寸，计算机、打字机中切削加工零件及圆片孔、二孔中心距的未注公差
IT14	用于非配合尺寸及不包括在尺寸链中的尺寸	在机床、汽车、拖拉机、冶金矿山、石油化工、电机、电器、仪器、仪表、造船、航空、医疗器械、钟表、自行车、缝纫机、造纸与纺织机械等工业中对切削加工零件未注公差尺寸的极限偏差
IT15	用于非配合尺寸及不包括在尺寸链中的尺寸	冲压件、木模铸造零件、重型机床制造，当尺寸大于3150mm时的未注公差尺寸
IT16	用于非配合尺寸及不包括在尺寸链中的尺寸	打字机中浇铸件尺寸；无线电制造中箱体外形尺寸；手术器械中的一般外形尺寸公差；压弯延伸加工用尺寸；纺织机械中木件尺寸公差；塑料零件尺寸公差
IT17	用于非配合尺寸及不包括在尺寸链中的尺寸	塑料成型尺寸公差；手术器械中的一般外形尺寸公差
IT18	用于非配合尺寸及不包括在尺寸链中的尺寸	冷轧、焊接尺寸用公差

在零件的加工过程中，公差等级越高，加工要求也越高。因此，公差等级的选择应在满足使用要求的前提下，尽量选择较低的公差等级。在测绘中，可以从以下三个方面综合选择被测绘零件的公差等级：

（1）根据待定零件所在部件的精度高低、零件所在部位的重要性、配合表面的粗糙度等级来选取公差等级。若被测绘部件精度要求较高、被测绘部件所在的位置重要、配合表面的粗糙度数值较小，则应选择较高的公差等级；反之，则应选择较低的公差等级。

（2）根据各个公差等级的应用范围和各种加工方法所能达到的公差等级进行选取。不同的加工方法可能达到的精度等级见表5-2。

（3）考虑孔和轴的工艺等价性。公称尺寸≤500mm、公差等级≤IT8的配合，推荐选择轴的公差等级比孔的公差等级高一级；当公称尺寸＞500mm或公差等级＞IT8的配合，推荐选择孔与轴相同的公差等级。

表5-2　　各种加工方法所能达到的公差等级

公差等级	加　工　方　法	应　　用
IT01～IT2	研磨	用于量块、量仪
IT3、IT4	研磨	用于精密仪表、精密机件的光整加工
IT5	研磨、珩磨、精磨精铰、粉末冶金	用于一般精密配合，IT6、IT7在机床和较精密的仪器、仪器制造中应用最广
IT6		
IT7	磨削、拉削、铰孔、精车、精镗、精铣、粉末冶金	
IT8		
IT9	车、镗、铣、刨、插	用于一般要求，主要用于长度尺寸的配合，如键和键槽的配合
IT10		
IT11	粗车、粗镗、粗铣、粗刨、插、钻、冲压、压铸	尺寸不重要的配合，IT12、IT13也用于非配合尺寸
IT12、IT13		
IT14	冲压、压铸	用于非配合尺寸
IT15～IT18	铸造、锻造	

2. 用计算法确定公差等级

配合件的公差等级也可以根据实测的间隙和过盈量的大小，通过计算来确定。计算公式如下：

$$配合公差 = 孔公差 + 轴公差$$

即

$$T_{配合} = T_{孔} + T_{轴} \tag{5-1}$$

当用实测间隙或过盈量的大小来代替配合公差时，式（5-1）应改写为

$$T_{测量} = T_{孔} + T_{轴} \tag{5-2}$$

应用式（5-1）和式（5-2），查标准公差表便可确定被测件的公差等级。标准公差表在机械设计手册及大多数机械制图教材中都可以找到。

【例5-1】 测得$\phi 35$轴与孔的实际间隙为25μm，试确定轴、孔的公差等级。

解　查附表5标准公差数值表，当孔为IT6时，标准公差为16μm；当轴为IT5时，标准公差为11μm，此时孔、轴的配合公差为

$$T_{配合} = T_{孔} + T_{轴} = 16 + 11 = 27(\mu m)$$

该选择与实测间隙接近，故是正确的选择。

【例 5-2】 实测 $\phi 85$ 轴与孔的间隙为 $100\mu m$，试确定轴、孔的公差等级。

解　查标准公差表，IT7 为 $35\mu m$，IT8 为 $54\mu m$。当孔、轴同为 IT8 时，其配合公差为

$$T_{配合} = T_{孔} + T_{轴} = 54 + 54 = 108(\mu m)$$

当孔用 IT8，轴用 IT7 时，其配合公差为

$$T_{配合} = T_{孔} + T_{轴} = 54 + 35 = 89(\mu m)$$

上述两种选择所得到的孔、轴的配合公差均与实测间隙接近，都可作为最终的选择。

四、配合的选择

在生产实际中，选择配合也常使用类比法。使用类比法确定零件间的配合有两个前提：一是必须通过分析机器的功用、工作条件及技术要求来确定结合件的工作条件和使用要求；二是要掌握各种不同配合的特性和应用范围。

1. 零件的工作条件及使用要求分析

每个零件都有特定的工作条件及使用要求。例如，工作时相配合两零件间的相对位置状态（主要有运动方向、运动速度、运动精度、停歇时间等）、所承受负荷、润滑条件、温度变化、配合的重要性、装拆条件等。在实际运用时，应综合考虑以下因素来确定配合类型：

（1）实测的孔轴配合间隙或过盈大小。

（2）被测绘零部件的配合部位在工作过程中对间隙影响的大小。

（3）被测绘机器使用时间和配合部位的磨损状态。

（4）配合件的工作情况：

1）配合件间有无相对运动，若有相对运动则只能选间隙配合。

2）配合件间精度高低，要求高时需采用过渡配合。

3）装配情况，如需要经常装拆，则配合间隙要大些，或过盈量要小些。

4）工作温度，若工作温度和装配温度相差较大，必须考虑装配的间隙在工作时发生热胀冷缩的变化。

（5）考虑配合件是否是批量生产的。在单件小批量生产时，孔往往接近最小极限尺寸，轴往往接近最大极限尺寸，孔轴配合趋紧，此时间隙应放大一些。

2. 掌握各种配合的特性和应用范围

间隙配合、过盈配合和过渡配合都有不同的特性和应用范围。

间隙配合的特性是具有间隙。它主要用于结合件有相对运动的配合（包括旋转运动和轴向滑动），也可用于一般的定位配合。

过盈配合的特性是结合紧密。它主要用于结合件没有相对运动的配合。当过盈不大时，用键连接传递扭矩；过盈大时，靠孔、轴结合力传递扭矩。前者可以拆卸，后者不可拆卸。

过渡配合的特性是可能具有间隙，也可能具有过盈，但所得到的间隙和过盈量一般都比较小，主要用于定位精确并要求拆卸的相对静止的连接。

在综合考虑以上因素后，可以通过比对表 5-3 和表 5-4 来选择具体的配合。

表 5-3　**各种基本偏差的特点和应用实例**

配　合	基本偏差	特点和应用实例
间隙配合	a(A) b(B)	可得到特别大的间隙，应用很少。主要用于工作时温度高、热变形大的配合，如发动机中活塞与缸套的配合为 H9/a9
	c(C)	可得到很大的间隙，一般用于工作条件较差（如农业机械）、工作时受力变形大及装配工艺性不好的零件的配合，也适用于高温工作的间隙配合，如内燃机排气阀杆与导管的配合为 H8/c7
	d(D)	与 IT7～IT11 对应，适用于较松的间隙配合（如滑轮、空转的带轮与轴的配合），大尺寸滑动轴承与轴径的配合（如涡轮机、球磨机等的滑动轴承）。活塞环与活塞槽的配合可用 H9/d9
	e(E)	与 IT6～IT9 对应，具有明显的间隙，用于大跨距及多支点的转轴与轴承的配合，高速、重载的大尺寸轴与轴承的配合，如大型电动机、内燃机的主要轴承处的配合为 H8/e7
	f(F)	多与 IT6～IT8 对应，用于一般转动的配合，受温度影响不大、采用普通润滑油的轴与滑动轴承的配合，如齿轮箱、小电动机、泵的转轴与滑动轴承的配合为 H7/f6
	g(G)	多与 IT5～IT7 对应，形成配合的间隙较小，用于轻载精密装置中的转动配合，插销的定位配合，滑阀、连杆销等处的配合，如钻套孔多用 G
	h(H)	多与 IT4～IT11 对应，广泛用于无相对转动的间隙配合、一般的定位配合。若无温度、变形的影响也可用于精密滑动轴承，如车床尾座孔与顶尖套筒的配合为 H6/h5
过渡配合	js(JS)	多用于 IT4～IT7 具有平均间隙的过渡配合，用于略有过盈的定位配合，如联轴节、齿圈与轮毂的配合，滚动轴承外圈与外壳孔的配合多用 JS7，一般用手或木锤装配
	k(K)	多用于 IT4～IT7 平均间隙接近零的配合，用于定位配合，如滚动轴承的内、外圈分别与轴径、外壳孔的配合，一般用木锤装配
	m(M)	多用于 IT4～IT7 平均过盈较小的配合，用于精密定位的配合，如蜗轮的青铜轮缘与轮毂的配合为 H7/m6
	n(N)	多用于 IT4～IT7 平均过盈较大的配合，很少形成间隙。用于键传递较大转矩的配合，如冲床上齿轮与轴的配合，用锤子或压力机装配
过盈配合	p(P)	用于小过盈配合，与 H6 或 H7 的孔形成过盈配合，而与 H8 的孔形成过渡配合。碳钢和铸铁制零件形成的配合为标准压入配合，如绞车的绳轮与齿圈的配合为 H7/p6，合金钢制零件的配合需要小过盈时可用 p（或 P）
	r(R)	用于传递大转矩或受冲击负荷而需要加键的配合，如蜗轮与轴的配合为 H7/r6。H8/r8 配合在公称尺寸大于 100mm 时，为过渡配合
	s(S)	用于钢和铸铁零件的永久性和半永久性结合，可产生相当大的结合力，如套环压的轴、阀座用 H7/s6 配合
	t(T)	用于钢和铸铁制零件的永久性结合，需用热套法或冷轴法装配，如联轴器与轴的配合为 H7/t6
	u(U)	用于大过盈配合，最大过盈需验算。用热套法进行装配，如火车轮毂与轴的配合为 H6/u5

表 5-4　　优先配合选用说明

优先配合		说明
基孔制	基轴制	
$\frac{H11}{c11}$	$\frac{C11}{h11}$	间隙非常大，用于很松、转动很慢的动配合
$\frac{H9}{d9}$	$\frac{D9}{h9}$	间隙很大的自由转动配合，用于精度要求不高，或有大的温度变化，高转速或大的轴颈压力时
$\frac{H8}{f7}$	$\frac{F8}{h7}$	间隙不大的转动配合，用于中等转速与中等轴颈压力的精确转动，也用于装配较容易的中等定位配合
$\frac{H7}{g6}$	$\frac{G7}{h6}$	间隙很小的滑动配合，用于不希望自由转动，但可自由移动和滑动并精密定位时，也可用于要求明确的定位配合
$\frac{H7}{h6}$ $\frac{H8}{h7}$ $\frac{H9}{h9}$ $\frac{H11}{c11}$	$\frac{H7}{h6}$ $\frac{H8}{h7}$ $\frac{H9}{h9}$ $\frac{H11}{c11}$	均为间隙定位配合，零件可自由装拆，而工作时，一般相对静止不动，最小间隙为零，最大间隙由公差等级决定
$\frac{H7}{k6}$	$\frac{K7}{h6}$	过渡配合，用于精密定位
$\frac{H7}{n6}$	$\frac{N7}{h6}$	过渡配合，用于允许有较大过盈的更精密定位
$\frac{H7}{p6}$	$\frac{P7}{h6}$	过盈定位配合，即小过盈配合，用于定位精度特别重要时，能以最好的定位精度达到部件的刚性及对中性的要求
$\frac{H7}{s6}$	$\frac{S7}{h6}$	中等压入配合，适用于一般钢件，或用于薄壁件的冷缩配合，用于铸铁件可得到最紧的配合
$\frac{H7}{u6}$	$\frac{U7}{h6}$	压入配合，适用于可以承受高压入力的零件，或不宜承受大压入力的冷缩配合

第二节　几何公差的确定

几何公差（旧称形位公差）是指零件的实际形状和实际位置对理想形状和理想位置的允许变动量。零件的形状和位置误差同样对机器的工作精度、寿命、质量等有直接的影响，特别对于在高速、高压、高温、重载等条件下工作的机器，影响更大。几何公差的确定主要包括公差项目、基准要素、公差等级（公差值）的确定等内容。

一、选择几何公差项目

几何公差项目的确定要考虑零件的几何特征、使用要求、经济性等方面的因素。一般来说，在保证零件功能要求的前提下，应尽量少选几何公差项目，以方便加工和检测，提高经济效益。

1. 零件的几何特征决定几何公差项目

几何公差是针对形状和位置的误差而制订的，零件的几何形状特征是选择被测要素公差项目的基本依据。例如，圆柱形零件的外圆会出现圆度、圆柱度误差，圆柱的轴线会出现直线度误差；平面零件会出现平面度误差；槽类零件会出现对称度误差；阶梯轴（孔）会出现同轴度误差；凸轮类零件会出现轮廓度误差等。我们不能想象一个平面会出现同轴度、圆度等误差。因此，不同的几何形状具有不同的公差项目。

2. 根据零件的使用要求来选择几何公差项目

同一零件会有多种几何误差，但并非所有的误差都对零件的使用产生影响。因此，要从要素的几何误差对零件在机器中使用性能的影响入手，进而确定所要控制的几何公差项目。例如圆柱形零件，当仅需要顺利装配，或保证轴、孔之间在相对运动时磨损最小时，可只选轴线的直线度公差；如果轴、孔之间既有相对运动，又要求密封性能好，为保证在整个配合表面有均匀的小间隙，则又要具有良好的圆柱度，就要综合控制圆度、素线直线度和轴线的直线度。再如，减速箱上各轴承孔轴线间平行度误差会影响齿廓接触精度和齿侧间隙的均匀性，为保证齿轮正确啮合，需要对其规定轴线之间的平行度公差。

由于零件种类繁多，功能要求各异，必须充分了解被测零件的功能要求，熟悉零件的加工工艺，才能对零件提出合理、恰当的几何公差项目。

二、确定基准要素

基准要素的选择包括零件上基准部位的选择和基准数量的确定两个方面。

1. 基准部位的选择

选择基准部位时，主要应根据设计和使用要求、零件的结构特征，并兼顾基准统一的原则来确定。

（1）选用零件在机器中定位的结合面作为基准。例如，常用箱体的底平面和侧面、盘类零件的轴线、回转零件的支承轴颈或支承孔的轴线等作为基准。

（2）基准要素应具有足够的刚度和尺寸，以保证定位要素稳定、可靠。

（3）选用加工精度较高的表面作为基准部位。

2. 基准数量的确定

基准的数量应根据公差项目的定向、定位和几何功能要求来确定。定向公差大多只需要一个基准，而定位公差则需要一个或多个基准。例如，对于平行度、垂直度、同轴度、对称度等，一般只用一个平面或一条轴线作为基准要素；对于位置度，就可能要用到两个或三个基准要素。

三、几何公差值的选择

在几何公差值的选择中，总的要求是在满足零件功能要求的前提下，选取最经济的公差值。

1. 公差值选择的原则

（1）根据零件的功能要求，并考虑加工的经济性和零件的结构、刚性等情况，按公差表中系数确定要素的公差值。

1）在同一要素上给出的形状公差值应小于位置公差值。例如要求平行的两个表面，其平面度公差值应小于平行度公差值。

2）圆柱形零件的形状公差值（轴线的直线度除外）一般应小于其尺寸公差值。例如圆圆柱度公差值小于同级的尺寸公差值的 1/3，可按同级选取，但也可根据零件的功能，在邻近的范围内选取。

3）平行度公差值应小于其相应的距离公差值。

（2）对于下列情况，考虑到加工的难易程度和除主参数外其他参数的影响，在满足零件功能的要求下，应降低 1～2 级选用公差值：孔相对于轴；细长轴和孔；距离较大的轴和孔；宽度大于 1/2 长度的零件表面；线对线和线对面相对于面对面的平行度、垂直度。

（3）凡有关标准已对几何公差做出规定的，应执行规定的标准。例如，与滚动轴承相配合的轴和孔的圆柱度公差、机床导轨的直线度公差、齿轮箱体孔轴线的平行度公差等。

2. *几何公差的等级*

国家标准对几何公差的等级做了以下规定：

（1）直线度、平面度、平行度、垂直度、倾斜度、同轴度、对称度、圆跳动、全跳动公差分为 12 级，1 级最高，12 级最低，公差值按顺序递增，见表 5-5～表 5-7。

表 5-5　　直线度、平面度的公差值

主参数 L（mm）图例：

主参数 L(mm)	公差等级											
	1	2	3	4	5	6	7	8	9	10	11	12
	公差值（μm）											
≤10	0.2	0.4	0.8	1.2	2	3	5	8	12	20	30	60
>10～16	0.25	0.5	1	1.5	2.5	4	6	10	15	25	40	60
>16～25	0.3	0.6	1.2	2	3	5	8	12	20	30	50	100
>25～40	0.4	0.8	1.5	2.5	4	6	10	15	25	40	60	120
>40～63	0.5	1	2	3	5	8	12	20	30	50	80	150
>63～100	0.6	1.2	2.5	4	6	10	15	25	40	60	100	200
>100～160	0.8	1.5	3	5	8	12	20	30	50	80	120	250
>160～250	1	2	4	6	10	15	25	40	60	100	150	300
>250～400	1.2	2.5	5	8	12	20	30	50	80	120	200	400
>400～630	1.5	3	6	10	15	25	40	60	100	150	250	500
>630～1000	2	4	8	12	20	30	50	80	120	200	300	600
>1000～1600	2.5	5	10	15	25	40	60	100	150	250	400	800
>1600～2500	3	6	12	20	30	50	80	120	200	300	500	1000
>2500～4000	4	8	15	25	40	60	100	150	250	400	500	1200
>4000～6300	5	10	20	30	50	80	120	200	300	500	800	1500
>6300～10 000	6	12	25	40	60	100	150	250	400	600	1000	2000

表 5-6　　平行度、垂直度、倾斜度的公差值

主参数 L、d（D）（mm）图例：

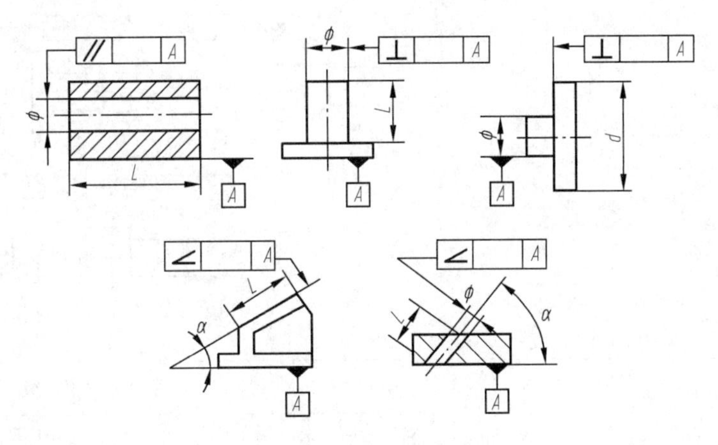

主参数 L、d（D）（mm）	公差等级											
	1	2	3	4	5	6	7	8	9	10	11	12
	公差值（μm）											
≤10	0.4	0.8	1.5	3	5	8	12	20	30	50	80	120
>10～16	0.5	1	2	4	6	10	15	25	40	60	100	150
>16～25	0.6	1.2	2.5	5	8	12	20	30	50	80	120	200
>25～40	0.8	1.5	3	6	10	15	25	40	60	100	150	250
>40～63	1	2	4	8	12	20	30	50	80	120	200	300
>63～100	1.2	2.5	5	10	15	25	40	60	100	150	250	400
>100～160	1.5	3	6	12	20	30	50	80	120	200	300	500
>160～250	2	4	8	15	25	40	60	100	150	250	400	600
>250～400	2.5	5	10	20	30	50	80	120	200	300	500	800
>400～630	3	6	12	25	40	60	100	150	250	400	600	1000
>630～1000	4	8	15	30	50	80	120	200	300	500	800	1200
>1000～1600	5	10	20	40	60	100	150	250	400	600	1000	1500
>1600～2500	6	12	25	50	80	120	200	300	500	800	1200	2000
>2500～4000	8	15	30	60	100	150	250	400	600	1000	1500	2500
>4000～6300	10	20	40	80	120	200	300	500	800	1200	2000	3000
>6300～10 000	12	25	50	100	150	250	400	600	1000	1500	2500	4000

表 5-7　　同轴度、对称度、圆跳动和全跳动的公差值

主参数 $d(D)$、B、L（mm）图例：

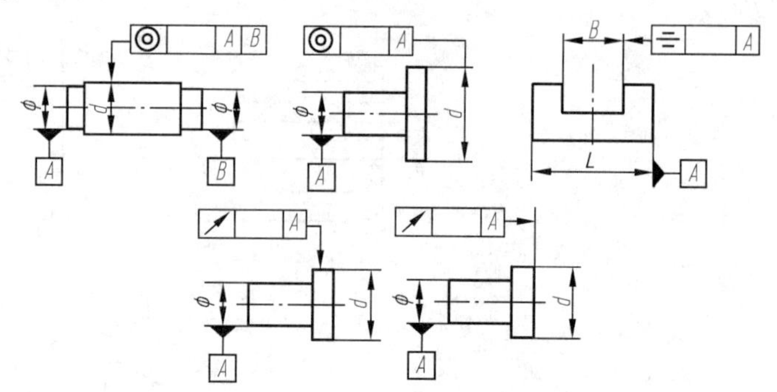

主参数 d（D）、B、L（mm）	公差等级											
	1	2	3	4	5	6	7	8	9	10	11	12
	公差值（μm）											
≤1	0.4	0.6	1.0	1.5	2.5	4	6	10	15	25	40	60
>1～3	0.4	0.6	1.0	1.5	2.5	4	6	10	20	40	60	120
>3～6	0.5	0.8	1.2	2	3	5	8	12	25	50	80	150
>6～10	0.6	1	1.5	2.5	4	6	10	15	30	60	100	200
>10～18	0.8	1.2	2	3	5	8	12	20	40	80	120	250
>18～30	1	1.5	2.5	4	6	10	15	25	50	100	150	300
>30～50	1.2	2	3	5	8	12	20	30	60	120	200	400
>50～120	1.5	2.5	4	6	10	15	25	40	80	150	250	500
>120～250	2	3	5	8	12	20	30	50	100	200	300	600
>250～500	2.5	4	6	10	15	25	40	60	120	250	400	800
>500～800	3	5	8	12	20	30	50	80	150	300	500	1000
>800～1250	4	6	10	15	25	40	60	100	200	400	600	1200
>1250～2000	5	8	12	20	30	50	80	120	250	500	800	1500
>2000～3150	6	10	15	25	40	60	100	150	300	600	1000	2000
>3150～5000	8	12	20	30	50	80	120	200	400	800	1200	2500
>5000～8000	10	15	25	40	60	100	150	250	500	1000	1500	3000
>8000～10 000	12	20	30	50	80	120	200	300	600	1200	2000	4000

（2）圆度、圆柱度公差从 0 至 12 共 13 级，公差等级按顺序由高到低，公差值按顺序递增，见表 5-8。

表 5-8　圆度、圆柱度的公差值

主参数 d（D）（mm）图例：

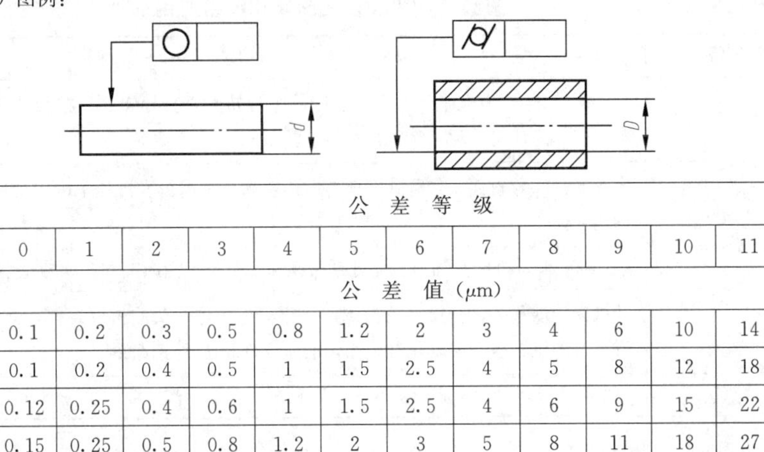

主参数 d（D）（mm）	公差等级												
	0	1	2	3	4	5	6	7	8	9	10	11	12
	公差值（μm）												
≤3	0.1	0.2	0.3	0.5	0.8	1.2	2	3	4	6	10	14	25
>3～6	0.1	0.2	0.4	0.5	1	1.5	2.5	4	5	8	12	18	30
>6～10	0.12	0.25	0.4	0.6	1	1.5	2.5	4	6	9	15	22	36
>10～18	0.15	0.25	0.5	0.8	1.2	2	3	5	8	11	18	27	43
>18～30	0.2	0.3	0.6	1	1.5	2.5	4	6	9	13	21	33	52
>30～50	0.25	0.4	0.8	1	1.5	2.5	4	7	11	16	25	39	62
>50～80	0.3	0.5	1	1.2	2	3	5	8	13	19	30	46	74
>80～120	0.4	0.6	1	1.5	2.5	4	6	10	15	22	35	54	87
>120～180	0.6	1	1.2	2	3.05	5	8	12	18	25	40	63	100
>180～250	0.8	1.2	1.5	3	4.5	7	10	14	20	29	46	72	115
>250～315	1.0	1.6	2	4	6	8	12	16	23	22	52	81	130
>315～400	1.2	2	3	5	7	9	13	18	25	36	57	89	140
>400～500	1.5	2.5	4	6	8	10	15	20	27	40	63	97	155

对位置度，国家标准只规定了公差值数系，而未规定公差等级，见表 5-9。

表 5-9　位置度系数

1	1.2	1.5	2	2.5	3	4	5	6	8
1×10^n	1.2×10^n	1.5×10^n	2×10^n	2.5×10^n	3×10^n	4×10^n	5×10^n	6×10^n	8×10^n

位置度的公差值一般与被测要素的类型、连接方式等有关，常用于控制螺栓或螺钉连接中孔距的位置，其公差值取决于螺栓与光孔之间的间隙。位置度公差值 T（公差带的直径或宽度）按式（5-3）和式（5-4）计算：

螺栓连接　$$T\leqslant KZ \tag{5-3}$$

螺钉连接　$$T\leqslant 0.5KZ \tag{5-4}$$

式中　Z——孔与紧固件之间的间隙，$Z=D_{min}-d_{max}$；

D_{min}——最小孔径（光孔的最小孔径）；

d_{max}——最大轴径（螺栓或螺钉的最大直径）；

K——间隙利用系数。

其中，K 推荐值如下：不需要调整的固定连接，$K=1$；需要调整的固定连接，$K=0.6\sim0.8$。按式（5-3）和式（5-4）计算出的公差值，经圆整后应符合国标推荐的位置度系数（见表 5-9）。

表5-10～表5-13列出了部分几何公差常用等级应用举例。

表5-10 直线度和平面度公差常用等级应用举例

公差等级	应用举例
5	1级平板，2级宽平尺，平面磨床的纵导轨、垂直导轨、立柱导轨及工作台，液压龙门刨床和六角车床床身导轨，柴油机进气、排气阀门导杆
6	普通机床导轨面，如卧式车床、龙门刨床、滚齿机、自动车床等的床身导轨、立柱导轨，柴油机壳体
7	2级平板，机床主轴箱、摇臂钻床座和工作台，镗床工作台，液压泵盖，减速器壳体结合面
8	机床传动箱体，交换齿轮箱体，车床溜板箱体，柴油机汽缸体，连杆分离面，缸盖结合面，汽车发动机缸盖、曲轴箱结合面，液压管件和法兰连接面
9	3级平板，自动车床床身底面，摩托车轴箱体，汽车变速器壳体，手动机械的支撑面

表5-11 圆度和圆柱度公差常用等级应用举例

公差等级	应用举例
5	一般计量仪器主轴、测杆外圆柱面，陀螺仪轴颈，一般机床主轴轴颈及主轴轴承孔，柴油机、汽油机活塞、活塞销、与6级滚动轴承配合的轴颈
6	仪表端盖外圆柱面，一般机床主轴及箱体孔，泵、压缩机的活塞、汽缸、汽车发动机凸轮轴，减速器轴颈，高速船用柴油机、拖拉机曲轴主轴颈，与6级滚动轴承配合的外壳孔，与0级滚动轴承配合的轴颈
7	大功率低速柴油机曲轴轴颈、活塞、活塞销、连杆、汽缸，高速柴油机箱体轴承孔，千斤顶或压力液压缸活塞，汽车传动轴，水泵及通用减速器轴颈，与0级滚动轴承配合的外壳孔
8	低速发动机，减速器，大功率曲柄轴轴颈，拖拉机汽缸体、活塞，印刷机传墨辊，内燃机曲轴，柴油机机体孔、凸轮轴，拖拉机、小型船用柴油机汽缸套等
9	空气压缩机缸体，液压传动筒，通用机械杠杆与拉杆用套筒销子，拖拉机活塞环、套筒孔等

表5-12 平行度、垂直度公差常用等级应用举例

公差等级	面对面平行度应用举例	面对线、线对线平行度应用举例	垂直度应用举例
4，5	普通机床，测量仪器，量具的基准面和工作面，高精度轴承座圈，端盖，挡圈的端面等	机床主轴孔对基准面，重要轴承孔对基准面，主轴箱体重要孔之间，齿轮泵的端面等	普通机床导轨，精密机床重要零件，机床重要支承面，普通机床主轴偏摆，测量仪器，刀具，量具，液压传动轴瓦端面，刀具、量具的工作面和基准面等
6，7，8	一般机床零件的工作面和基准面，一般刀具、量具、夹具等	机床一般轴承孔对基准面，床头箱一般孔之间，主轴花键对定心直径，刀具、量具、模具等	普通精密机床主要基准面和工作面，回转工作台端面，一般导轨，主轴箱体孔、刀架、砂轮架及工作台回转中心，一般轴肩对其轴线等
9，10	低精度零件，重型机械滚动轴承端盖等	柴油机和燃气发动机的曲轴孔、轴颈等	花键轴轴肩端面，带式运输机法兰盘等对端面、轴线，手动卷扬机及传动装置中轴承端面，减速器壳体平面等

表 5-13　同轴度、对称度和跳动公差常用等级应用举例

公差等级	应用举例
5，6，7	应用范围较广的公差等级。用于几何精度要求较高、尺寸公差等级为 IT8 及高于 IT8 的零件。5 级常用于机床主轴轴颈、计量仪器的测杆、汽轮机主轴、柱塞油泵转子、高精度滚动轴承外圈及一般精度滚动轴承内圈；6、7 级用于内燃机曲轴、凸轮轴轴颈、齿轮轴、水泵轴、汽车后轮输出轴，电机转子、印刷机传墨辊的轴颈、键槽等
8，9	常用于几何精度要求不高、尺寸公差等级为 IT9～IT11 的零件。8 级用于拖拉机发动机分配轴轴颈、与 9 级精度以下齿轮相配的轴、水泵叶轮、离心泵体、棉花精梳机前后滚子、键槽等；9 级用于内燃机汽缸套配合面、自行车中轴等

第三节　表面粗糙度的确定

表面粗糙度是零件表面的微观几何形状误差，它对零件的使用性能和耐用性具有很大影响。确定表面粗糙度的方法很多，常用的方法有比较法、仪器测量法、类比法。比较法和仪器测量法适用于测量没有磨损或磨损极小的零件表面；对于磨损严重的零件表面只能用类比法来确定。

一、比较法确定表面粗糙度

比较法是将被测表面与粗糙度样板相比较，通过人的视觉、触觉，或借助放大镜来判断被测表面粗糙度的一种方法。利用粗糙度样板进行比较时，表面粗糙度样板的材料、形状、加工方法与被测表面应尽可能相同，以减小误差，提高判断的准确性。

用比较法评定表面粗糙度虽然不能精确地得出被测表面粗糙度数值，但由于器具简单，使用方便且能满足一般生产要求，故常用于工程实际之中。

二、仪器测量法确定表面粗糙度

仪器测量法是利用测量仪器来确定被测表面粗糙度的一种方法，这也是确定表面粗糙度最精确的一种方法。

1. 光切显微镜

光切显微镜的外形如图 5-2 所示。光切显微镜可用于测量车、铣、刨及其他类似方法加工的金属外表面，是测量表面粗糙度的专用仪器之一。光切显微镜主要用于测定高度参数 Rz 和 Ra。测量 Rz 的范围一般为0.8～100μm。

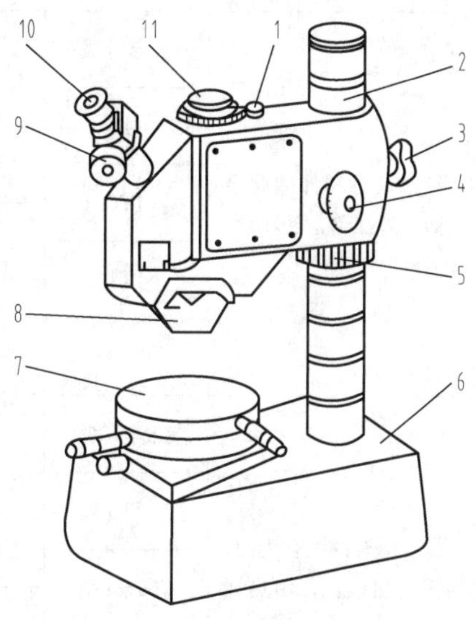

图 5-2　光切显微镜

1—光源；2—立柱；3—锁紧螺钉；4—微调手轮；5—粗调螺母；6—底座；7—工作台；8—物镜钮；9—测微鼓轮；10—目镜；11—照相机插座

2. 干涉显微镜

干涉显微镜的外形如图 5-3 所示。干涉显微镜主要用于测量表面粗糙度的 Rz 和 Ra 值，其 Rz 的测量范围通常为0.05～0.8μm。

3. 电动轮廓仪

电动轮廓仪是一种接触式测量表面粗糙度的仪器，其测量原理是利用金刚石探针与被测表面相接触，当针尖以一定的速度沿被测表面移动时，被测表面的微观凸凹将使指针在垂直于表面轮廓的方向上下移动，电动轮廓仪将这种上下移动转化为电信号并加以处理，直接指示表面粗糙度 Ra 的数值。电动轮廓仪测量 Ra 值的范围是 0.01～50μm。

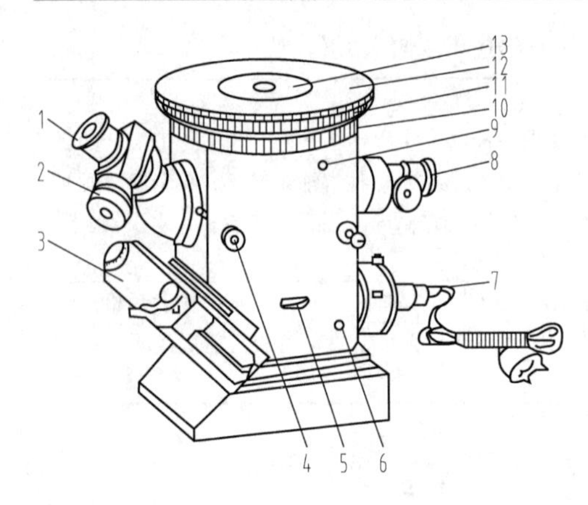

图 5-3 干涉显微镜

1—目镜；2—测微鼓轮；3—照相机；4、5、8、9—手轮；6—手柄；7—光源；10、11、12—滚花轮；13—工作台

三、类比法确定表面粗糙度

用类比法确定粗糙度的一般原则有以下几点：

（1）同一零件上，工作表面的粗糙度值应比非工作表面小。

（2）摩擦表面的粗糙度值应比非摩擦表面小，滚动摩擦表面的粗糙度值应比滑动摩擦表面小。

（3）运动速度高、单位面积压力大的表面及受交变应力作用的重要表面的粗糙度值都要小。

（4）配合性质要求越稳定，其配合表面的粗糙度值应越小；配合性质相同时，零件尺寸越小，粗糙度也应越小；同一精度等级，小尺寸比大尺寸、轴比孔的粗糙度要小。

（5）表面粗糙度参数值应与尺寸公差及几何公差相协调。一般来说，尺寸公差和几何公差小的表面，其粗糙度值也应小。

（6）防腐性、密封性要求高、外表美观等表面粗糙度值应较小。

（7）凡有关标准已对表面粗糙度要求做出规定的，都应按标准规定选取表面粗糙度，如轴承、量规、齿轮等。

在选择参数值时，应仔细观察被测表面的粗糙度情况，认真分析被测表面的作用、加工方法、运动状态等，按照表 5-14 初步选定粗糙度值，再对比表 5-15 做适当调整。

表 5-14　　轴和孔的表面粗糙度参数推荐值

<table>
<tr><th colspan="3">应 用 场 合</th><th colspan="6">Ra（μm）</th></tr>
<tr><td rowspan="10">经常装拆零件的配合表面（如挂轮、滚刀等）</td><td rowspan="2">公差等级</td><td rowspan="2">表 面</td><td colspan="6">公称尺寸（mm）</td></tr>
<tr><td colspan="3">≤50</td><td colspan="3">50～500</td></tr>
<tr><td rowspan="2">IT5</td><td>轴</td><td colspan="3">≤0.2</td><td colspan="3">≤0.4</td></tr>
<tr><td>孔</td><td colspan="3">≤0.4</td><td colspan="3">≤0.8</td></tr>
<tr><td rowspan="2">IT6</td><td>轴</td><td colspan="3">≤0.4</td><td colspan="3">≤0.8</td></tr>
<tr><td>孔</td><td colspan="3">≤0.8</td><td colspan="3">≤1.6</td></tr>
<tr><td rowspan="2">IT7</td><td>轴</td><td colspan="3" rowspan="2">≤0.8</td><td colspan="3" rowspan="2">≤1.6</td></tr>
<tr><td>孔</td></tr>
<tr><td rowspan="2">IT8</td><td>轴</td><td colspan="3">≤0.8</td><td colspan="3">≤1.6</td></tr>
<tr><td>孔</td><td colspan="3">≤1.6</td><td colspan="3">≤3.2</td></tr>
<tr><td rowspan="10">过盈配合的配合表面：用压力机装配，用热孔法装配</td><td rowspan="2">公差等级</td><td rowspan="2">表面</td><td colspan="6">公称尺寸（mm）</td></tr>
<tr><td colspan="2">≤50</td><td colspan="2">>50～120</td><td colspan="2">>120～500</td></tr>
<tr><td rowspan="2">IT5</td><td>轴</td><td colspan="2">≤0.2</td><td colspan="2">≤0.4</td><td colspan="2">≤0.4</td></tr>
<tr><td>孔</td><td colspan="2">≤0.4</td><td colspan="2">≤0.8</td><td colspan="2">≤0.8</td></tr>
<tr><td rowspan="2">IT6～IT7</td><td>轴</td><td colspan="2">≤0.4</td><td colspan="2">≤0.8</td><td colspan="2">≤1.6</td></tr>
<tr><td>孔</td><td colspan="2">≤0.8</td><td colspan="2">≤1.6</td><td colspan="2">≤1.6</td></tr>
<tr><td rowspan="2">IT8</td><td>轴</td><td colspan="2">≤0.8</td><td colspan="2">≤1.6</td><td colspan="2">≤3.2</td></tr>
<tr><td>孔</td><td colspan="2">≤1.6</td><td colspan="2">≤3.2</td><td colspan="2">≤3.2</td></tr>
<tr><td rowspan="2">IT9</td><td>轴</td><td colspan="2">≤1.6</td><td colspan="2">≤3.2</td><td colspan="2">≤3.2</td></tr>
<tr><td>孔</td><td colspan="2">≤3.2</td><td colspan="2">≤3.2</td><td colspan="2">≤3.2</td></tr>
</table>

续表

应用场合			Ra（μm）					
	公差等级	表面	公称尺寸（mm）					
			≤50		>50～120		>120～150	
滚动轴承的配合表面	IT6～IT9	轴	≤0.8					
		孔	≤1.6					
	IT10～IT12	轴	≤3.2					
		孔	≤3.2					
精密定心零件的配合表面	公差等级	表面	径向跳动公差（μm）					
			2.5	4	6	10	16	25
	IT5～IT8	轴	≤0.05	≤0.1	≤0.1	≤0.2	≤0.4	≤0.8
		孔	≤0.1	≤0.2	≤0.2	≤0.4	≤0.8	≤1.6

表 5-15　　表面粗糙度的表面特征、加工方法及应用举例

表面微观特性		Ra（μm）	Rz（μm）	加工方法	应用举例
粗糙表面	微见刀痕	≤20	≤80	粗车、粗刨、粗铣钻、毛锉、锯断	半成品粗加工过的表面、非配合的加工表面，如端面、倒角、钻孔、齿轮或带轮侧面、键槽底面、垫圈接触面等
半光表面	可见加工痕迹	≤10	≤40	车、刨、铣、镗、钻、粗铰	轴上不安装轴承、齿轮处的非配合表面；紧固件的自由装配表面，轴和孔的退刀槽等
	微见加工痕迹	≤5	≤20	车、刨、铣、镗、磨、拉、粗刮、滚压	半精加工表面，箱体、支架、盖面、套筒等与其他零件结合而无配合要求的表面，需要发蓝的表面等
	看不清加工痕迹	≤2.5	≤10	车、刨、铣、镗、磨、拉、刮、滚压、铣齿	接近于精加工表面，箱体上安装轴承的镗孔表面，齿轮的工作面
光表面	可辨加工痕迹方向	≤1.25	≤6.3	车、镗、磨、拉、精铰、磨齿、滚、压	圆柱销、圆锥销，与滚动轴承配合的表面，卧式车床导轨面，内、外花键定心表面等
	微辨加工痕迹方向	≤0.63	≤3.2	精铰、精镗、磨、滚压	要求配合性质稳定的配合表面，工作时受交变应力的重要零件，较高精度车床的导轨面
	难辨加工痕迹方向	≤0.32	≤1.6	精磨、珩磨、研磨	精密机床主轴锥孔、顶尖圆锥面，发动机曲轴、凸轮轴工作表面，高精度齿轮齿面
极光表面	暗光泽面	≤0.16	≤0.8	精磨、研磨、普通抛光	精密机床主轴颈表面，一般量规工作表面，汽缸套内表面，活塞销表面等
	亮光泽面	≤0.08	≤0.4	超精磨、精抛光、镜面磨削	精密机床主轴颈表面、滚动轴承的滚珠，高压油泵中柱塞和柱塞配合的表面
	镜状光泽面	≤0.04	≤0.2		
	镜面	≤0.01	≤0.05	镜面磨削、超精研	高精度量仪、量块的工作表面，光学仪器中的金属镜面

第六章　零件材料的选择与热处理

零件材料的选择和热处理也是测绘的重要内容。零件材料的确认和热处理的方法对机械零件制造的成本和机器的工作性能、使用寿命有很大影响，在选择材料和热处理方面，已经形成了一整套行之有效的方法，可供在零部件测绘中参考。

第一节　机械零件常用材料概述

机械零件的常用材料很多，既有金属材料，又有非金属材料。不同的材料有不同的性能和使用条件。正确选择材料，必须掌握常用材料的基本知识。

一、铸铁

铸铁是含碳量大于2%的铁碳合金。铸铁是一种脆性材料，不能进行轧制和锻压，但具有良好的液态流动性，可铸出形状复杂的铸件。另外，因其具有良好的减振性、可加工性和耐磨性，而且价格低廉，所以广泛应用于机械设备的制造。常用的铸铁包括灰铸铁（GB/T 9439—2010）、球墨铸铁（GB/T 1348—2019）和可锻铸铁（GB/T 9440—2010）三种，其名称、牌号及应用举例见表6-1。

表6-1　　铸　铁

名称	牌号	应用举例（参考）	说明
灰铸铁	HT100 HT150	用于低强度铸件，如盖、手轮、支架等；用于中强度铸件，如底座、刀架、轴承座、胶带轮、端盖等	HT为“灰铁”的汉语拼音的首位字母，后面的数字表示抗拉强度（MPa），如HT200表示抗拉强度为200 N/mm² 的灰铸铁
	HT200 HT250	用于高强度铸件，如机床立柱、刀架、齿轮箱体、床身、油缸、泵体、阀体等	
	HT300 HT350	用于高强度耐磨铸件，如齿轮、凸轮、重载荷床身、高压泵、阀壳体、锻模、冷冲压模等	
球墨铸铁	QT800-2 QT700-2 QT600-2 QT500-5 QT420-10 QT400-17	用于曲轴、凸轮轴、齿轮、汽缸、缸套、轧辊、水泵轴、活塞环、摩擦片等具有较高的塑性和适当的强度及承受冲击负荷的零件	QT表示球墨铸铁，其后第一组数字表示抗拉强度（MPa），第二组数字表示延伸率（%）
可锻铸铁	KTH300-06 KTH330-08 KTH350-10 KTH370-12	黑心可锻铸铁，用于承受冲击振动的零件，如汽车、拖拉机、农机铸件等	KT表示可锻铸铁，H表示黑心，B表示白心，第一组数字表示抗拉强度（MPa），第二组数字表示延伸率（%）
	KTB350-04 KTB380-12 KTB400-05 KTB450-07	白心可锻铸铁，韧性较低，但强度高，耐磨性、加工性好，可代替低、中碳钢及合金钢的重要零件，如曲轴、连杆、机床附件等	

二、碳钢与合金钢

钢是含碳量小于2%的铁碳合金。钢具有强度高、塑性好、可锻造的优点，而且可以通过不同的热处理和化学处理来改善它的机械性能。钢的种类很多，可按不同的分类标准进行分类。按含碳量，可分为低碳钢、中碳钢和高碳钢；按其化学成分，可分为碳素钢和合金钢；按钢的质量，可分为普通钢和优质钢；按用途，可分为结构钢、工具钢和特殊钢等不同的类型。制造机械零件使用最多的有普通碳素结构钢（GB/T 3077—2015）、优质碳素结构钢（GB/T 699—2015）、合金结构钢（GB/T 3077—2015）和铸造碳钢（GB/T 11352—2009），其名称、牌号及应用举例见表6-2。

表6-2　　钢

分类名称	牌　号	应用举例	说　明
碳素结构钢	Q215A级 B级	金属结构件、拉杆、套圈、铆钉、螺栓、短轴、心轴、凸轮、垫圈，渗碳零件及焊接件等	Q为碳素结构钢屈服点“屈”字的汉语拼音首位字母，后面数字表示屈服点数值。如Q235表示碳素结构钢屈服点为235MPa。屈服点是表征材料受力后改变与未改变原有力学性能的临界点
	Q235A级 B级 C级 D级	金属结构件，心部强度要求不高的渗碳或氰化零件，吊钩、拉杆、套圈、汽缸、齿轮、螺栓、螺母、连杆、轮轴、楔、盖及焊接件	
	Q275	轴、轴销、刹车杆、螺栓、螺母、连杆、齿轮以及其他强度较高的零件	
优质碳素结构钢	08F 10 15 20 25 30 35 40 45 50 55 60	可塑性好的零件，如管子、垫片、渗碳件、氰化件拉杆、卡头、焊件渗碳件、紧固件、冲模锻件、化工储器杠杆、轴套、钩、螺钉、渗碳件与氰化件轴、辊子、连接器、紧固件中的螺栓、螺母、曲轴、转轴、轴销、连杆、横梁、星轮曲轴、摇杆、拉杆、键、销、齿轮、齿条、链轮、凸轮、轧辊、曲柄轴齿轮、轴、联轴器、衬套、活塞销、链轮活塞杆、轮轴、偏心轮、轮圈、轮缘叶片、弹簧等	牌号中的两位数字表示平均含碳量。45钢即表示平均含碳量为0.45%；平均含碳量≤0.25%的碳钢属低碳钢（渗碳钢）；平均含碳量在0.25%～0.6%的碳钢属中碳钢（调质钢）；碳的质量分数为≥0.6%的碳钢属高碳钢；在牌号后加符号“F”表示沸腾钢
	30 Mn 40 Mn 50 Mn 60 Mn	螺栓、杠杆、制动板，用于承受疲劳载荷零件，如轴、曲轴、万向联轴器，用于高负荷下耐磨的热处理零件，如齿轮、凸轮弹簧、发条等	锰的质量分数较高的钢，须加注化学元素符号Mn
合金结构钢 铬钢	15Cr 20Cr 30Cr 40Cr 45Cr	渗碳齿轮、凸轮、活塞销、离合器，较重要的渗碳件，重要的调质零件（如轮轴、齿轮、摇杆、螺栓），较重要的调质零件（如齿轮、进气阀、辊子、轴），强度及耐磨性高的轴、齿轮、螺栓等	钢中加入一定量的合金元素，提高了钢的力学性能和耐磨性，也提高了钢在热处理时的淬透性，保证金属能在较大截面上获得良好的力学性能
合金结构钢 铬锰钛钢	18CrMnTi 30CrMnTi 40CrMnTi	汽车上重要渗碳件，如齿轮，汽车、拖拉机上强度特高的渗碳齿轮，强度高、耐磨性高的大齿轮、主轴	
铸造碳钢	ZG230-450 ZG310-570	铸造平坦的零件，如机座、机盖、箱体、工作温度在450℃以下的管路附件等，各种形状的机件，如齿轮、齿圈、重负荷机架等	ZG230-450表示工程用铸钢，屈服点为230MPa，抗拉强度450MPa

三、有色金属合金

通常把钢和铁称为黑色金属，而将其他金属统称为有色金属。纯有色金属应用较少，一般使用有色金属合金。常用的有色金属合金包括铜合金、铝合金等。有色金属的价格比黑色金属高，因此，仅用于要求减摩、耐磨、抗腐蚀等特殊情况。

机械设备中常用的有色金属合金有铸造铜合金（GB/T 1176—2013）、铸造铝合金（GB/T 1173—2013）、硬铝和工业纯铝（GB/T 3190—2020）。常用有色金属的名称、牌号及应用举例见表 6-3。

表 6-3　　有色金属及其合金

<table>
<tr><th>名　称</th><th>牌　号</th><th>特点及主要用途</th><th>说　明</th></tr>
<tr><td>5-5-5
锡青铜</td><td>ZCuSn5Pb5Zn5</td><td>耐磨性和耐蚀性均好，易加工，铸造性和气密性较好。用于较高负荷、中等滑动速度下工作的耐磨、耐腐蚀零件，如轴瓦、衬套、缸套、活塞、离合器、蜗轮等</td><td rowspan="4">Z 为铸造汉语拼音的首位字母，各化学元素后面的数字表示该元素含量的百分数，如 ZCuAl10Fe3 表示含 $w_{Al}=8.1\%\sim11\%$，$w_{Fe}=2\%\sim4\%$，其余为 Cu 的铸造铝青铜</td></tr>
<tr><td>10-3
铝青铜</td><td>ZCuAl10Fe3</td><td>力学性能好，耐磨性、耐蚀性、抗氧化性好，可以焊接，不易钎焊。用于强度高、耐磨、耐蚀的零件，如蜗轮、轴承、衬套、管嘴、耐热管配件等</td></tr>
<tr><td>25-6-3-3
铝黄铜</td><td>ZCuZn25Al6
Fe3Mn3</td><td>有很高的力学性能，铸造性、耐蚀性较好，可以焊接。用于高强耐磨零件，如桥梁支承板、螺母、螺杆、耐磨板、滑块、蜗轮等</td></tr>
<tr><td>38-2-2
锰黄铜</td><td>ZCuZn38
Mn2Pb2</td><td>有较高的力学性能和耐蚀性，耐磨性较好，切削性良好。用于一般用途的构件，船舶仪表等使用的外形简单的铸件，如套筒、衬套、轴瓦、滑块等</td></tr>
<tr><td>铸造铝合金</td><td>ZAlSi12
代号 ZL102</td><td>用于制造形状复杂、负荷小、耐腐蚀的薄壁零件和工作温度≤200℃的高气密性零件</td><td>$w_{Si}=10\%\sim13\%$的铝硅合金</td></tr>
<tr><td>硬　铝</td><td>2Al2
（原 LY12）</td><td>焊接性能好，用于高载荷的零件及构件（不包括冲压件和锻件）</td><td>2Al2 表示 $w_{Cu}=3.8\%\sim4.9\%$，$w_{Mg}=1.2\%\sim1.8\%$，$w_{Mn}=0.3\%\sim0.9\%$的硬铝</td></tr>
<tr><td>工业纯铝</td><td>1060
（代 L2）</td><td>塑性、耐腐蚀性高，焊接性好，强度低。适于制作储槽、热交换器、防污染及深冷设备等</td><td>1060 表示含杂质不大于 0.4%的工业纯铝</td></tr>
</table>

四、非金属材料

常用的非金属材料有橡胶和工程塑料两大类。橡胶有耐油石棉橡胶板、耐酸碱橡胶板、耐油橡胶板、耐热橡胶板等，其性能及应用见表 6-4。工程塑料有硬聚氯乙烯、低压氯乙烯、改性有机玻璃、聚丙烯、ABS、聚四氟乙烯等，其性能及应用见表 6-5。

表 6-4　橡胶性能及应用

名　称	牌　号	主　要　用　途	说　　明
耐油石棉橡胶板	NY250 HNY300	航空发动机用煤油、润滑油及冷气系统结合处的密封衬垫材料	有厚度 0.4～3.0mm 十种规格
耐酸碱橡胶板	2707 2807 2709	具有耐酸碱性能，在温度－30～60℃的 20%浓度的酸碱液体中工作，用作冲制密封性能较好的垫圈	较高硬度 中等硬度
耐油橡胶板	3707 3807 3709 3809	可在一定温度的全损耗系统用油、变压器油、汽油等介质中工作，适用于冲制各种形状的垫圈	较高硬度
耐热橡胶板	4708 4808 4710	可在－30～100℃且压力不大的条件下，于热空气、蒸汽介质中工作，用于冲制各种垫圈及隔热垫板	较高硬度 中等硬度

表 6-5　工程塑料性能及应用

名　　称	主　　要　　用　　途
硬聚氯乙烯	可代替金属材料制成耐腐蚀设备与零件，可作灯座、插头、开关等
低压氯乙烯	可作一般结构件和减摩自润滑零件，并可作耐腐蚀零件和电器绝缘材料
改性有机玻璃	用作要求有一定强度的透明结构零件，如汽车用各种灯罩、电器零件等
聚丙烯	最轻的塑料之一，用作一般结构件、耐腐蚀零件和电工零件
ABS	用作一般结构或耐磨受力传动零件，如齿轮、轴承等
聚四氟乙烯	有极好的化学稳定性和润滑性，耐热，可作耐腐蚀化工设备与零件、减摩自润滑零件和电绝缘零件

第二节　影响机械零件材料选择的因素

影响机械零件材料选择的因素有很多方面，概括起来可分为零件的使用要求、工艺要求和经济性要求三大类。

一、根据使用要求选择材料

满足使用要求是设计机器零件时选择制造材料的一项最基本的原则。零件的使用要求一般包括零件的受载情况和工作环境、零件的尺寸与重量的限制、零件的重要性程度等。其中受载情况是核心要求。

通俗地说，受载情况就是指零件的受力大小和作用力的方向、分布作用点等特征；工作环境是指零件工作时的温度、周围介质、产生摩擦的性质等；零件的重要性程度是指零件失效对人身、机械和环境的影响程度。在工程实践中，按照上述三项要求选择材料时，一般使用以下方法快速确定制造材料：

（1）当零件的尺寸受强度制约，而且尺寸和重量又受到限制时，应选用强度较高的材料；对仅承受不变应力的零件，常选用不易变形的材料；对受力变化的零件，选用耐受力较高的材料；对受冲击力作用的零件，应选用韧性好的材料。

（2）如果零件尺寸取决于刚度，而且尺寸和重量又受到限制时，应选用弹性较好的材料。

（3）当零件尺寸取决于接触强度时，应选用可进行表面强化处理的材料。

（4）对于易磨损的零件，常选用耐磨性较好的材料。

（5）对在滑动摩擦下工作的零件，应选用减摩性好的材料。

（6）对在高温下工作的零件，常选用耐热材料。

（7）对在腐蚀性介质中工作的零件，应选用耐腐蚀材料。

上述这些方法是在工程实践中总结出来的经验，符合材料选用的原则，因此得到了广泛的应用。在测绘过程中，认真了解每一个零件在机器中的作用，了解零件的受力情况，就可以从上面这些基本选择方法中估计出零件所用的材料。

二、根据工艺要求选择材料

在选择材料时还会考虑到零件的复杂程度、材料加工的可能性、生产的批量大小等因素。

（1）制造机器零件的材料多数情况下是金属毛坯。在选择毛坯时可根据生产批量的大小来选择不同的毛坯：对于大批量生产的大型零件多用铸造毛坯，小批量生产的大型零件多用焊接毛坯，而对中小型零件常常选择锻造毛坯，对于形状复杂、加工程序多的零件则采用铸造毛坯的居多。

（2）如果一个零件需要进行机械加工，会选择具有良好的切削性能的材料，如易断屑、加工表面光滑、刀具磨损小等。

（3）对于需要热处理的零件，常选择那些具有良好的热处理性能和易加工的材料。

三、根据经济性要求选择材料

在机械零件的制造成本中，材料费用占 30％～50％，选用廉价材料对降低机器设备的成本有重大意义。因此，在选择制造材料时，也应从经济性上来考虑。

从经济性上考虑零件的材料，主要有两个方面：原材料的价格和零件的制造费用。

由上述讨论可知，在选择材料时会考虑很多因素，而这些因素已经构成了设计者的选择习惯，了解这些习惯对测绘中确定被测绘零件材料有重要的参考价值。

第三节　被测绘零件材料的确认

在零部件测绘中，零件材料的确认往往比较困难。尽管已经了解了选用材料的一些习惯，但具体到被测绘零件究竟是哪种材料，却不是轻而易举的事情。在对被测绘零件材料进行确认的时候，通常采用经验法和科学实验法两种方法。

经验法是根据生活经验和工程经验来确认材料，如对金属材料的确认，根据生活经验就能较容易地分辨出零件材料是钢、铜还是铝，也可以分辨出纸、塑料、石棉等。如果具备一些工程经验，还可以分辨出钢和铸铁、纯铝、合金铝等。

科学实验法是利用仪器或实验手段鉴别材料的一类方法。与经验法相比较，科学实验法具有科学性、精确性的特点。

一、经验法确认材料

通过观察零件的用途、颜色、声音、加工方法、表面状态等，再与类似机器上的零件材料进行比对，或者查阅有关图纸、材料手册等，就能大致确定出被测绘零件所用的材料。

（1）从颜色上来区分有色金属和黑色金属。例如，钢铁呈黑色，青铜颜色青紫，黄铜颜色黄亮；铜合金一般颜色红黄，铅合金及铝镁合金则呈银白色等。

（2）从声音上可区分铸铁与钢。当轻轻敲击零件时，声音清脆有余音者为钢，声音闷实者为铸铁。

（3）从零件未加工表面上区分铸铁与铸钢。铸钢的未加工表面比较光滑，铸铁的未加工表面相对粗糙。

（4）从加工表面区分脆性材料（铸铁）和塑性材料。脆性材料的加工表面刀痕清晰，有脆性断裂痕迹；塑性材料刀痕不清，无脆性断裂痕迹。

（5）从有无涂镀确定材料的耐腐蚀性。耐腐蚀性材料往往是无需涂镀的。

（6）从零件的使用功能并参考有关资料来确定零件的材料。

用经验法确定零件材料的方法比较简单，但不精确，只能从宏观上确认材料的大体类别。这种方法对个人经验的依赖很大，经验越丰富，确认的准确度越高。在没有其他手段可采用时，也不失为一种可行的方法。在有其他方法时也可缩小检验范围，或作为其他方法的参考手段。

二、科学实验法确认材料

科学实验法是用实验手段科学精确地鉴别材料的方法，科学实验法包括很多具体的方法，如火花鉴别法、化学分析法、光谱分析法、金相组织观察法、表面硬度测定法等。科学实验法的操作比较复杂，需要专业的理论和操作知识作为指导，在测绘实训中，通常不需要用这种方法来精确确认具体的材料，因此，这里仅做一般性的常识介绍。

1. 火花鉴别法

因为钢的种类繁多，它们的外观又无明显区别，人们用肉眼直接观察是分辨不清的，如果利用火花鉴别法便可以鉴别出钢的种类和相近似的钢号。

（1）火花鉴别法的名词术语。

1）火束。金属材料在砂轮上磨削产生的全部火花称火束，由花根、花间、花尾组成，如图 6-1 所示。

2）流线。火束中线条状的光亮称为流线。因钢的化学成分不同，流线分为直流线、断续流线和波浪流线三种，如图 6-2 所示。

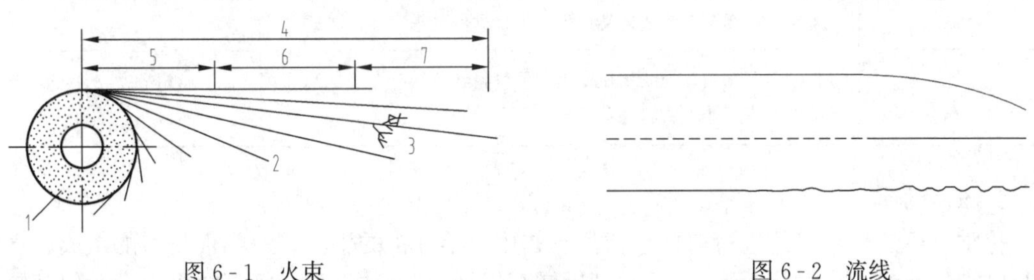

图 6-1　火束

1—砂轮；2—流线；3—爆花；4—火束；5—花根；6—花间；7—花尾

图 6-2　流线

3）爆花。在流线上，以节点为核心发生的爆裂火花称为爆花。爆花分一次爆花和多次爆花，如图 6-3 所示。一次爆花含碳量在 0.2%以下；二次爆花含碳量在 0.3%以下；三次爆花含碳量在 0.45%以上；多次爆花则是在三次爆花的芒线上继续有一次或多次爆裂。

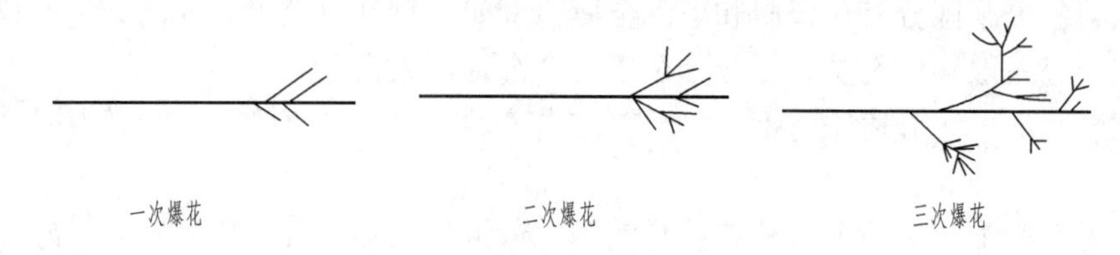

图 6-3 爆花

（2）钢中含碳量及合金元素对火花的影响。

1）碳对火花的影响。随着钢中含碳量的增加，火束变短、流线变细、流线数量增多，由一次爆花转向多次爆花。

2）合金元素对火花的影响。合金元素对火花的影响比较复杂，有的合金元素会助长火花发生，有的合金元素反而会抑制火花发生，其原因在于合金元素氧化反应速度的快慢。氧化速度快，会使流线、亮点、爆花增加；反之则减少。主要合金元素对火花的影响见表 6-6。

表 6-6 主要合金元素对火花的影响

元素	对火花的影响
Cr	在一定范围内铬含量越多，产生的爆花也越多，爆花呈菊花形，火束亮而短，分叉多而细，花粉多
Mn	助长火花爆裂较铬元素明显。钢中含锰量为 1%～2%，火束形状与碳钢相仿，爆花心部有大而亮的节点，芒线细而长。若含锰量大于 2%，特征更明显，火束根部有时产生大爆花和小火团
V	助长火花爆裂，火束呈黄亮色，使流线、芒线变细
Ni	抑制火花爆裂，影响较弱。钢中因含镍量不同，会产生粗画爆花和鼓肚爆花，发亮点强烈闪目，根部火花引起波浪流线
W	抑制火花发生，几乎不爆裂。随着含钨量的增高，流线的色泽由橙黄变暗红色，流线细化，首端出现断续流线，末端产生弧尾花
Mo	抑制火花爆裂，流线尾端产生枪尖状橘色尾花
Si	抑制火花爆裂，流线变短变粗，呈黄亮红色，有白亮圆珠状闪光点。含硅量为 3%～5%时，流线尾端有短小的钩状尾花

2. 化学分析法

化学分析法是对零件进行取样和切片，并用化学分析的手段，对零件材料的组成、含量进行鉴别的方法。化学分析法是一种最可靠的材料鉴定方法，具有极高的可信度，但其缺点是要对零件进行局部破坏或损伤。在实际检测中，多用刀在非重要表面上刮下少许材料进行化验分析。

3. 光谱分析法

各种不同的化学元素具有不同的光谱。光谱分析法是采用光谱分析仪，依靠组成材料中各元素的光谱不同来分辨材料中各组成元素的一种分析方法。光谱分析法主要用来对材料中各组成元素进行定性的分析，而不能对其进行准确的定量鉴定。

4. *硬度鉴定法*

硬度是材料的主要机械性能之一，一般在测绘中若能直接测得硬度值，就可大致估计零件的材料。如黑色金属的硬度一般都较高，有色金属的硬度相对较低。对有些不重要的零件，还可采用简便的锉刀试验法来测定。这种方法是用经过标定不同硬度值的几把锉刀分别锉削零件的表面，以确定零件的硬度。

硬度测定一般在硬度机上进行。用硬度机来确定零件表面硬度常用的方法有四种：布氏硬度法、洛氏硬度法、维氏硬度法和肖氏硬度法。

(1) 布氏硬度法。布氏硬度法是将一个直径为 10mm 的淬火钢球用 3000kg 的外力压入被测金属表面，经过规定的时间以后去除外力，测量出被测件的压痕直径 d，用外力的大小除以被测件上出现的压痕面积即为该零件的硬度，符号用 HBS 表示，其计算式为

$$\mathrm{HBS}=\frac{P}{F}=\frac{2P}{\pi D(D-\sqrt{D^2-d^2})}\quad (\mathrm{kg/mm^2})$$

式中符号的含义如图 6-4 所示。

用布氏硬度法进行测量所得到的数据比较稳定，测量误差小，多用于对原材料表面硬度的测定，但不适用于加工件和太薄的零件。因硬度测量仪体积较大，只能在固定的实验室中进行。

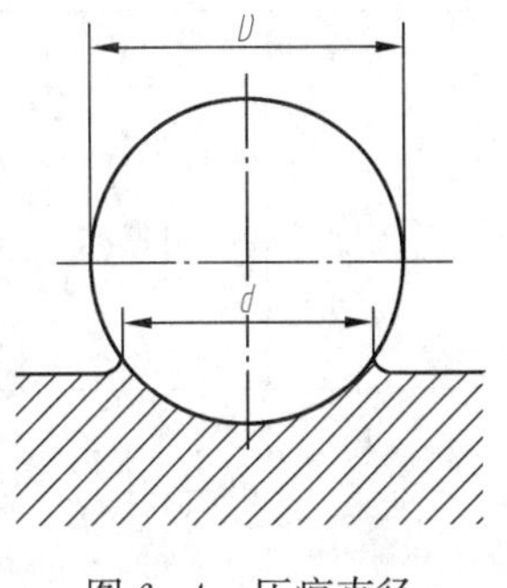

图 6-4　压痕直径

(2) 洛氏硬度法。洛氏硬度法是将 120°金刚石角锥置于被测材料之上，再施加 150kg 的外力，以压痕的深度确定材料硬度的一种方法。压痕越深，被测表面硬度越低；压痕越浅，被测表面硬度越高。硬度符号用 HR 表示，分为 A、B、C 三种。三种硬度适用范围为 HRB＜25，25＜HRC＜67，HRA＞67。HRB 适用于未经淬火钢，HRC 适用于淬火钢，HRA 适用于淬火的高硬度钢。

(3) 维氏硬度法。维氏硬度法与布氏硬度法原理相同，区别在于维氏硬度法的压头是 135°的四棱角锥。维氏硬度符号用 HV 表示。

(4) 肖氏硬度法。肖氏硬度法是用镶有金刚石圆柱体的标准冲头，从一定的高度自由落于被测件表面上，以冲头跳回的高度来衡量被测件的表面硬度。冲头跳回越高，被测件的表面硬度就越高。其硬度符号用 HS 表示。这种测量仪结构简单、体积小，可随身带入测量现场，使用方便，不损坏被测件表面，但需要操作者具有一定的使用经验。

第四节　热　处　理

金属零件的热处理主要指钢的热处理。钢的热处理是将固态钢加热到某一温度，保温一段时间，再在介质中以一定速度冷却的一种工艺过程。钢经过热处理后，可以改善其机械性能、力学性能及工艺性能，提高零件的使用寿命。热处理在机械制造业中的应用日益广泛。据统计，在机床制造中要进行热处理的零件占 60%～70%；在汽车、拖拉机制造中占 70%～80%；在各类工具（刃具、模具、量具等）和滚动轴承制造中，100%的材料都需要进行热处理。

在零部件测绘中，通常将零件的热处理方法写在技术要求中。

一、钢的热处理简介

热处理的工艺方法很多，常用的有以下几种：退火、正火、淬火、回火、表面淬火、化学热处理等。

表面淬火是将钢件的表面层淬透到一定的深度，而心部仍保持未淬火状态的一种局部热处理方法。表面淬火时通过快速加热，使钢件的表层很快达到淬火温度，在热量尚未传到工件心部时就立即冷却，以实现局部淬火。

化学热处理是将工件置于一定的化学介质中加热和保温，使介质中的活性原子渗入工件表层，以改变工件表层的化学成分和组织，从而提高零件表面的硬度、耐磨性、耐腐蚀性和表面的美观程度，而其心部仍保持原来的机械性能，以满足零件特殊要求的一种热处理方法。

化学热处理的种类很多，依照渗入元素的不同，有渗碳、渗氮、碳氮共渗等，以适用于不同场合的需要。在所有化学热处理的方法中，以渗碳应用最广。

常用热处理的种类、目的和应用见表 6-7。

表 6-7　　常用热处理的种类、目的和应用

名　称	代　号	说　　明	目　　的
退火	5111	将钢件加热到临界温度以上 30～50℃，一般为 710～715℃，个别金属钢为 800～900℃，保温一段时间，然后缓慢冷却（一般在炉中冷却）	用于消除铸、锻、焊零件的内应力，降低硬度，便于切削加工，细化金属晶粒，改善组织，增加韧性
正火	5121	将钢件加热到临界温度以上，保温一段时间，然后在空气中冷却，冷却速度比退火快	用于处理低碳钢、中碳结构钢及渗碳零件，细化晶粒，增加强度和韧性，减小内应力，改善切削性能
淬火	5131	将钢件加热到临界温度以上，保温一段时间，然后在水、盐水或油中（个别材料在空气中）急剧冷却，以得到高硬度	用于提高钢的硬度和强度极限。但淬火后引起内应力，使钢变脆，所以淬火后必须回火
回火	5141	将淬火后的钢件重新加热到临界温度以下某一温度，保温一段时间，然后在空气中或油中冷却	用于消除淬火后的脆性和内应力，提高钢的塑性和冲击韧性
调质	5151	淬火后在 500～700℃高温进行回火	用于使钢获得高的韧性和足够的强度，重要的齿轮、轴、丝杠等零件需调质处理
表面淬火	5210	用火焰或高频电流将零件表面迅速加热到临界温度以上，急速冷却	提高机件表面的硬度及耐磨性、而心部又保持一定的韧性，使零件既耐磨又能承受冲击，常用来处理齿轮等
渗碳	5311	在渗碳剂中将钢件加热到 900～950℃，停留一定时间，将碳渗入钢表面，渗碳深度 0.5～2mm，再淬火后回火	增加钢件的耐磨性能、表面强度、抗拉强度及疲劳极限。适用于低碳、中碳（w_C<0.4%）结构钢的中小型零件

续表

名　称	代　号	说　　明	目　　的
渗氮	5340	在500～600℃通入氮的炉内加热，向钢的表面渗入氮原子，渗氮层为0.025～0.8mm，渗氮时间需40～50h	增加钢件表面的耐磨性能、表面硬度、疲劳极限和抗蚀能力，适用于合金钢、碳钢、铸铁件，如机床主轴、丝杠、重要液压元件等
碳氮共渗	5320	在820～860℃炉内通入碳和氮，保温1～2h使钢件表面同时渗入碳、氮原子，可得到0.2～0.5mm氰化层	增加机件表面的硬度、耐磨性、疲劳强度和抗蚀能力，用于要求硬度高、耐磨的中小型、薄片零件、刀具等
固溶处理和时效	5181	低温回火后，精加工前，加热到100～160℃后，保温10～40h，铸件也可放在露天环境中一年以上	消除内应力，稳定机件形状和尺寸，常用于处理精密机件，如精密轴承、精密丝杠等

二、典型零件常用材料与热处理方法

在工程实践中，常用的机械零件已经形成了一套固定的热处理方法，在零部件测绘中可直接选用。

1. 轴的材料与热处理方法

轴的材料与热处理方法见表6-8。

表6-8　　轴的材料与热处理方法

工　作　条　件	材　料　和　热　处　理
用滚动轴承支承	45、40Cr，调质，220～250HBS；50Mn，正火或调质270～323HBS
用滑动轴承支承，低速轻载或中载	45，调质，225～255HBS
用滑动轴承支承，速度稍高，轻载或中载	45、50、40Cr、42MnVB，调质，228～255HBS；轴颈表面淬火，45～50HRC
用滑动轴承支承，速度较高，中载或重载	40Cr，调质，228～255HBS；轴颈表面淬火，不小于54HRC
用滑动轴承支承，高速中载	20、20Cr、20MnVB，轴颈表面渗碳，淬火，低温回火，58～62HRC
用滑动轴承支承，高速重载，冲击和疲劳应力都高	20CrMnTi，轴颈表面渗碳，淬火，低温回火，不小于59HRC
用滑动轴承支承，高速重载、精度很高（≤0.003mm），承受很高疲劳应力	38CrMoAlA，调质，248～286HBS，轴颈渗氮，不小于900HV

2. 齿轮的材料与热处理方法

齿轮的材料与热处理方法见表6-9。

表 6-9 齿轮的材料与热处理方法

工作条件	材料和热处理
低速轻载	45，调质，200～250HBS
低速中载，如标准系列减速器齿轮	45、40Cr，调质，220～250HBS
低速重载或中速中载，如车床变速箱中的次要齿轮	45，表面淬火，350～370℃中温回火，齿面硬度 40～45HRC
中速重载	40Cr、40MnB，表面淬火，中温回火，齿面硬度 45～50HRC
高速轻载或中载，有冲击的小齿轮	20、20Cr、20MnVB，渗碳，表面淬火，低温回火，齿面硬度 52～62HRC；38CrMoAl，渗氮，渗氮深度 0.5mm，齿面硬度 50～55HRC
高速中载，无猛烈冲击，如车床变速箱中的齿轮	20CrMnTi，渗碳，淬火，低温回火，齿面硬度 56～62HRC
高速中载，模数>6mm	20CrMnTi，渗碳，淬火，低温回火，齿面硬度 52～62HRC
高速重载，模数<5mm	20Cr、20Mn2B，渗碳，淬火，低温回火，齿面硬度 52～62HRC
大直径齿轮	ZG340-640，正火，180～220HBS

3. 链轮的材料与热处理方法

链轮的材料与热处理方法见表 6-10。

表 6-10 链轮的材料与热处理方法

工作条件	材料和热处理
中速中载，尺寸较大的链轮	Q235～Q275，退火，140HBS
正常工作条件下，齿数>25 的链轮	35，正火，160～200HBS
中速，无剧烈冲击的链轮	40、50、ZG310-570、42MnVB，淬火，回火 40～50HRC
采用 A 级链条，要求轮齿耐磨和强度高的链轮	40Cr、35SiMn、35CrMo，淬火，回火 40～50HRC
速度较高，中载，齿数≤25 的链轮	15、20，渗碳，淬火，回火，齿面硬度 50～60HRC
有冲击，重载，齿数<25 的重要链轮	15Cr、20Cr，渗碳，淬火，回火，齿面硬度 50～60HRC

4. 蜗杆的材料与热处理方法

蜗杆的材料与热处理方法见表 6-11。

表 6-11 蜗杆的材料与热处理方法

工作条件	材料和热处理
低速中载或不太重要的蜗杆	45，调质，220～250HBS
高速重载	20Cr，900～950℃渗碳，800～820℃油淬，180～200℃低温回火，齿面硬度 56～62HRC；40、45、40Cr，表面淬火，中温回火，齿面硬度 45～50HRC
要求耐磨性尺寸大的蜗杆	20CrMnTi，渗碳，油淬，低温回火，齿面硬度 56～62HRC
要求高硬度和最小变形的蜗杆	38CrMoAlA，正火（调质），渗氮，齿面硬度大于 850HV

5. 弹簧的材料与热处理方法

弹簧的材料与热处理方法见表 6-12。

表 6-12　弹簧的材料与热处理方法

工　作　条　件	材　料　和　热　处　理
形状简单、截面较小、受力不大的弹簧	65，785～815℃油淬，300℃、400℃、600℃回火，相应的硬度 50HRC、45HRC、340HBS、369HBS
中等载荷的大型弹簧	60Si2MnA、65Mn，870℃油淬，460℃回火，40～45HRC
重载荷、高弹性、高疲劳极限的大型板簧和螺旋弹簧	50CrVA、60Si2MnA，860℃油淬，475℃回火，40～45HRC
在酸、碱介质中工作的弹簧	2Cr18Ni9，1100～1150℃水淬，绕卷后消除应力，400℃回火 60min，160～200HBS

第七章　装配图和零件图的绘制

装配图和零件图是零部件测绘实训的最终成果体现。鉴于学生已经学过机械制图的相关内容，本章仅通过一些实例，介绍装配图和零件图的画法技巧。

第一节　画图前的准备

装配图和零件工作图是在前期完成的装配示意图和零件草图的基础上来绘制的。在绘制装配图和零件图之前，必须对前期已经完成的工作进行整理，理清思路，正确地画出装配图和零件工作图。

一、收集阅读资料

在绘制正式装配图和零件工作图之前，应将前期已经收集到的各种资料进行整理，并将前期测绘工作中产生的草图、示意图、计算书等资料收集到一起。这些资料都是绘制正式图纸的原始资料。

二、进一步分析部件的工作原理和结构

第一章介绍了如何了解被测部件的工作原理，但在测绘开始前，对部件工作原理的了解仅是初步的。随着测绘过程的深入，对被测绘部件的工作原理和结构会有更深的理解。在正式绘制装配图之前，有必要再次研究有关资料，并通过对比被测绘零部件的实物，装配示意图和所有零件的草图，再次分析和研究部件的工作原理，修正原有认识中的错误，使绘制的装配图更符合实际。

三、对前期工作进行全面的校核

对前期工作的校核主要有两个方面：一是草图绘制是否正确；二是所有数据是否准确。

装配图和零件图都是在前期工作的基础上来绘制完成的，前期工作的正确与否对装配图和零件工作图的正确与否会产生决定性的影响。因此，有必要在绘制正式图纸前，对所有的草图、示意图、计算等进行一次全面的校核，对错误的地方进行更正。

四、对原部件进行修正和改进

在前面各章中，都曾提到对零部件存在错误的处理问题。在绘制零件草图的过程中，要求严格遵照部件的原样绘制草图和注写文字说明。但在正式绘制装配图和零件工作图之前，就必须对这些错误进行更正，使所要表达的部件更合理，更能满足实际工作需要。

五、准备绘图工具

正式图纸是用尺规或计算机按照国家制图标准绘制的。工具的准备也是正式绘图前必不可少的工作之一。

第二节　常见的装配工艺结构和装置

在部件上会有一些常见的装配工艺结构和装置，这些结构和装置可使零、部件的结构更合理。了解这些常见的结构和装置，会提高绘图的效率。

一、装配工艺结构

装配工艺结构是根据零件装配需要而特殊设计的结构。常见装配工艺结构见表 7 - 1。

表 7 - 1　　常见装配工艺结构

序号	结　　构	说　　明
1	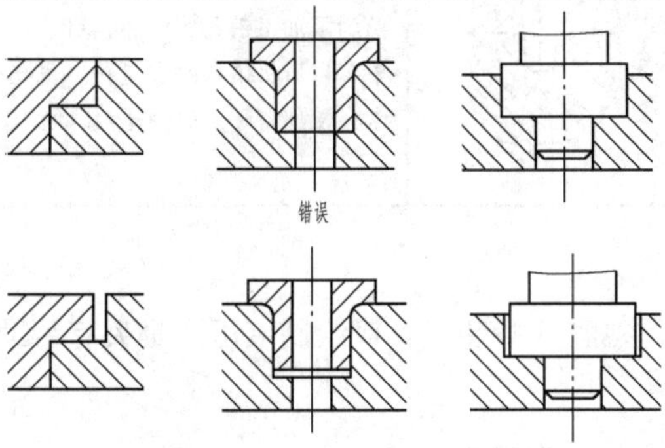 错误 正确	如果两个零件间有结合面，在同一方向上只能有一个接触面，而不能有两个或两个以上接触面。这是从保证接触面有良好的接触和便于零件加工的角度来考虑的
2	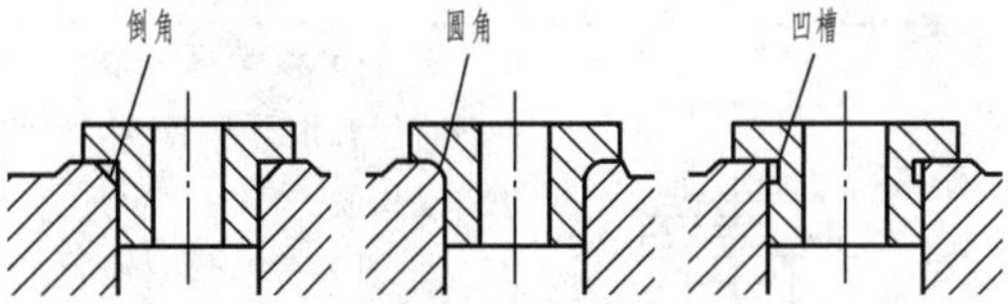 倒角　圆角　凹槽	两个配合零件的接触面的转角处应做出倒角、圆角或凹槽，保留一定间隙，以保证两接触面紧密接触
3	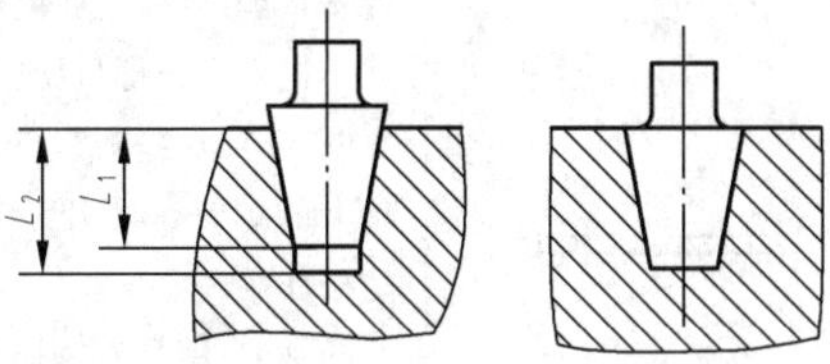 L_2　L_1 正确　错误	当两零件有锥面配合时，锥体底面与锥孔底面应留有空隙，这样才能保证锥面之间的紧密配合
4	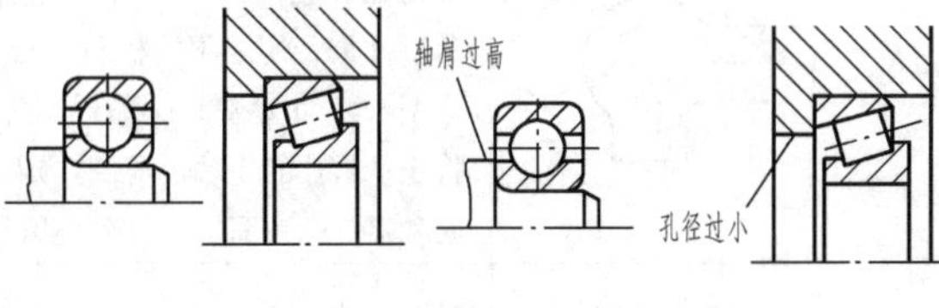 轴肩过高　孔径过小 正确　错误	滚动轴承以轴肩进行轴向定位时，为了便于拆卸轴承，要求轴肩或孔肩的高度应分别小于轴承内圈或外圈的厚度
5	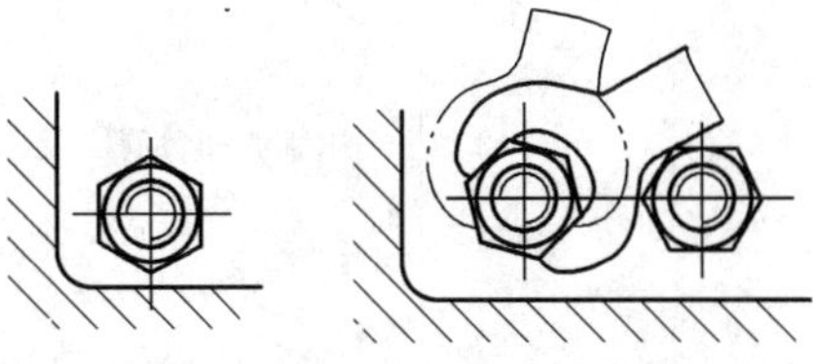 错误　正确	为了便于拆装，必须留出扳手的活动空间

续表

序号	结　构	说　明
6	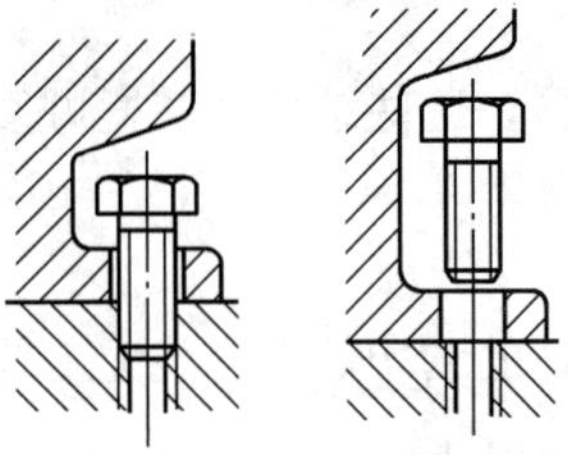 错误　正确	留出装拆螺栓的空间
7	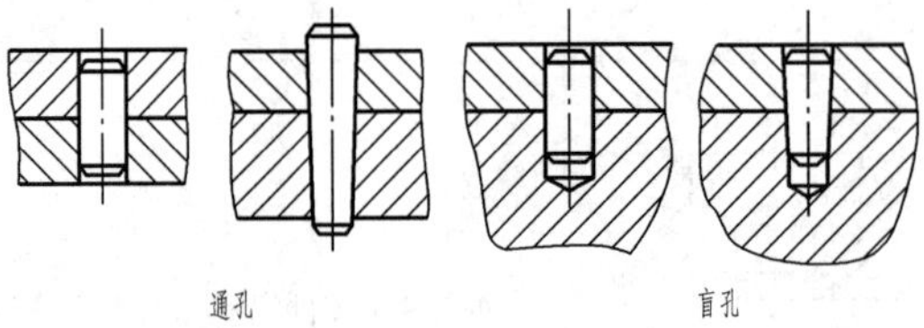 通孔　盲孔	为了加工销孔和拆卸销钉，在可能的条件下，尽量将销孔做成通孔。盲孔中的销钉通常在端部有一个螺纹孔，以便于销钉的拆卸

二、部件上常见的装置

在许多部件上都会有一些同类装置，熟悉这些装置，对绘制装配图是大有帮助的。部件上的常见装置见表 7-2。

表 7-2　部件上的常见装置

装置	图　例	说　明
防松装置	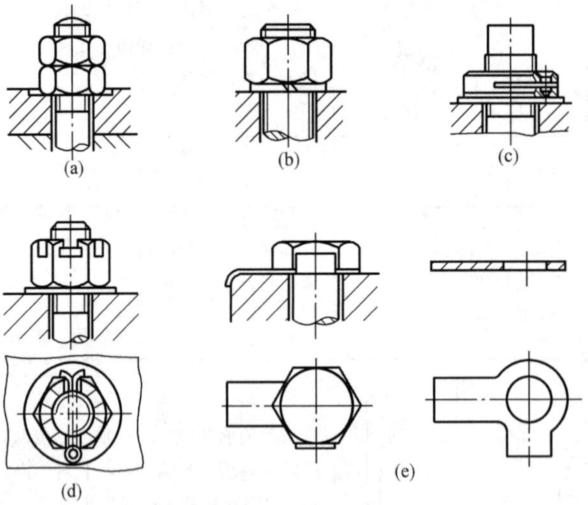 (a)　(b)　(c)　(d)　(e)	图（a）双螺母锁紧：两螺母在拧紧后，使螺纹牙间摩擦力增大，以防止自动松脱。 图（b）弹簧垫圈锁紧：螺母拧紧后弹簧垫圈变平，使螺栓牙间摩擦力增大，进而防止螺母松脱。 图（c）开缝圆螺母锁紧：拧紧圆螺母上的螺钉，使开缝靠紧，从而起到防松作用。 图（d）用开口销防松：开口销装在螺栓孔和槽形螺母槽中，直接锁住六角形螺母，使之不能松脱。 图（e）止动垫片锁紧：螺母拧紧后，将止动垫片的止动边弯倒在螺母的一个面和零件的表面上，可防止螺母松动
滚动轴承固定机构	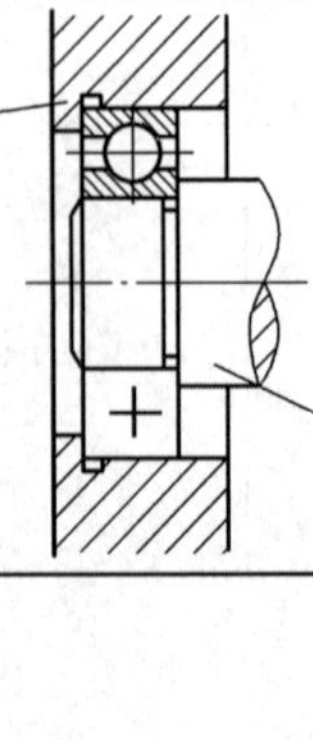 台肩　轴肩	用轴肩和台肩固定轴承的内、外圈

续表

装置	图　例	说　明
滚动轴承固定机构	弹性挡圈	用轴肩和弹性挡圈固定内、外圈
		用轴端挡圈固定轴承内圈
		圆螺母外边有四个槽，止退垫圈孔中的止退片卡在轴槽中，外边六个止退片中一个卡在圆螺母的一个槽中，螺母轴向固定，使轴承轴向固定
	套筒 带轮　套筒	轴左端安装一个带轮，带轮和轴承之间安装套筒，用以固定轴承内圈
滚动轴承间隙调整装置	金属垫片	用更换不同厚度的金属垫片的办法调整间隙

续表

装置	图例	说明
滚动轴承间隙调整装置	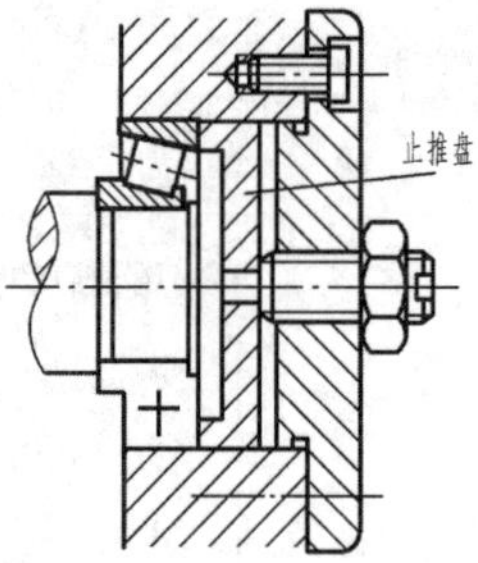 止推盘	用螺钉调整止推盘
滚动轴承密封装置	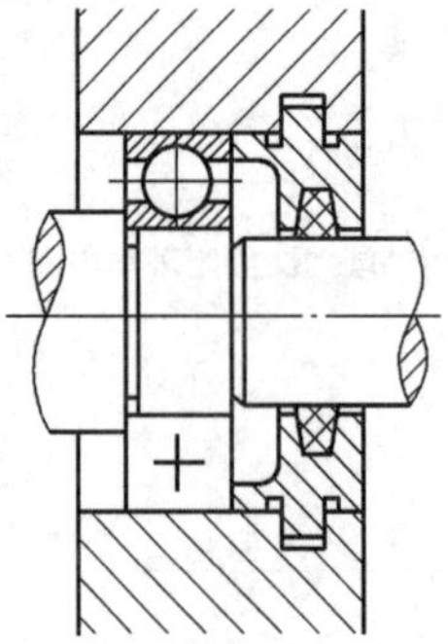 (a) 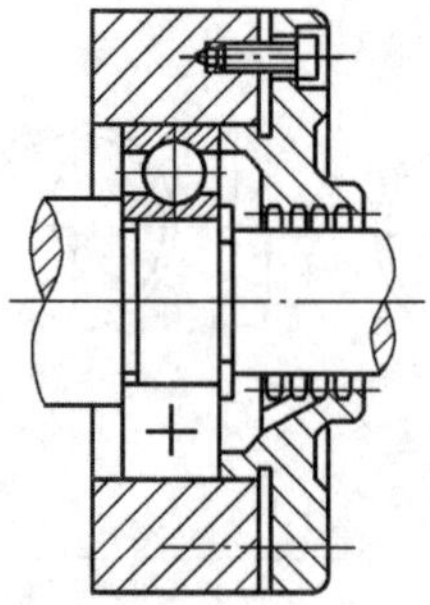 (b) 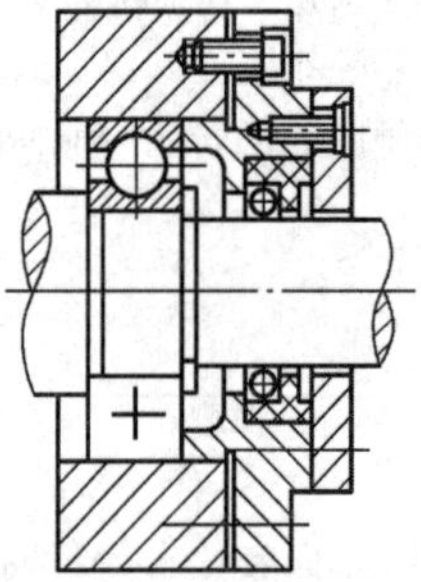 (c) 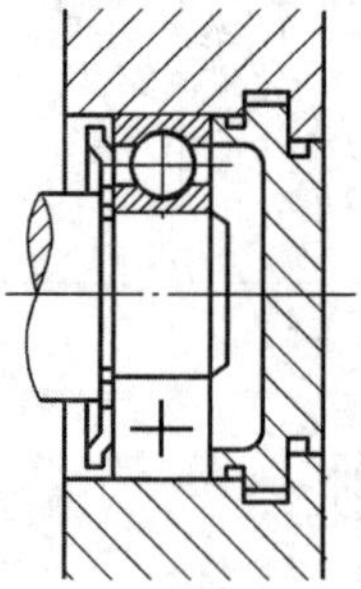 (d)	图（a）毡圈密封； 图（b）油沟密封； 图（c）皮碗密封； 图（d）挡油环密封
防漏结构	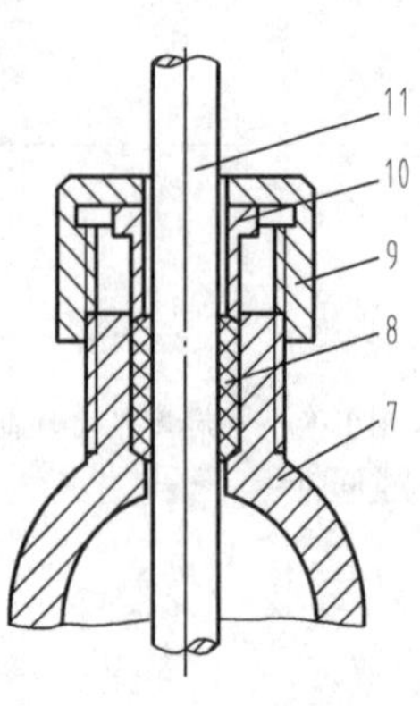 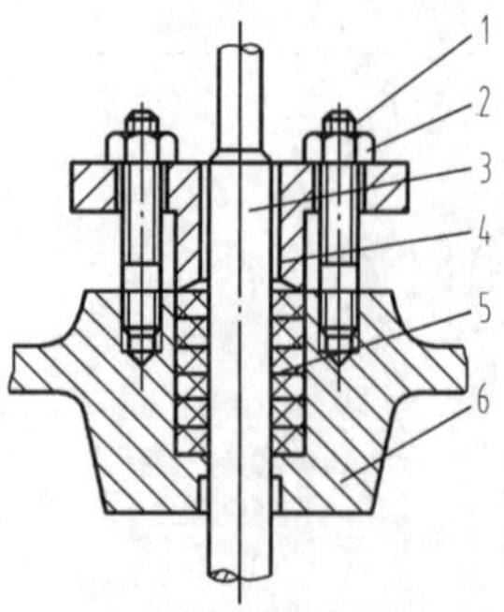 11 10 9 8 7 1 2 3 4 5 6	1—双头螺柱； 2、9—螺母； 3、11—阀杆； 4、10—压盖； 5、8—填料； 6、7—阀体

第三节　装配图的绘制

装配图的绘制要求请参考有关机械制图方面的书籍。这里结合一个实例介绍用尺规绘制装配图的方法和步骤。用计算机绘制装配图的方法将在第九章和第十章中介绍。

本节以滑动轴承为例，介绍根据已有的装配示意图和零件草图绘制装配图的方法和步骤。滑动轴承的装配示意图见图 7-1，主要零件的零件草图见图 7-2 和图 7-3。

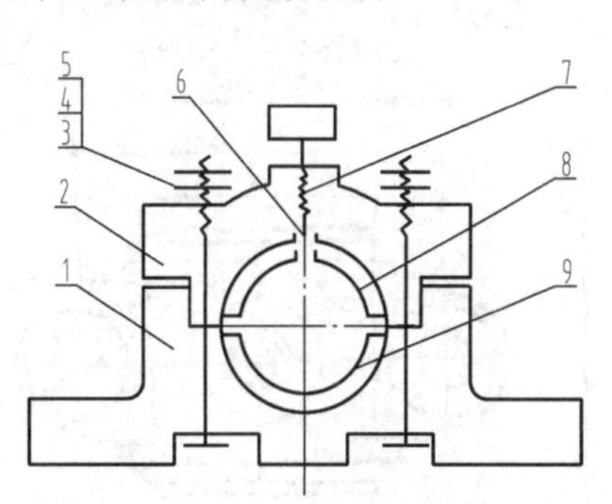

图 7-1　滑动轴承装配示意图

1—轴承座；2—轴承盖；3—螺母；4—垫圈；5—螺柱；6—轴瓦固定套；7—油杯；8—上轴瓦；9—下轴瓦

一、拟订表达方案

装配图的表达方案是以零件草图和装配示意图为依据，根据装配图的视图选择原则来拟订的。

通过对装配示意图的分析可知，滑动轴承由九种零件组成，表达滑动轴承的装配情况应选择二三个基本视图。主视图按照滑动轴承的工作位置方向放置，以能较多地表达各零件之间的装配关系，也能表达主要零件的结构形状。由于结构对称，主视图采用半剖视，这样既能表达轴承座与轴承盖由螺柱连接和止口位置的装配关系，也能表达轴承座和轴承盖的外形特征。对于轴承座宽度方向的形状结构，用俯视图来表达，并采用沿轴承座与轴承盖结合面剖切的半剖视表达方法，主要目的是表达外形和下轴瓦与轴承座的位置关系。

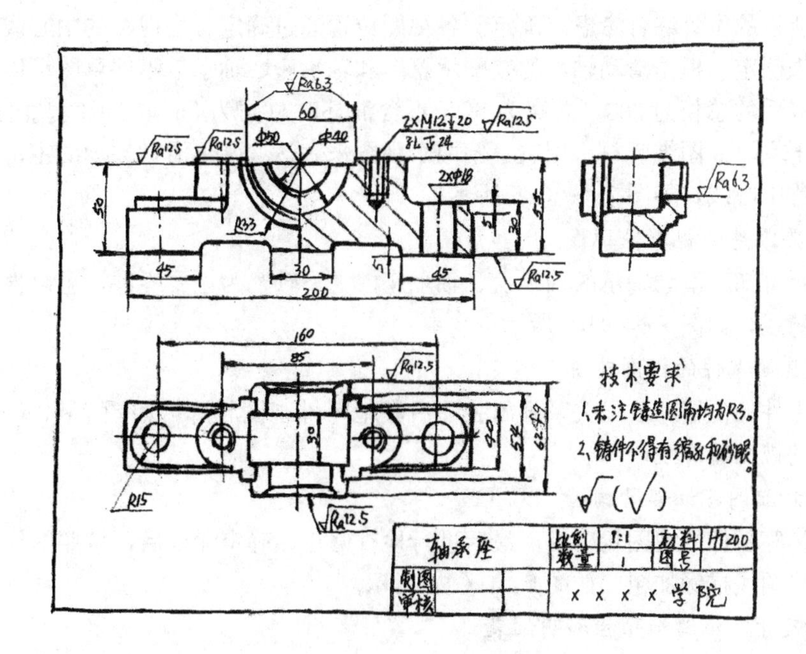

图 7-2　滑动轴承座零件草图

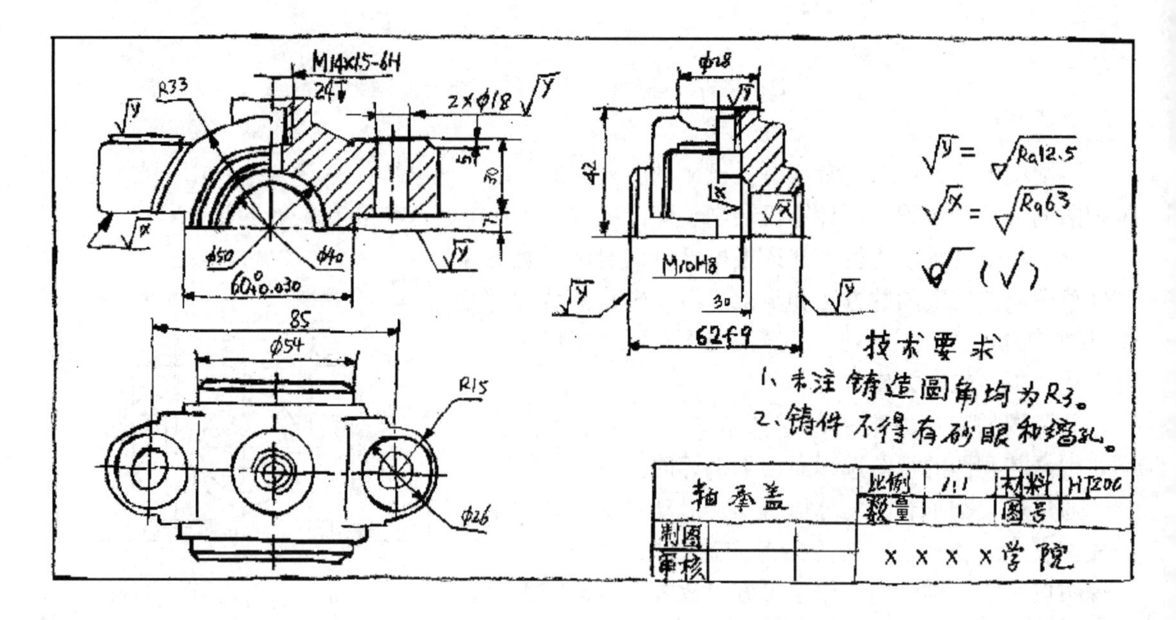

图 7-3　滑动轴承盖零件草图

二、装配图的画法步骤

部件的表达方案确定后，应根据部件的实际大小及结构的复杂程度着手画图。

1. 定比例、选图幅、布图

图形比例大小及图纸幅面大小应根据部件的大小、复杂程度以及尺寸标注、序号、标题栏和明细表所占的位置综合考虑来确定。各视图位置通过确定各个视图的中心线、对称线或基准位置线来确定。根据滑动轴承的装配示意图和轴承座、轴承盖零件草图可以知道，滑动轴承装配完成后的总长为 200，总宽为 62，不含油杯时总高为 55＋42＝97。由此可选定比例为 1∶1，选择 A3 图纸竖放，用主、俯两个视图来表达。画出滑动轴承的主、俯两视图的基准线和对称中心线，如图 7-4（a）所示。

2. 画主要零件的视图轮廓线

通过分析可知，滑动轴承的轴承盖、轴承座、上下轴瓦为主要零件，可以根据零件草图画出其外轮廓线，如图 7-4（b）所示。

3. 画出其他零件的视图轮廓

按照各零件的位置和装配关系画出装配后其他零件视图轮廓，如图 7-4（c）所示，画出连接螺栓的视图轮廓线。

4. 画出装配图各细部结构

画出油杯等零件的视图轮廓线，最后进行检查修正，确定无误后，按照图线的粗细要求和规格类型将图线描深加粗，如图 7-4（d）所示。

5. 标注尺寸，填写标题栏和明细表

标注尺寸，注写技术要求，编写零件序号，填写标题栏和明细表，完成滑动轴承装配图，如图 7-5 所示。

滑动轴承装配图应标注下列尺寸。

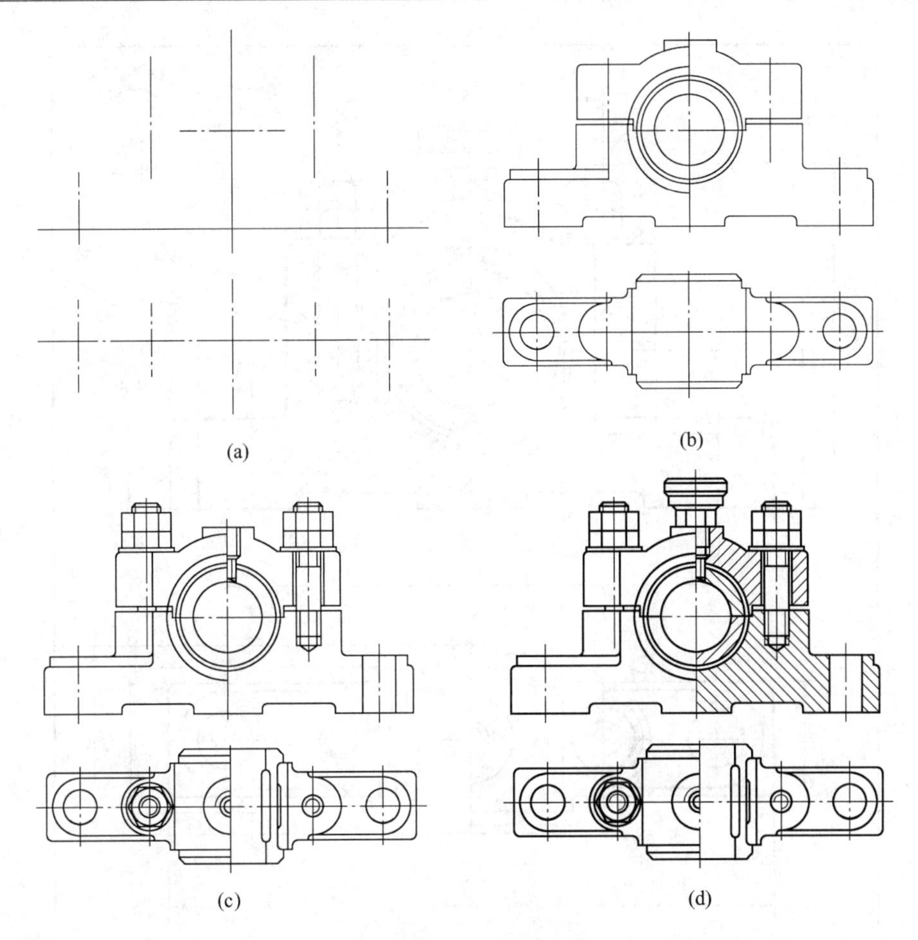

图 7-4　滑动轴承装配图的画图步骤

(a) 画视图中心线、基准线；(b) 画轴承座、轴承盖；(c) 画其他零件的视图轮廓；(d) 画细部结构（油杯、剖面线），描粗图线

(1) 性能尺寸。性能尺寸是表示滑动轴承性能和规格大小的尺寸，如图 7-5 所示，滑动轴承装配图中标注的 ϕ40H8，表明该轴承只能与直径为 ϕ40 的轴装配使用。

(2) 装配尺寸。装配尺寸是表示滑动轴承中各零件之间装配关系的尺寸，包括配合尺寸和相对位置尺寸。如轴瓦与轴承座、轴承盖之间的配合尺寸 $\phi 50\ \frac{H7}{k6}$，油杯与上轴瓦油孔的配合尺寸 $\phi 10\ \frac{H8}{js7}$，轴承盖与轴承座止口的配合尺寸 $60\ \frac{H7}{f6}$。两螺栓中心距 85±0.3 是相对位置尺寸。

(3) 安装尺寸。安装尺寸是表示滑动轴承安装到机器或基座上的尺寸，如轴承座上两螺栓孔的中心距 160 和螺栓孔的定形尺寸 2×ϕ18。

(4) 外形尺寸。外形尺寸是表示滑动轴承外形轮廓的尺寸，如总长尺寸 200，总高尺寸 110，总宽尺寸 62。

6. 注写技术要求

装配图技术要求有规定标注和文字标写两种，如图 7-5 所示，应包括下列内容。

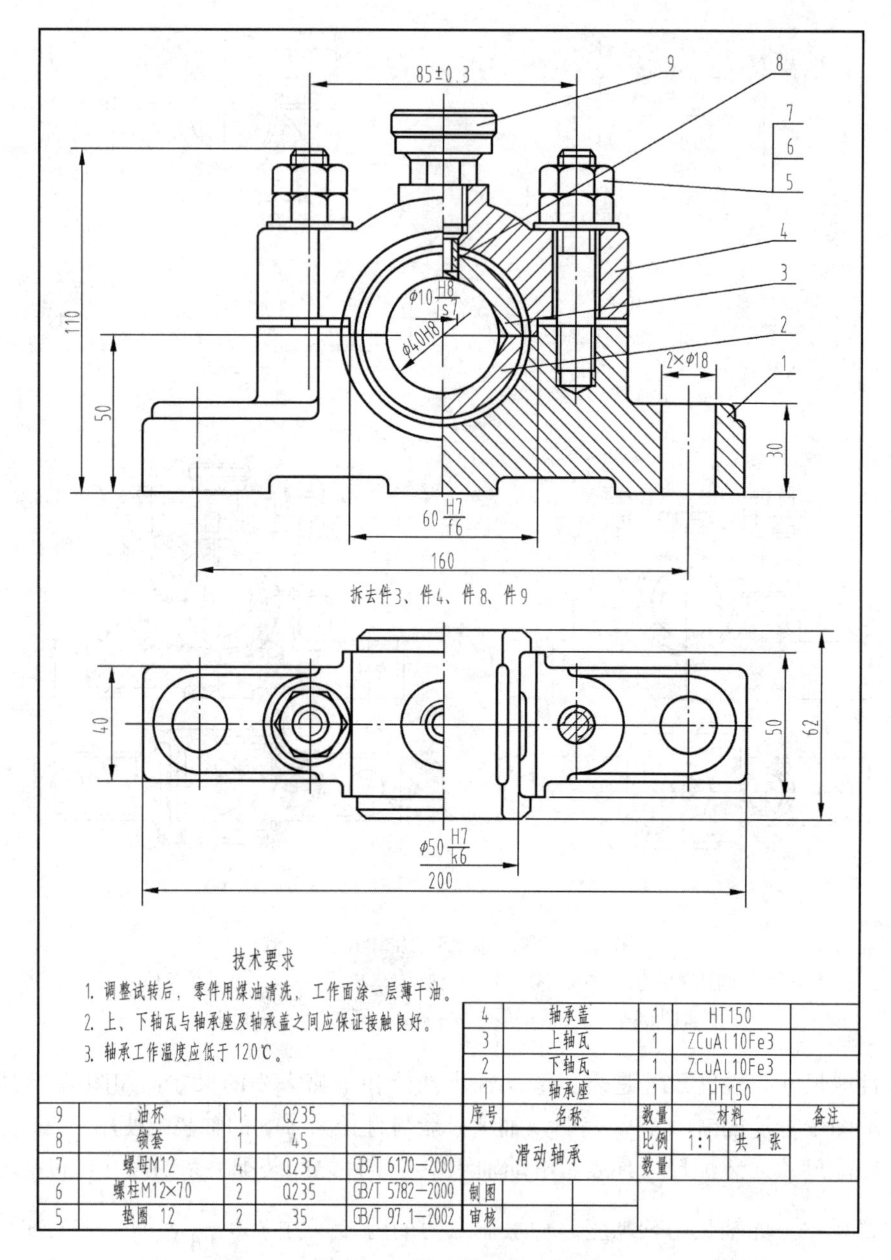

图 7-5　滑动轴承装配图

（1）在装配过程中应满足配合要求的尺寸，如配合尺寸的基本偏差、精度等级、基准制度等，这些都是用规定方法进行标注，如 $\phi 50\,\dfrac{H7}{k6}$、$\phi 10\,\dfrac{H8}{js7}$等。

（2）用来检验、试验的条件、规范及操作要求，如技术要求中文字注明的“上、下轴瓦与轴承座及轴承盖之间应保证接触良好”。

（3）机器部件的规格、性能参数、使用条件及注意事项，如轴承工作温度应低于 120℃。

第四节　根据零件草图和装配图绘制零件工作图

零件草图和装配图画完之后，再根据零件草图，用尺规或计算机绘制零件工作图，其画法、步骤和画零件草图基本相同。绘制零件工作图不是简单地抄画零件草图，因为零件工作图是制造零件的依据，它比零件草图要求更加准确、完善，对零件草图中视图表达、尺寸标注和技术要求注写存在的不合理、不完善之处，在绘制零件工作图时都要进行调整和修正。

绘制零件工作图时，各零件相互配合的尺寸、关联尺寸及其他重要尺寸应保持一致，要反复认真检查校核，以保证零件工作图内容的完整、正确。下面以滑动轴承座为例说明零件工作图的绘制步骤。

一、确定表达方案

根据轴承座的特点，通常要选择二三个基本视图。主视图的选择应按照工作位置状态放置，并以表现轴承座形状特征较明显的一面作为投影方向，选择沿着螺纹孔的轴线剖切画出半剖视图。采取这样的表达方案，主视图可以清楚地表达轴承座的形状结构特征及各结构的相对位置关系。对于轴承座宽度方向的形状结构，由俯视图来表达。左视图可选择全剖视，以表达轴承座的内部形状。

轴承座是铸造零件，其铸造圆角、拔模斜度等铸造工艺结构都要表达清楚。铸造零件上常有砂眼、气孔等铸造缺陷，以及长期使用造成的磨损、碰伤等使零件变形、缺损，画图时要加以修正，使之恢复原形。

二、标注零件尺寸

首先要分析确定尺寸基准。轴承座在长度方向上是对称结构，应选择对称面作为主要基准；宽度方向也是对称结构，应选择对称面作为主要基准；高度方向尺寸主要基准应选择轴承座的安装底面。

三、标注技术要求

轴承座上的尺寸公差、表面粗糙度、几何公差等技术要求可采用类比法参考同类型零件图选择。选择的原则、方法参见第五章。

1. 尺寸公差

主要尺寸应保证其精度，如轴承座上与轴瓦相配合的孔要标注尺寸公差，公差等级一般选用 IT6～IT8 级。

2. 表面粗糙度

轴承座与轴瓦配合表面粗糙度要求较高，一般选用 *Ra*1.6～3.2，与轴承盖结合面或与其他零件的结合面选择 *Ra*3.2，其余加工表面为 *Ra*6.3～12.5，未加工表面为毛坯面，可不作精度等级要求，但要进行标注。

3. 材料与热处理

轴承座是铸造零件，一般采用 HT200 材料（200 号灰铸铁），其毛坯应经过时效热处理，这些内容可在技术要求中用文字注写清楚。

图 7-6 所示为滑动轴承座零件工作图的绘图过程。

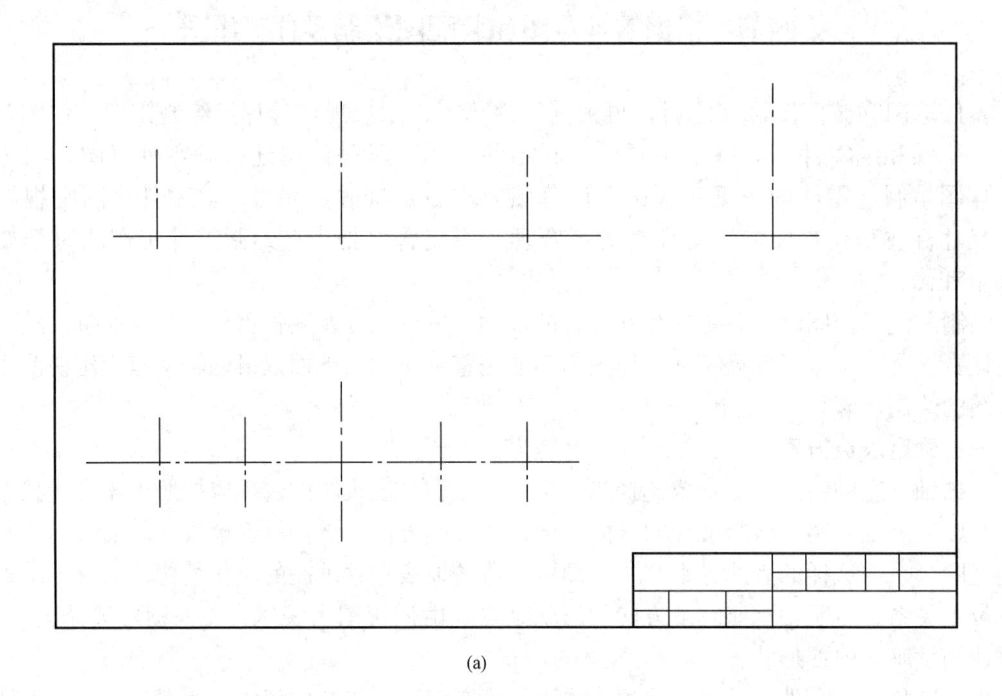

(a)

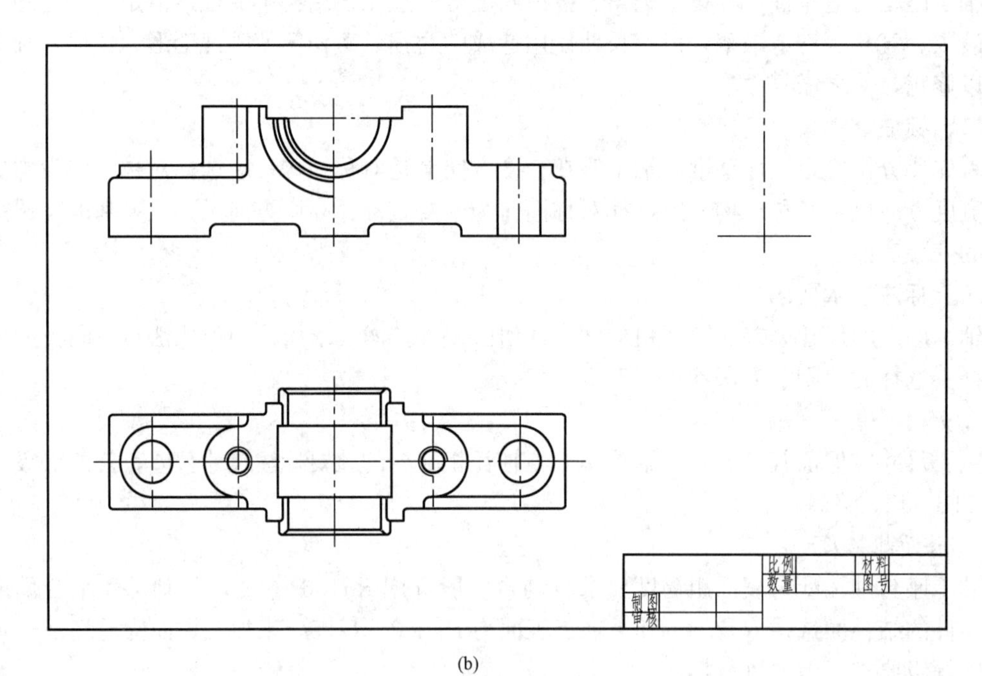

(b)

图 7-6 滑动轴承座零件工作图（一）

(a) 画图框、标题栏，定基线；(b) 画视图的主要轮廓

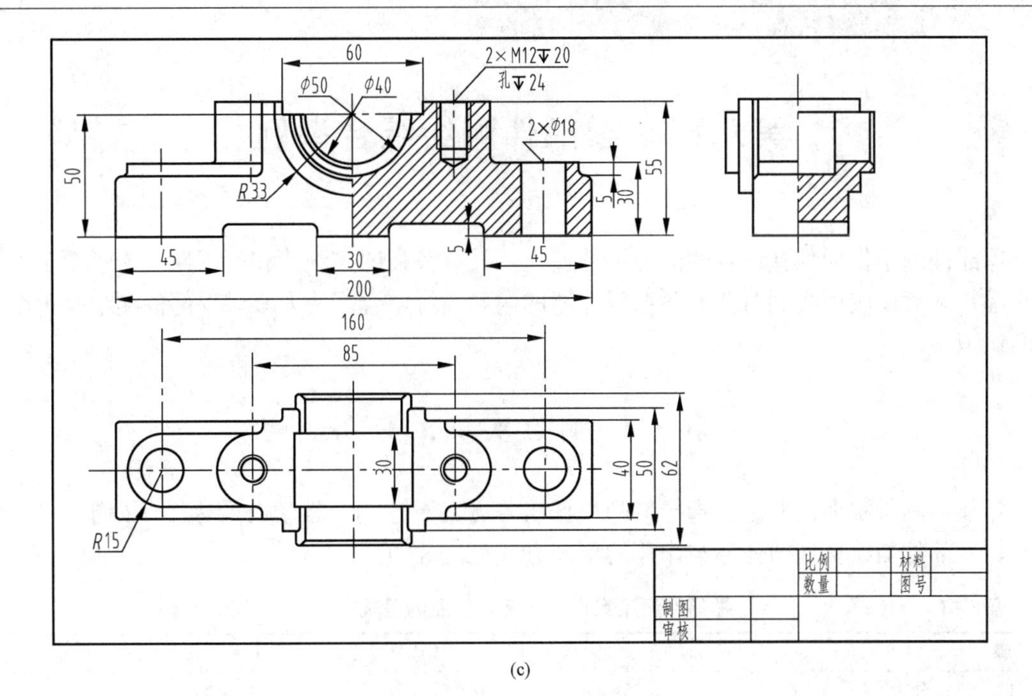

(c)

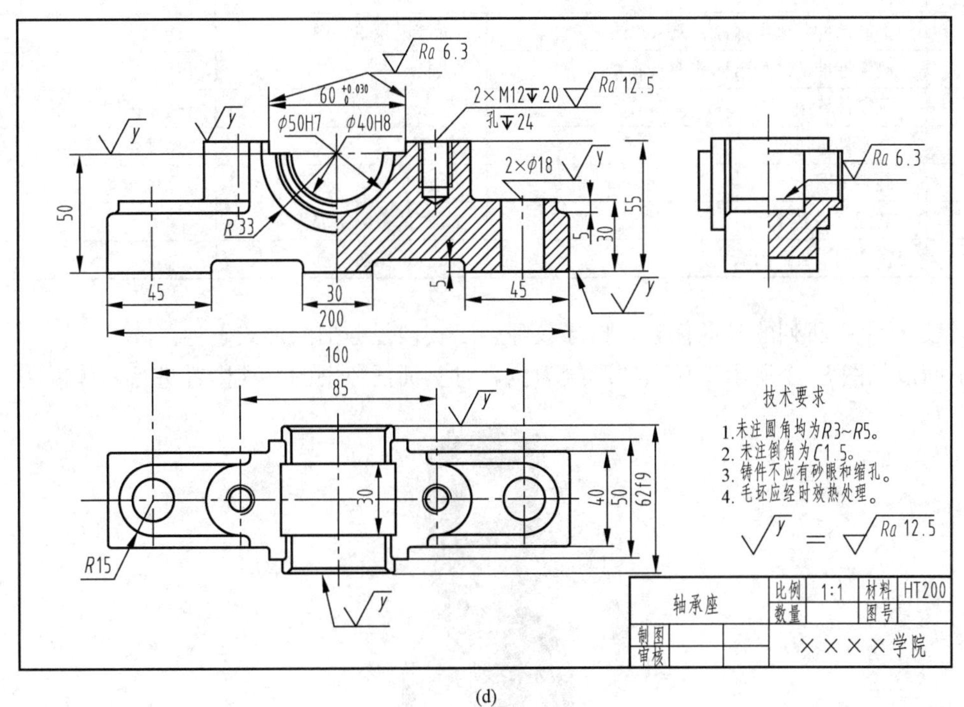

(d)

图 7-6　滑动轴承座零件工作图（二）

(c) 完成细节，标注尺寸；(d) 注写技术要求，填写标题栏

第八章　零部件测绘综合举例

零部件测绘作为独立设置的能力训练课程，具有较强的实践性和实用性。为了便于学习和掌握，本章以应用实例对前面各章所介绍的内容进行整合，使大家对零部件测绘有一个完整的认识。

第一节　测绘实训的任务

零部件测绘实训任务是由指导教师根据培养方案下达的，教学时数为 1～2 周。一般情况下，零部件测绘实训的任务与作业的呈现方式见表 8-1。

表 8-1　　零部件测绘实训的任务与作业的呈现方式

步骤	任　务	作业呈现方式	备　注
1	分析零件	分析报告	
2	拆卸部件并画出部件装配示意图	拆卸记录单、图纸	徒手
3	测量标准件并列出标准件明细表	表格	徒手
4	画零件草图	图纸	徒手画图
5	画零件工作图	图纸	尺规作图
6	画装配图	图纸	尺规作图
7	装配部件复原	复原的被测绘部件	
8	写实训报告，图纸装订	报告、图册	

对表 8-1 中所列的各项任务，指导教师多以实训任务书的形式下达。

下面以如图 8-1 所示千斤顶的测绘为例，对实训任务书的各项内容进行具体说明。

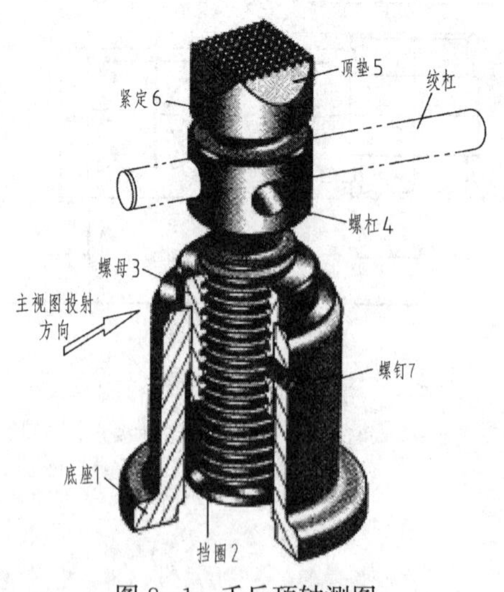

图 8-1　千斤顶轴测图

实训任务书样例：

《机械零部件测绘》
实训任务书

测绘题目：千斤顶

学年/学期：××××—××××学年/第 × 学期

专业班级：××××

姓　　名：×××

学　　号：××

开始时间：××××年×月××日

完成时间：××××年×月××日

指导教师：×××

测绘题目：千斤顶

外观图（轴测图或照片）

测绘内容：（1）千斤顶装配图1张（2号图纸）；

（2）零件草图5张（标准件不画，3号或4号图纸）；

（3）零件工作图5张（3号或4号图纸）；

（4）装配图示意图1张（3号或4号图纸）；

（5）部件分析报告书1份；

（6）测绘说明书1份。

测绘学时：1周。

完成日期：

指导教师：　　　　　　（签名）

年　　月　　日

部件分析报告

测绘对象：千斤顶

生产厂家：

规格型号：

生产日期：

工作原理分析：

报告人：

专　业：　　　　班　级：

姓　名：

年　　月　　日

指导教师：　　　　（签名）

年　　月　　日

附件清单： 报　告：共　　份 图　纸：共　　张 说明书：共　　份 计算书：共　　页 其　他：
指导教师评语：   成绩：　　　　　　　　指导教师：＿＿＿＿＿（签名） 年　　月　　日
答辩组评语：   答辩成绩：　　　　　　答辩组组长：＿＿＿＿＿（签名） 年　　月　　日
总评成绩： 主　　任：＿＿＿＿＿（签名） 年　　月　　日

第二节　千斤顶测绘的过程和步骤

本节如图 8 - 1 所示的千斤顶为例，说明测绘实训的实际过程和步骤。

一、部件分析

部件分析是所有测绘工作的前提。在进行资料准备之后，要对部件进行分析。

千斤顶的工作原理分析：千斤顶是机械安装或汽车修理时用来起重或顶升的工具，它利用螺纹传动顶举重物。工作时，绞杠穿入螺杆上部的通孔中，拨动绞杠，使螺杆转动，通过螺杆与螺套间的螺纹作用使螺杆上升而顶起重物。

千斤顶的结构分析：千斤顶由底座、螺杆、顶垫等九种零件组成。螺套镶在底座的内孔中，并用螺钉紧定；在螺杆的球形顶部套一个顶垫，顶垫的内凹面具有与螺杆顶面半径相同的球面；为了防止顶垫随螺杆一起转动时脱落，在螺杆顶部有一环形槽，用紧定螺钉的圆柱形端部伸进环形槽锁定。

二、绘制装配示意图

千斤顶装配示意图如图 8 - 2 所示。装配示意图是在拆卸前画出的，没有对零件编排序号，也不可能对零件的材料进行确认。这些内容都需要随着测绘工作的深入逐步完成。

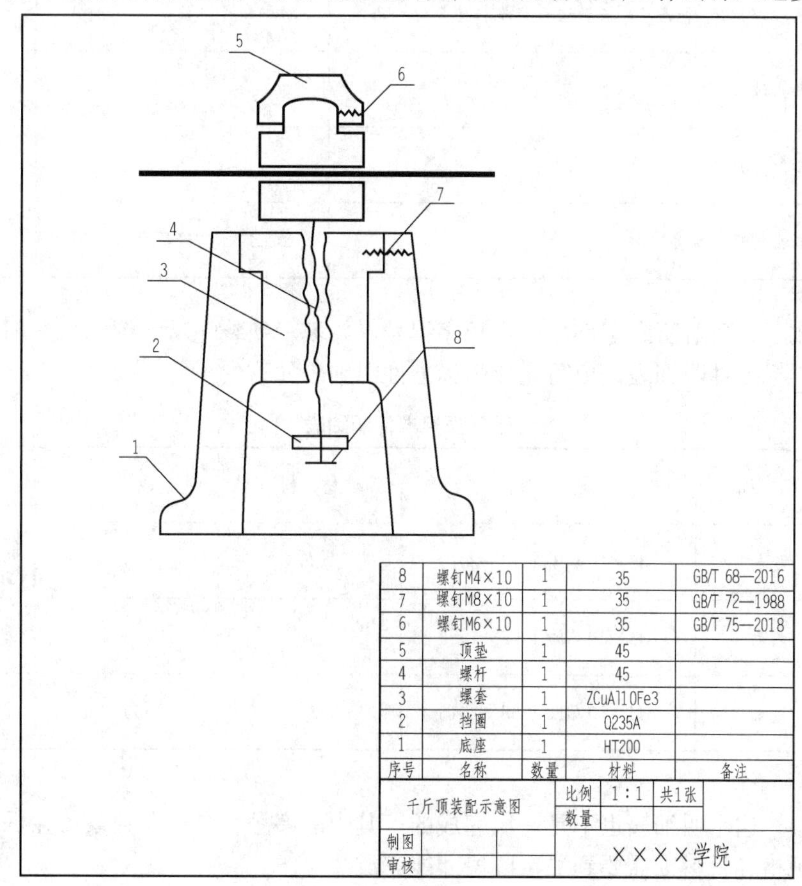

8	螺钉M4×10	1	35	GB/T 68—2016
7	螺钉M8×10	1	35	GB/T 72—1988
6	螺钉M6×10	1	35	GB/T 75—2018
5	顶垫	1	45	
4	螺杆	1	45	
3	螺套	1	ZCuAl10Fe3	
2	挡圈	1	Q235A	
1	底座	1	HT200	
序号	名称	数量	材料	备注

千斤顶装配示意图	比例	1∶1	共1张
	数量		
制图	××××学院		
审核			

图 8 - 2　千斤顶装配示意图

装配示意图的绘制常常不能在部件拆卸前全部完成，只能绘制部件的外观结构，一些内部结构要一边拆卸一边绘制。在实践中，常借助于生产厂商提供的相关资料进行绘制。

装配示意图中应对所有零件进行编号，但在拆卸完成前，可先不编号，直接注写文字，待拆卸完成，核对装配示意图正确无误后，再按一定的顺序对所有零件进行编号。

三、部件拆卸

部件拆卸前要准备好拆卸记录表，并选择合适的工具。在拆卸时要边拆卸边记录。如果装配示意图未能在拆卸前完成，还要在拆卸的同时完成装配示意图。

千斤顶拆卸记录

时间：××××年××月××日　　　　操作：×××　　　　记录：×××

步骤次序	拆卸内容	遇到的问题及注意事项	备　注
1	拆卸螺钉 6		
2	拆除顶垫 5		
3	拆卸螺钉 8、挡圈 2，扳动绞杠将螺杆 4 全部旋出	螺杆缺牙 2 处	
4	抽出绞杠		
5	拆卸螺钉 7		
6	取出螺母（螺套）3	已生锈，需除锈，但可用	

拆卸完成后，要对所有零件按一定顺序编号，并填写到装配示意图中。对部件中的标准件，还要编制标准件明细表。填写完成的标准件明细表如下：

千斤顶标准件明细表

序　号	名　称	规　　格	材　料	数　量	备　注
6	螺钉	M6×10 GB/T 75—2018	35	1	
7	螺钉	M8×10 GB/T 72—1988	35	1	
8	螺钉	M4×10 GB/T 68—2016	35	1	

制表人：×××

在实践中，这个明细表也不是一次完成的，其中的序号、名称、数量可在拆卸完成后直接填写，而规格和材料则需要到测量阶段才能完成。

四、绘制千斤顶零件草图

绘制非标准件零件草图的方法和步骤如前所述，本节省略了全部零件草图的样例，但在实际测绘作业时不可省略。

五、测量零件的公称尺寸

全部非标准件草图绘制完成后，统一对零件进行测量，并将实测结果标在草图上。值得注意的是，在测量时可能由于零件的损坏、磨损而产生误差，这个阶段不必理会尺寸的原值，应将实测结果标于图上，对于产生的误差，可在后续的工作中予以处理。

非标准件测量完成后，还要对标准件进行测量，根据国家标准选择标准件的型号，并将结果填入标准件明细表中。

六、非标准件技术要求的确定

非标准件测量尺寸之后，还要确定它们的尺寸公差、配合、几何公差、粗糙度、材料等内容，并形成报告。

1. 公差与配合的选择

通过对千斤顶的结构分析可知，螺套与底座之间存在配合关系，其他零件间不存在配合关系。因此，我们可只研究螺套与底座间的配合和公差问题。

(1) 配合制的确定。螺套与底座之间的配合可依据以下因素来选择：两零件之间不存在相对运动；两零件是维修时必须拆卸的零件；两零件用螺钉固定。

若采用间隙配合，千斤顶在工作时会使螺套与底座间产生相对运动，容易使零件因磨损和受力不均而产生机械损伤，影响使用寿命；若采用过盈配合，拆卸和装配都比较困难而不便维修。因此，采用过渡配合是比较合适的。

(2) 基准制的选择。两零件均为非标准件，都需要特别加工。同时，螺套的外径不存在与其他零件的配合关系，故应选择基孔制配合。

(3) 公差等级的选择。公差等级可用类比法进行选择。查表 5 - 1 可知，千斤顶不属于精密仪器，属于一般性的机械设备，两零件的配合属于一般精密配合，公差等级可在 IT6、IT7 之间选择。

再查表 5 - 2，由于 IT6 的加工要求较高，通常不能用车床加工完成，因而加工成本较高，故应选择公差等级 IT7。

查附表 5，当零件尺寸为 50～80mm，公差等级为 IT7 时，标准公差为 30μm。

(4) 配合选择。查表 5 - 4，前面已经选定为过渡配合，基孔制，故初步选择配合为 H7/k6。

(5) 验算。查附表 1 可知，H7 的公差范围为 0～＋30，k6 的公差范围为＋2～＋21。由此可得出以下结果：

最大过盈：＋21　　(0＋21＝21) ＜30

最小过盈：＋2　　(0＋2＝2)

最大间隙：＋28　　(30－2＝28) ＜30

最小间隙：＋9　　(30－21＝9)

结论：H7/k6 的选择是符合要求的。

2. 材料的选择

(1) 底座的材料选择。千斤顶底座要求具有较高的强度。观察其表面，可以发现它是一个铸件，可通过查表选择材料。查表 6 - 1，可选灰铸铁 HT200 或 HT250。在本例中选千斤顶底座材料为 HT200。

（2）顶垫的材料选择。通过原理分析可知，顶垫的基本要求是具有良好的可塑性。通过观察可以发现，千斤顶的顶垫是经过车削加工的钢制材料。查表 6-1，可选 45 钢作为顶垫材料。

（3）螺杆的材料选择。螺杆要求具有较高的力学性能。通过观察发现，螺杆是一种高强耐磨材料。查表 6-2，可选 45 钢作为螺杆材料。

（4）螺套的材料选择。螺套要求承载能力高，力学性能好，耐磨，耐腐蚀。查表 6-3，可选铝青铜 ZCuAl10Fe3 作为螺套的材料。

3. 粗糙度的选择

千斤顶各零件表面的粗糙度可用比较法来确定。

由表 5-15 可知，加工表面应标注表面粗糙度，有相对运动及经常拆卸的表面和与其结合的零件表面加工精度要求较高。千斤顶各零件表面的粗糙度值确定如下：

（1）顶垫。顶垫与螺杆圆弧配合表面的表面粗糙度选用 $Ra1.6$，其余加工面选用 $Ra6.3$。

（2）底座。底座与螺套配合的表面精度要求较高，表面粗糙度选用 $Ra1.6$，底座的螺纹孔、底面及与螺套相接触的上表面的粗糙度选用 $Ra12.5$，其他不需用去除材料方法加工的表面均为毛坯面。

（3）螺杆。螺杆与顶垫圆弧配合的表面精度要求较高，表面粗糙度选用 $Ra1.6$，与顶垫、螺套配合表面的粗糙度选用 $Ra3.2$，螺杆上螺纹面及倒角部分表面粗糙度可选用 $Ra3.2$，其他螺孔、圆角等加工面可选用 $Ra6.3$。

（4）螺套。螺套与螺杆配合的表面有相对运动要求，其表面粗糙度要选用 $Ra3.2$，其他加工面如螺钉孔、倒角等表面均可选用 $Ra6.3$。

七、绘制部件装配图和零件工作图

在绘制装配图和零件工作图之前，应该先按第七章的要求对前期工作进行全面的校核，并对原部件进行修正和改进，然后再开始绘图。

1. 千斤顶装配图的绘制

千斤顶在结构上，除了两个固定螺钉之外，是一个对称体。因此，可以用主、俯两个视图来表达。在视图选择时，可将千斤顶按工作位置放置，将两个螺钉均放在侧面的方向作为主视图方向。为了表达内部结构，采用全剖方式表达。为了表示螺套和底座的外形，再补充两个辅助视图，以反映顶垫顶面结构和螺杆上部用于穿绞杠的两个通孔的局部结构。这样既能清楚地表达各主要零件的结构形状、装配关系，也能清楚地表达千斤顶的工作原理。

绘制装配图的方法和过程见第七章。千斤顶装配图见图 8-3。

2. 千斤顶零件图的绘制

千斤顶零件图的绘制方法见第七章。千斤顶零件图见图 8-4。

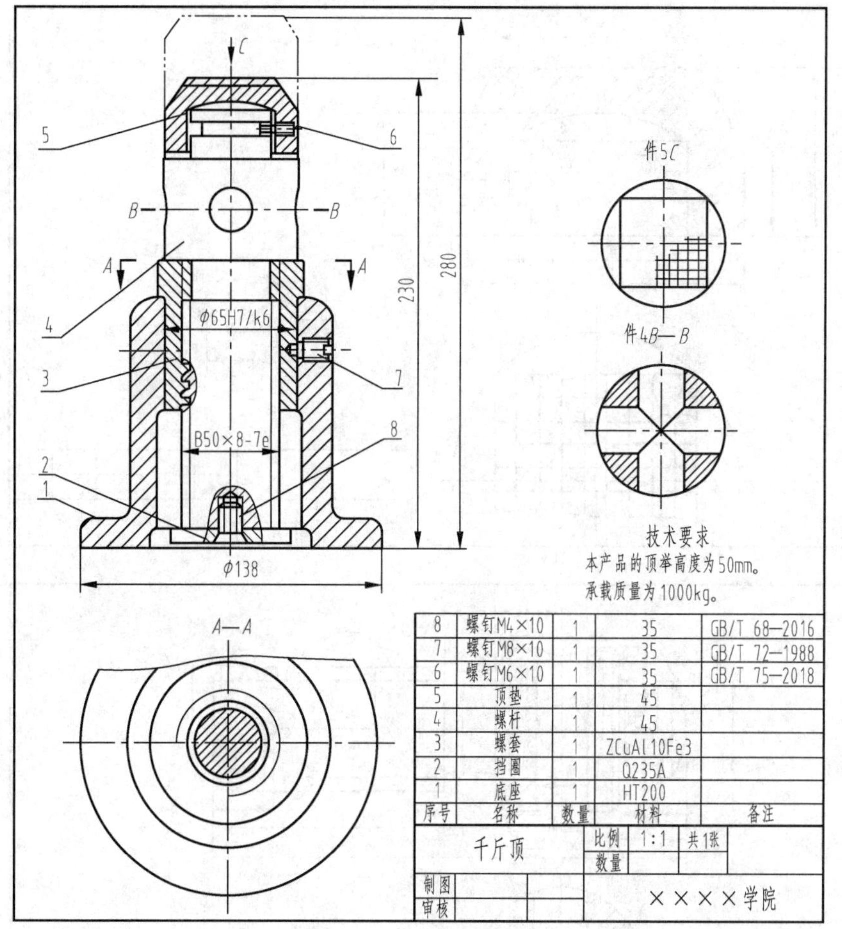
C
5
6
B—B
A　A
4
3
7
8
2
1
φ65H7/k6
B50×8-7e
230
280
φ138
件5C
件4B—B
技术要求
本产品的顶举高度为50mm。
承载质量为1000kg。
A—A
8 螺钉M4×10 1 35 GB/T 68—2016
7 螺钉M8×10 1 35 GB/T 72—1988
6 螺钉M6×10 1 35 GB/T 75—2018
5 顶垫 1 45
4 螺杆 1 45
3 螺套 1 ZCuAl10Fe3
2 挡圈 1 Q235A
1 底座 1 HT200
序号 名称 数量 材料 备注
千斤顶
比例 1:1 共1张
数量
制图
审核
××××学院

图 8-3　千斤顶装配图

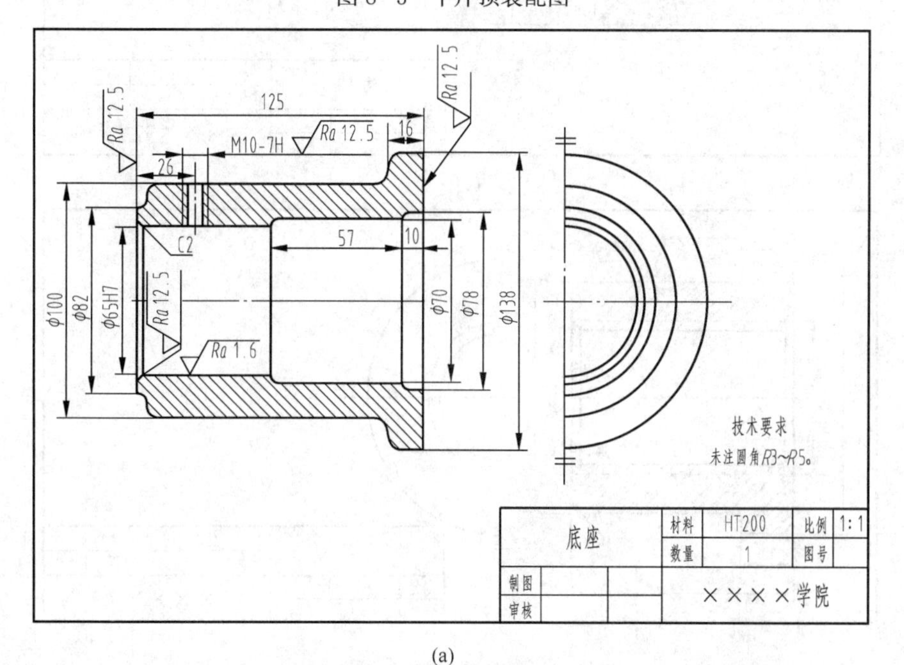
125
Ra 12.5
Ra 12.5
M10-7H
Ra 12.5
16
26
C2
57
10
φ100
φ82
φ65H7
Ra 12.5
Ra 1.6
φ70
φ78
φ138
技术要求
未注圆角R3~R5。
底座
材料 HT200 比例 1:1
数量 1 图号
制图
审核
××××学院

(a)

图 8-4　千斤顶零件图（一）

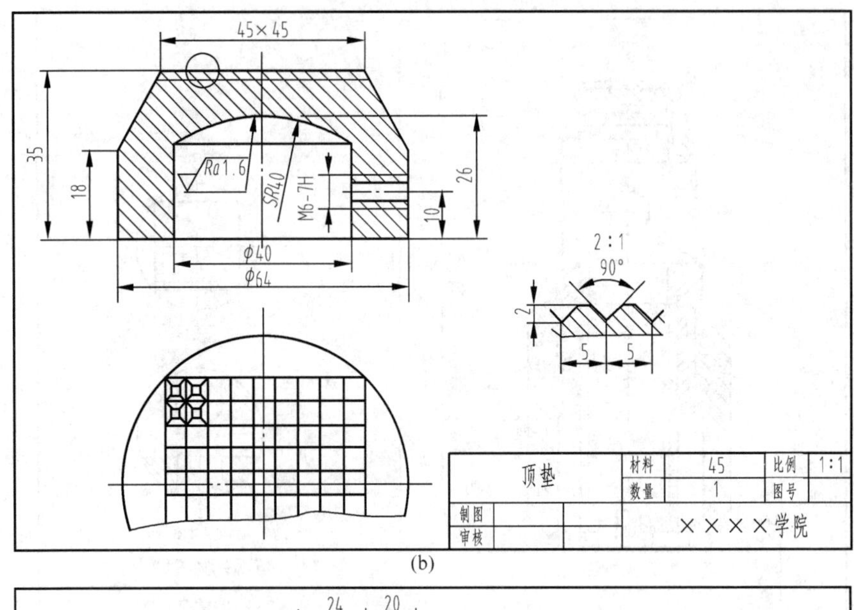

(b)

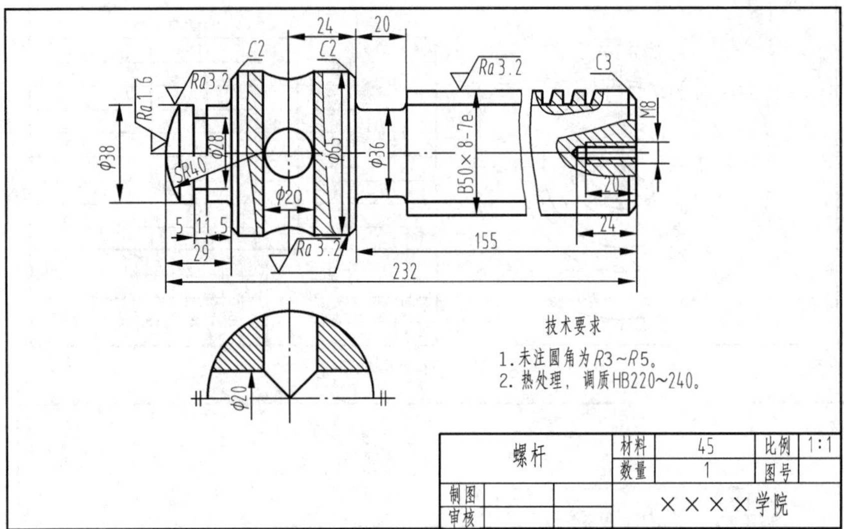

(c)

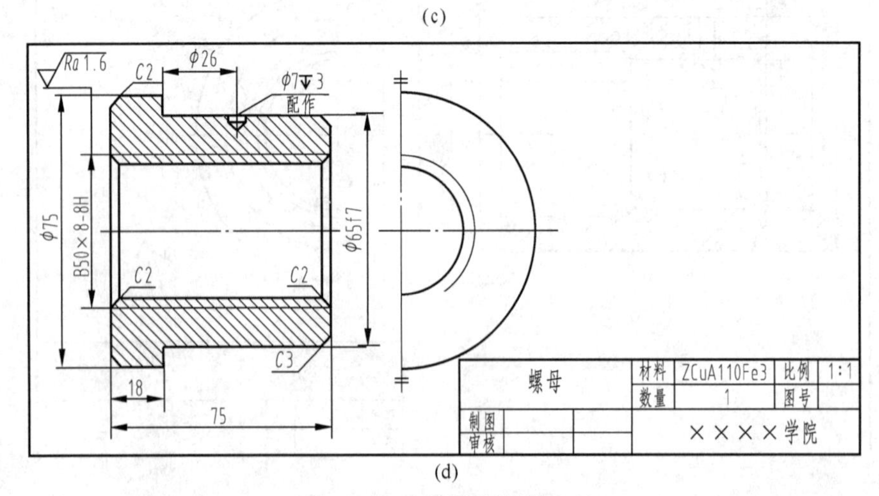

(d)

图8-4 千斤顶零件图（二）

第三节 报告撰写与答辩准备

上述工作完成后，便进入测绘实训的收尾阶段。在这个阶段中，要对已经绘制的全部图纸、填写的表格、实训笔记、计算数据进行整理，并在此基础上撰写测绘实训报告，做好答辩准备。

一、测绘实训报告书的撰写

测绘报告书是以书面形式对零部件测绘实训所做的总结，通常根据零部件测绘的内容按步骤顺序来表述。测绘报告书的要求是文字简洁，阐述清楚。

测绘报告书主要包括下列内容：

(1) 说明部件的作用及工作原理。

(2) 分析部件装配图表达方案的选择理由，并说明各视图所表达的意义。

(3) 说明各零件的装配关系及各种配合尺寸的表达含义，主要零件的结构形状分析，零件之间的相对位置和安装定位的形式。

(4) 说明装配图技术要求的类型及表达的含义。

(5) 说明装配图的尺寸种类及确定的根据。

(6) 测绘实训的体会与总结。

二、答辩准备

答辩是测绘实训的最后一个环节，其目的是检查学生参与测绘实训的情况，了解学生掌握测绘实训内容的程度。通过答辩，让学生展示自己的测绘作品，全面分析检查测绘作业的长处与不足，总结在测绘实训中所获得的体会和经验，进一步巩固机械制图的知识，培养学生用所学理论解决工程实际问题的能力。同时，答辩也是评定学生成绩的重要依据之一。

零部件测绘实训答辩的过程通常有以下几个步骤。

1. 展示测绘作业

学生要向答辩教师展示在测绘实训中绘出的全部图纸，并将各种报告、计算书等交给教师。

2. 阐述规定问题

答辩一般都有必须回答的规定问题。这些问题主要包括：被测绘部件的作用与工作原理；主要零件的视图、装配图的表达方案是如何选择的，各视图重点表达的内容；各零件之间的装配关系，配合尺寸的选择与含义；技术要求的选择及其含义；尺寸的类型、基准的选择、标注方法等。上述内容即测绘报告书所分析论述的内容。

在阐述规定问题时，一般都有时间限制，超过时间可能要扣掉一定的分数，或被强行中止。在答辩准备时，用简练的语言表达自己的思想也是答辩准备中的一项重要内容。

3. 抽签答题

答辩教师通常会根据被测绘部件预先准备一些题目，参加答辩的学生在回答完规定问题后，现场抽取二或三个答辩题，根据题目立即做出回答。以千斤顶为例，常见的答辩题目有以下几个：

（1）说明千斤顶的作用与工作原理。

（2）说明千斤顶的拆卸顺序。

（3）说明千斤顶表达方法由哪几个视图组成，以及各视图所表达的意义。

（4）说明千斤顶装配图的总体尺寸、安装尺寸，哪一个是工作性能尺寸。

（5）说出螺杆的作用与主要结构特点。

（6）说明螺钉 6 的作用。

（7）说明底座和螺套两个零件表面的配合尺寸是多少，并说明配合代号的含义。

（8）说明某个零件材料的含义。

4. 回答现场提问

上述过程完成后，答辩小组的教师会根据实际情况随机提出一些问题要求学生回答。这些问题通常来自以下两个方面：

（1）学生自述和回答问题时有不清楚的地方，教师会要求学生进一步说明，以考查学生对理论知识的掌握程度。

（2）针对作业中出现的数据、图形、文字，要求学生进行解释和说明，以考查学生在实训过程中独立完成作业的情况。

有时教师也会提出一些难度较大的题目，目的是考查学生的自修能力和实际水平。对这类题目学生回答不好或答不出不会被扣分；若学生回答得好，会有加分。

第四节　实训成果的整理

实训成果的整理应根据不同的测绘对象和测绘任务书的要求来进行。下面以如图 8-5 所示球阀的测绘为例说明如何整理实训的成果。

图 8-5　球阀轴测图

某同学在实训过程中，绘制了球阀的装配示意图、部分零件的草图、装配图和部分零件的工作图（见图 8-6～图 8-10)，撰写了球阀的原理分析报告，填写了标准件表、拆卸记录表，对零件的材料、尺寸、公差、配合等进行了选择。

为节省篇幅，球阀的零件工作图从略。

该同学对球阀的分析如下：

（1）工作原理。球阀是安装在管路中，用于启闭和调节流量的部件。工作时，当手柄与阀座孔轴线平行时，阀芯的通孔完全与管路的通径重合，阀门完全打开，流量最大；当手柄与阀座孔轴线垂直时，阀芯的通孔完全与管路的通径垂直，阀门完全被截断，介质不能通过；当手柄处于与阀座孔轴线平行和垂直中间的任何位置时，管路处于半开半闭状态。

（2）结构分析。阀芯装在阀座中间的球形空间内，用阀盖并通过四个双头螺柱固定；为防止介质渗漏，阀芯两端用密封圈密封；阀杆下端的扁平部分插在阀芯的槽中，上部的扁尾用以安装手柄，并用开口销固定；为防止介质从阀杆处渗漏，在阀杆和六角螺母拧紧后，其下端面与阀杆接触卡死阀杆以影响阀杆的转动灵活性。

对于这些成果，可以按照测绘任务书的要求进行整理。

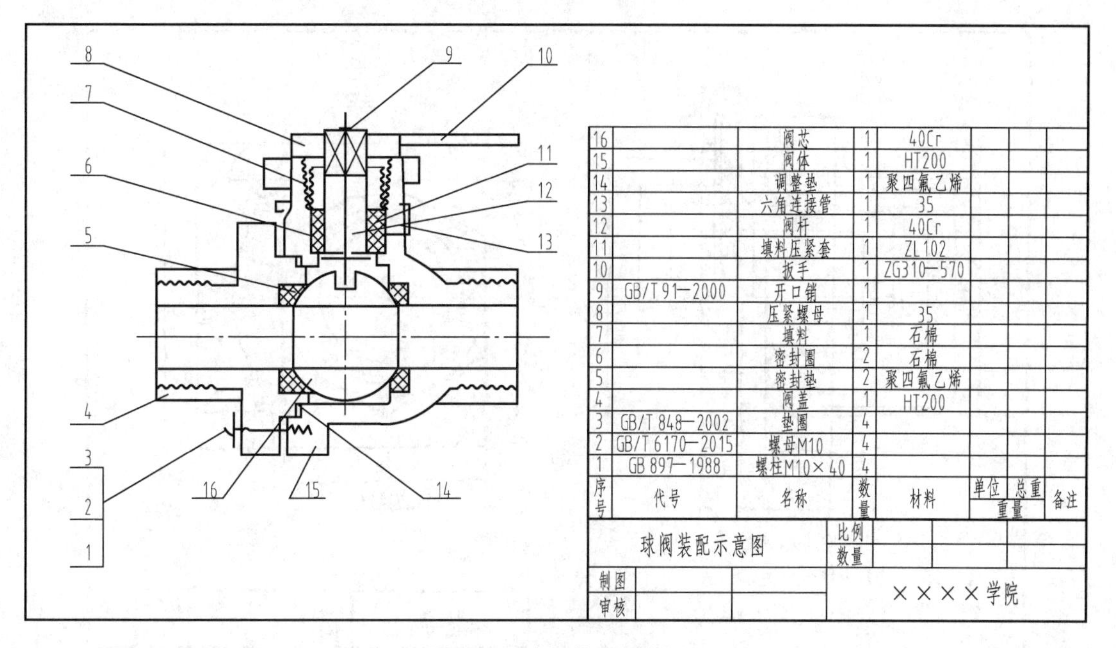

序号	代号	名称	数量	材料	单位重量	总重量	备注
16		阀芯	1	40Cr			
15		阀体	1	HT200			
14		调整垫	1	聚四氟乙烯			
13		六角连接管	1	35			
12		阀杆	1	40Cr			
11		填料压紧套	1	ZL102			
10		扳手	1	ZG310—570			
9	GB/T 91—2000	开口销	1				
8		压紧螺母	1	35			
7		填料	1	石棉			
6		密封圈	2	石棉			
5		密封垫	2	聚四氟乙烯			
4		阀盖	1	HT200			
3	GB/T 848—2002	垫圈	4				
2	GB/T 6170—2015	螺母M10	4				
1	GB 897—1988	螺柱M10×40	4				

图 8-6　球阀装配示意图

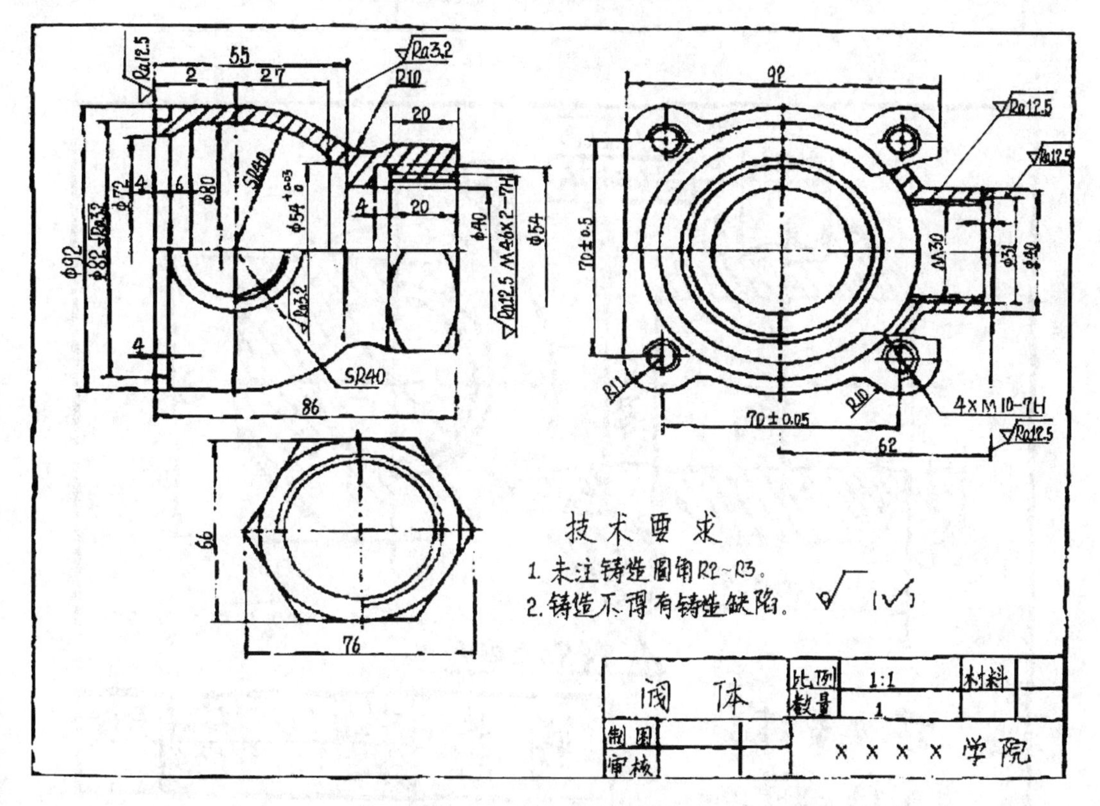

图 8-7　球阀阀体零件草图

（1）将原理分析填入测绘任务书。

（2）将全部图纸折成 A4 大小，按装配示意图、装配图、零件工作图、零件草图的顺序排列。

（3）撰写实训报告，并将对工作原理的分析作为报告的一部分。

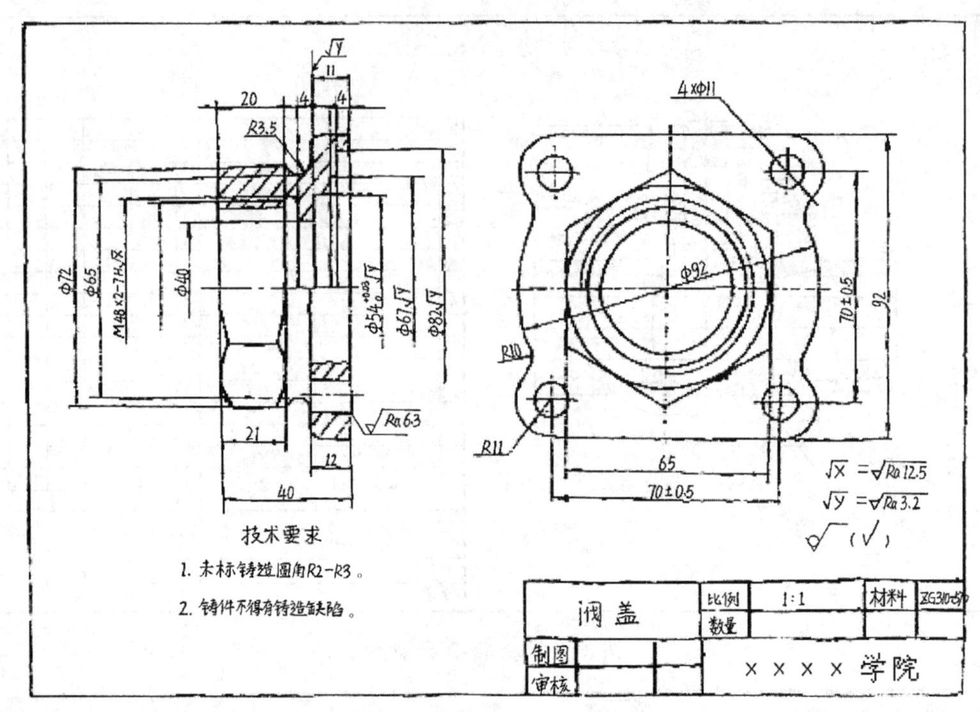

图 8-8　球阀阀盖零件草图

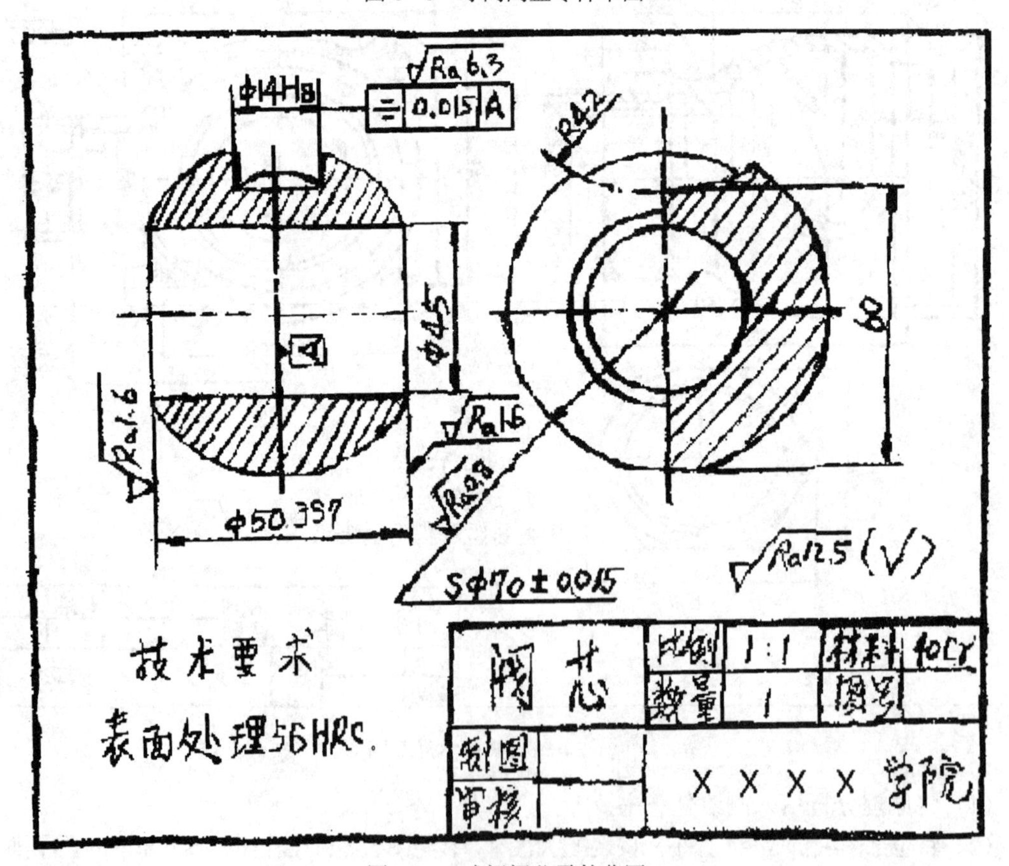

图 8-9　球阀阀芯零件草图

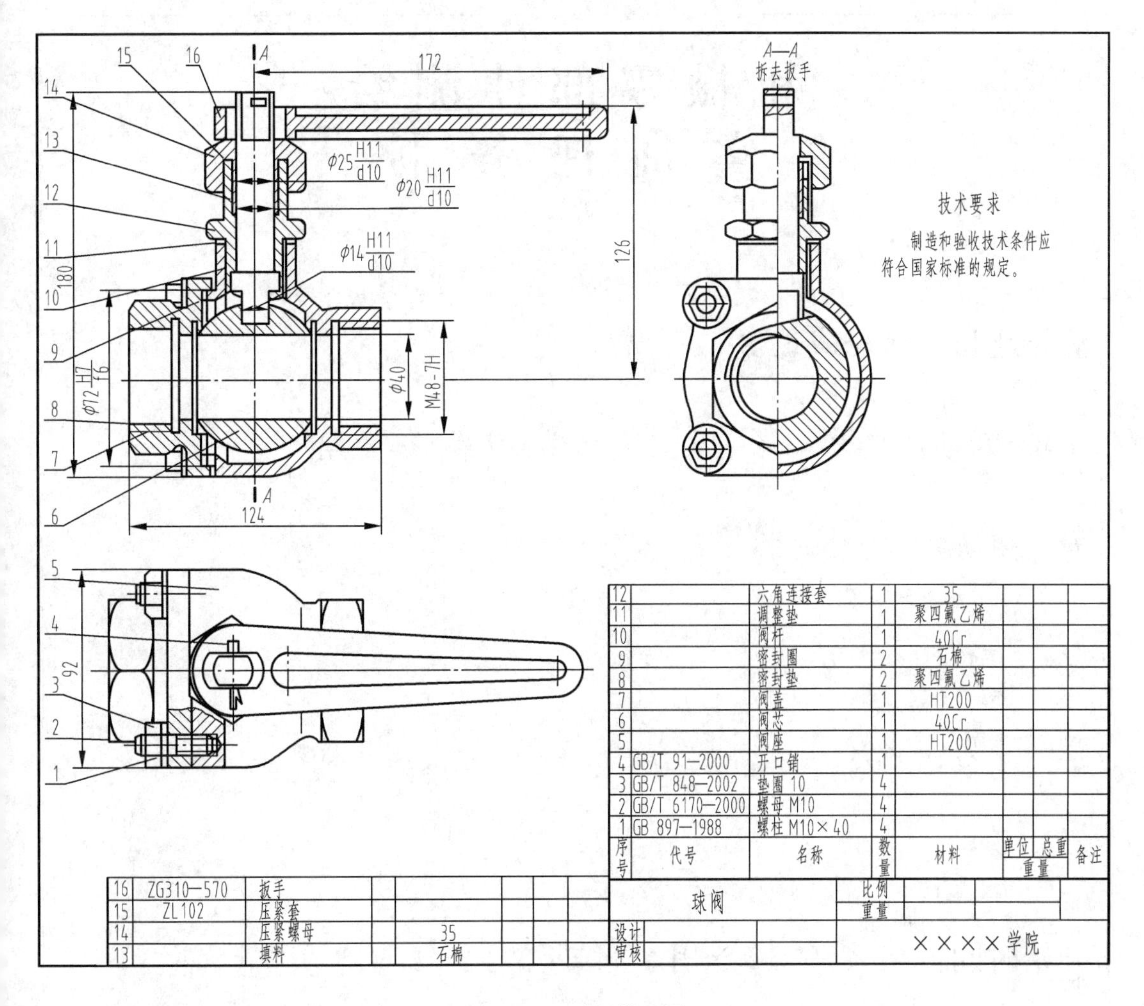

图 8-10　球阀装配图

(4) 将所有技术要求选择的依据写成书面材料。当选择的内容不多时，可作为报告的一部分；当内容较多时，则应专门写成测绘说明书。如果有计算，应将计算的公式、计算过程和计算结果写入计算书。

(5) 将图纸以外的文字资料按下列顺序装订：测绘任务书，测绘说明书（如有），测绘计算书（如有），拆卸记录表，标准件表，测绘报告书。

第五节　实训成果样例

本节列举几个实训成果样例来说明完整实训成果的内容。

一、减速器

（一）测绘任务书

《机械零部件测绘》
实 训 任 务 书

测绘题目：齿轮减速器

学年/学期：××××—××××学年/第 × 学期

专业班级：××××

姓　　名：×××

学　　号：××

开始时间：××××年×月××日

完成时间：××××年×月××日

指导教师：×××

测绘题目：齿轮减速器

外观图（轴测图或照片）

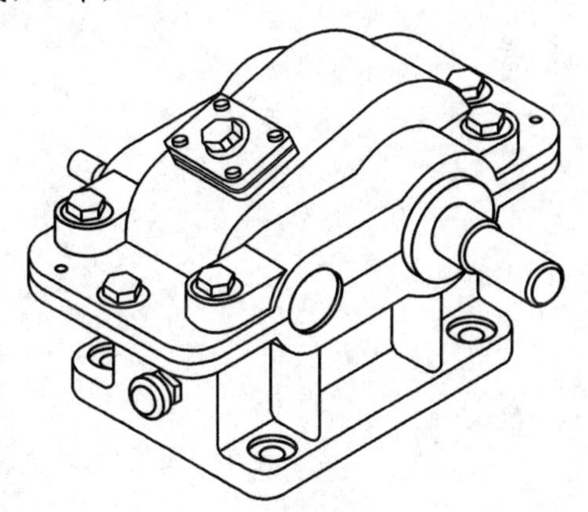

测绘内容：（1）减速器装配图 1 张（2 号图纸）；

（2）零件草图 3 张（标准件不画，3 号或 4 号图纸）；

（3）零件工作图 3 张（3 号或 4 号图纸）；

（4）装配示意图 1 张（3 号或 4 号图纸）；

（5）标准件明细表（4 号图纸）；

（6）部件分析报告书 1 份；

（7）测绘说明书 1 份。

测绘学时：2 周。

完成日期：

指导教师：×××（签名）

××××年×月××日

部件分析报告

测绘对象：齿轮减速器

生产厂家：××厂

规格型号：××型

生产日期：××××年×月

工作原理分析：

被测绘部件为一级圆柱齿轮减速器。它是一种以降低机器转速为目的的专用部件，由电动机通过皮带轮带动主动小齿轮轴（输入轴）转动，再由小齿轮带动从动轴上的大齿轮转动，将动力传递到大齿轮轴（输出轴），以实现减速的目的。

减速器的齿轮工作时采用浸油润滑，机座下部为油池，油池内装有机油。从动齿轮浸泡在油池中，转动时可把油带到齿表，起润滑作用。为了控制机座油池中的油量，油面高度通过透明的有机玻璃圆形油标观察。轴承依靠大齿轮搅动油池中的油来润滑，为防止甩向轴承的油过多，在主动轴支承轴内侧设置了挡油环。

当减速器工作时，由于一些零件摩擦而发热，箱内温度升高，从而引起气体热膨胀，导致箱内压力增高，因此，在顶部设计有透气装置。透气塞是为了排放箱内的膨胀气体、减小内部压力而设计的，透气塞使箱内的膨胀气体能够及时排出，从而避免箱内的压力增高。拆去视孔盖后可监视齿轮磨损情况或加油。油池底面应有斜度，放油时能使油顺利流向放油孔的位置。放油塞用于清洗放油，其螺孔应低于油池底面，以便于放尽油泥。

该减速器有两条装配线，主动齿轮轴的两端分别由滚动轴承支承在机座上。由于该减速器采用直齿圆柱齿轮传动，不受轴向力，因此两轴均由深沟球轴承支承，轴和轴承采用过渡配合，有较好的同轴度，进而保证齿轮的稳定性。4 个端盖分别嵌入箱内的环槽中，确定了轴和轴上零件相对于轴向机体的轴向位置。同一轴系的两槽所对应轴上装有 8 个零件，其总体尺寸等于 8 个零件尺寸之和。为了减小积累误差，保证装配要求，两轴上各装有一个调整环，装配时只需调整轴上环的厚度即可满足轴向游隙的要求。

机体由两部分组成，采用上下结构，沿两轴线平面分为机座和机盖，两零件采用螺栓连接，便于装配和拆卸。为了保证机体上轴承孔的正确位置和配合尺寸，两零件必须装配后才能加工轴承孔。因此，在机盖与机座左右两边的凸缘处分别采用圆锥销无间隙定位，以保证机盖与机座的相对位置准确。锥销孔钻成通孔，便于拆装。机体前后对称，其中间空腔内安置两啮合齿轮，轴承和端盖对称分布在齿轮两侧。

轴承端盖采用嵌入式结构，不用螺钉固定，结构简单，同时也减轻了重量，缩短了轴承座尺寸；缺点是调整不方便，只能用不可调轴承。输入轴和输出轴的一端从透盖孔中伸出，为避免轴和盖之间的摩擦，盖孔之内留有一定的间隙，盖端内装有毛毡封圈，紧紧套在轴上，可防止油向外渗漏和异物进入箱内。

机座的左、右两边各有两个钩状的加强肋，作起吊运输用；机盖重量较轻，可不设起重吊环或吊钩。

专业：××　班级　××××
姓名：×××
××××年×月××日

指导教师：　　　　（签名）

年　　月　　日

附件清单： 报　告：共　份 图　纸：共　张 说明书：共　份 计算书：共　页 其　他：
指导教师评语： 成绩：　　　　指导教师：＿＿＿＿＿＿（签名） 年　月　日
答辩组评语： 答辩成绩：　　　　答辩组组长：＿＿＿＿＿＿（签名） 年　月　日
总评成绩： 主　任：＿＿＿＿＿＿（签名） 年　月　日

（二）测绘实训报告

以下是一个真实的实训报告，本书选用时有所删改。

测 绘 实 训 报 告

××××班　×××（姓名）

根据学校的安排，我们于2012年4月16日开始了为期两周的零部件测绘实训，现将实训情况报告如下。

1. 测绘内容

我们这次测绘的是一台由××厂于××××年生产的齿轮减速器。该减速器的工作原理是……（本样例中省略，在实际报告中不可省略）

2. 实训作业过程

在实训中，我首先认真阅读了《测绘实训任务书》，明确了实训任务。然后，在老师的指导下查阅了相关资料，对齿轮减速器的工作原理有了初步的了解。

测绘作业过程如下：

（1）绘制部件装配示意图。因被测绘部件的零件较多，部件外有机壳包裹，看不见内部结构，故根据厂家提供的结构图绘制。

（2）对减速器进行拆卸，主要使用了扳手和螺丝刀。在拆卸中对所有零件进行了编号，填写了零件表。我们用透明不干胶将号码贴在了零件上。

（3）画非标准件零件草图。

（4）对所有零件的尺寸进行了测量，并查表选择了标准件。

（5）确定了部件和零件的技术要求。

（6）画出了减速器的装配图，并根据老师的要求，对其中3个零件画了零件工作图。

3. 实训的体会

通过这次实训，我对机械制图这门课有了新的认识。以前，我们的学习大都离实际比较远，我还是用过去的学习方法来学习机械制图，以为学习就是为了考试。通过这次实训我真正懂得了机械制图是一门实用性很强的课程，是能够解决实际生产问题的一门重要课程。

通过实训我也改变了过去做事不认真的毛病。在开始实训时，我并没有认真仔细地测量尺寸，以为差不多就行了。但到后来却没办法写技术要求，不得不返工。这件事对我的教育很大，如果是在实际工作中，可能会造成巨大损失。

……

附件：

（1）测绘图纸8张。

（2）记录表2份。

（三）图纸

（1）装配示意图1张（见图8-11）。

（2）零件草图3张（见图8-12～图8-14）。

（3）装配图1张（见图8-15）。

（4）零件图3张（见图8-16～图8-18）。

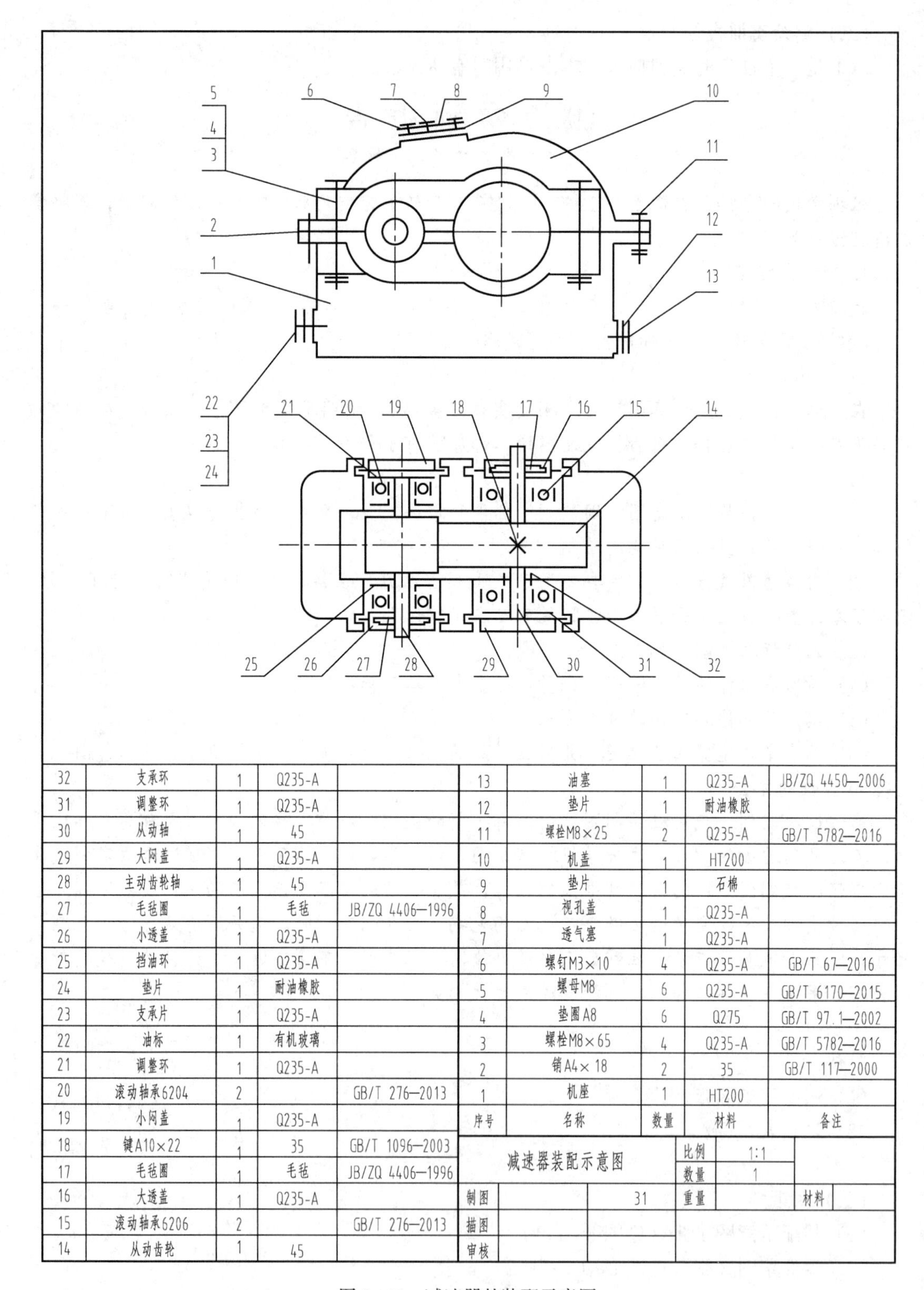

序号	名称	数量	材料	备注
32	支承环	1	Q235-A	
31	调整环	1	Q235-A	
30	从动轴	1	45	
29	大闷盖	1	Q235-A	
28	主动齿轮轴	1	45	
27	毛毡圈	1	毛毡	JB/ZQ 4406—1996
26	小透盖	1	Q235-A	
25	挡油环	1	Q235-A	
24	垫片	1	耐油橡胶	
23	支承片	1	Q235-A	
22	油标	1	有机玻璃	
21	调整环	1	Q235-A	
20	滚动轴承6204	2		GB/T 276—2013
19	小闷盖	1	Q235-A	
18	键A10×22	1	35	GB/T 1096—2003
17	毛毡圈	1	毛毡	JB/ZQ 4406—1996
16	大透盖	1	Q235-A	
15	滚动轴承6206	2		GB/T 276—2013
14	从动齿轮	1	45	
13	油塞	1	Q235-A	JB/ZQ 4450—2006
12	垫片	1	耐油橡胶	
11	螺栓M8×25	2	Q235-A	GB/T 5782—2016
10	机盖	1	HT200	
9	垫片	1	石棉	
8	视孔盖	1	Q235-A	
7	透气塞	1	Q235-A	
6	螺钉M3×10	4	Q235-A	GB/T 67—2016
5	螺母M8	6	Q235-A	GB/T 6170—2015
4	垫圈A8	6	Q275	GB/T 97.1—2002
3	螺栓M8×65	4	Q235-A	GB/T 5782—2016
2	销A4×18	2	35	GB/T 117—2000
1	机座	1	HT200	

减速器装配示意图		比例	1:1	
		数量	1	
制图	31	重量		材料
描图				
审核				

图 8-11　减速器的装配示意图

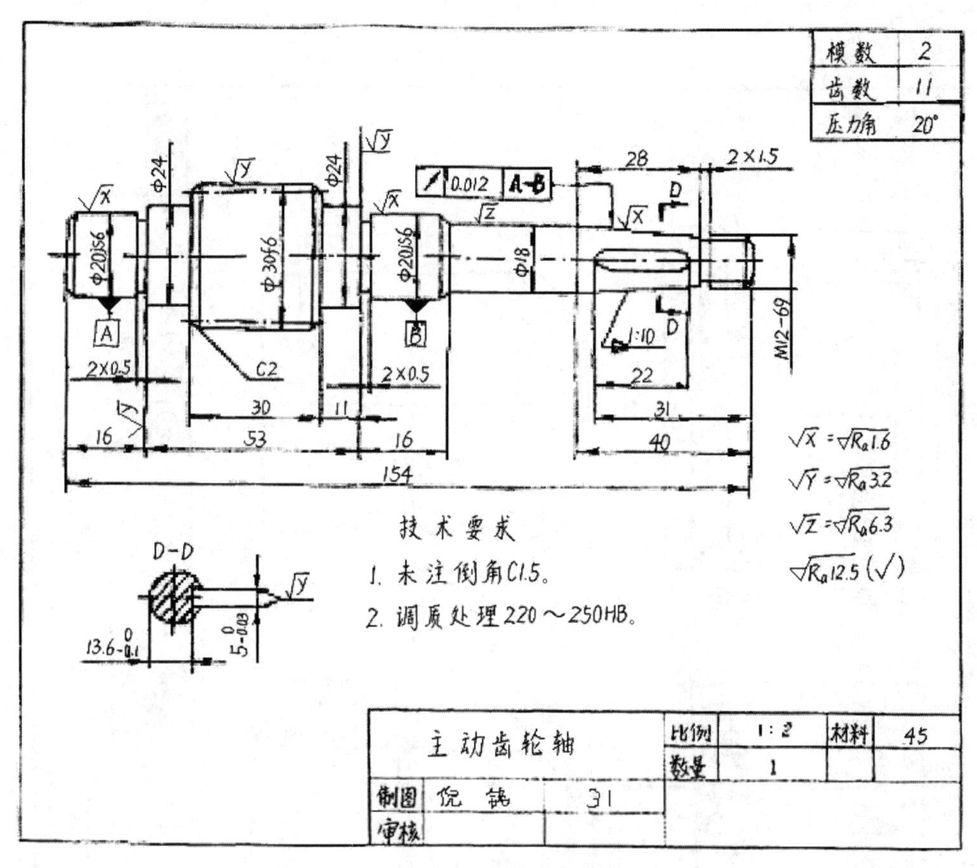

图 8-12　齿轮轴零件草图

(四) 相关表格

1. 减速器标准件明细表

序号	名称	数量	材料	备　注
2	定位销	2	45	销 GB/T 117—2000 A4×18
3	螺栓	4	Q235-A	螺栓 GB/T 5782—2016 M8×65
4	垫圈	6	Q275	垫圈 GB/T 97.1—2002 8-140HV
5	螺母	6	Q235-A	螺母 GB/T 6170—2015 M8
6	螺钉	6	Q235-A	螺钉 GB 67—2016 M3×10
11	螺栓	2	Q235-A	螺栓 GB/T 5782—2016 M8×25
13	油塞	1	Q235-A	JB/ZQ 4450—2006
15	滚动轴承	2		滚动轴承 6206 GB/T 276—2013
17	毛毡圈	1	毛毡	JB/ZQ 4406—1996
18	键	1	35	键 10×22 GB/T 1096—2003
20	滚动轴承	2		滚动轴承 6204 GB/T 276—2013
27	毛毡圈	1	毛毡	JB/ZQ 4406—1996

制表人：×××

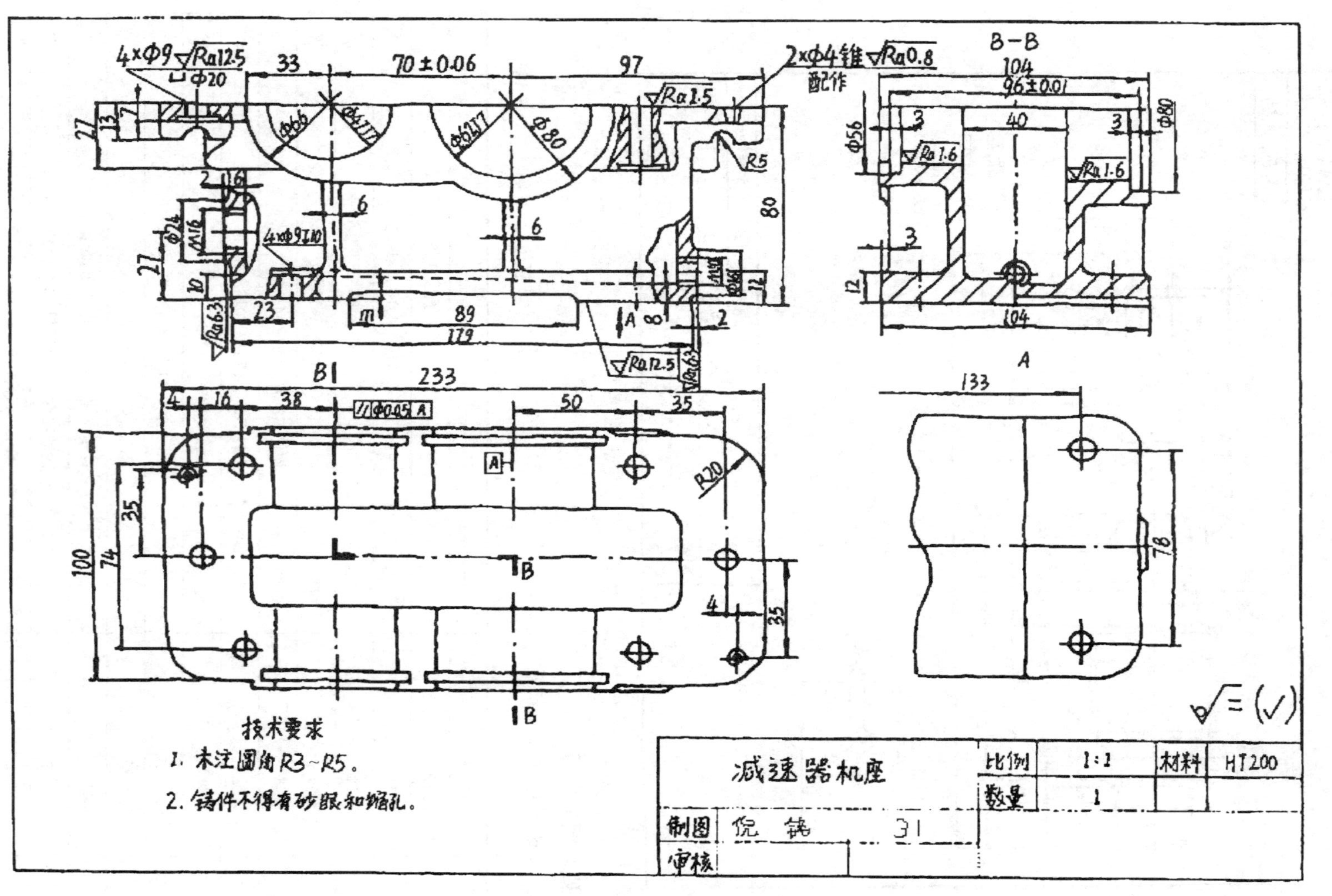

图 8-13　减速器机箱零件草图

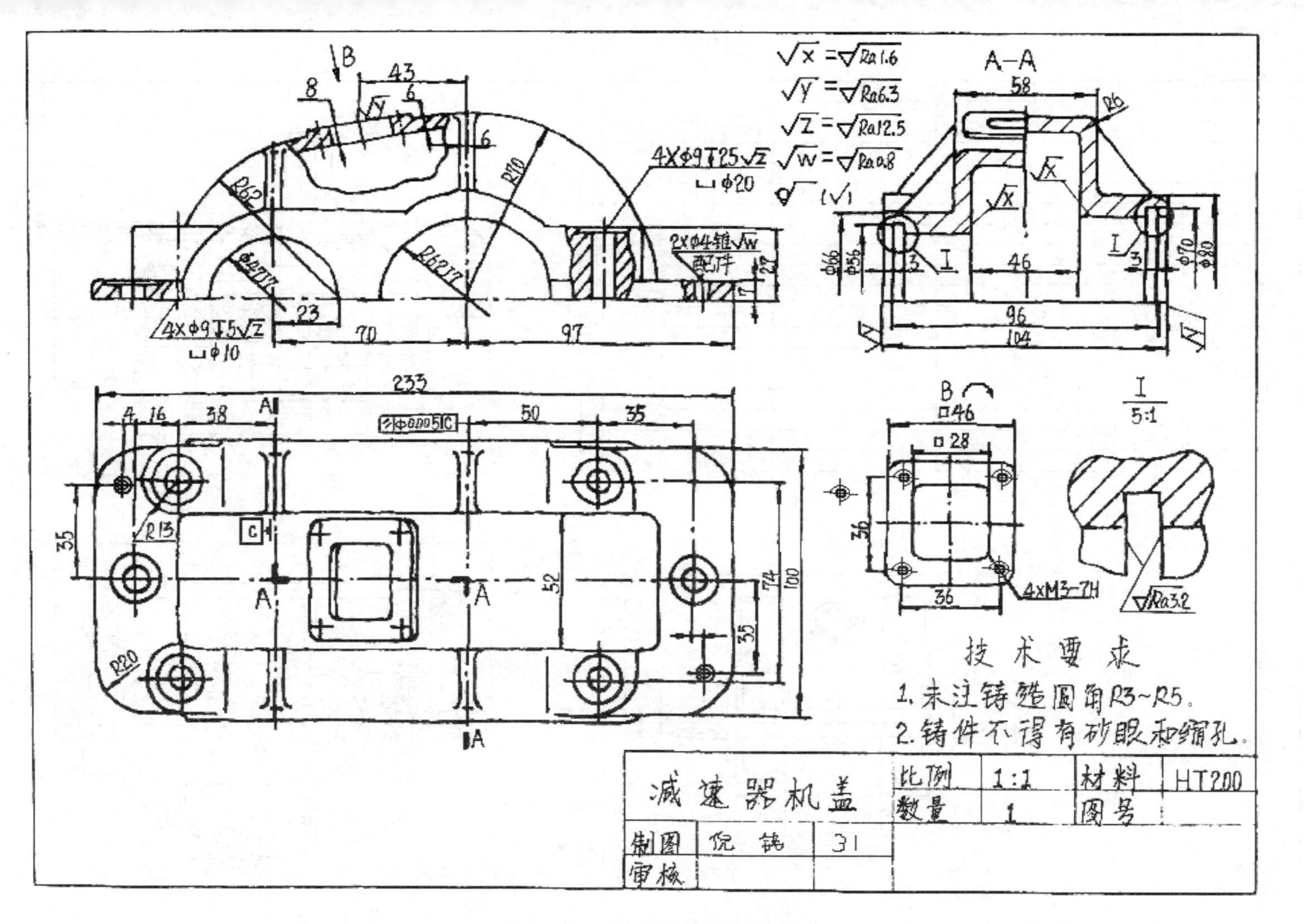

图 8-14　减速器机盖零件草图

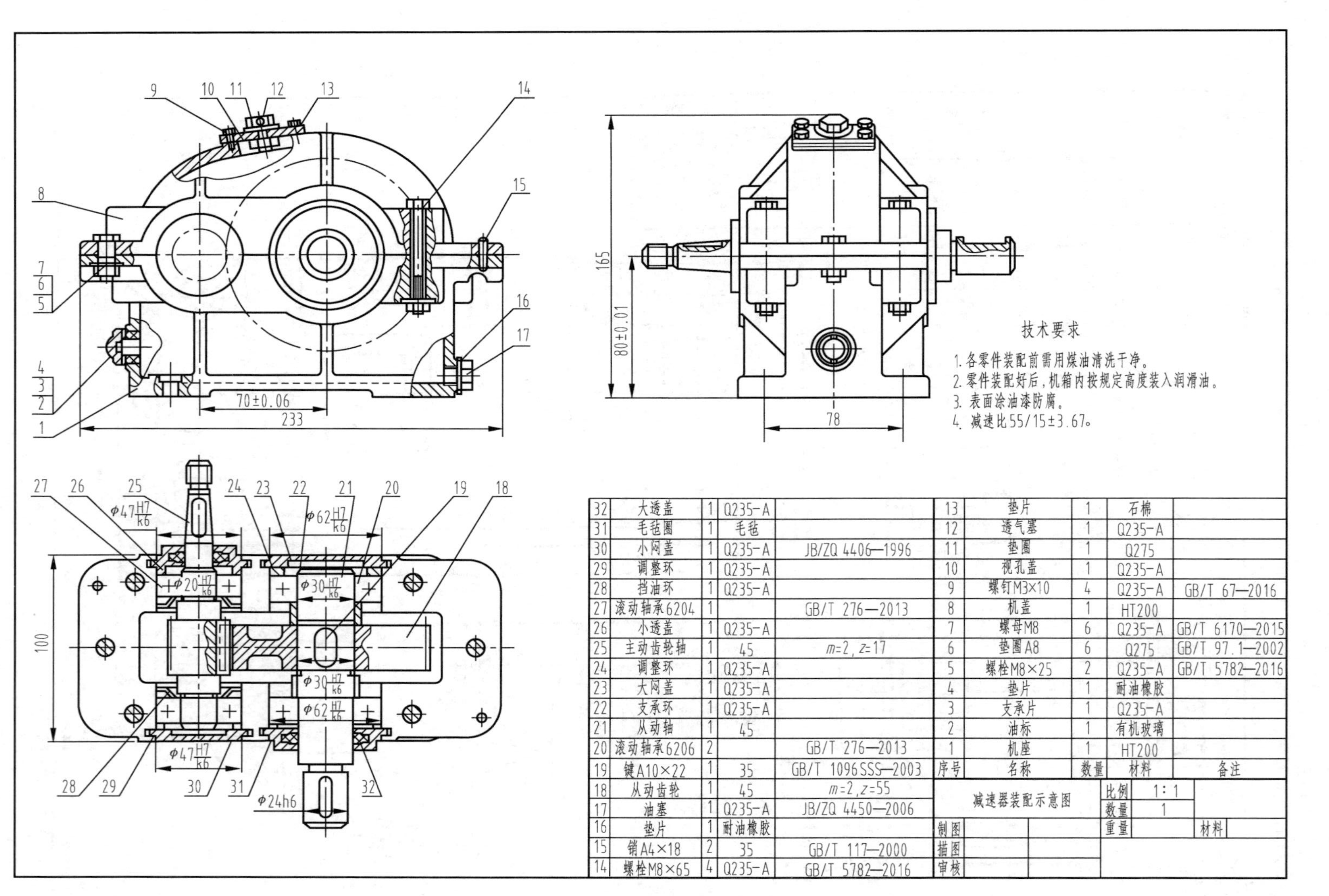

32	大透盖	1	Q235-A		13	垫片	1	石棉	
31	毛毡圈	1	毛毡		12	透气塞	1	Q235-A	
30	小闷盖	1	Q235-A	JB/ZQ 4406—1996	11	垫圈	1	Q275	
29	调整环	1	Q235-A		10	视孔盖	1	Q235-A	
28	挡油环	1	Q235-A		9	螺钉M3×10	4	Q235-A	GB/T 67—2016
27	滚动轴承6204	1		GB/T 276—2013	8	机盖	1	HT200	
26	小透盖	1	Q235-A		7	螺母M8	6	Q235-A	GB/T 6170—2015
25	主动齿轮轴	1	45	m=2，z=17	6	垫圈A8	6	Q275	GB/T 97.1—2002
24	调整环	1	Q235-A		5	螺栓M8×25	2	Q235-A	GB/T 5782—2016
23	大闷盖	1	Q235-A		4	垫片	1	耐油橡胶	
22	支承环	1	Q235-A		3	支承片	1	Q235-A	
21	从动轴	1	45		2	油标	1	有机玻璃	
20	滚动轴承6206	2		GB/T 276—2013	1	机座	1	HT200	
19	键A10×22	1	35	GB/T 1096SSS—2003	序号	名称	数量	材料	备注
18	从动齿轮	1	45	m=2，z=55	减速器装配示意图		比例	1∶1	
17	油塞	1	Q235-A	JB/ZQ 4450—2006			数量	1	
16	垫片	1	耐油橡胶		制图		重量		材料
15	销A4×18	2	35	GB/T 117—2000	描图				
14	螺栓M8×65	4	Q235-A	GB/T 5782—2016	审核				

图 8-15 减速器装配图

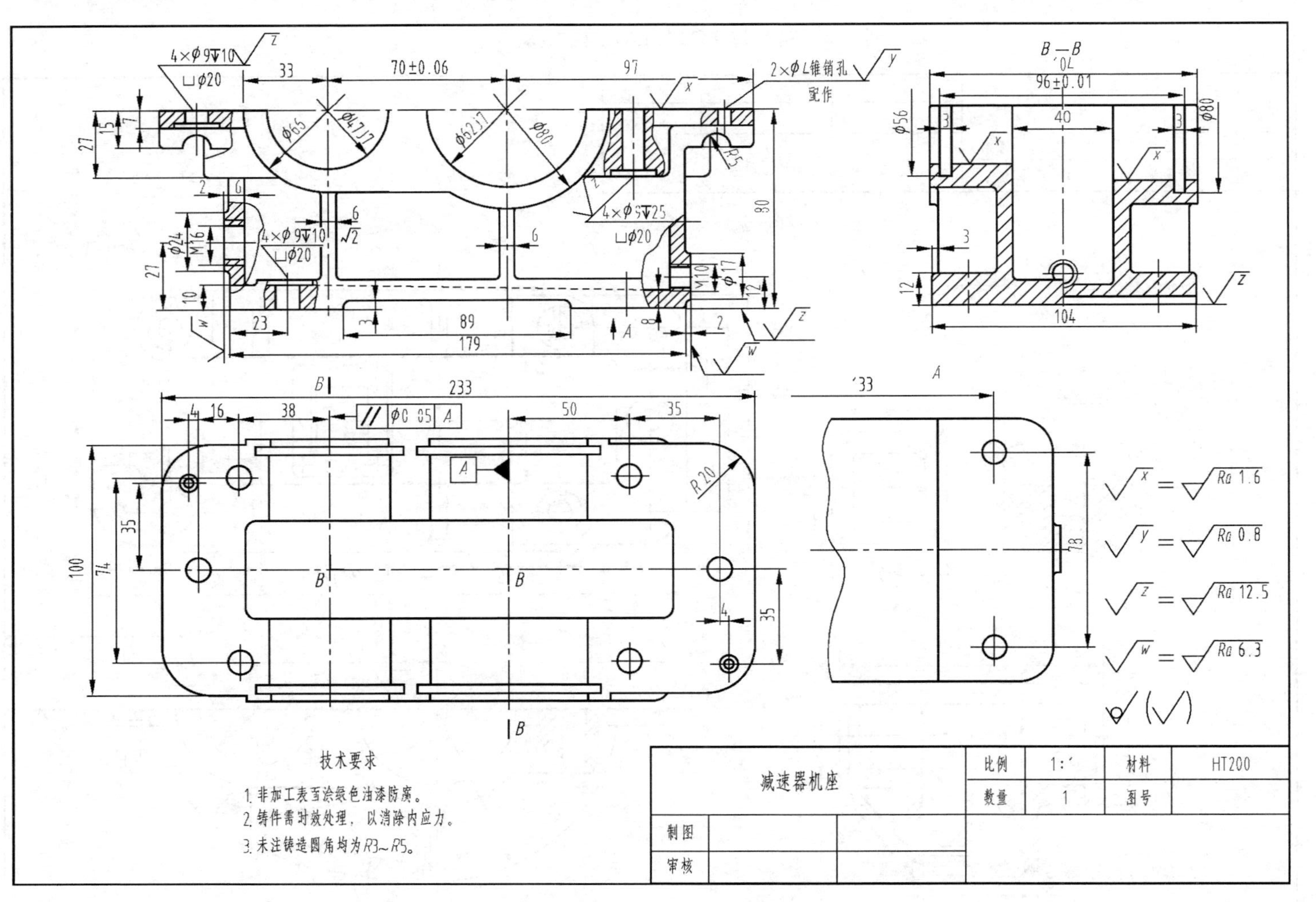

B—B
技术要求
1. 非加工表面涂底色油漆防腐。
2. 铸件需时效处理，以消除内应力。
3. 未注铸造圆角均为R3~R5。
减速器机座
比例
数量
1
材料
HT200
图号
制图
审核

图 8-16　减速器机座零件图

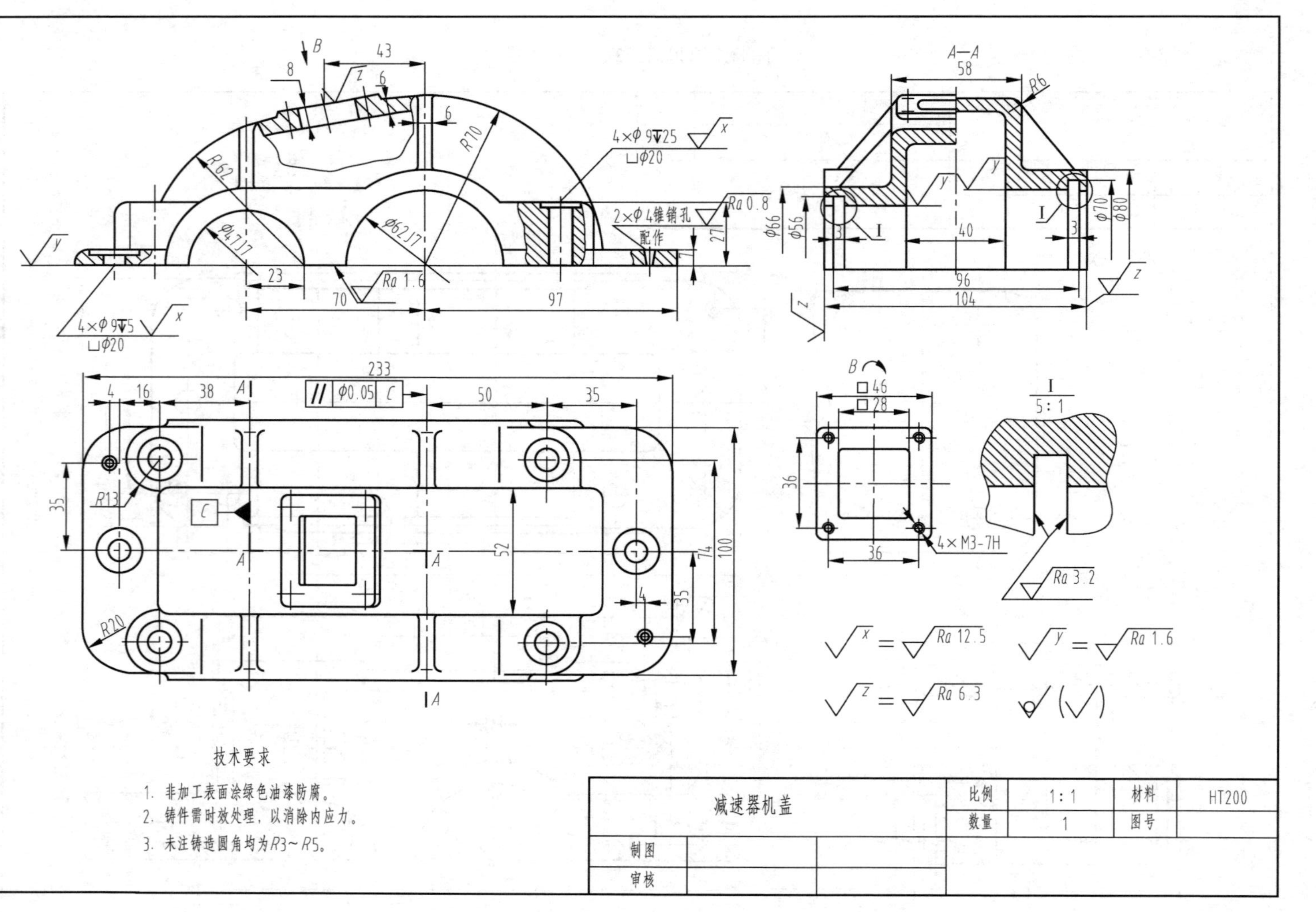

图 8-17 减速器机盖零件图

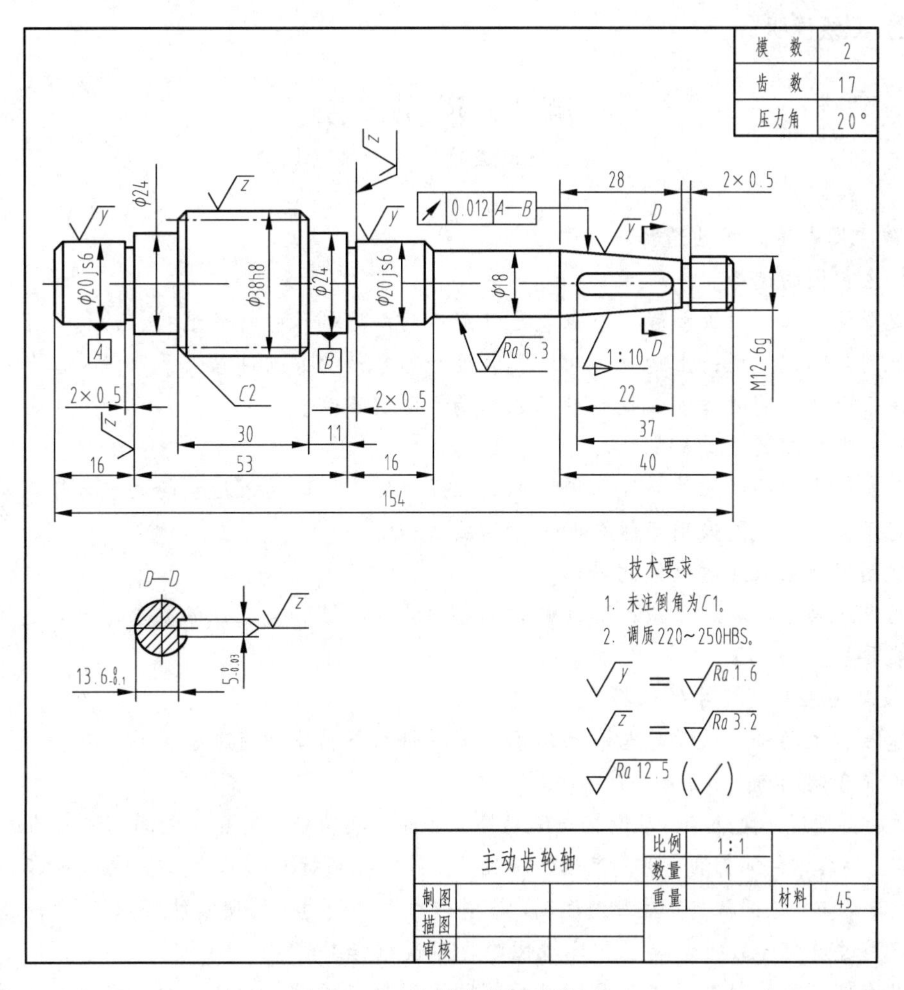

图 8-18　主动齿轮轴零件图

2. 拆卸记录表

减速器拆卸记录

时间：　　　年　　月　　日　　　　　　　　　操作：　　　　　　　　　　记录：

步骤次序	拆卸内容	遇到的问题及注意事项	备注
1	拆卸透气塞 7		
2	拆卸螺钉 6		
3	拆卸视孔盖 8		
4	拆卸螺母 5、垫圈 4、螺栓 3		
5	拆卸定位销 2		
6	拆卸机盖 10		
…	…		

（五）测绘说明书

测 绘 说 明 书

××××（班级）　×××（姓名）

1. 装配图表达方案的选择

（1）主视图的选择。

主视图按其工作位置放置，重点表达外形；对左边轴承旁螺栓连接、油标及下部安装孔的结构采用局部剖处理；上边也可对透气装置和各零件的装配连接关系及结构工作情况采用局部剖视来表达。同时对定位销的结构采用局部剖视表达。

（2）其他视图的选择。

为了表达内部的装配关系及零件之间的相互位置，同时也表达齿轮的啮合情况及轴承的润滑密封情况，俯视图采用沿结合面剖切的画法。

左视图用视图来表达机件的外形。

采用上述画法，满足了减速器装配结构表达的准确性和合理性的要求，也表达了部件的工作性能要求。

2. 装配图上相关尺寸的选择

减速器中主动轴、从动轴与滚动轴承，滚动轴承与箱体间有配合关系。

（1）配合制的确定。

通过拆卸发现，主动轴、从动轴与滚动轴承之间，滚动轴承与箱体之间的配合为过渡配合。这是因为上述各零件间都没有相对运动，而且是维修时必须拆卸的零件。若采用间隙配合，轴与轴承间、轴承与箱体间就要产生相对运动，容易造成零件受力不均使零件磨损，影响机器使用寿命。若采用过盈配合，拆卸和装配比较困难，不便维修。

通过查阅相关资料，并查表 5-1，也证明主动轴与滚动轴承、从动轴与滚动轴承、滚动轴承与箱体间的配合应采用过渡配合。

（2）基准制的选择。

因滚动轴承是标准件，根据常规要求，主动轴、从动轴与之配合均应采用基孔制，箱体与之配合应采用基轴制。

（3）公差等级的选择。

因主动轴、从动轴与轴承的配合是重要配合，配合表面均有较高的性能要求。用类比法查表得，主动轴的公差等级应选 IT6，箱体孔公差等级应选 IT7。

（4）配合选择。

已选定配合制为基孔制过渡配合。用类比法，查表 5-4，初选 H7/k6。

经验算（见计算书），以上选择是合适的。

3. 零件材料的选择

（1）主动齿轮轴、从动齿轮轴以及从动齿轮的材料选择。

查表 6-1 可知，齿轮和齿轮轴的材料应选 45 号优质碳素结构钢。

（2）机盖、机座材料的选择。

查表 6-1 可知，如果不考虑批量生产，机盖、机座选用 HT200 灰铸铁材料。

按以上方式选择其他零件材料。

透盖和闷盖：HT150。

视孔盖：有机玻璃。

调整环：Q235-A。

油位面端盖及油位片：HT150。

油位面板：有机玻璃。

4. 重要表面粗糙度的选择

减速器零件加工面较多，主要支承孔表面精度要求较高，可选择 *Ra*0.8～1.6；一般配合表面粗糙度选为 *Ra*1.6～3.2；非配合表面粗糙度为 *Ra*6.3～12.5；其余表面都是铸造面，不作要求。现将减速器机座各表面粗糙度的选择列于下表：

减速器底座的表面粗糙度

加工表面	参数值（*Ra*）	加工表面	参数值（*Ra*）
减速器上、下盖结合面	1.6～3.2	减速器底面	6.3～12.5
轴承座孔表面	1.6～3.2	轴承座孔外端面	3.2～6.3
圆柱销孔表面	1.6～3.2	螺栓孔端面	6.3～12.5
嵌入盖凸缘槽面	3.2～6.3	油塞孔端面	6.3～12.5
探视孔盖接合面	12.5	其余端面	12.5

5. 几何公差的选择

减速器机座几何公差的选择列于下表：

几何公差		公差等级
形状公差	轴承孔的圆度或圆柱度	IT6～IT7
方向公差	对称面的平行度	IT7～IT8
	轴承孔中心线间的平行度	IT6～IT7
	轴承孔端面对中心线的垂直度	IT7～IT8
	两轴承孔中心线间的垂直度	IT7～IT8
位置公差	两轴承孔中心线的同轴度	IT6～IT8

6. 热处理的选择

为避免减速器机座在加工时变形，提高尺寸的稳定性，改善切削性能，减速器机座的零件毛坯要进行时效处理。

（六）计算书

计　算　书

1. 齿轮轴与滚动轴承间配合的计算

$\phi 47\dfrac{H7}{k6}$，公称尺寸 $\phi 47$，基孔制过渡配合，IT7＝0.025mm，IT6＝0.016mm。

对于 $\phi 47\dfrac{H7}{k6}$，最大过盈＋0.018mm，最小过盈＋0.002mm；最大间隙＋0.023mm，最

小间隙+0.007mm。

2. 齿轮相关参数的计算

实测 $D_a=38$，齿轮齿数 $z=17$。

$$m=\frac{D_a}{z+2}=\frac{38}{17+2}=2$$

查模数系列表，m 取 2。

二、常见其他典型装配部件测绘综合图例

针对机械零部件测绘的实际情况，下面列举常见的铣刀头、安全阀、卧式齿轮油泵和机用虎钳四套装配部件的测绘综合图例，可供学生在画图时学习和参考。

1. 铣刀头部件测绘图例

（1）铣刀头轴测图和装配示意图（见图 8-19）。

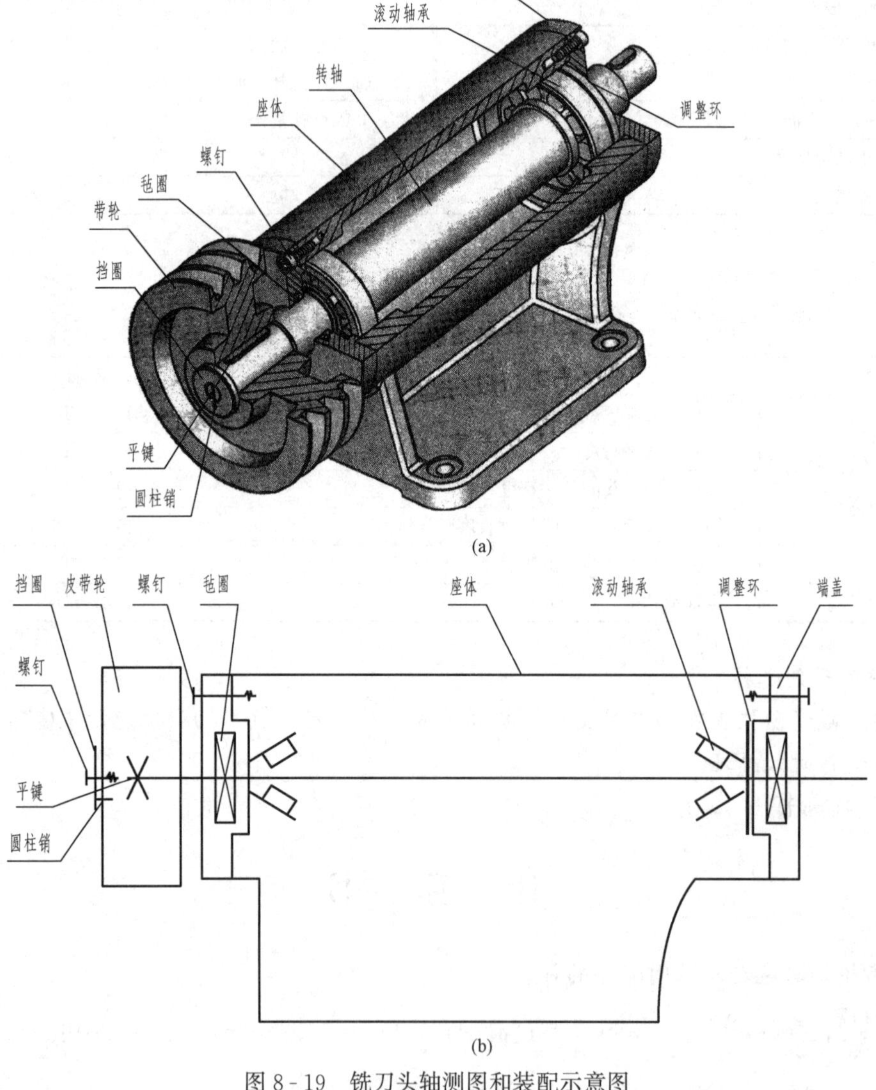

图 8-19 铣刀头轴测图和装配示意图

（a）轴测图；（b）装配示意图

（2）铣刀头零件图（见图 8 - 20～图 8 - 23）。

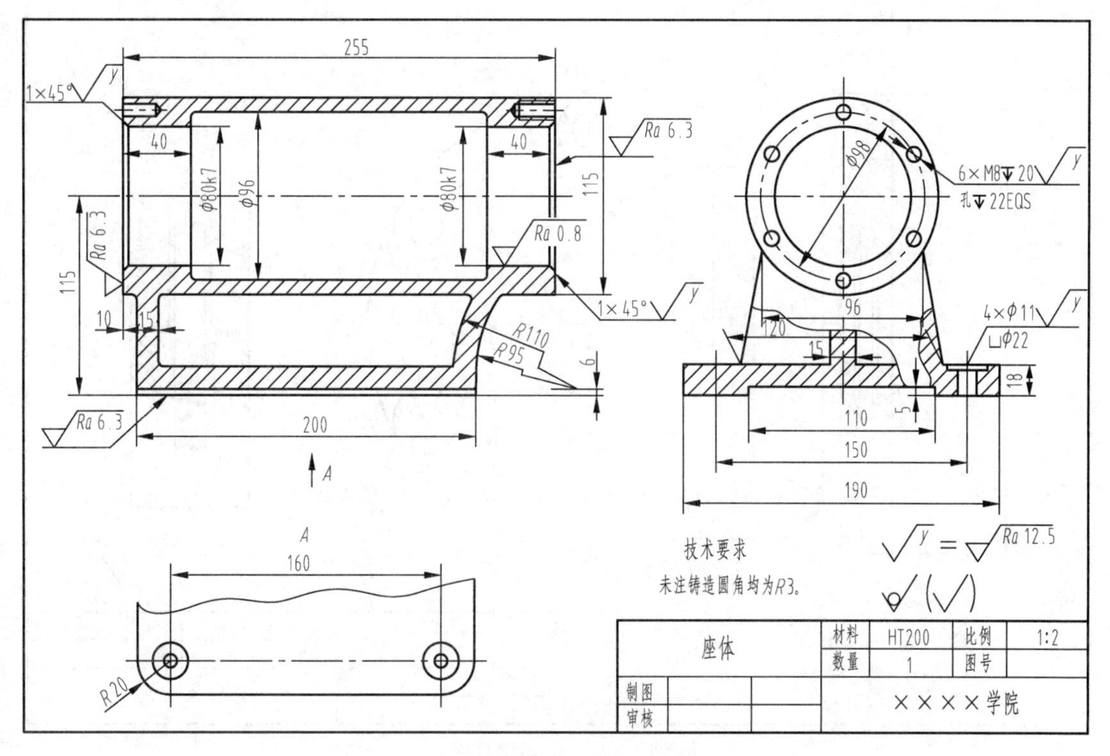

图 8 - 20　铣刀头座体零件图

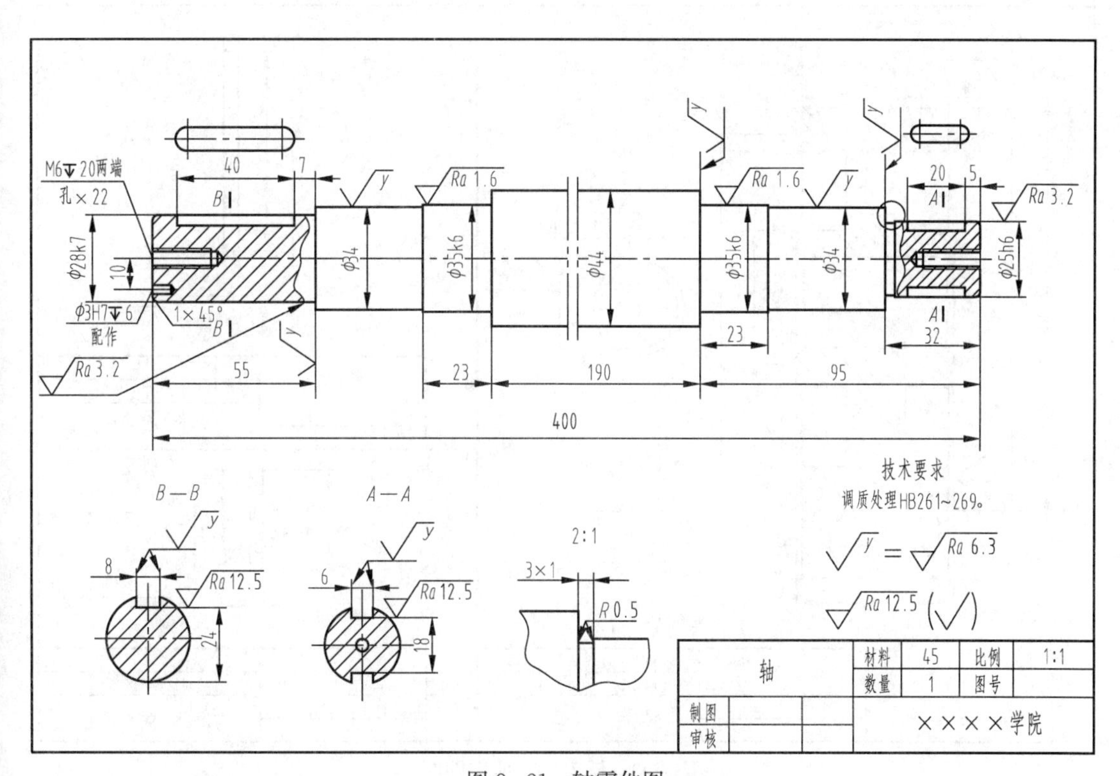

图 8 - 21　轴零件图

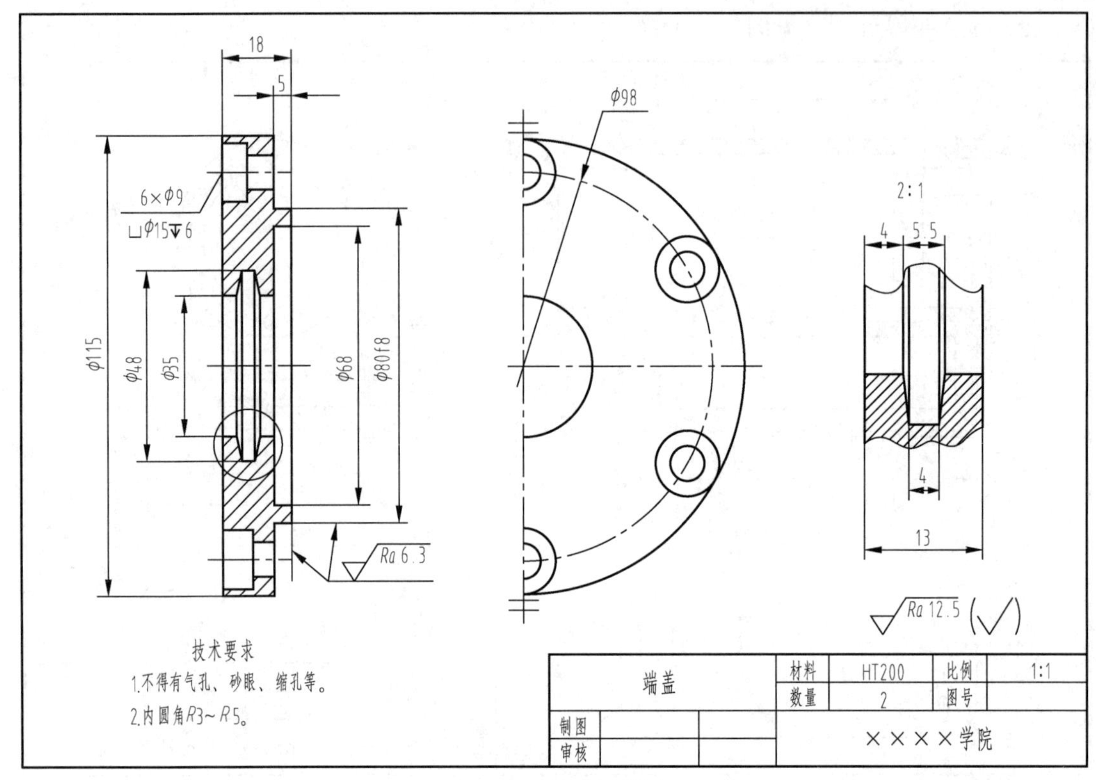

图 8-22 端盖零件图

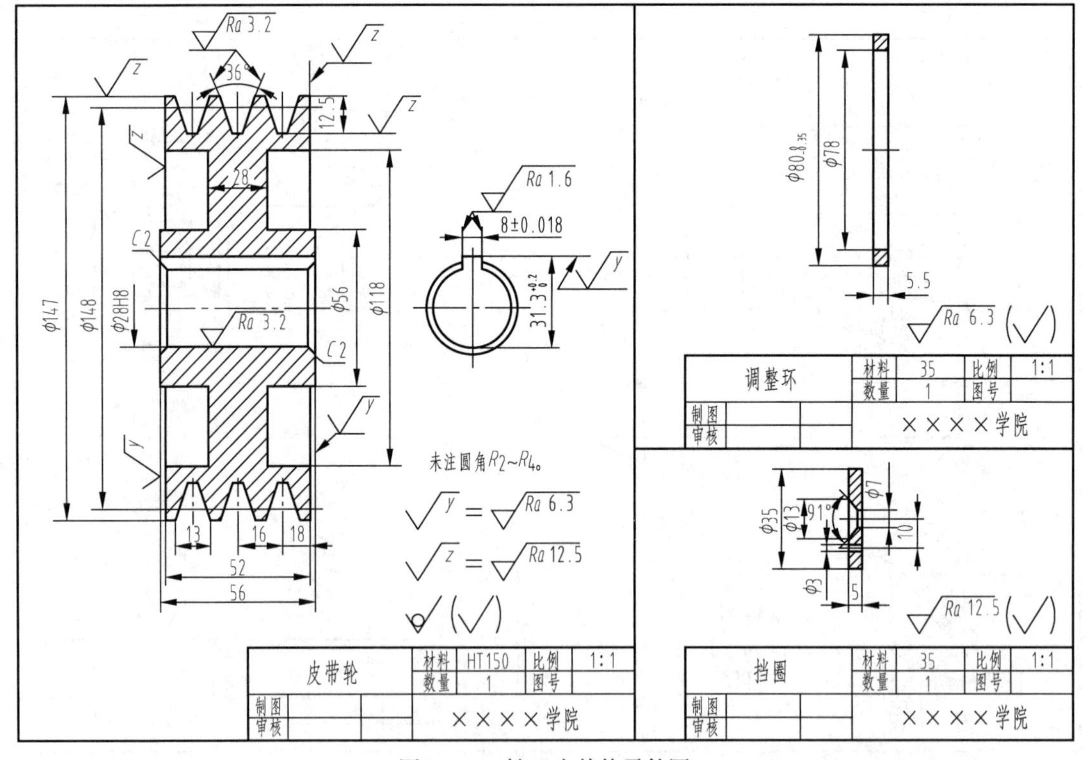

图 8-23 铣刀头其他零件图

（3）铣刀头装配图（见图 8-24）。

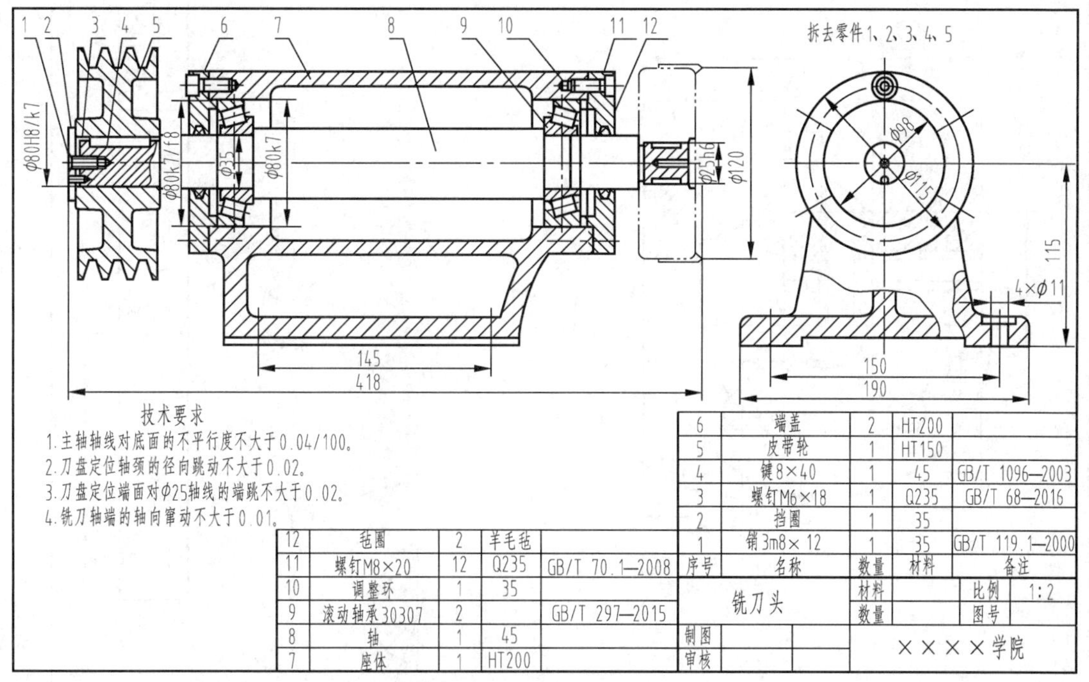

图 8-24　铣刀头装配图

2. 安全阀部件测绘图例

（1）安全阀轴测图和装配示意图（见图 8-25）。

（2）安全阀零件工作图（见图 8-26～图 8-30）。

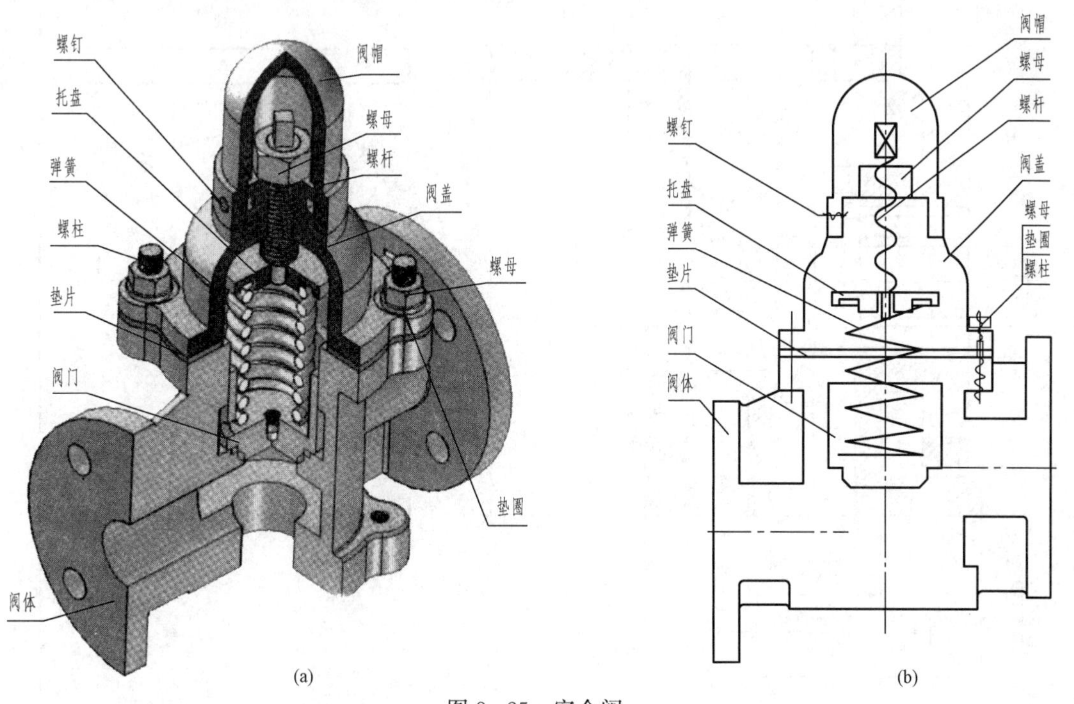

图 8-25　安全阀
（a）轴测图；（b）装配示意图

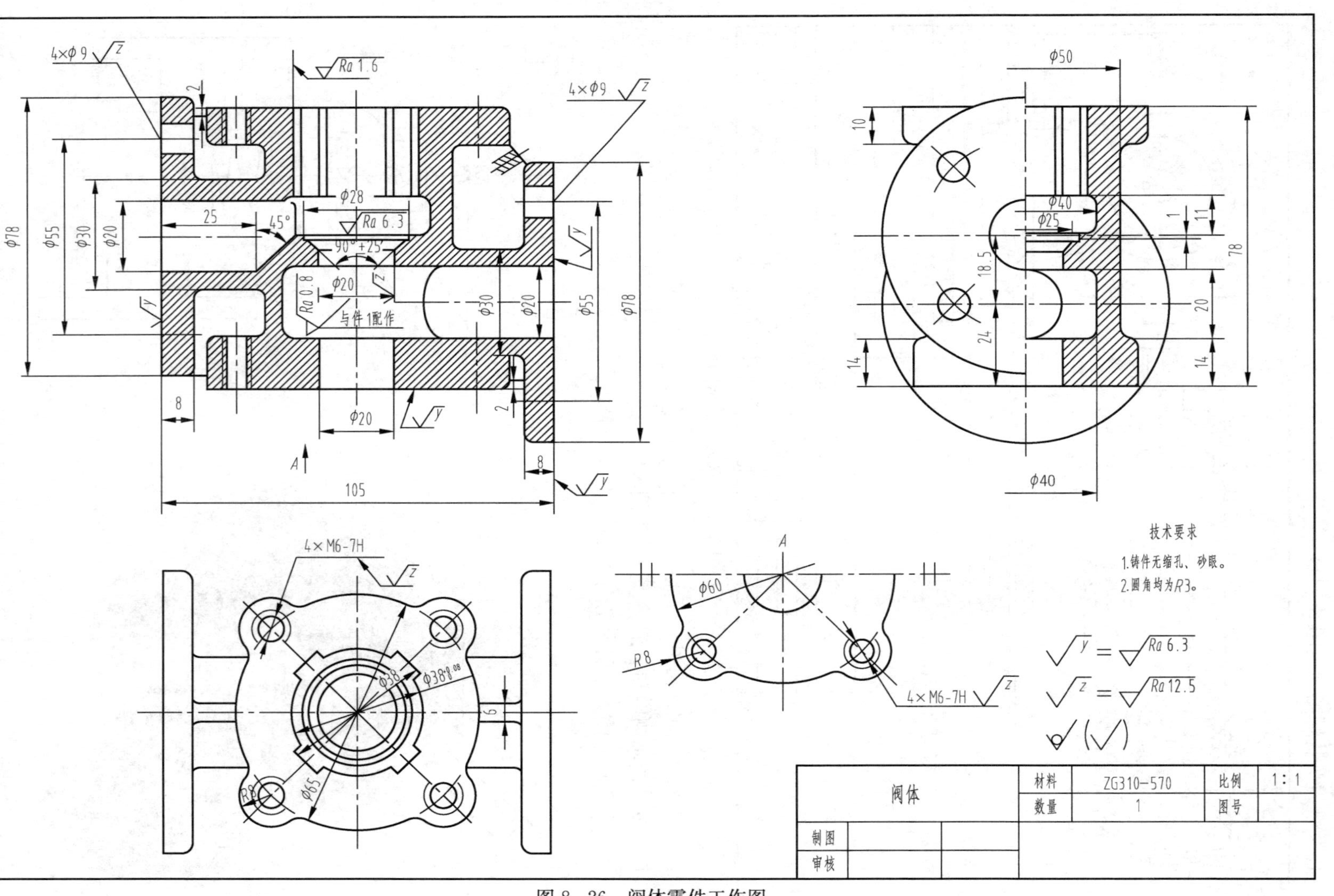

图 8-26 阀体零件工作图

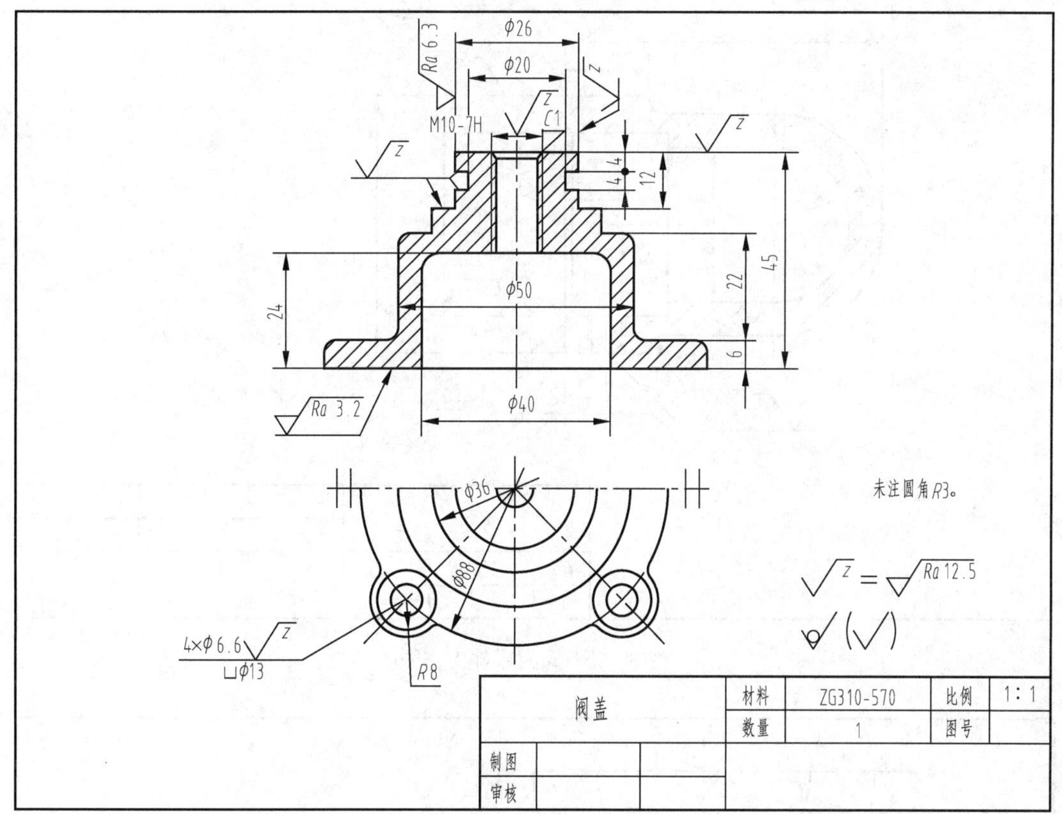

图 8-27　阀盖零件工作图

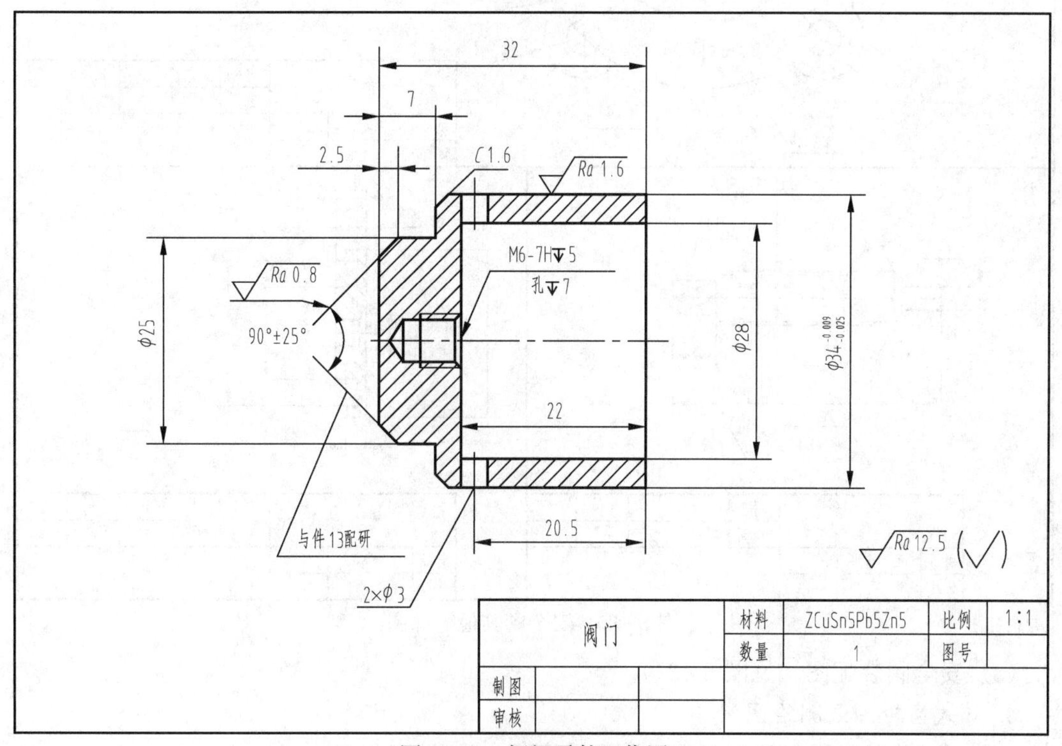

图 8-28　阀门零件工作图

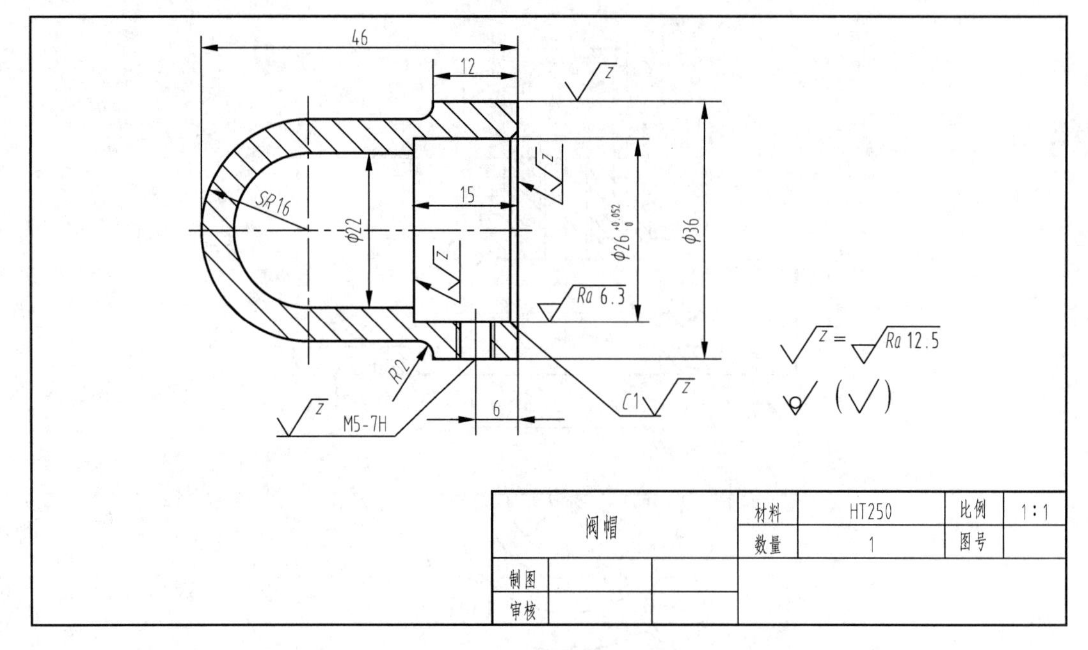

图 8-29　阀帽零件工作图

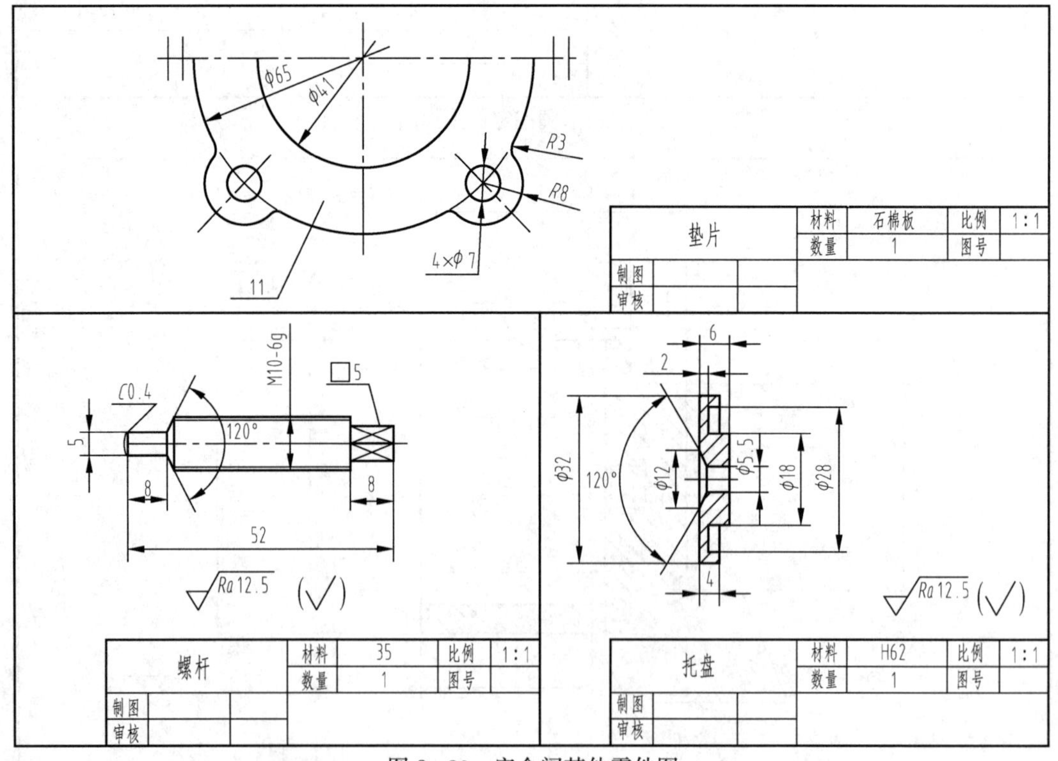

图 8-30　安全阀其他零件图

(3) 安全阀装配图（见图 8-31）。

3. 卧式齿轮油泵测绘图例

(1) 卧式齿轮油泵轴测分解图和装配示意图（见图 8-32）。

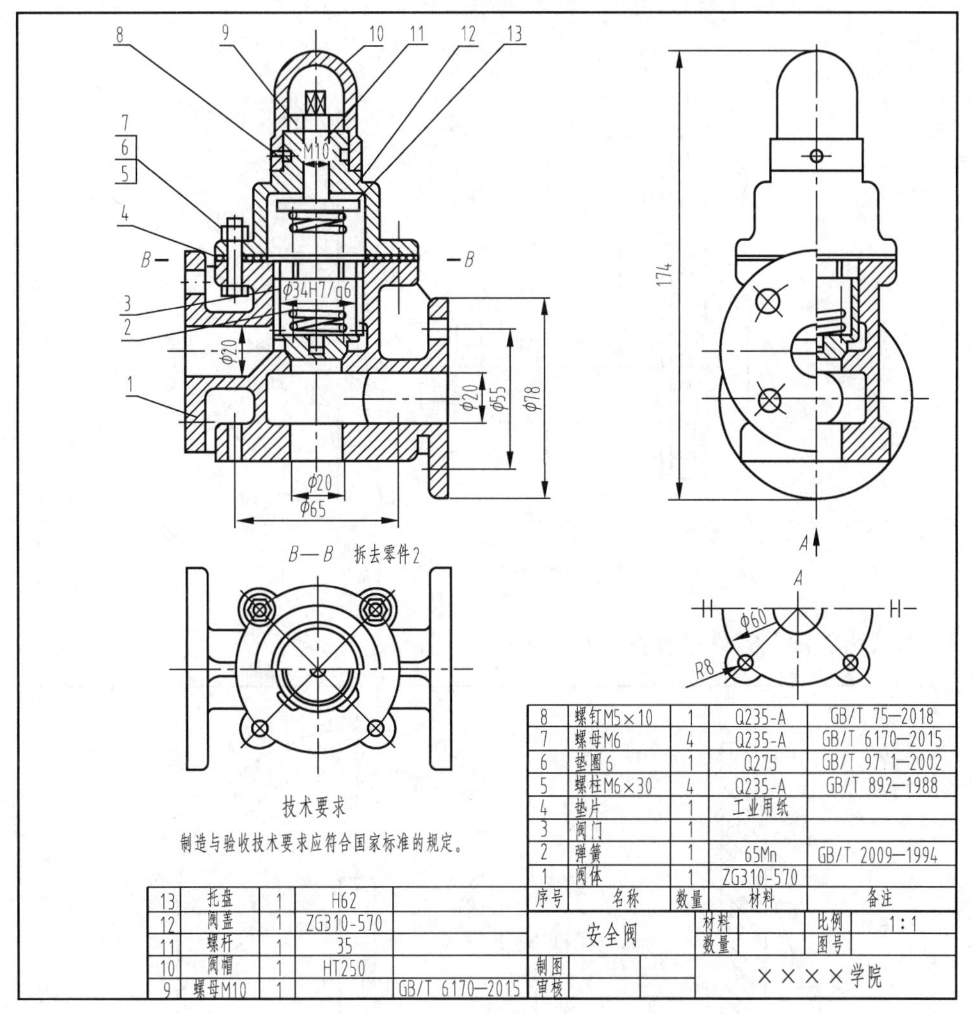

B—B　拆去零件2
技术要求
制造与验收技术要求应符合国家标准的规定。
8 螺钉M5×10 1 Q235-A GB/T 75—2018
7 螺母M6 4 Q235-A GB/T 6170—2015
6 垫圈6 1 Q275 GB/T 97.1—2002
5 螺柱M6×30 4 Q235-A GB/T 892—1988
4 垫片 1 工业用纸
3 阀门 1
2 弹簧 1 65Mn GB/T 2009—1994
1 阀体 1 ZG310-570
13 托盘 1 H62
12 阀盖 1 ZG310-570
11 螺杆 1 35
10 阀帽 1 HT250
9 螺母M10 1 GB/T 6170—2015
序号 名称 数量 材料 备注
安全阀
材料 数量 比例 1:1 图号
制图 审核
××××学院

图 8-31　安全阀装配图

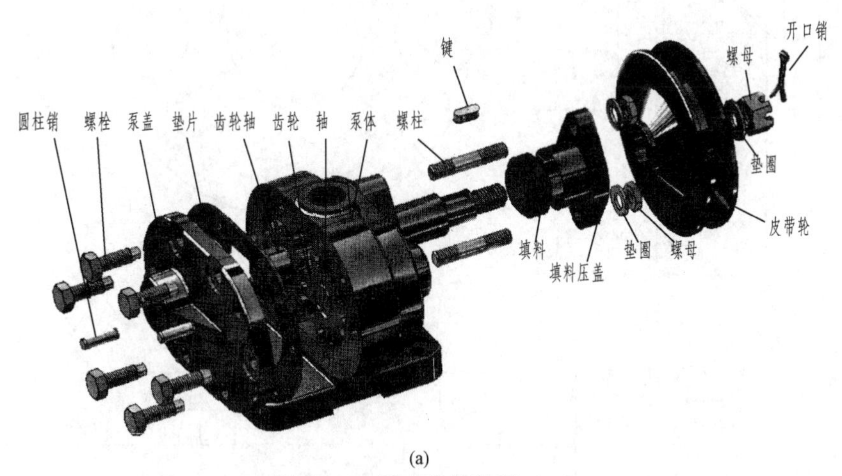

图 8-32　卧式齿轮油泵（一）

（a）轴测分解图

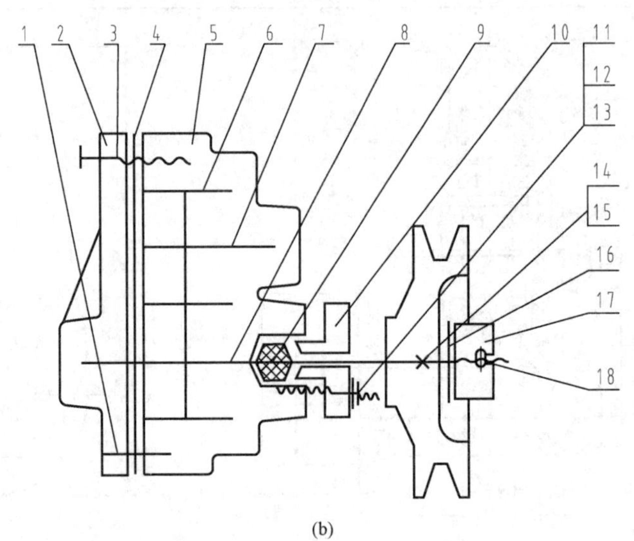

(b)

图 8 - 32　卧式齿轮油泵（二）

(b) 装配示意图

(2) 卧式齿轮油泵零件工作图（见图 8 - 33～图 8 - 36）。

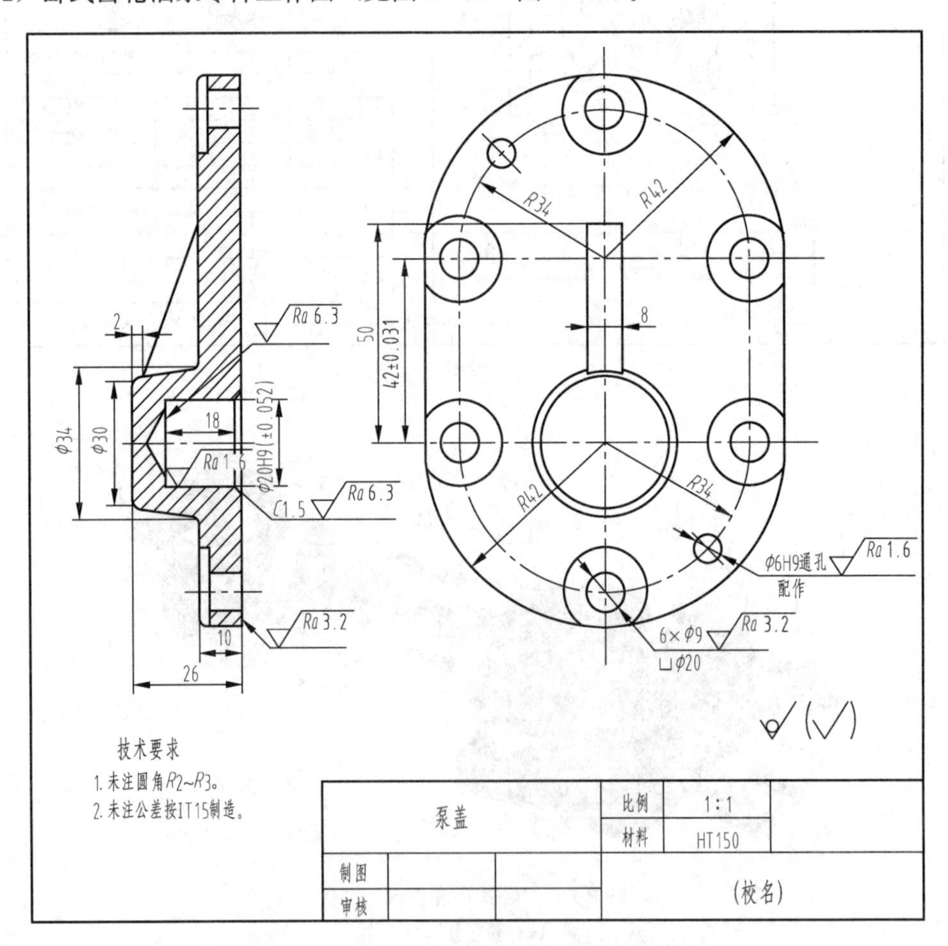

图 8 - 33　卧式齿轮油泵泵盖零件工作图

(a)

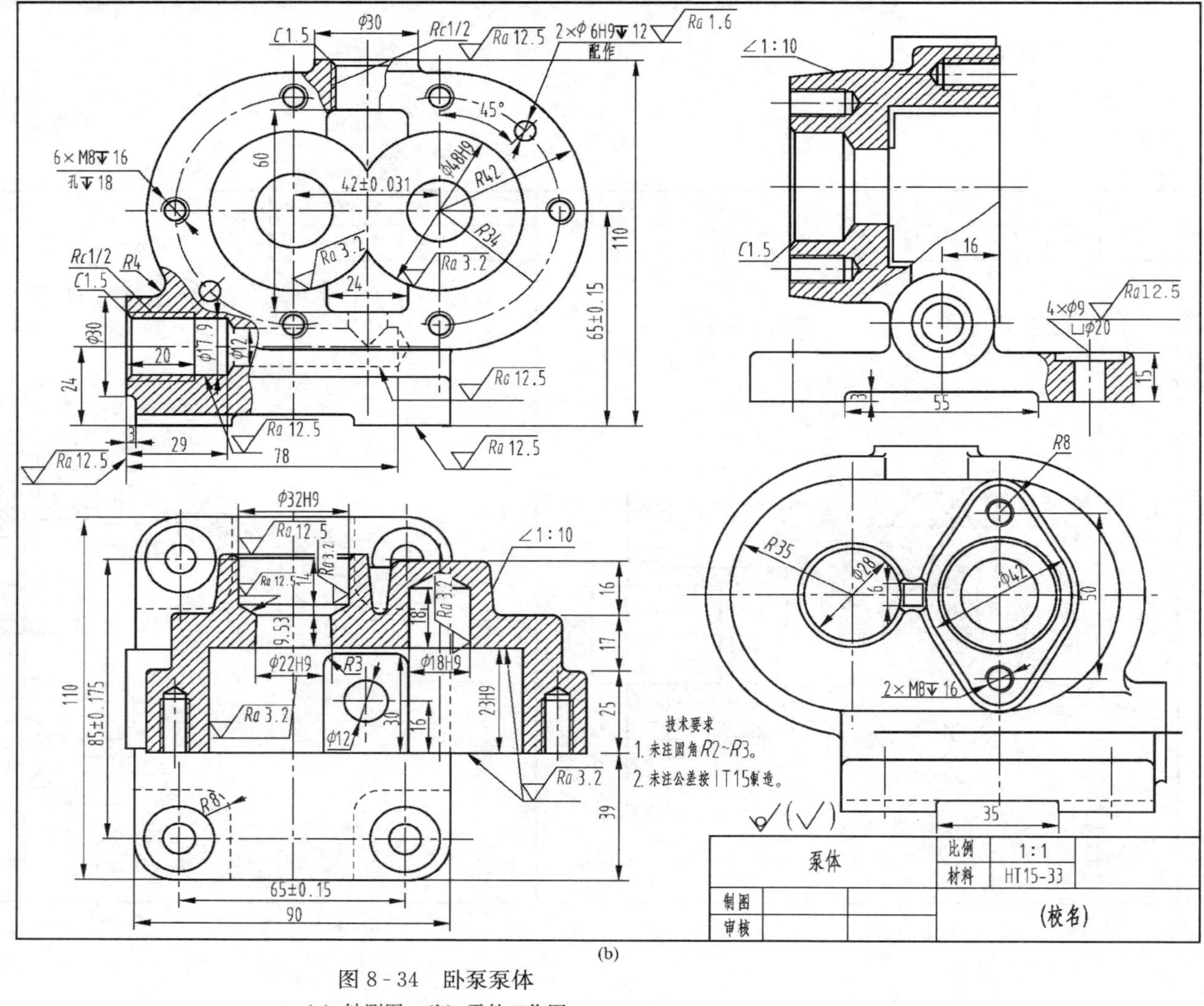

(b)

图 8-34 卧泵泵体

(a) 轴测图；(b) 零件工作图

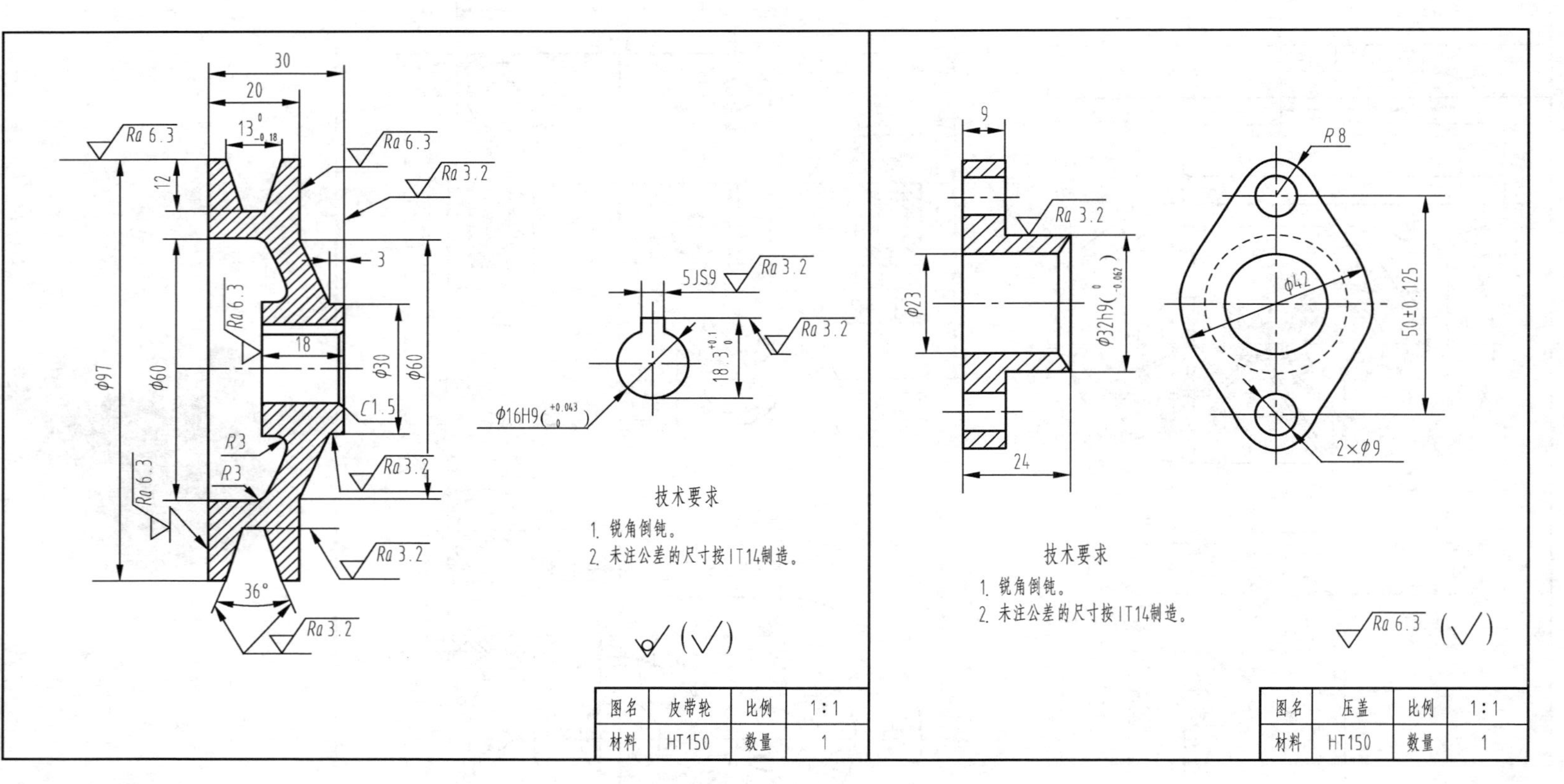

图 8-35 皮带轮、压盖零件图

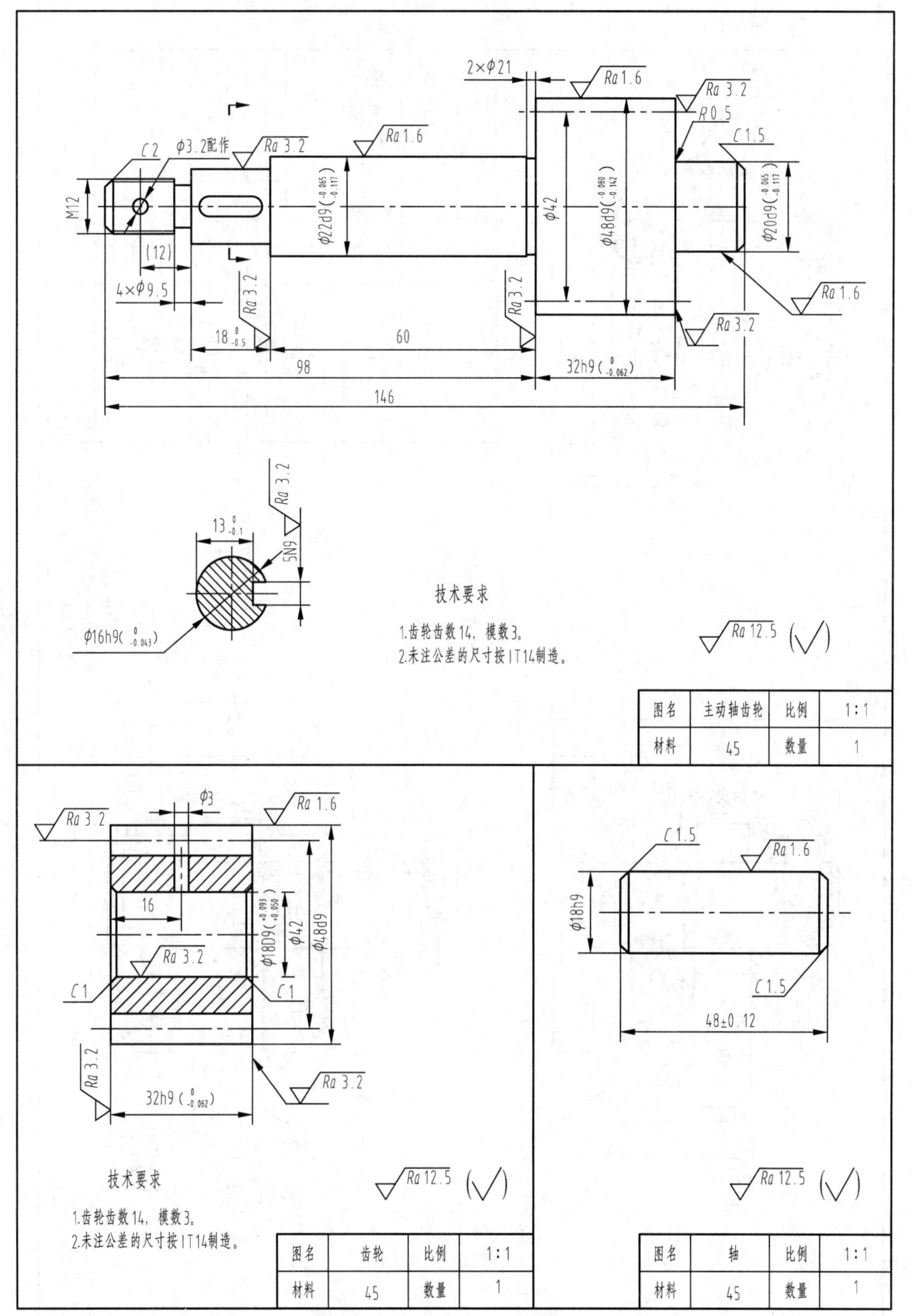

图 8-36　卧式齿轮油泵其他零件图

（3）卧式齿轮油泵装配图（见图 8-37）。

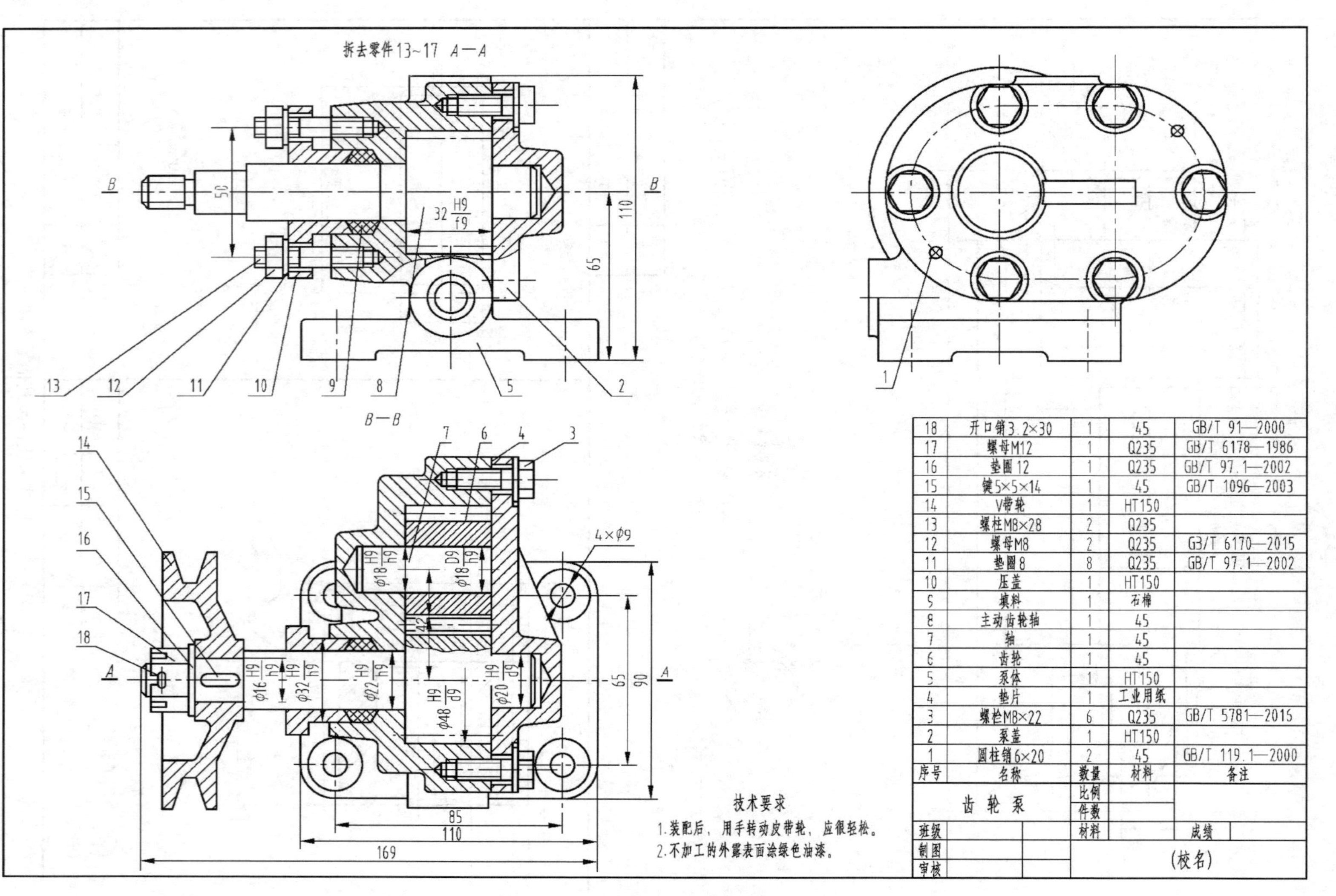

拆去零件13~17 A—A
B—B
技术要求
1.装配后，用手转动皮带轮，应很轻松。
2.不加工的外露表面涂绿色油漆。
18 开口销3.2×30 1 45 GB/T 91—2000
17 螺母M12 1 Q235 GB/T 6178—1986
16 垫圈12 1 Q235 GB/T 97.1—2002
15 键5×5×14 1 45 GB/T 1096—2003
14 V带轮 1 HT150
13 螺柱M8×28 2 Q235
12 螺母M8 2 Q235 GB/T 6170—2015
11 垫圈8 8 Q235 GB/T 97.1—2002
10 压盖 1 HT150
9 填料 1 石棉
8 主动齿轮轴 1 45
7 轴 1 45
6 齿轮 1 45
5 泵体 1 HT150
4 垫片 1 工业用纸
3 螺栓M8×22 6 Q235 GB/T 5781—2015
2 泵盖 1 HT150
1 圆柱销6×20 2 45 GB/T 119.1—2000
序号 名称 数量 材料 备注
齿轮泵
比例
件数
材料
班级
制图
审核
成绩
(校名)

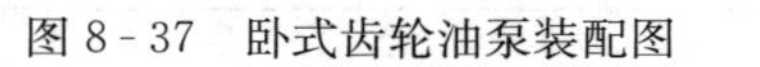
图 8-37 卧式齿轮油泵装配图

4. 机用虎钳测绘图例

（1）机用虎钳轴测图和装配示意图（见图8-38）。

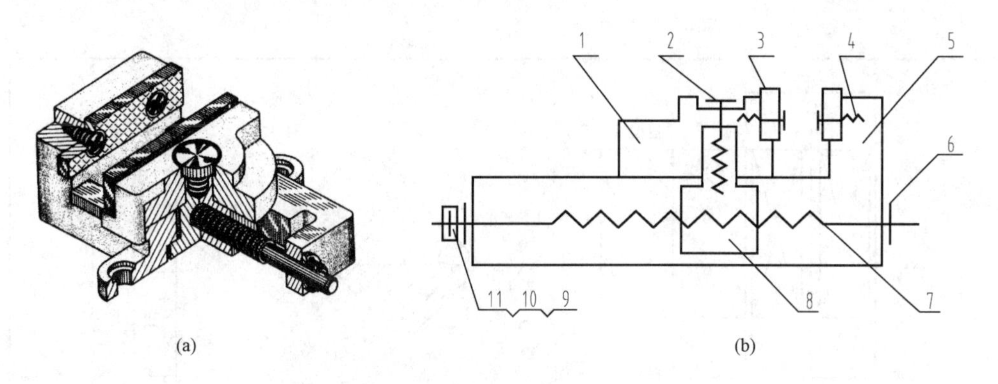

图8-38　机用虎钳

(a) 轴测图；(b) 装配示意图

（2）机用虎钳零件工作图（见图8-39～图8-42）。

（3）机用虎钳装配图（见图8-43）。

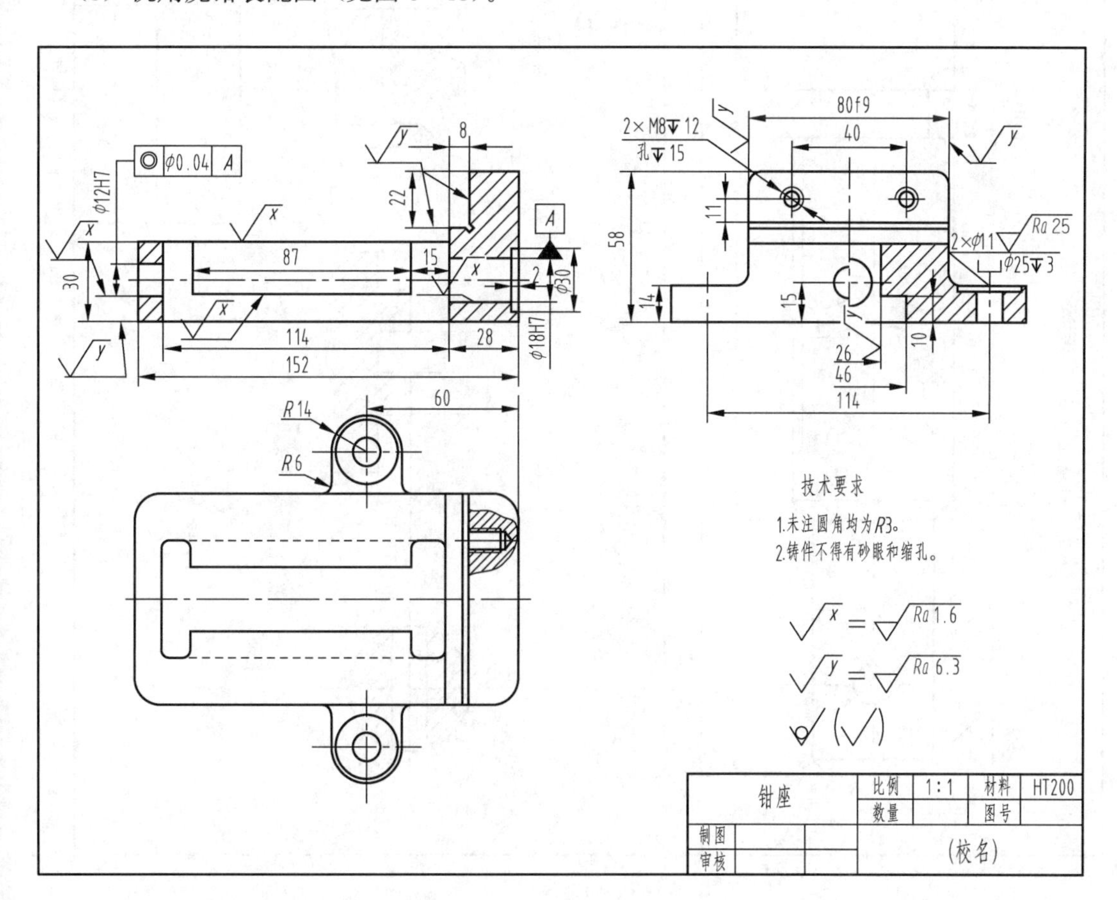

图8-39　钳座零件工作图

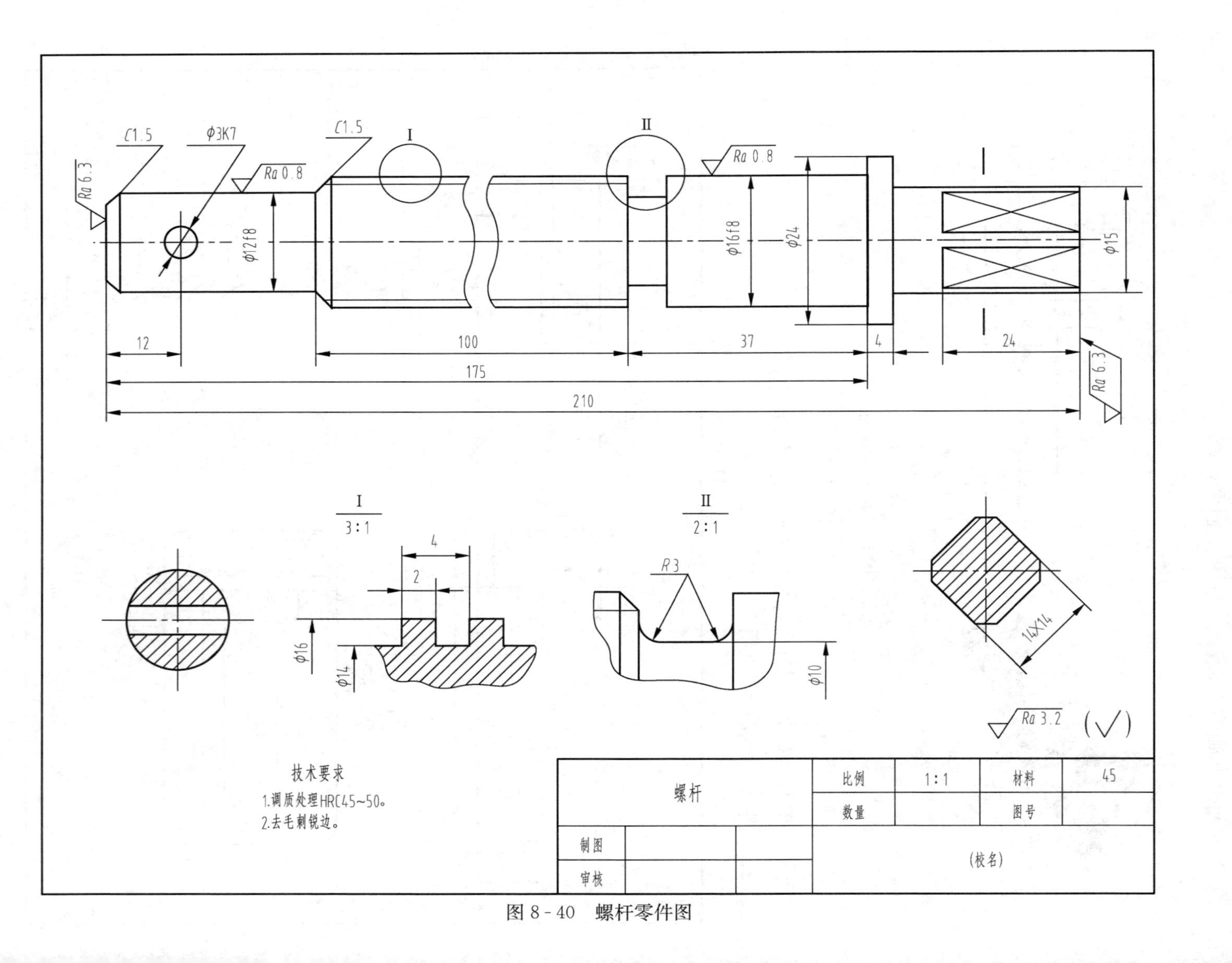

C1.5
φ3K7
Ra 6.3
Ra 0.8
C1.5
I
II
Ra 0.8
φ12f8
φ16f8
φ24
φ15
12
100
37
4
24
175
210
Ra 6.3
I
3:1
II
2:1
4
2
R3
φ16
φ14
φ10
14X14
Ra 3.2 (√)
技术要求
1.调质处理HRC45~50。
2.去毛刺锐边。
螺杆
比例
1:1
材料
45
数量
图号
制图
审核
(校名)

图 8-40　螺杆零件图

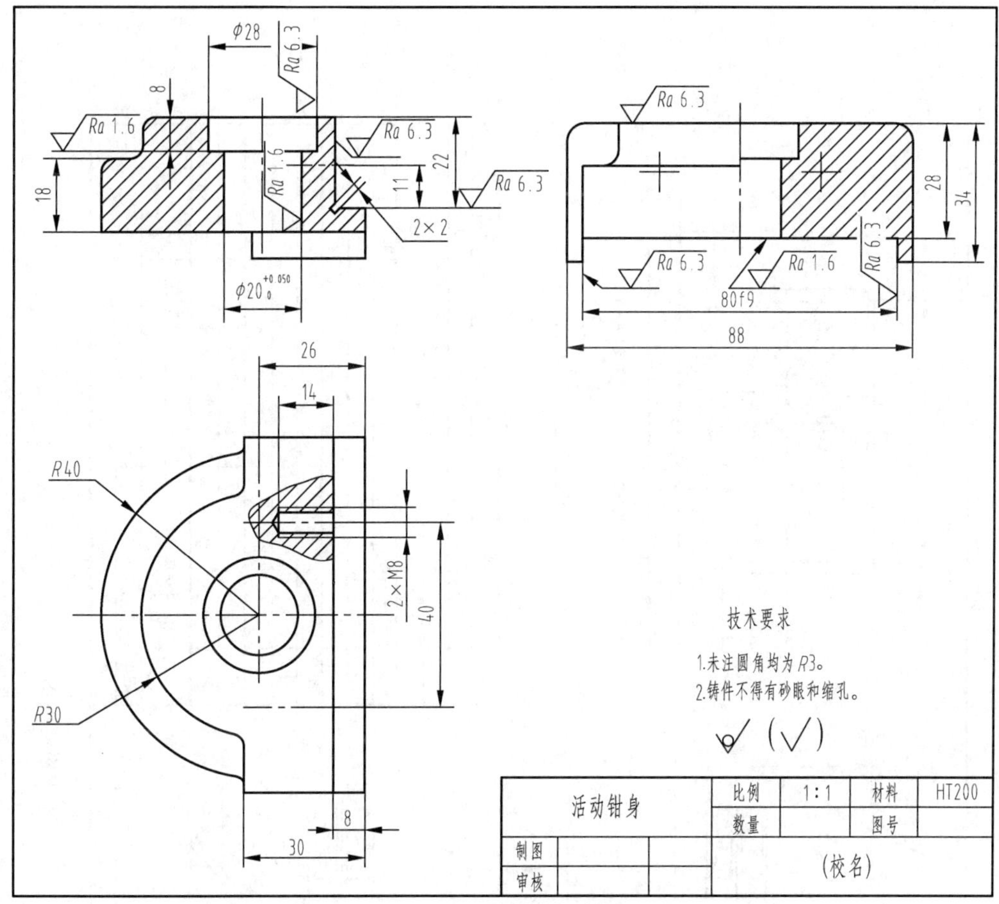

图 8-41　活动钳身零件图

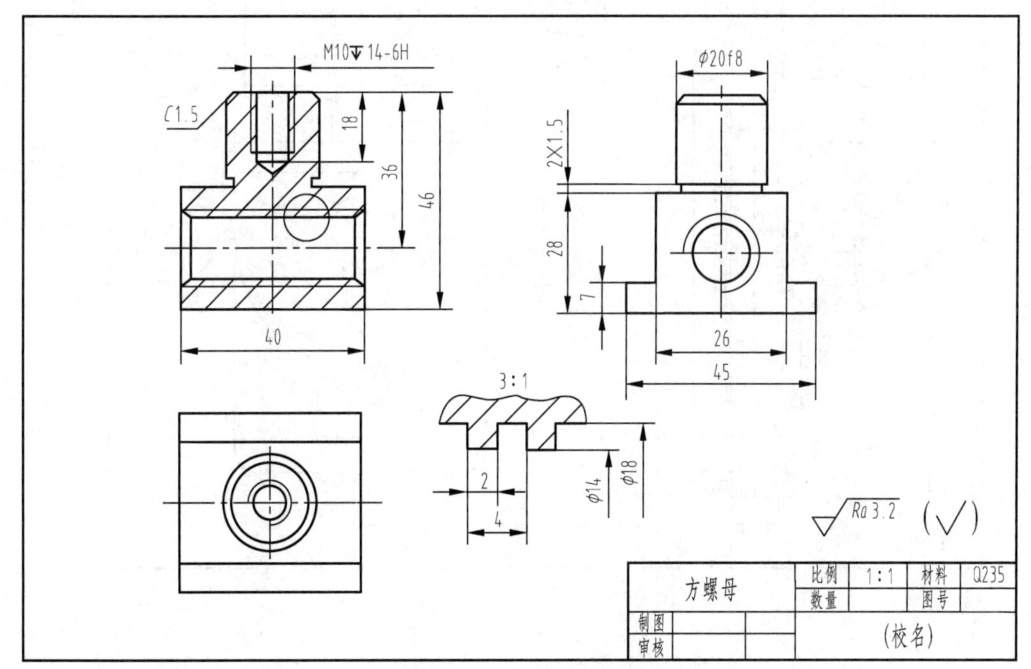

图 8-42　方螺母零件图

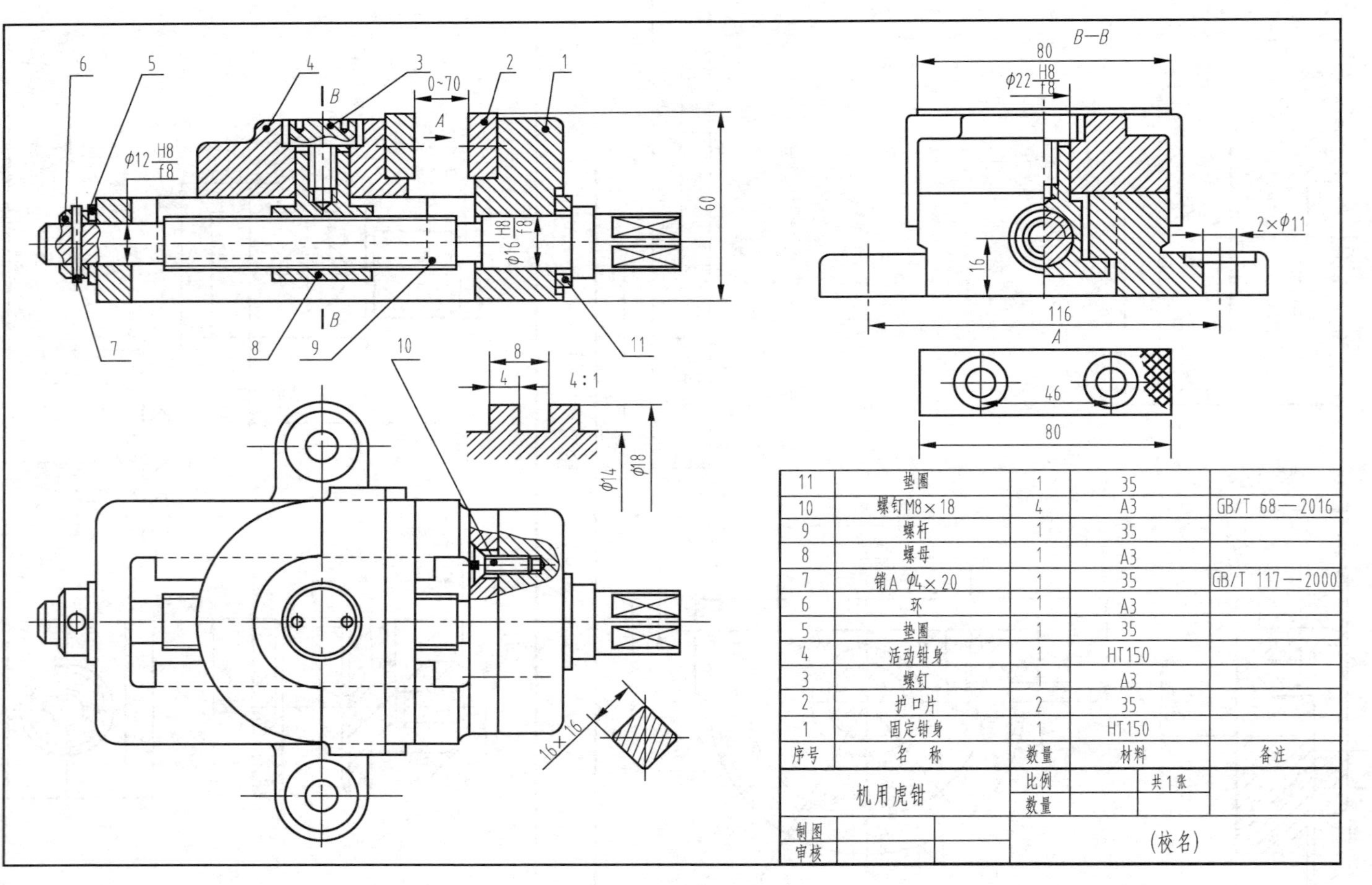

图 8-43 机用虎钳装配图

第九章 计算机绘图（上）

零部件测绘实训需要绘制大量的图纸。随着现代科学技术的发展，很多学校在测绘实训中对零件工作图和装配图要求用计算机绘制。考虑到学生大都已经掌握了计算机绘图的基本知识，本章举例介绍用 AutoCAD 绘制零件图和装配图的技巧和方法。

第一节 AutoCAD 绘图软件的基本操作

CAD 是计算机辅助设计（computer aided design）的英文缩写，是指用计算机的计算功能和高效的图形处理能力，对工程图样进行辅助设计分析、修改和优化。能够实现 CAD 的软件很多，目前比较流行的是由美国 Autodesk 公司开发的 AutoCAD 软件。AutoCAD 是 Autodesk 公司于 20 世纪 80 年代初为在微机上应用 CAD 技术而开发的绘图程序软件包，经过不断完善，已经成为强有力的绘图工具，在国际上广为流行。

下面以绘制 A3 幅面图纸的模板为例，介绍 AutoCAD 的基本操作。

A3 幅面的图纸是机械制图中最常用的图纸之一，很多设计公司和企业为了提高绘图效率，减少重复劳动，都将图纸的图框、标题栏等项目固定化，以模板的形式存于计算机中，使用时直接调用即可。

图纸的模板设置一般包括图纸幅面、图层、使用文字的一般样式、尺寸标注的一般样式等。

为便于表达，对第九、十章所用的符号规定如下：

↙：表示键盘上的 Enter 键。

楷体字：表示 AutoCAD 命令提示栏中提示的内容。

下划线：表示用户向计算机输入的内容。

一、调整基本设置

在绘图前，AutoCAD 的各项设置处于默认状态。用户在使用前必须根据当前的工作任务和具体要求进行必要的调整。

当前任务是建立 A3 图纸的模板。模板尺寸为 420×297，在模板上有粗实线、细实线、文字等内容，同时也考虑到，在 A3 图纸上绘图还要用到点画线、虚线、细实线等。这些内容就是调整基本设置的依据。一次设置好之后，每次调用模板都会将这些内容同时调用出来，不必重新设置。

1. 设置绘图界限

在默认状态下，AutoCAD 的绘图区为无穷大，而用户绘制的图形大小是有限的，为了便于绘图，就需要用户自己设置绘图界限，即设置绘图区的有效范围和图纸的边界。

设置绘图界限的操作步骤如下：

选择“格式”下拉菜单→“图形界限”选项，启动图形界限命令。

命令：limits

重新设置模型空间界限：

指定左下角点或[开(ON)/关(OFF)]<0.0000,0.0000>:↙

指定右上角点:420,297↙

2. 设置图层

选择“格式”下拉菜单→“图层...”，出现“图层特性管理器”对话框，创建新图层，进行图层颜色、线型、线宽的设置，如图 9-1 所示。

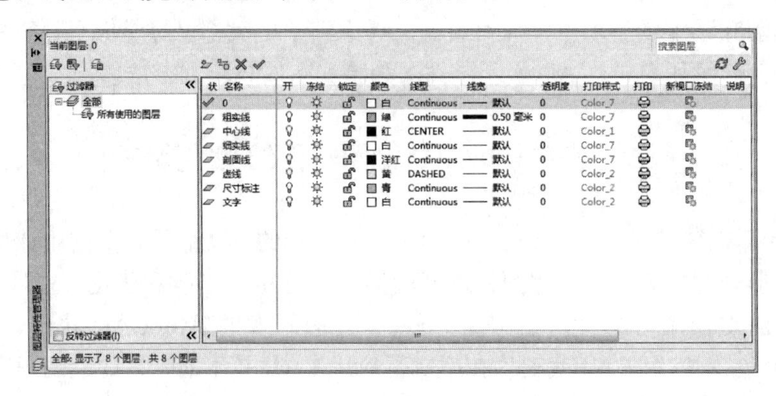

图 9-1　图层特性管理器

3. 设置线型比例

线型比例根据图形大小设置，设置线型比例可以调整虚线、点画线等线型的疏密程度。当图幅较小时（如 A3、A4），可将线型比例设为 0.3～0.5；当图幅较大时（如 A0），线型比例可设为 10～25。

命令:ltscale(或 lts)

输入新线型比例因子<1.0000>:0.4↙

4. 设置文字样式

(1) 创建“汉字”样式。

1) 选择“格式”→“文字样式...”，弹出如图 9-2 所示的“文字样式”对话框。

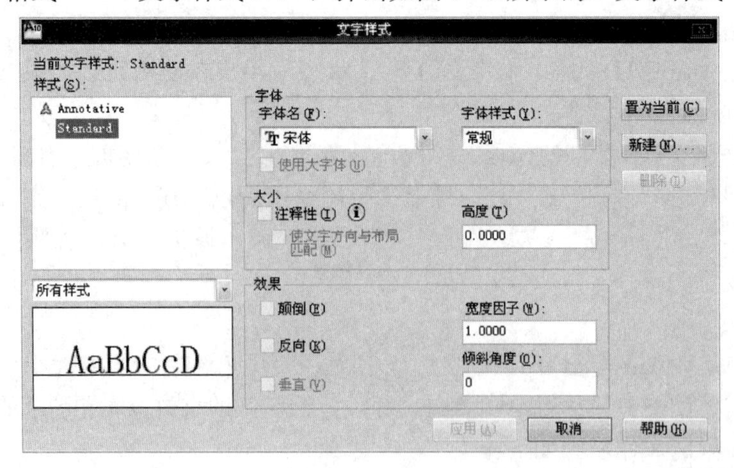

图 9-2　“文字样式”对话框

2）单击“新建”按钮，在弹出的“新建文字样式”对话框的“样式名”编辑框中输入“汉字”，然后单击“确定”按钮。

3）在“字体”标签下单击“字体名”下拉列表框，从中选择“仿宋 _ GB2312”，设置宽度因子比例为 0.7。

4）设置完成后，单击“应用”按钮。

（2）创建“字母与数字”样式。

1）单击“新建”按钮，在弹出的“新建文字样式”对话框的“样式名”编辑框中输入“数字”，然后单击“确定”按钮。

2）在“字体”标签下单击“字体名”下拉列表框，从中选择“isocp. shx”，倾斜角度 15°。

3）设置完成后，单击“关闭”按钮。

5. 设置尺寸标注样式

选择“格式”→“标注样式...”，弹出如图 9-3 所示的“标注样式管理器”对话框。单击“新建”按钮，弹出“创建新标注样式”对话框（见图 9-4），分别设置线性、直径及半径尺寸，设置角度尺寸，设置用于引线标注的样式。以线性尺寸为例，各选项卡参数设置见图 9-5～图 9-9，其余均为默认设置。

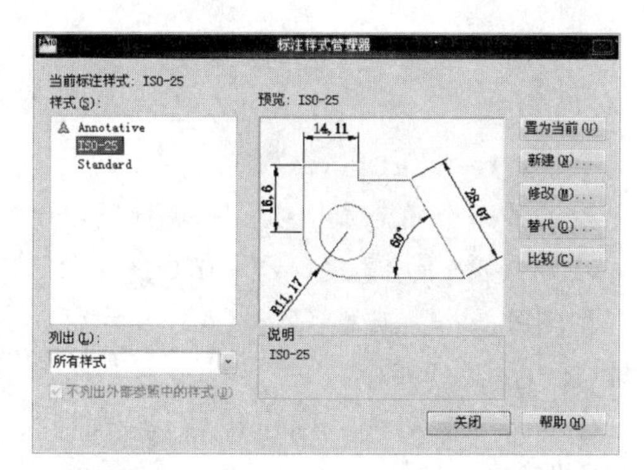

图 9-3　“标注样式管理器”对话框

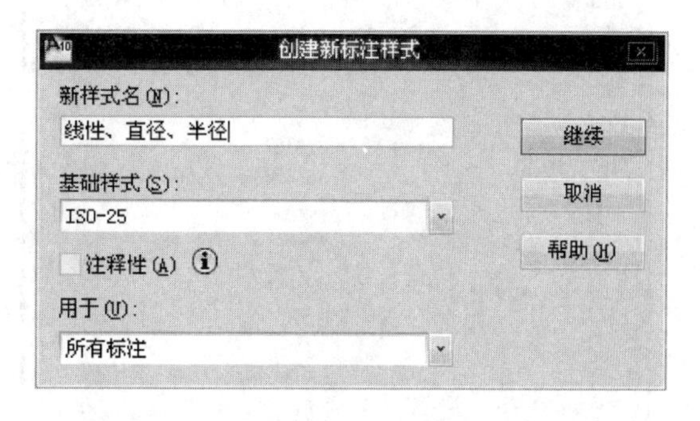

图 9-4　“创建新标注样式”对话框

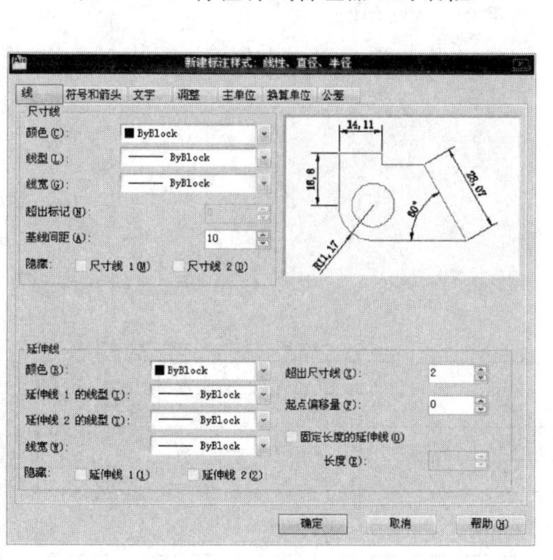

图 9-5　“线”选项卡

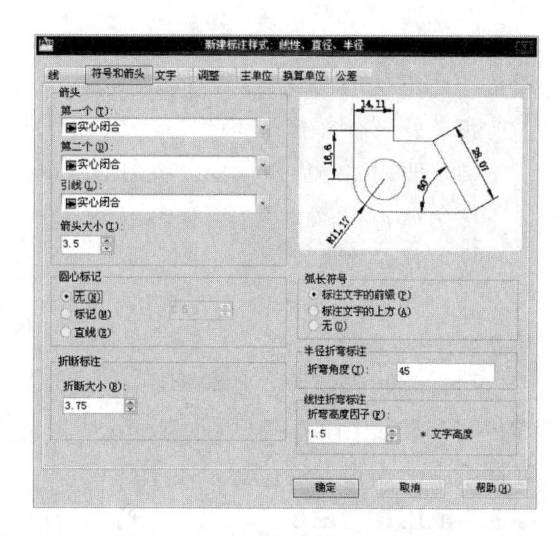

图 9-6　“符号和箭头”选项卡

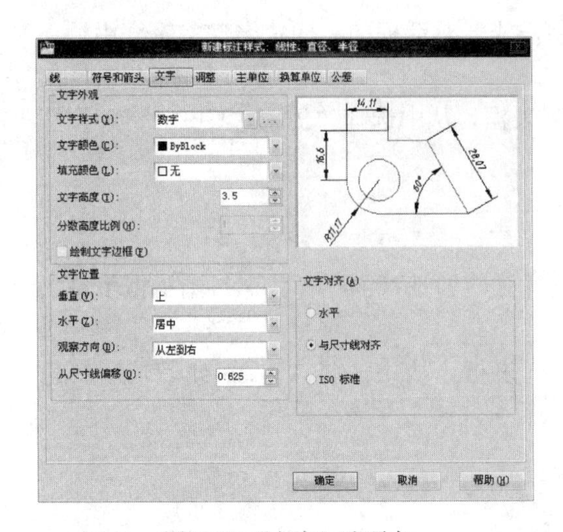

图 9-7 “文字”选项卡

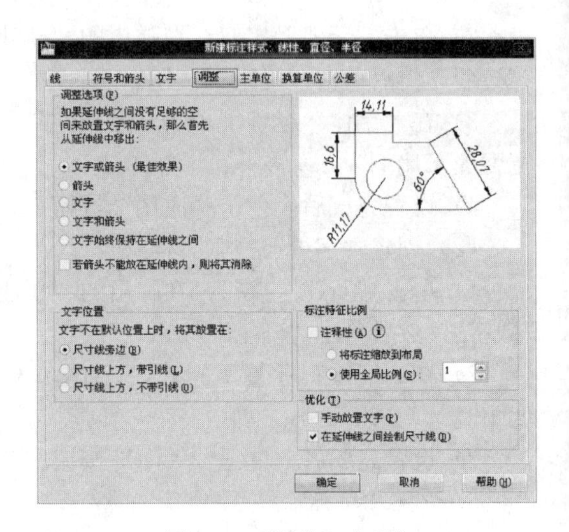

图 9-8 “调整”选项卡

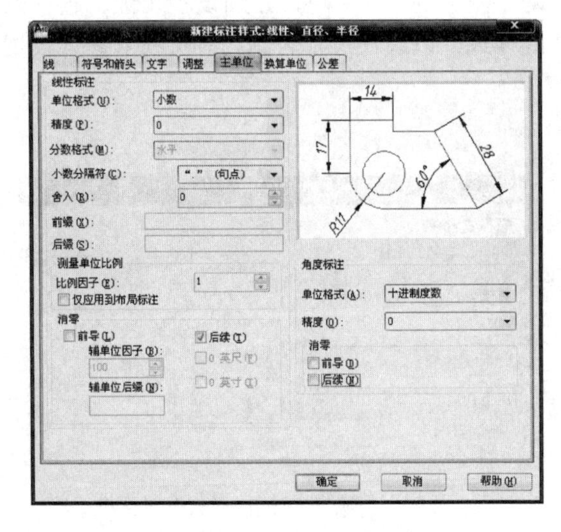

图 9-9 “主单位”选项卡

二、绘制图框线和标题栏

上述内容设置好以后，开始绘制 A3 图纸。

（1）将“细实线”设为当前层，绘制边界线。

命令:_rectang(或 rec)

指定第一个角点或[倒角(C)/标高(E)/圆角(F)/厚度(T)/宽度(W)]:0,0↙

指定另一个角点或[面积(A)/尺寸(D)/旋转(R)]:420,297↙

（2）将“粗实线”图层设置为当前层，绘制边框线。

命令:_rectang

指定第一个角点或[倒角(C)/标高(E)/圆角(F)/厚度(T)/宽度(W)]:25,5↙

指定另一个角点或[面积(A)/尺寸(D)/旋转(R)]:415,292↙

（3）使用“缩放”命令，将图形全部显示。

命令:zoom(或 z)

指定窗口的角点，输入比例因子(nX 或 nXP)，或者[全部(A)/中心(C)/动态(D)/范围(E)/上一个(P)/比例(S)/窗口(W)/对象(O)]<实时>:e↙

（4）绘制标题栏。实际生产中的零件图和装配图的标题栏非常复杂，在图纸中占据很大的位置，本书建议学生作业用标题栏按如图 9-10 所示的尺寸绘制。

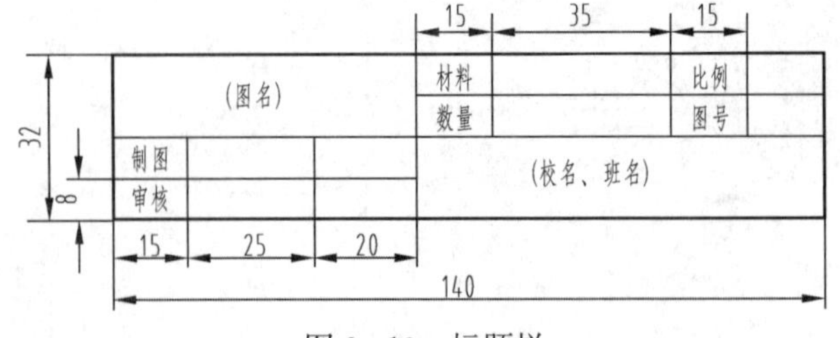

图 9-10 标题栏

标题栏也可做成图块，定义属性后以块的形式插入图形中，关于图块的创建与属性的定义，将在第三节用图块法标注表面粗糙度中详细介绍。

三、模板的保存

单击 “保存”，打开如图9-11所示的“图形另存为”对话框，在“文件类型”中选择“AutoCAD图形样板文件（*.dwt）”，在“文件名”输入框中输入模板名称“A3横放”，单击“保存”按钮。

图9-11　“图形另存为”对话框

在弹出的“样板选项”对话框中，输入对该模板图形的说明。这样，就建立了一个符合《机械制图》国家标准的A3图幅模板文件。使用时，只需在“启动”对话框中选择“使用样板”，然后从弹出的列表框中选择“A3横放”即可。

第二节　零 件 图 的 绘 制

用AutoCAD绘制零件图的方法有以下两种：

(1) 直接用二维绘图和编辑命令，根据投影规律绘制零件二维图形。

(2) 先建立三维实体模型，然后用命令直接生成零件的视图、剖视图、剖面图等，此种方法将在第十章中予以介绍。

本节以如图9-12所示球阀的阀体为例，用二维绘图和编辑命令绘制零件的工作图。

用AutoCAD画图时，一般以1∶1的比例绘制，然后根据实际尺寸和图纸幅面的大小进行放大或缩小。由于零件图一般有多个视图，可以先绘制出一个视图，再利用投影辅助线绘制其他视图，经修剪将多余的线条去掉即成为所需要的多个视图。当然，也可以利用对象捕捉、对象追踪等模式来绘制其他视图，也能保证视图之间有正确的投影关系。

球阀的阀体属箱体类零件，起支承、包容其他零件的作用，其结构形状比较复杂，通常用三个基本视图表示。具体操作过程如下。

一、调用A3模板并布图

在计算机中已经建立了一个名为“A3横放”的模板，可以直接调用。

(1) 启动AutoCAD，选择“A3横放”模板，建立一个图名为“阀体”的图形文件。

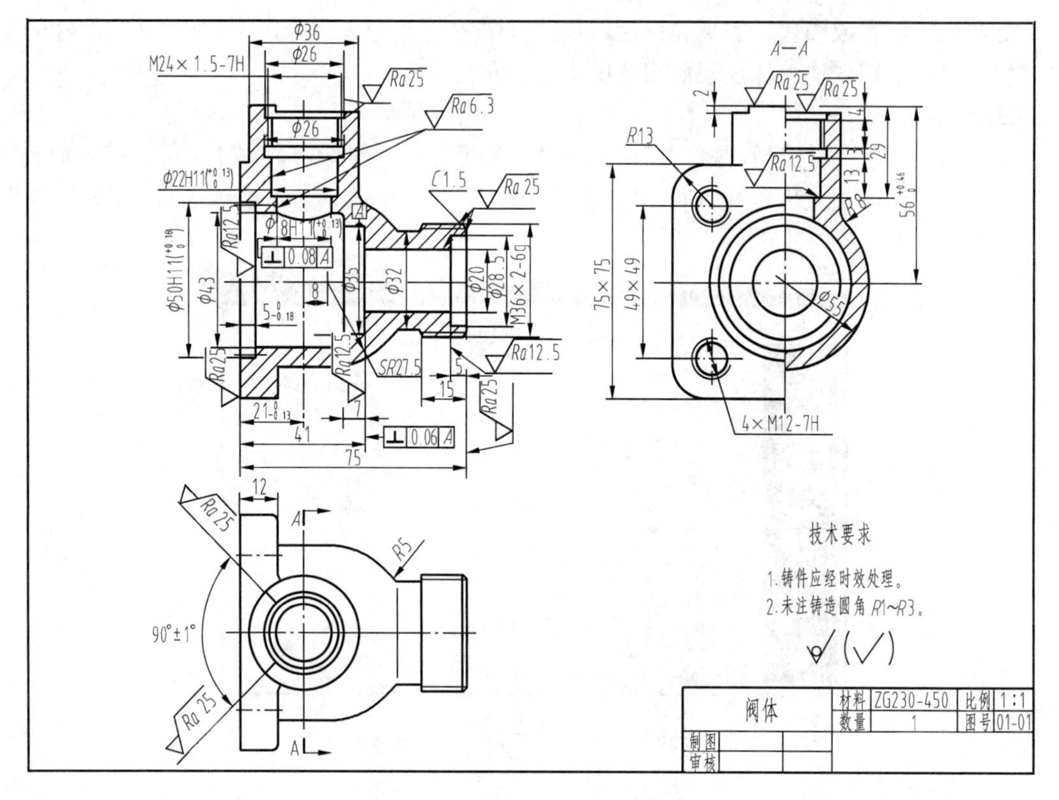

图 9-12　阀体零件图

（2）将“中心线”层作为当前图层，根据三个视图的大小，用直线和偏移命令画主视图、俯视图和左视图的水平、垂直中心线，如图 9-13 所示。

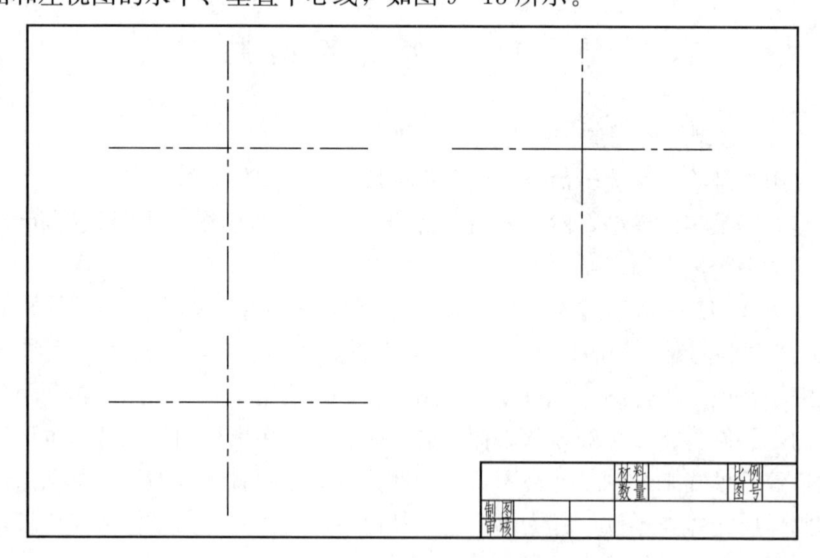

图 9-13　画三视图的中心线

二、画俯视图

因阀体的三视图中俯视图与主视图有相近的外轮廓，故先画俯视图的外轮廓，然后将俯视图的外轮廓复制到主视图中去，以提高绘图效率。

1. 画俯视图的外轮廓

将“粗实线”层作为当前层，画俯视图。

先使垂直中心线向右偏移 8，画半径为 27.5 的圆，并修剪，只保留右下角的 1/4 圆弧。然后，利用对象捕捉、对象追踪和极轴画外形轮廓线。

(1) 单击绘图工具栏上的图标╱（直线命令），命令行显示：

命令:_line 指定第一点:21↙（光标放置左边点画线交点上后，向左移动，出现一水平虚线，光标显示极轴角为 180°时，从键盘输入 21，按 Enter 键。此时确定了直线的起点在左边点画线交点以左 21 个单位处）

指定下一点或[放弃(U)]:37.5↙（光标下移，极轴角为 270°，直线的另一个端点在前一点下 37.5 个单位）

指定下一点或[放弃(U)]:12↙（光标右移，极轴角为 0°，直线向右变为水平，端点距前一点 12 个单位）

指定下一点或[闭合(C)/放弃(U)]：（光标上移，出现一条竖直虚线，再捕捉圆弧最低点，光标左移，出现一条水平虚线，在两虚线交点处单击鼠标左键确定。直线上折至圆弧最低点的水平线上）

指定下一点或[闭合(C)/放弃(U)]：（捕捉圆弧最低点，单击鼠标左键。直线与圆弧最低点相交）

指定下一点或[闭合(C)/放弃(U)]:↙（命令结束）

结果如图 9-14 所示。

(2) 单击绘图工具栏上的图标╱，命令行显示：

命令:_line 指定第一点:75↙（光标在前一直线起点水平右移，确定直线的起点）

指定下一点或[放弃(U)]:18↙（光标下移，确定直线的另一端点）

指定下一点或[放弃(U)]:15↙（光标左移，确定第二条直线的另一端点）

指定下一点或[闭合(C)/放弃(U)]:2↙（光标上移）

指定下一点或[闭合(C)/放弃(U)]：（光标左移，超过圆弧即可）

指定下一点或[闭合(C)/放弃(U)]:↙（命令结束）

结果如图 9-15 所示。

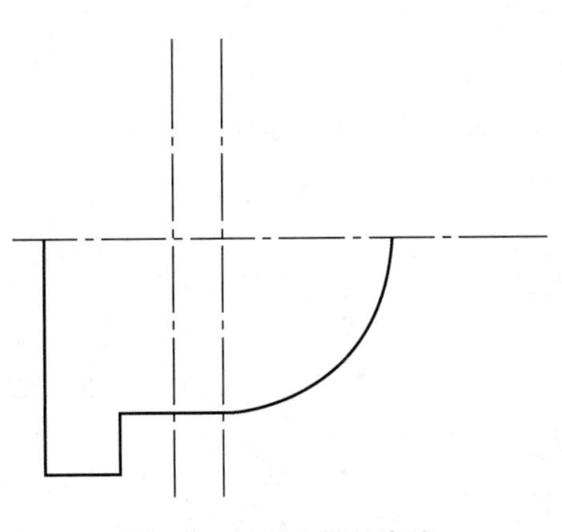

图 9-14 画左端轮廓线

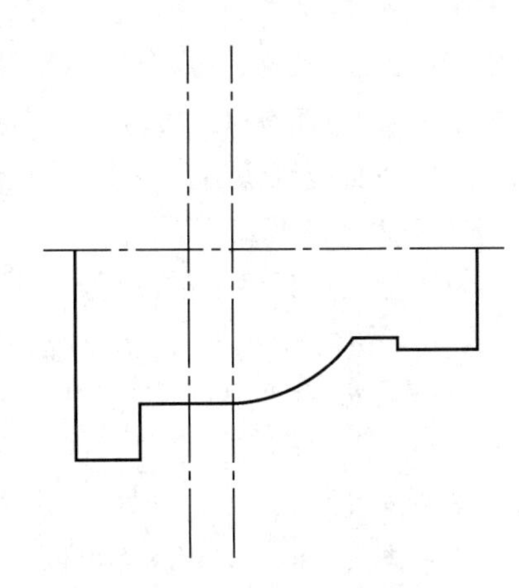

图 9-15 画右端轮廓线

为了节省篇幅，以下不再给出操作含义，必要的操作说明均放在命令后的括号内。

（3）修剪图线，并对图形进行倒角和倒圆角。

（4）将当前层换成“细实线”图层，画螺纹小径。可用偏移直线方式，经修剪后完成半个图形。

（5）镜像图形，结果如图 9 - 16 所示。

2. 画细节，完成俯视图

在画俯视图细节前，先将镜像后的俯视图轮廓复制到主视图中备用。

（1）画五个同心圆，直径分别为 $\phi36$、$\phi26$、$\phi24$、$\phi22$、$\phi18$，将 $\phi24$ 的圆换为细实线图层，并用打断命令修改为螺纹大径 3/4 圆弧。

（2）补画其余直线和倒圆角，结果如图 9 - 17 所示。

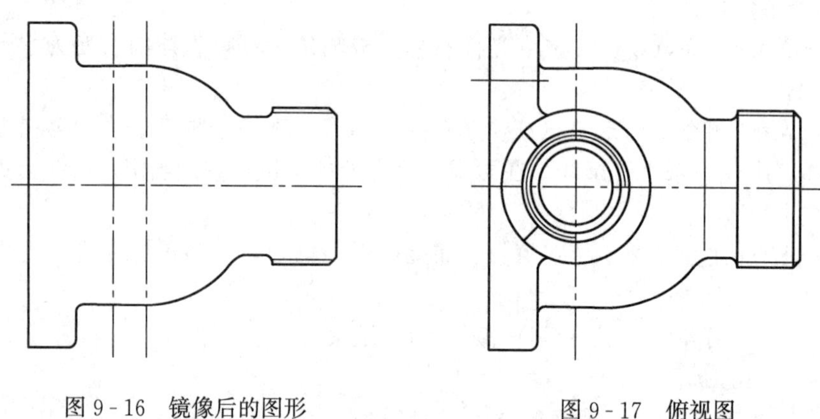

图 9 - 16　镜像后的图形　　　　图 9 - 17　俯视图

三、画主视图

从俯视图的外轮廓线复制过来的图样已经成为主视图的一部分，可以从修改和补充主视图的外轮廓线开始画主视图。

1. 补全外形轮廓线

（1）单击绘图工具栏上的图标，命令行显示：

命令：_line 指定第一点：56↙（光标放在点画线交点后，上移 56）

指定下一点或[放弃(U)]：8↙（光标右移）

指定下一点或[放弃(U)]：（光标下移，超过圆弧）

指定下一点或[闭合(C)/放弃(U)]：↙

（2）将两条直线镜像后，修剪、删除多余图线，如图 9 - 18 所示。

2. 画水平内孔轮廓线

（1）单击绘图工具栏上的图标，命令行显示：

命令：_line 指定第一点：25↙（光标放在左端边线与点画线交点后，下移）

指定下一点或[放弃(U)]：5↙（光标右移）

指定下一点或[放弃(U)]：3.5↙（光标上移）

指定下一点或[闭合(C)/放弃(U)]：29↙（光标右移）

指定下一点或[闭合(C)/放弃(U)]：4↙（光标上移）

指定下一点或[闭合(C)/放弃(U)]：7↙（光标右移）

指定下一点或[闭合(C)/放弃(U)]:7.5↙（光标上移）

指定下一点或[闭合(C)/放弃(U)]:29↙（光标右移）

指定下一点或[闭合(C)/放弃(U)]:4.25↙（光标下移）

指定下一点或[闭合(C)/放弃(U)]:（光标右移，捕捉与右端边界交点）

指定下一点或[闭合(C)/放弃(U)]:↙

（2）把各分界线延伸至中心线处，倒圆角，然后将图形镜像，结果如图 9-19 所示。

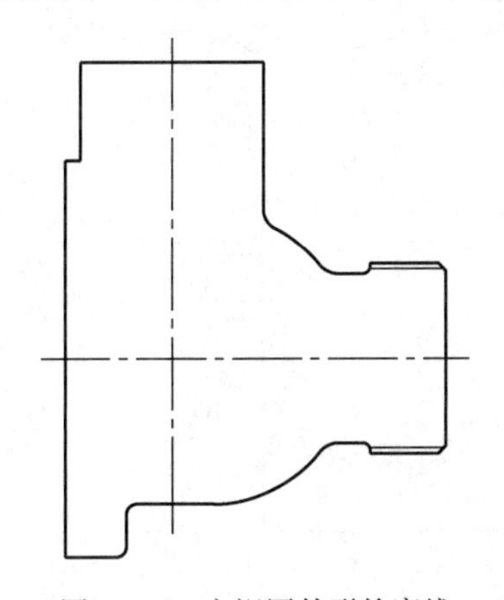

图 9-18　主视图外形轮廓线

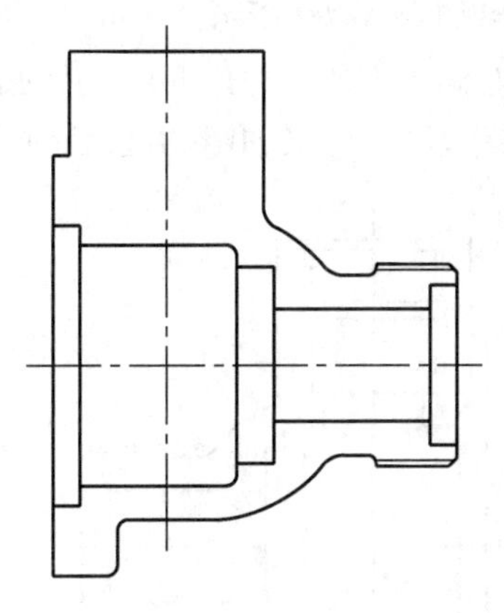

图 9-19　画水平内孔轮廓线

3. 画竖直内孔轮廓线

（1）单击绘图工具栏上的图标，命令行显示：

命令:_line 指定第一点:13↙（光标放在上端边线与点画线交点后，左移）

指定下一点或[放弃(U)]:4↙（光标下移）

指定下一点或[放弃(U)]:2↙（光标右移）

指定下一点或[闭合(C)/放弃(U)]:9↙（光标下移）

指定下一点或[闭合(C)/放弃(U)]:2↙（光标左移）

指定下一点或[闭合(C)/放弃(U)]:3↙（光标下移）

指定下一点或[闭合(C)/放弃(U)]:2↙（光标右移）

指定下一点或[闭合(C)/放弃(U)]:13↙（光标下移）

指定下一点或[闭合(C)/放弃(U)]:2↙（光标右移）

指定下一点或[闭合(C)/放弃(U)]:（光标下移至与直线的垂足处，单击）

指定下一点或[闭合(C)/放弃(U)]:↙

（2）画螺纹大径，偏移直线，更换“细实线”图层。

（3）把各分界线延伸至中心线处，镜像图形。

（4）用圆弧命令画相贯线，已知圆弧的起点和端点，以大圆柱的半径为半径画圆弧（相贯线的简化画法），然后修剪多余图线。

（5）画缺口。

命令:_line 指定第一点:（捕捉过俯视图 135°线右端点竖直追踪线与上端面交点，单击）

指定下一点或[放弃(U)]:2↙（光标下移）

指定下一点或[放弃(U)]：(光标右移，捕捉与外圆柱竖直轮廓线交点，单击)

指定下一点或[闭合(C)/放弃(U)]：↙

修剪、删除多余图线，如图 9-20 所示。

四、画左视图

(1) 将主视图的右上角复制到左视图中，如图 9-21 所示。

(2) 画五个同心圆，直径分别为 $\phi55$、$\phi50$、$\phi43$、$\phi35$ 和 $\phi20$。修剪多余图线，并作 $R8$ 倒圆角，结果如图 9-22 所示。

(3) 画左侧正方形，并作 $R13$ 的倒圆角。

(4) 画螺纹孔，结果如图 9-23 所示。

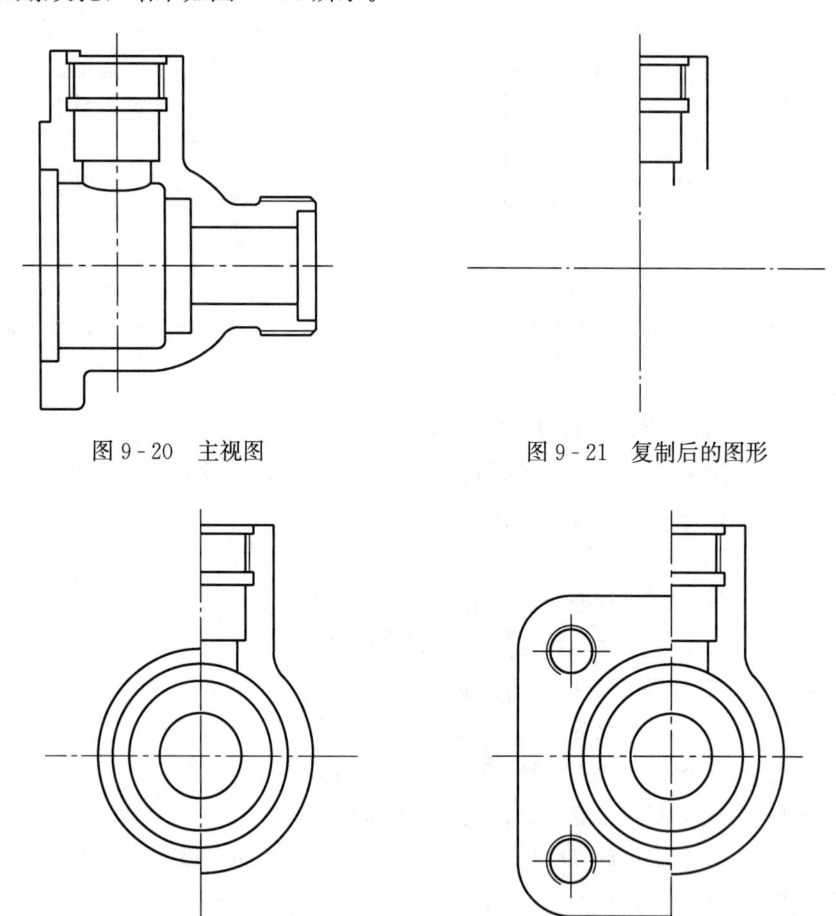

图 9-20　主视图

图 9-21　复制后的图形

图 9-22　画圆、修剪后的结果

图 9-23　左侧方板及螺纹孔

(5) 画左视图的左上角部分。左视图与俯视图有“宽相等”的对应关系，将俯视图缺口部分复制到左视图正下方，然后旋转 90°，如图 9-24 所示。

单击绘图工具栏上的图标，命令行显示：

命令：_line 指定第一点：(捕捉过主视图最上顶面水平追踪线与左视图竖直中心线交点，单击)

指定下一点或[放弃(U)]：(光标左移，捕捉该水平追踪线与 A 点竖直追踪线交点)

指定下一点或[放弃(U)]:2↙（光标下移）

指定下一点或[闭合(C)/放弃(U)]:（光标左移，捕捉水平追踪线与 B 点竖直追踪线交点）

指定下一点或[闭合(C)/放弃(U)]:（光标下移于正方形上表面水平线垂足处，单击）

指定下一点或[闭合(C)/放弃(U)]:↙

五、绘制剖面线

把“剖面线”图层作为当前层，绘制剖面线。

六、整理

删除从俯视图中复制的部分。

七、保存

保存图形文件。

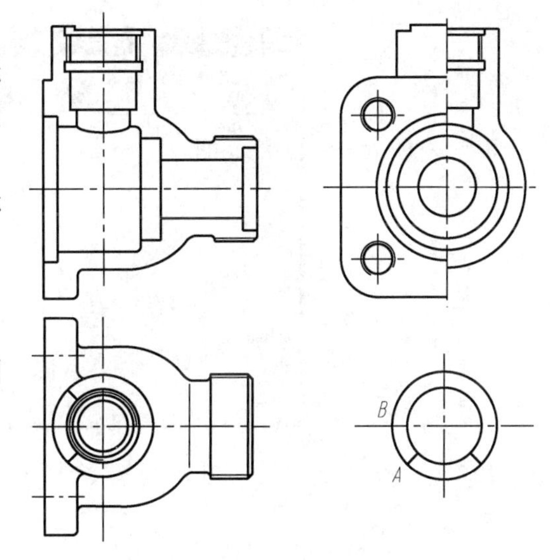

图 9-24　完成左视图

第三节　零件图中的标注技巧

一张完整的零件图不仅要有图形，还要对图形中的尺寸和加工中的各种要求进行标注，如尺寸、公差、粗糙度等。AutoCAD 为这些标注提供了多种方法，本节主要介绍标注中的一些技巧，关于线性尺寸标注和径向尺寸标注方法，请参阅有关教材，这里不再赘述。

一、与尺寸相关的标注

在实际绘图过程中，尺寸标注的灵活性很大，常常需要根据图形各部分的空间大小安排不同的标注形式，这就要求设计人员对有关尺寸标注的设置进行必要的调整，以达到较好的效果。下面以阀体的零件图为例介绍机械图样中的一些典型标注形式。

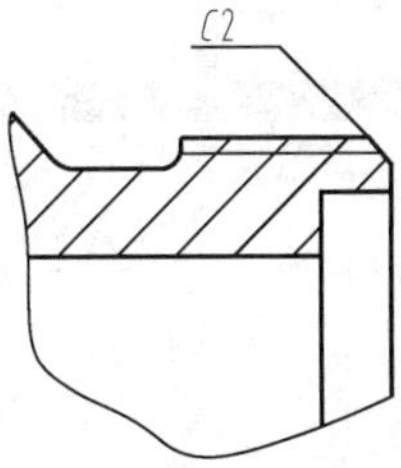

图 9-25　多重引线标注倒角

1. 使用多重引线标注倒角

图 9-25 所示为阀体零件图中的一处倒角，使用多重引线标注倒角，应先设置“多重引线样式”，具体方法如下。

单击下拉菜单“格式”→“多重引线样式...”，出现“多重引线样式管理器”，如图 9-26 所示。

单击“新建”按钮，创建“倒角”引线样式，单击“继续”按钮后，各项设置如图 9-27 所示。

多重引线样式设置好后，单击“标注”下拉菜单→“多重引线”，按照命令提示行提示，依次单击指引线上两点后，出现“文字格式”对话框，输入 C2 即可。

2. 标注尺寸公差

下面以阀体零件图为例介绍标注尺寸公差的方法。阀体主视图中有一孔，其尺寸有上、下极限偏差，如图 9-28 所示。

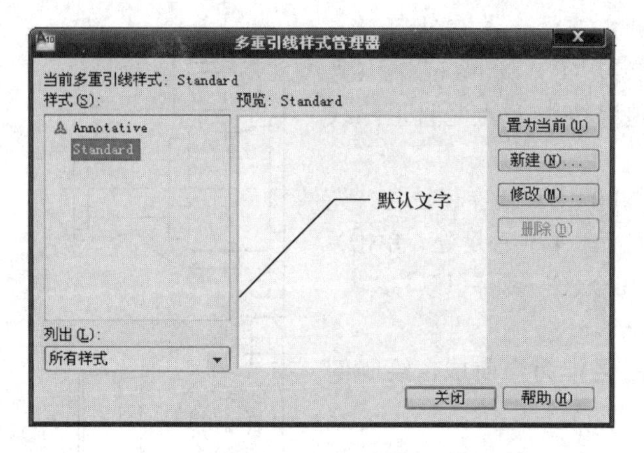

图 9 - 26　“多重引线样式管理器”对话框

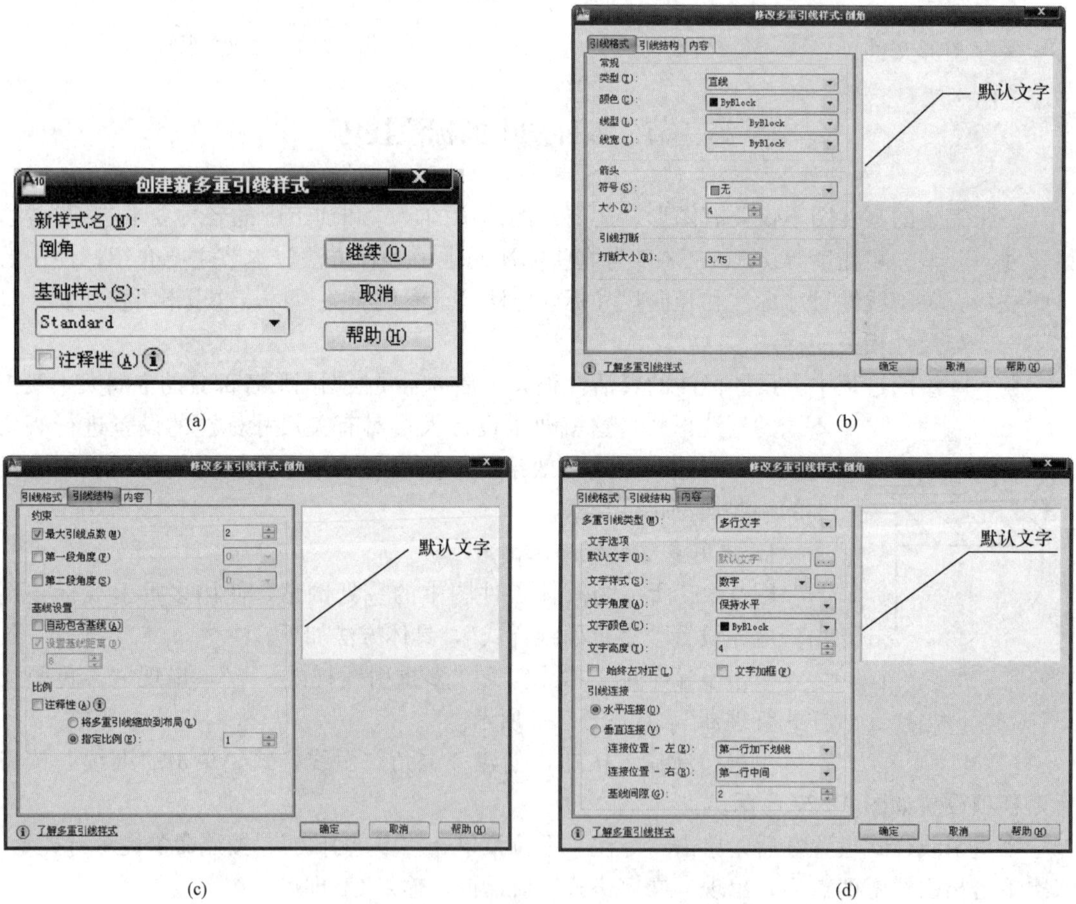

创建新多重引线样式
新样式名(N)：
倒角
继续(O)
基础样式(S)：
Standard
取消
帮助(H)
注释性(A)

(a)

修改多重引线样式：倒角
引线格式　引线结构　内容
常规
类型(T)：直线
颜色(C)：ByBlock
线型(L)：ByBlock
线宽(I)：ByBlock
箭头
符号(S)：无
大小(Z)：4
引线打断
打断大小(B)：3.75
默认文字
了解多重引线样式
确定　取消　帮助(H)

(b)

修改多重引线样式：倒角
引线格式　引线结构　内容
约束
最大引线点数(M)　2
第一段角度(F)　0
第二段角度(S)　0
基线设置
自动包含基线(A)
设置基线距离(D)
8
比例
注释性(A)
将多重引线缩放到布局(L)
指定比例(E)：1
默认文字
了解多重引线样式
确定　取消　帮助(H)

(c)

修改多重引线样式：倒角
引线格式　引线结构　内容
多重引线类型(M)：多行文字
文字选项
默认文字(D)：默认文字
文字样式(S)：数字
文字角度(A)：保持水平
文字颜色(C)：ByBlock
文字高度(T)：4
始终左对正(L)　文字加框(F)
引线连接
水平连接(O)
垂直连接(V)
连接位置 - 左(E)：第一行加下划线
连接位置 - 右(R)：第一行中间
基线间隙(G)：2
默认文字
了解多重引线样式
确定　取消　帮助(H)

(d)

图 9 - 27　“多重引线设置”对话框

标注尺寸公差的方法有很多，这里只介绍两种常用的方法。

（1）直接输入法。

命令：_dimlinear

指定第一条尺寸界线原点或<选择对象>：(捕捉 ϕ22 一个端点)

指定第二条尺寸界线原点：(捕捉 ϕ22 另一个端点)

由此，创建了无关联的标注。

指定尺寸线位置或[多行文字(M)/文字(T)/角度(A)/水平(H)/垂直(V)/旋转(R)]：m↙ [出现“文字格式”对话框，输入“%%C22H11 (+0.13^0)”，然后选中“+0.13^0”，单击“堆叠”按钮，再单击“确定”按钮即可]

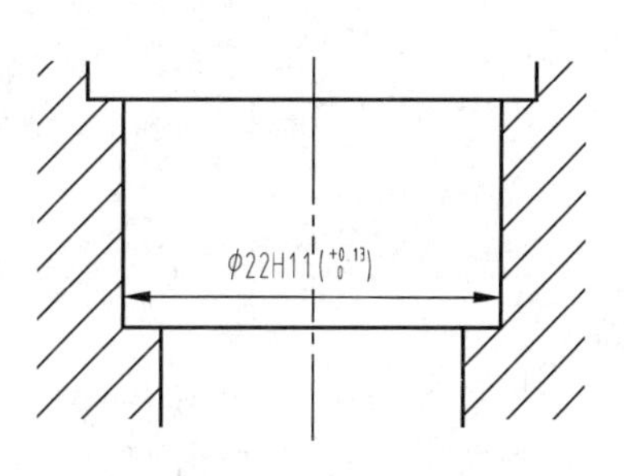

图 9-28　尺寸公差的标注

指定尺寸线位置或[多行文字(M)/文字(T)/角度(A)/水平(H)/垂直(V)/旋转(R)]：↙

标注文字=22

此外，也可以在修改尺寸文字时，输入“T”，系统提示：“输入标注文字<22>:”，此时，输入“%%C22H11 ({\H0.6x; \S+0.13^0;})”，其中“H06.x”表示公差字高比例系数为 0.6，注意“x”为小写。

(2) 文字替代法。直接双击标注尺寸“ϕ22”，出现如图 9-29 所示的“特性”对话框。在“文字”标签下，选择“文字替代”，在其后空白处输入“%%C22H11 ({\H0.6x; \S+0.13^0;})”即可。

但是，对于尺寸的极限偏差，“直接输入单行文字”和“文字替代法”比较烦琐，一般不使用这种方法；而对于其他尺寸的修改，如“ϕ36”“M36×2-6g”“SR25”等，以上方法均适用。

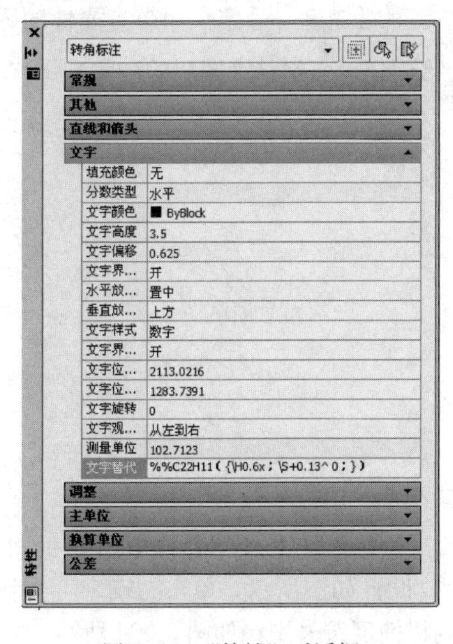

图 9-29　“特性”对话框

二、几何（形位）公差的标注

注：在 AutoCAD 中仍采用“形位公差”的说法，下文以系统显示为准，现行国家标准称为几何公差。

标注形位公差可将多重引线命令与 TOLERANCE 命令配合使用，前者能形成标注指引线，后者能产生形位公差框格。

阀体零件图主视图中有如图 9-30 所示的垂直度公差，设置好“形位公差”多重引线样式后，执行多重引线命令。

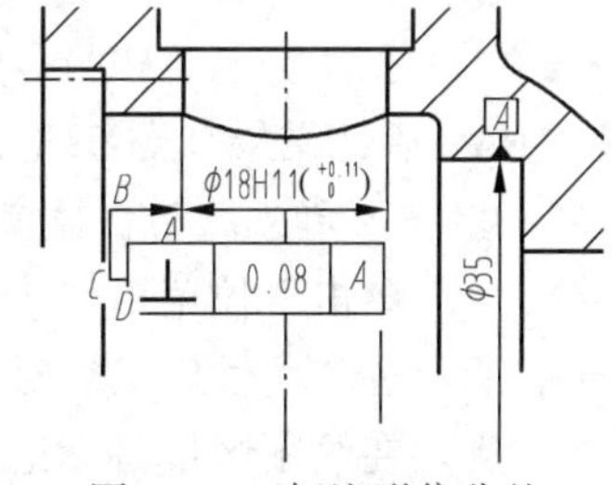

图 9-30　标注形位公差

(1) 单击下拉菜单“格式”→“多重引线样式...”，弹出“多重引线样式管理器”对话框，如图 9-26 所示，新建“形位公差”多重引线样式，将“箭头大小”设为 3.5，“最大引线点数”设为 4，“多重引线类型”选为无，其余设置如图 9 - 27 所示。

（2）单击“确定”按钮，结束设置。

命令：_mleader

指定引线箭头的位置或[引线基线优先(L)/内容优先(C)/选项(O)]＜选项＞：（单击 *A* 点）

指定下一点：（单击 *B* 点）

指定下一点：（单击 *C* 点）

指定引线基线的位置：（单击 *D* 点，命令结束）

标注指引线画好后，单击“标注”工具栏上的图标，弹出“形位公差”对话框，在此对话框中输入公差值，如图 9 - 31 所示。再单击“确定”按钮，即可。

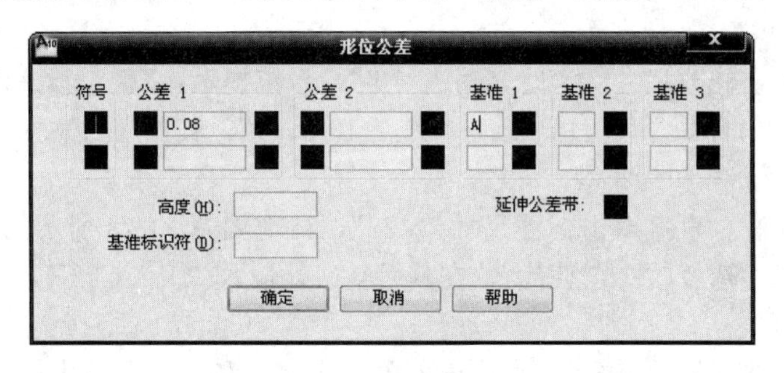

图 9 - 31 “形位公差”对话框

三、用图块法标注表面粗糙度

在 AutoCAD 中没有提供表面粗糙度符号，可以将表面粗糙度符号定义为带有属性的图块，然后将其插入到图形中。下面以 *Ra* 25 为例，介绍创建表面粗糙度图块的步骤。

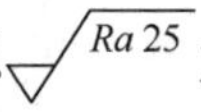

1. 绘制表面粗糙度符号

将“极轴”打开，并设定“极轴增量角”为 60°。

命令：_line 指定第一点：（在屏幕上任意单击一点）

指定下一点或[放弃(U)]：5（极轴 180°）

指定下一点或[放弃(U)]：5（极轴 300°）

指定下一点或[闭合(C)/放弃(U)]：10（极轴 60°）

指定下一点或[闭合(C)/放弃(U)]：13（极轴 0°）

指定下一点或[闭合(C)/放弃(U)]：↙

输入文字“Ra”后，结果如图 9 - 32 所示。

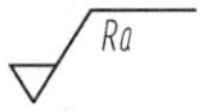

Ra

图 9 - 32 表面粗糙度符号

2. 定义表面粗糙度符号的属性

单击下拉菜单“绘图”→“块”→“定义属性...”，弹出如图 9 - 33 所示的“属性定义”对话框，各项参数设置如图所示，单击“确定”按钮后，在绘图区域将标记“3.2”插入到粗糙度符号中，如图 9 - 34 所示。

3. 创建表面粗糙度图块

单击“绘图”工具栏上的图标（创建块），出现“块定义”对话框，如图 9 - 35 所示。依次输入图块名称、拾取基点、选择对象，然后单击“确定”按钮。

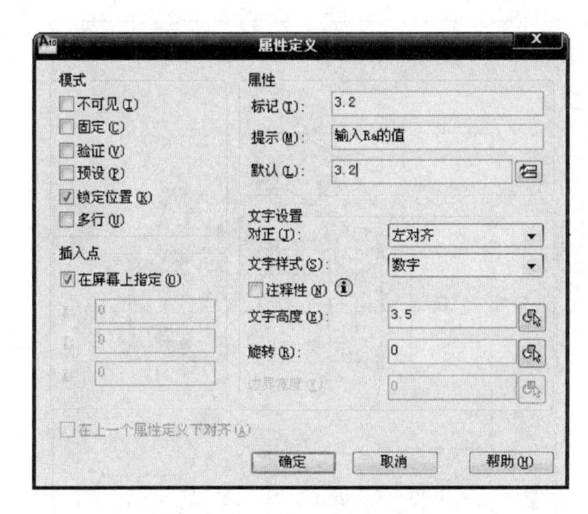

图 9－33 “属性定义”对话框

将按照以上步骤做好的图块保存到模板中。

4. 插入表面粗糙度图块

单击“绘图”工具栏上的图标，弹出“插入”对话框，单击“名称”下拉条，选择要插入的表面粗糙度图块，其余如图 9－36 所示。设定比例和旋转角度后，单击“确定”按钮，将图块插入到适当位置，然后按照命令提示行的提示，输入 *Ra* 值 25。

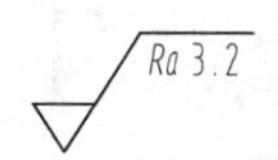

图 9－34 定义属性的表面粗糙度符号

图 9－35 “块定义”对话框

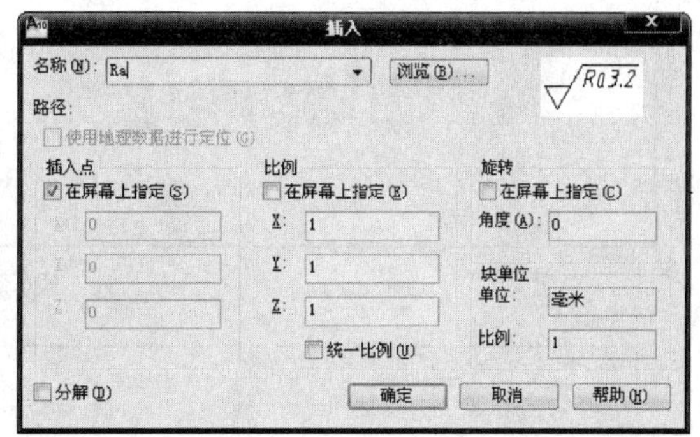

图 9－36 “插入”对话框

第四节 装 配 图 的 绘 制

用 AutoCAD 绘制装配图有三种方式：①直接绘制；②用建好的零件图图形库“组装”装配图；③用三维模型生成二维装配图。本节介绍第二种方法，即先画好零件图，然后按零件间的相对位置关系，将零件图逐个插入同一图形文件（装配图）中，再进行适当编辑修改，拼画成装配图。

下面以齿轮油泵（见图 9－37）为例介绍绘制装配图的方法和步骤。

一、图形的绘制

1. 绘制零件图

用本章第二节绘制零件图的方法绘制出齿轮油泵的零件图，如图 9－38～图 9－46 所示，分别为泵体、左泵盖、右泵盖、主动齿轮轴、从动齿轮轴、垫片、压紧螺母、传动齿轮和轴套的零件图。

2. 插入零件图

利用 AutoCAD“插入”命令插入图形时，无需先将零件图定义为图块，可以直接将图形作为图块进行插入。

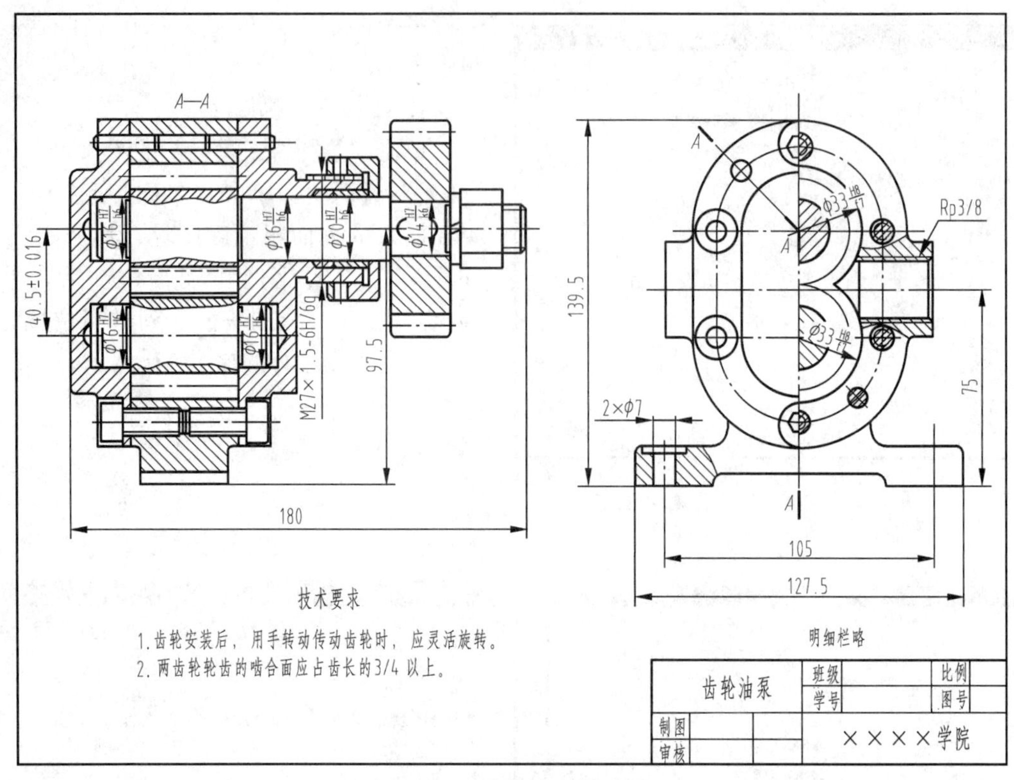

图 9-37　齿轮油泵装配图

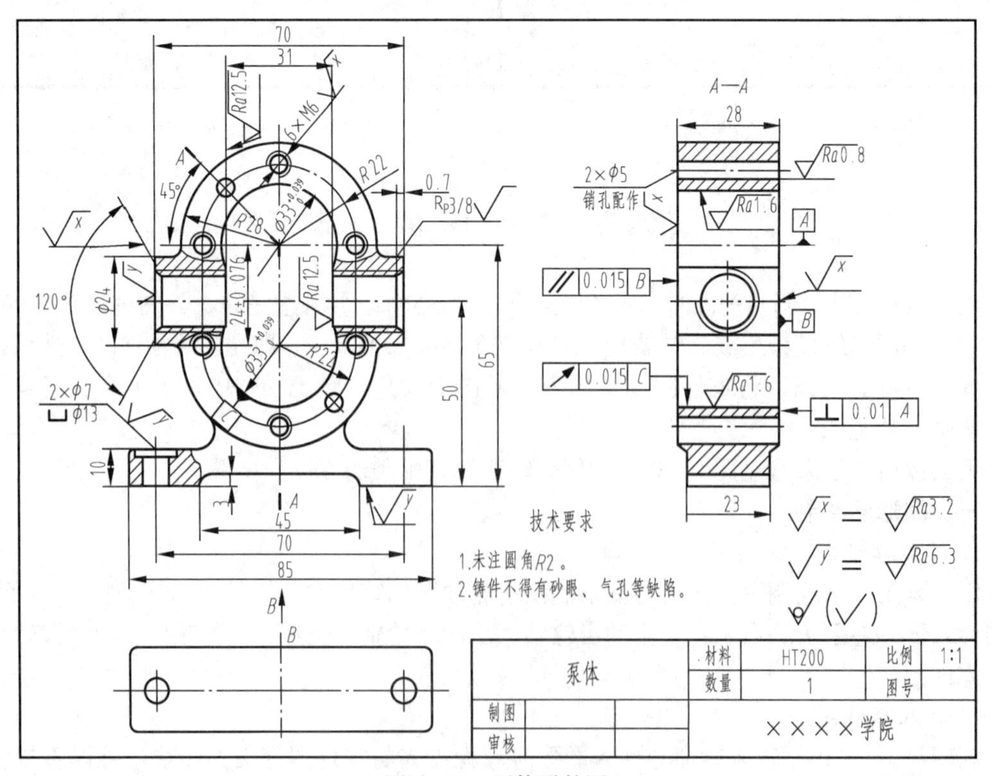

图 9-38　泵体零件图

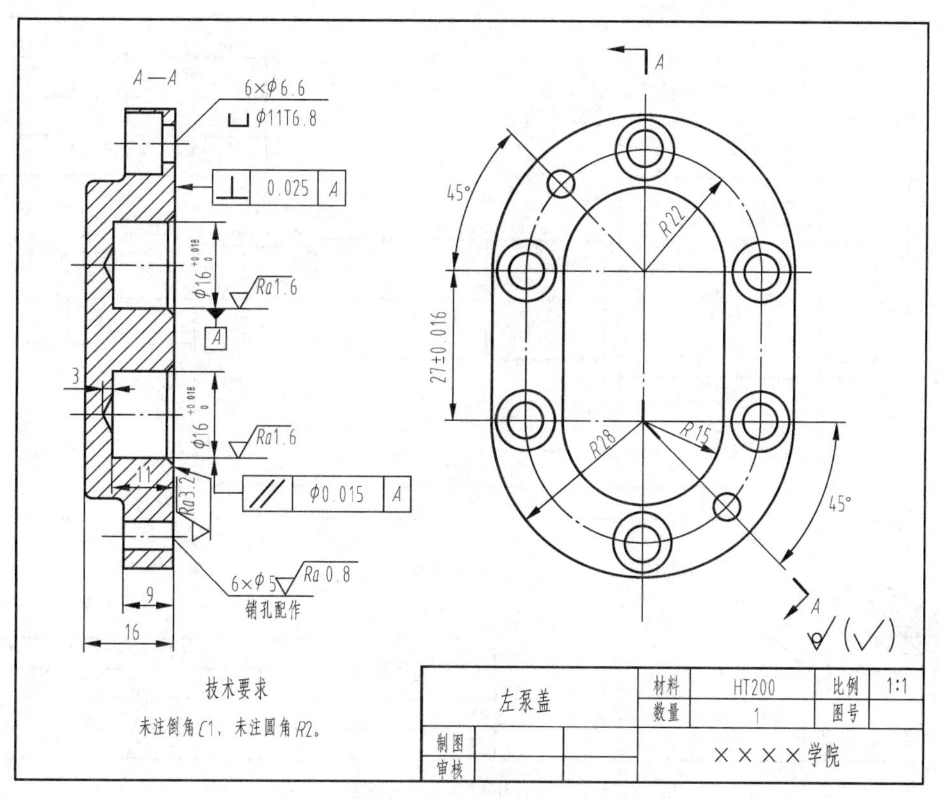

图 9-39 左泵盖零件图

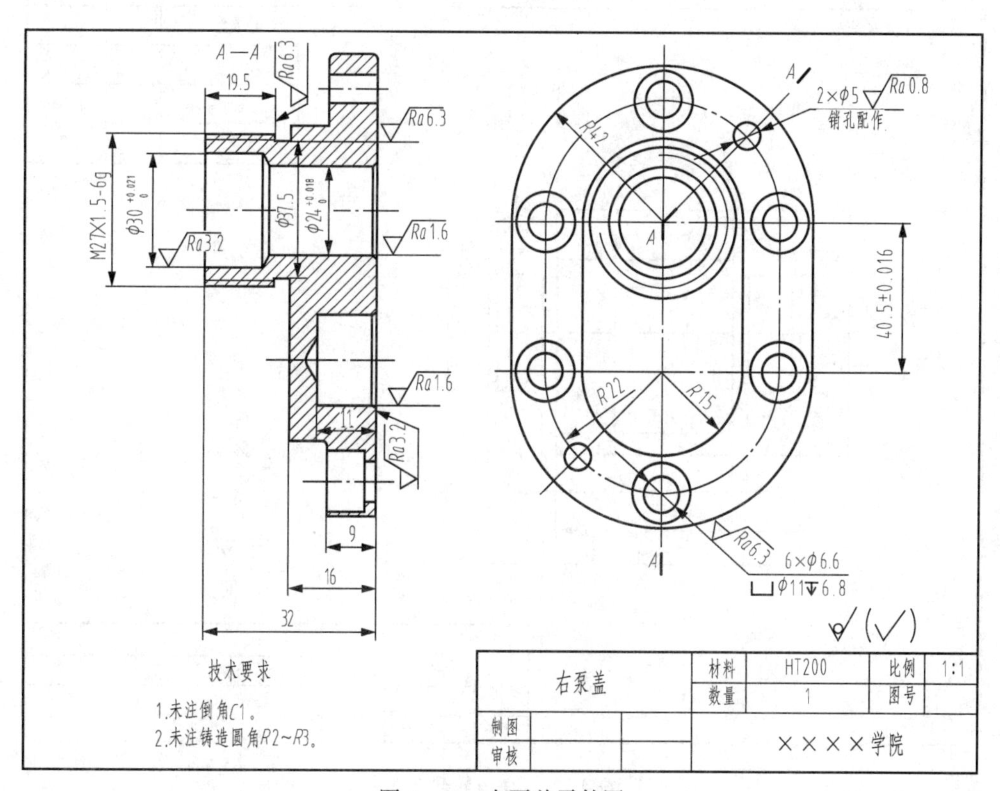

图 9-40 右泵盖零件图

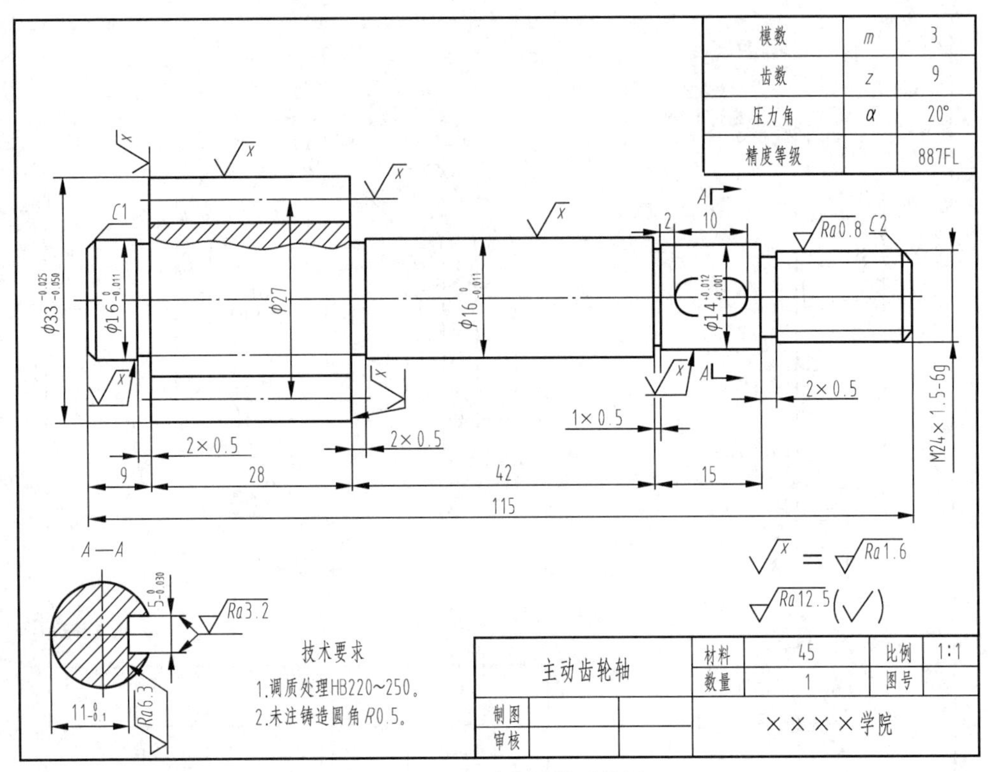

图 9-41 主动齿轮轴零件图

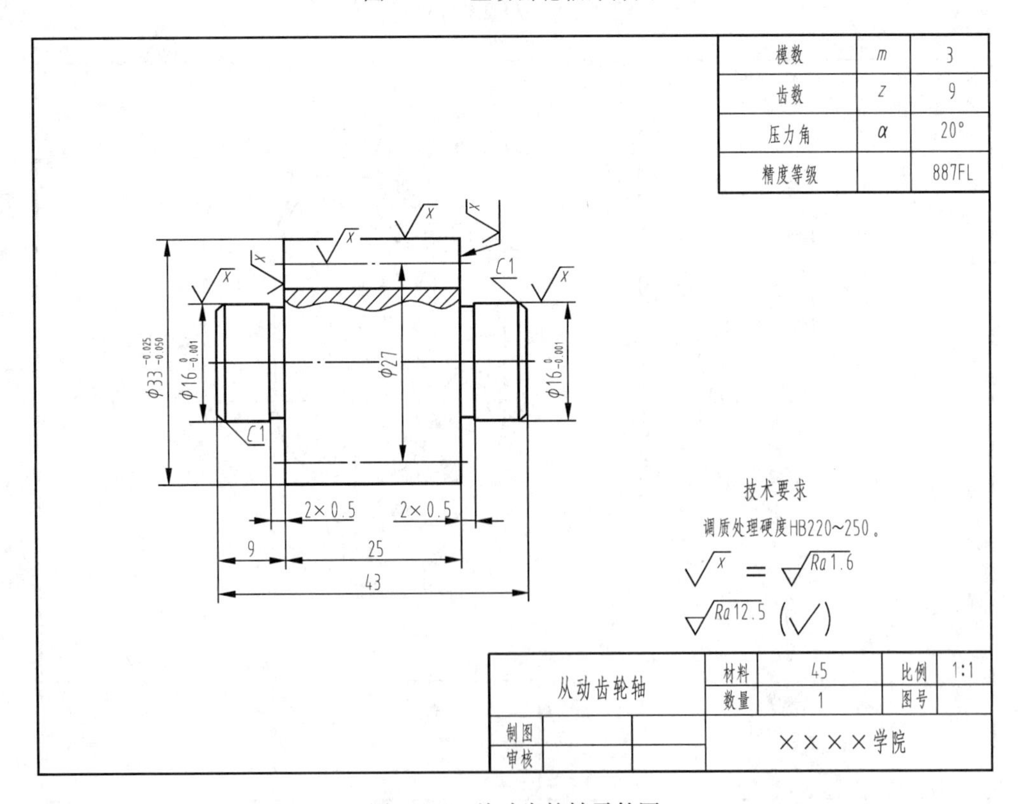

图 9-42 从动齿轮轴零件图

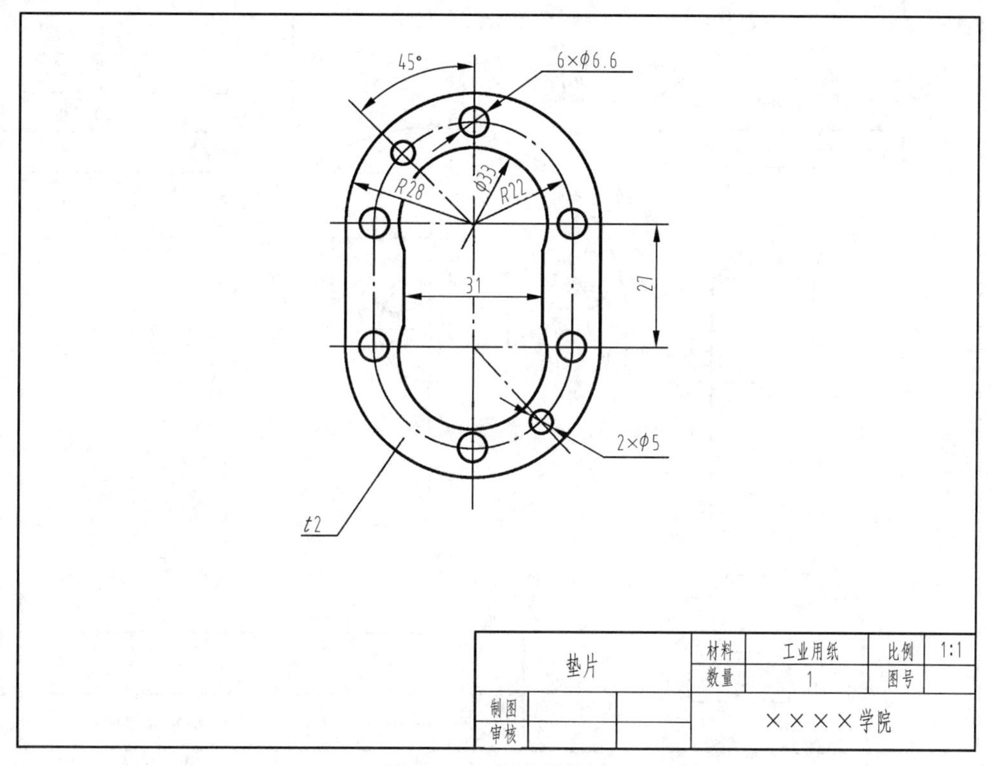

图 9-43　垫片零件图

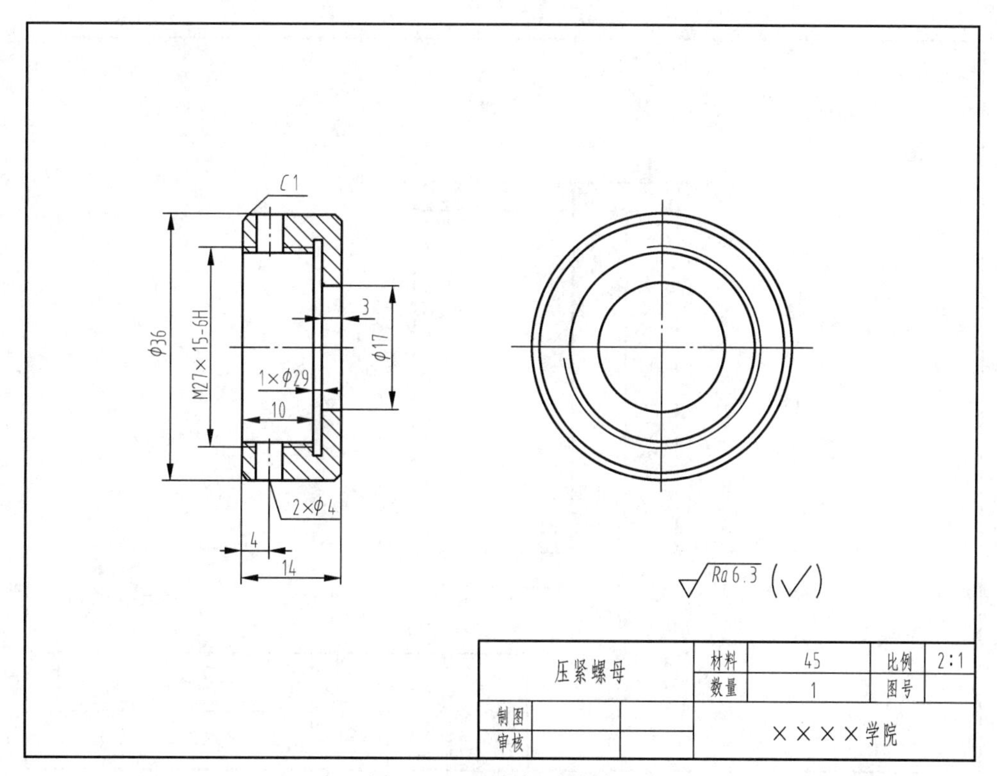

图 9-44　压紧螺母零件图

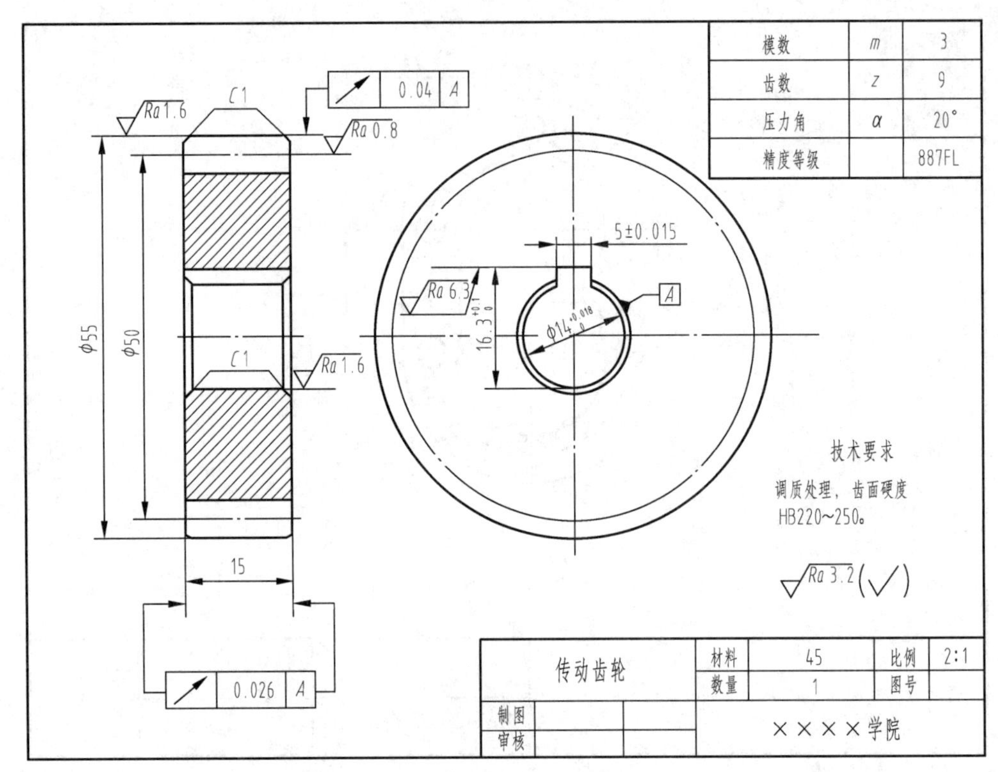

图 9-45　传动齿轮零件图

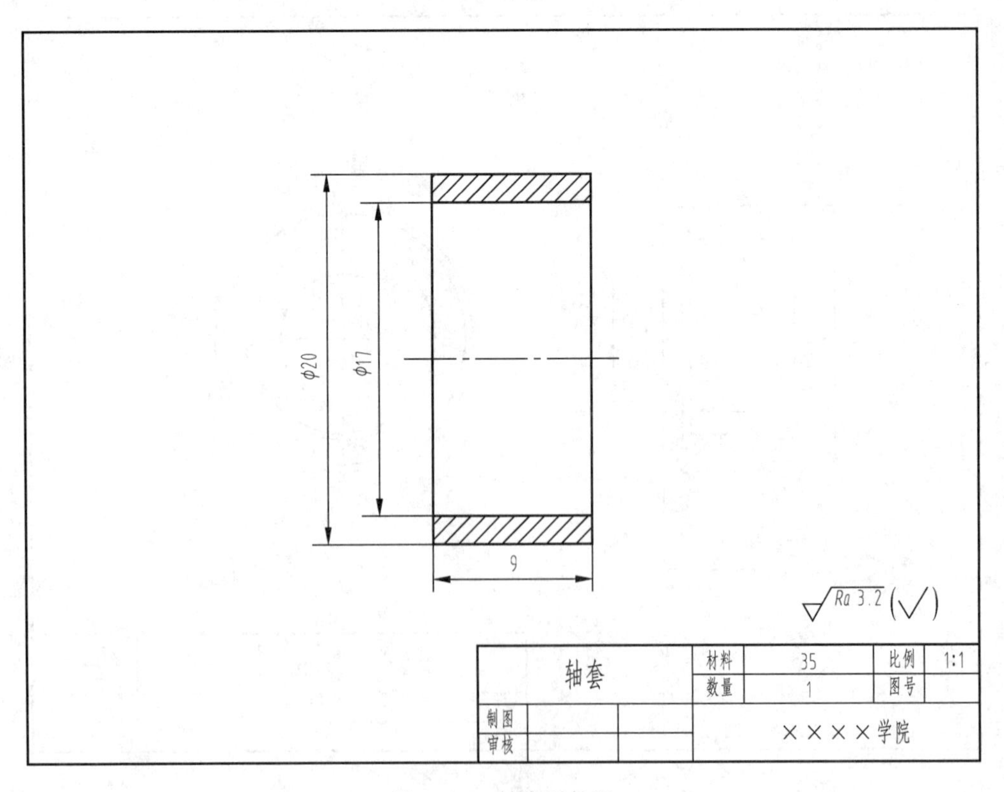

图 9-46　轴套零件图

下面将各零件图插入到一个空白图形文件中。

单击“标准”工具栏上的图标，新建一个空白图形。

选择下拉菜单“文件”→“另存为”选项，将图形保存为“齿轮油泵.dwg”。

单击下拉菜单“插入”→“块”，弹出“插入”对话框，如图 9-47 所示。

单击“浏览”按钮，选择要插入的文件后，单击“确定”按钮，返回“插入”对话框。在“插入”对话框中“缩放比例”和“旋转角度”保留默认设置即可，插入后的图形可用“缩放（scale）”命令将所有插入的图形调整为相同比例。单击“确定”按钮，在绘图区适当位置单击鼠标左键，便将主动齿轮轴零件图插入到齿轮油泵图形当中。

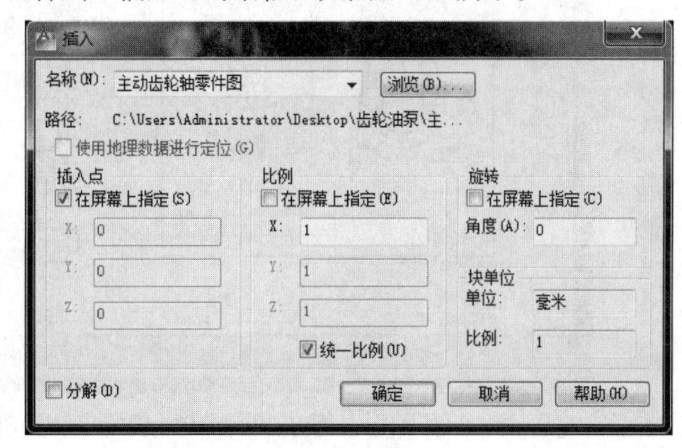

图 9-47 “插入”对话框

重复上述操作，将绘制的所有零件图插入到齿轮油泵图形中，如图 9-48 所示。

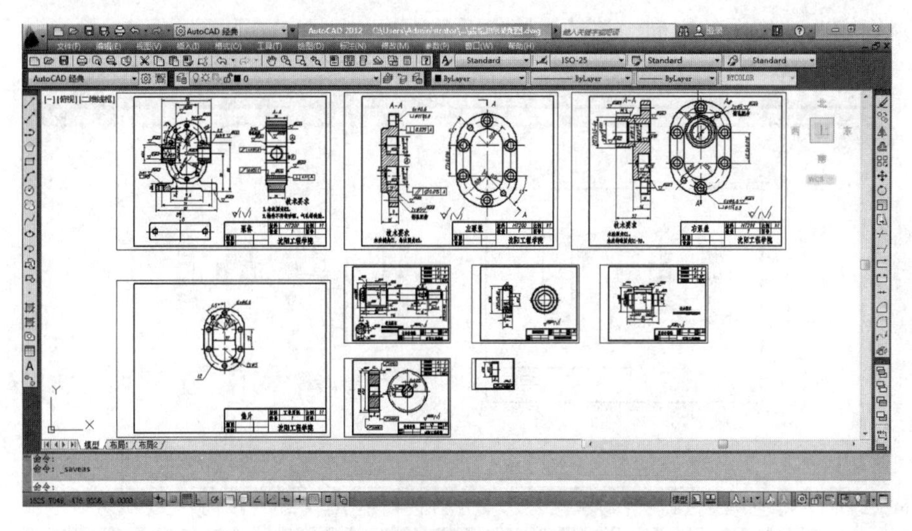

图 9-48 插入零件图，统一比例

3. 编辑零件图

将零件图全部插入到当前文件后，需要经过编辑才能将视图拼装在一起，编辑零件图包括以下操作步骤：

（1）分解零件图。由于零件图是自动作为图块插入的，因此，要对零件图中的对象进行编辑，必须先利用分解命令将零件图块分解。单击“修改”工具栏上的图标，选中零件图，将零件图分解。

（2）删除对象。装配图和零件图的内容和表达方式不同，因此，必须对零件图中无用的对象，包括边界线、边框、标题栏、绝大多数的尺寸、技术要求（表面粗糙度、尺寸公差、几何公差和文本）以及一些无用的视图进行删除。对齿轮油泵各零件图进行删除后的结果如

图 9 - 49 所示。

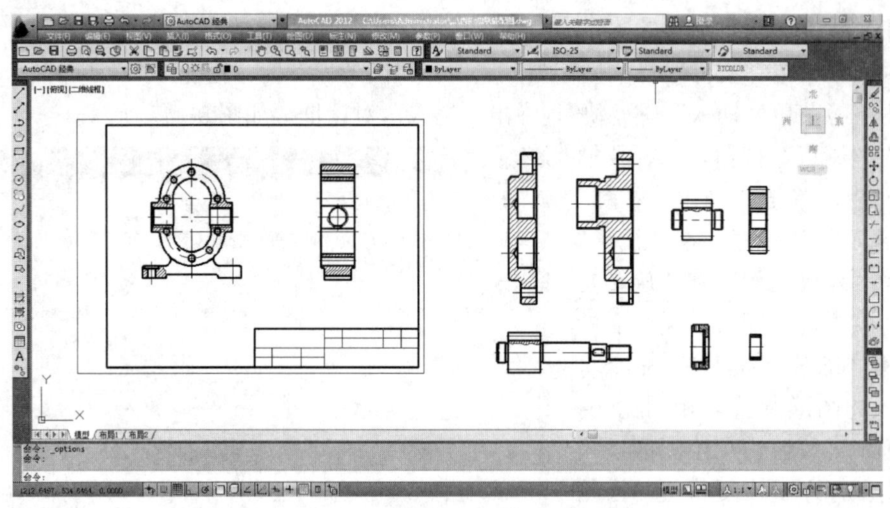

图 9 - 49　分解、删除零件图中的对象

（3）移动视图。利用移动命令调整保留下的零件视图的位置。

（4）镜像视图。零件图中视图的方向与装配图中视图的方向可能不一致，如右泵盖，可利用镜像命令改变视图的方向。移动、镜像后的结果如图 9 - 50 所示。

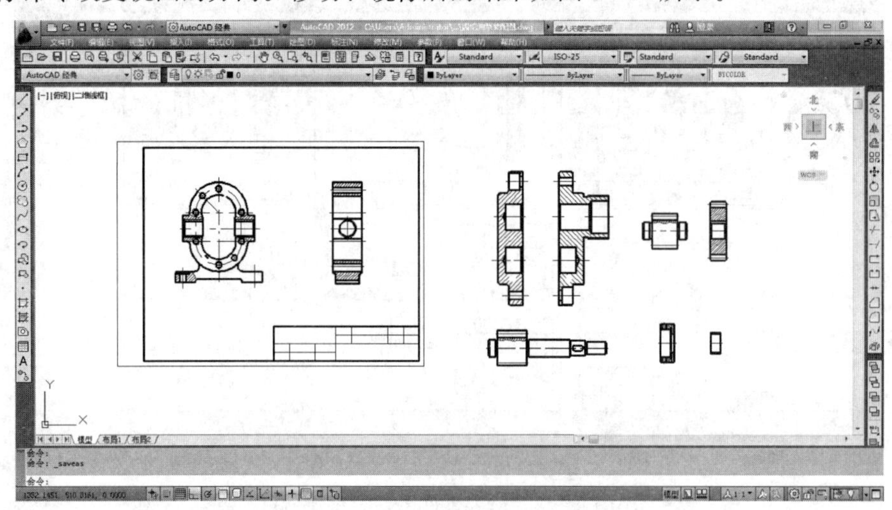

图 9 - 50　移动、镜像零件图中的对象

（5）旋转视图。在机器或部件中倾斜安装的零件，可以利用旋转命令将零件图旋转到装配图要求的倾斜位置。齿轮油泵中没有倾斜安装的零件。

旋转视图也可以在插入零件时，利用“插入”对话框中的“旋转角度”文本框设置完成。

（6）统一比例。利用缩放命令，将不同比例绘制的零件图统一为装配图的比例。统一比例也可以在插入零件图时，利用“插入”命令对话框中的“比例”文本框设置完成。

4. 拼装视图

拼装视图就是将如图 9 - 50 所示的零件视图按照装配关系移到一起，拼装视图的关键是将视图移到其定位点。拼装后的主视图如图 9-51 所示。

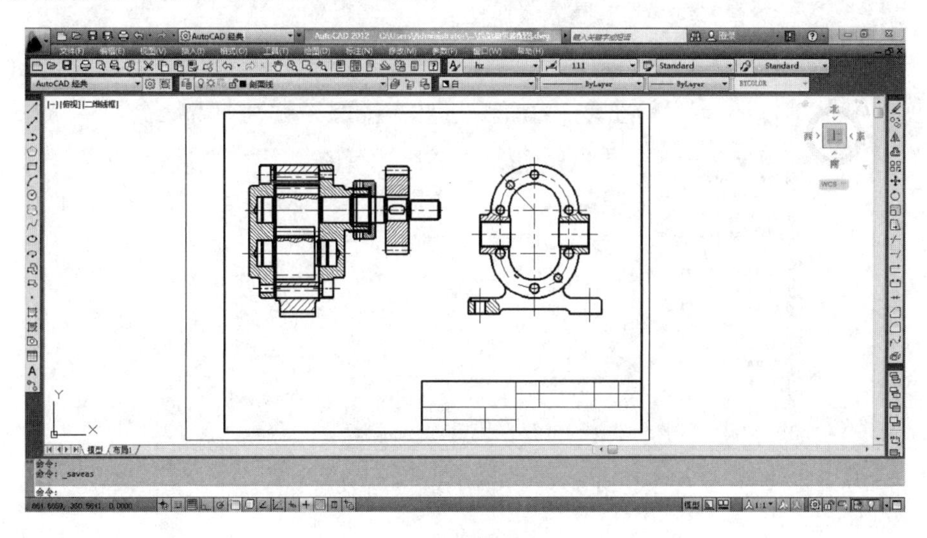

图 9-51　拼装主视图

5. 编辑视图和剖面线

剖面线的画法应符合机械制图国家标准规定。编辑视图和剖面线的结果如图 9-52 所示。

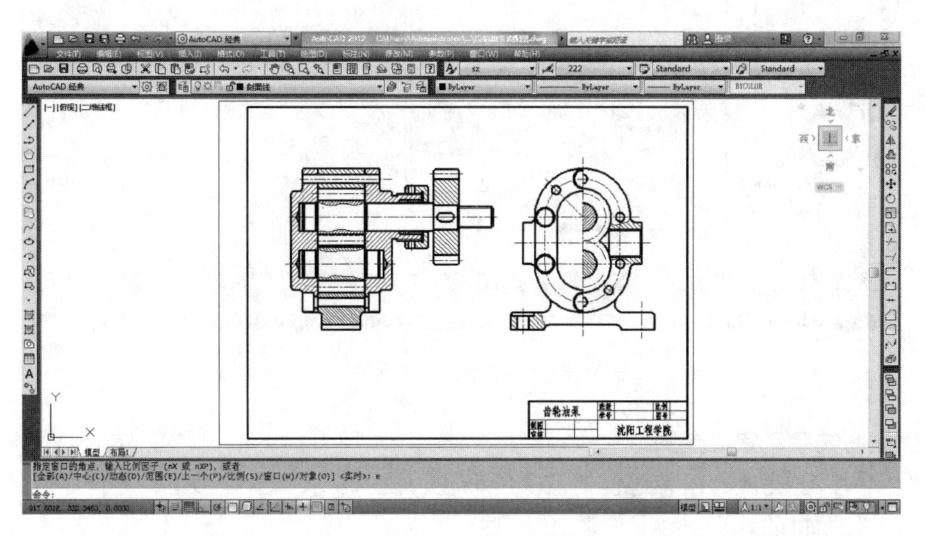

图 9-52　编辑视图和剖面线

6. 编辑、拼装紧固件

齿轮油泵中有一个螺母和六个螺钉，装配这类零件，可以直接从 AutoCAD 的符号库中调用。

单击“视图”选项卡→“选项板”面板→“设计中心”▦，弹出“设计中心”对话框（见图 9-53）。在文件列表中依次打开 Sample→Design Center→Fasteners Metric，将其拖到齿轮油泵装配图中，然后利用分解、删除、移动等命令对其进行编辑，结果如图 9-54 所示。

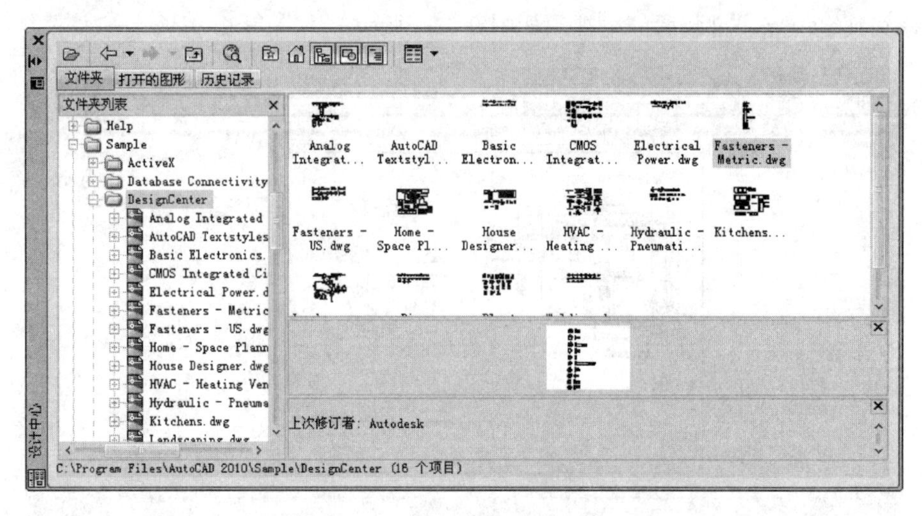

图 9-53 “设计中心”对话框

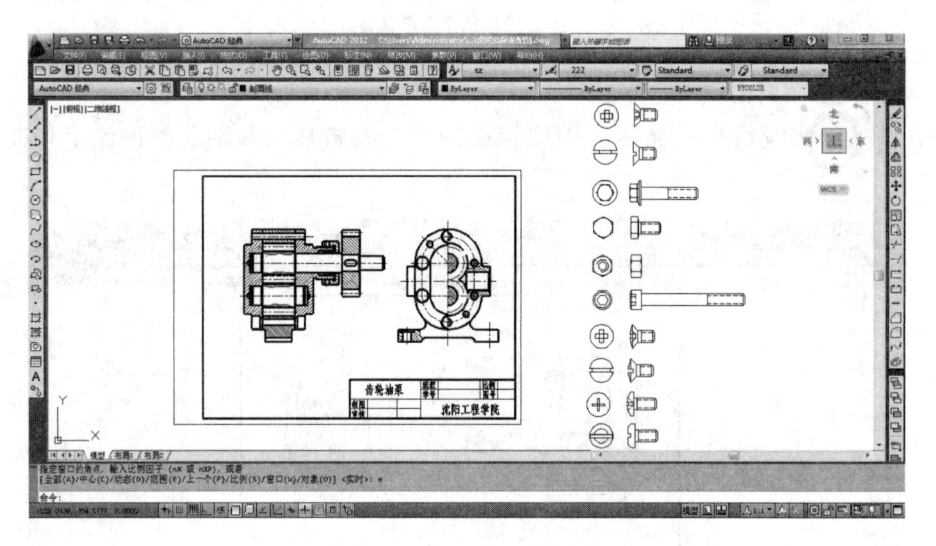

图 9-54 插入紧固件

二、填写文字，完成全图

装配图中需要完成的内容还包括尺寸的标注、技术要求文本的书写、零件序号的编写以及明细栏、标题栏的填写。

1. 尺寸的标注

根据装配图的五类尺寸（性能尺寸、装配尺寸、安装尺寸、总体尺寸和其他重要尺寸），对齿轮油泵的装配图进行尺寸标注。

2. 技术要求文本的书写

齿轮油泵的装配图技术要求是：①齿轮安装后，用手转动传动齿轮时，应灵活旋转；②两齿轮轮齿的啮合面应占齿长的 3/4 以上。

3. 零件序号的编写

绘制零件序号采用多重引线标注。多重引线样式的设置及多重引线标注命令的操作与倒角的标注相似，不同之处仅在于“零件序号”多重引线样式中将“箭头符号”设为小点。

注意，装配图中的序号应按顺时针或逆时针排列，且在同一水平或竖直线上。可以配合对象捕捉和对象追踪，保证这一要求。

4. 明细栏的绘制

AutoCAD2005 以上的版本，新增了“表格”命令，可以单击“绘图”工具栏上的图标▦，用“表格”命令完成明细栏的绘制和填写，绘制结果如图 9-55 所示。

15	螺钉M6×16	12	35	GB/T 70.1—2008	5	垫片	2	工业用纸	d=1
14	键5×10	1	45	GB/T 1096—2003	4	销5×18	4	45	GB/T 119.2—2000
13	螺母M12	1	35	GB/T 6170—2015	3	主动齿轮轴	1	45	m=3, z=9
12	垫圈12	1	35	GB 93—1987	2	从动齿轮轴	1	45	m=3, z=9
11	传动齿轮	1	45		1	左泵盖	1	HT200	
10	压紧螺母	1	35		序号	名称	件数	材料	备注
9	轴套	1	35		齿轮油泵		班级		比例
8	密封圈	1	橡胶				学号		图号
7	右泵盖	1	HT200		制图		××××学院		
6	泵体	1	HT200		审核				

图 9-55 明细栏和标题栏

5. 保存图形

保存图形，完成齿轮油泵装配图的绘制。

第十章　计 算 机 绘 图（下）

用 AutoCAD 绘制三维图形有两种基本方法：三维曲面法和三维实体法。受篇幅所限，本章只简单介绍三维实体建模的方法。

实体建模是 AutoCAD 三维建模中比较重要的一部分，实体建模能够完整描述对象的 3D 模型，逼真地表达实物。本章举例介绍绘制三维实体模型的基本方法和由三维模型生成零件二维图形的方法，最后介绍如何打印图纸。

第一节　AutoCAD 三维实体常用命令

AutoCAD 三维实体命令同二维命令一样，也分为绘图命令和编辑命令两部分，只不过三维的绘图命令称为三维造型命令。

一、常用三维实体造型命令

常用三维实体造型命令见表 10 - 1。

表 10 - 1　　常用三维实体造型命令

图标	用　途	图标	用　途
	BOX 创建三维实心长方体		HELIX 创建二维螺旋或三维弹簧
	WEDGE 创建三维实心楔体		PLANESURF 创建平面曲面
	CONE 创建三维实心圆锥体		EXTRUDE 通过拉伸二维或三维曲线来创建三维实体或曲面
	SPHERE 创建三维实心球体		SLICE 通过剖切或分割现有对象创建新的三维实体和曲面
	CYLINDER 创建三维实心圆柱体		SWEEP 通过沿路径扫掠二维或三维曲线来创建三维实体或曲面
	TORUS 创建圆环形三维实体		REVOLVE 通过绕轴扫掠二维或三维曲线来创建三维实体或曲面

二、常用三维实体编辑命令

常用三维实体编辑命令见表 10 - 2。

表 10 - 2　常用三维实体编辑命令

图标	用　途	图标	用　途
	UNION 用并集合并选定的三维实体或二维面域		SOLIDEDIT-rotate 绕指定的轴旋转三维实体上的选定面
	SUBTRACT 用差集合并选定的三维实体或二维面域		SOLIDEDIT-face-taper 按指定的角度倾斜三维实体上的面
	INTERSECT 从选定的重叠实体或面域创建三维实体或二维面域		SOLIDEDIT-face-copy 复制三维实体上的面，从而生成面域或实体
	SOLIDEDIT-face-extrude 按指定的距离或沿某条路径拉伸三维实体的选定平面		SOLIDEDIT-body-shell 将三维实体转换为中空壳体，其壁具有指定厚度
	SOLIDEDIT-face-move 将三维实体上的面在指定方向上移动指定距离		FILLETEDGE 为实体对象的边制作圆角
	SOLIDEDIT-face-offset 按指定的距离偏移三维实体的选定面，从而更改其形状		CHAMFEREDGE 为实体对象的边制作倒角
	SOLIDEDIT-face-delete 删除三维实体上的面，包括圆角或倒角		SOLIDEDIT-edge-copy 将三维实体上的选定边复制为二维圆弧、圆、椭圆、直线或样条曲线

第二节　三维实体建模的基本方法

本节以齿轮油泵的左泵盖为例，介绍三维实体建模的基本方法。

齿轮油泵左泵盖的三维模型图和它的二维工程图如图 10 - 1 和图 10 - 2 所示。

图 10 - 1　左泵盖三维模型图

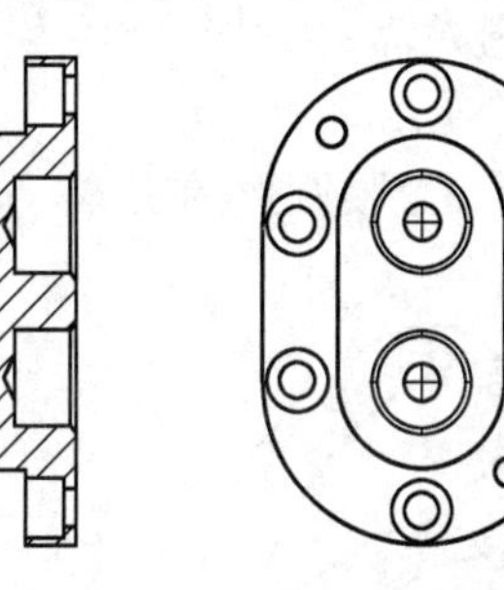

图 10 - 2　左泵盖二维图形

一、绘制泵盖主体

1. 设置线框密度

命令：isolines（从键盘输入）

输入 ISOLINES 的新值<4>：10↙

2. 设置视图方向

单击“视图”工具栏上的图标，将当前视图方向设置为西南等轴测。

3. 绘制长方体

命令:_box（单击“实体”工具栏上的图标）

指定长方体的角点或[中心点(CE)]<0,0,0>:↙

指定角点或[立方体(C)/长度(L)]:l↙

指定长度:9↙

指定宽度:56↙

指定高度:27↙

4. 绘制圆柱体

单击“视图”工具栏上的图标，再单击图标，改变坐标系方向。

命令:_cylinder（单击“实体”工具栏上的图标）

当前线框密度 ISOLINES=10

指定圆柱体底面的中心点或[椭圆(E)]<0,0,0>:−28,27,0↙

指定圆柱体底面的半径或[直径(D)]:28↙

指定圆柱体高度或[另一个圆心(C)]:−9↙

5. 复制所画圆柱体

命令:_copy（单击“绘图”工具栏上的图标）

选择对象:找到 1 个（选择前面所画圆柱体）

选择对象:↙

指定基点或[位移(D)]<位移>:（在绘图区任一点处单击）

指定第二个点或<使用第一个点作为位移>:@0,−27,0↙

指定第二个点或[退出(E)/放弃(U)]<退出>:↙

得到如图 10-3 所示的图形，该图形是在三维线框下所示。

6. 并集处理

命令:_union（单击“实体编辑”工具栏上的图标）

选择对象:指定对角点:找到 3 个（选中三个对象）

选择对象:↙

并集处理后得到一个腰圆形的实体，如图 10-4 所示。

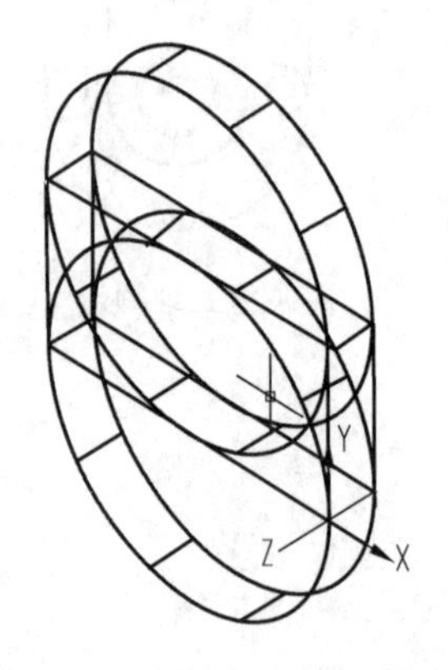

图 10-3 创建长方体和圆柱体

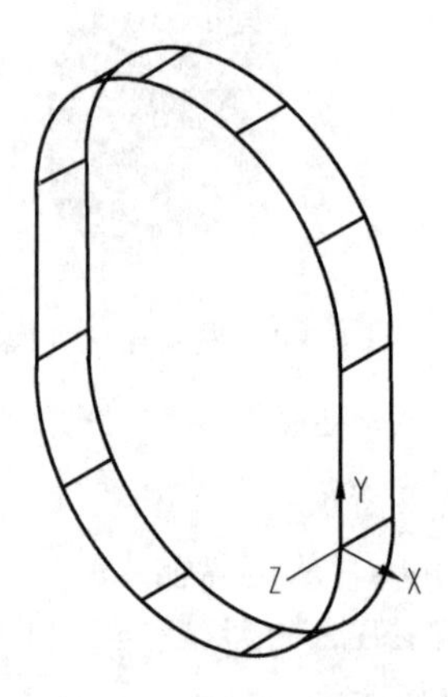

图 10-4 并集后的实体

7. 复制实体边界

命令:_solidedit(单击“实体编辑”工具栏上的图标)

实体编辑自动检查:SOLIDCHECK=1

输入实体编辑选项[面(F)/边(E)/体(B)/放弃(U)/退出(X)]<退出>:_edge

输入边编辑选项[复制(C)/着色(L)/放弃(U)/退出(X)]<退出>:_copy

选择边或[放弃(U)/删除(R)]:(依次选择该实体左端面上四条边)

选择边或[放弃(U)/删除(R)]:

选择边或[放弃(U)/删除(R)]:

选择边或[放弃(U)/删除(R)]:

选择边或[放弃(U)/删除(R)]:↙

指定基点或位移:0,0,0

指定位移的第二点:0,0,0

输入边编辑选项[复制(C)/着色(L)/放弃(U)/退出(X)]<退出>:↙

实体编辑自动检查:SOLIDCHECK=1

输入实体编辑选项[面(F)/边(E)/体(B)/放弃(U)/退出(X)]<退出>:↙

8. 合并多段线

命令:_pedit(单击下拉菜单“修改”→“对象”→“多段线”,将复制后的边界线合并为多段线)

选择多段线或[多条(M)]:(选择复制边界的任意一条线段)

选定的对象不是多段线

是否将其转换为多段线?<Y>:↙

输入选项[闭合(C)/合并(J)/宽度(W)/编辑顶点(E)/拟合(F)/样条曲线(S)/非曲线化(D)/线型生成(L)/放弃(U)]:j

选择对象:找到 1 个(依次选择复制边界的四个对象)

选择对象:找到 1 个,总计 2 个

选择对象:找到 1 个,总计 3 个

选择对象:找到 1 个,总计 4 个

选择对象:↙

3 条线段已添加到多段线

输入选项[打开(O)/合并(J)/宽度(W)/编辑顶点(E)/拟合(F)/样条曲线(S)/非曲线化(D)/线型生成(L)/放弃(U)]:↙

9. 偏移边线

命令:_offset(单击“修改”工具栏上的图标)

当前设置:删除源=否 图层=源 OFFSETGAPTYPE=0

指定偏移距离或[通过(T)/删除(E)/图层(L)]<通过>:13↙

选择要偏移的对象,或[退出(E)/放弃(U)]<退出>:(选择合并后的多段线)

指定要偏移的那一侧上的点,或[退出(E)/多个(M)/放弃(U)]<退出>:(在多段线内部任意一点单击)

选择要偏移的对象,或[退出(E)/放弃(U)]<退出>:↙

10. 拉伸偏移的边线

命令:_extrude（单击“实体”工具栏上的图标）

当前线框密度:ISOLINES=10

选择对象:找到 1 个（选择前面偏移后的图线）

选择对象:↙

指定拉伸高度或[路径(P)]:7↙

指定拉伸的倾斜角度＜0＞:↙

11. 并集处理

方法同前，将所绘制的所有实体进行并集处理，结果如图 10 - 5 所示。

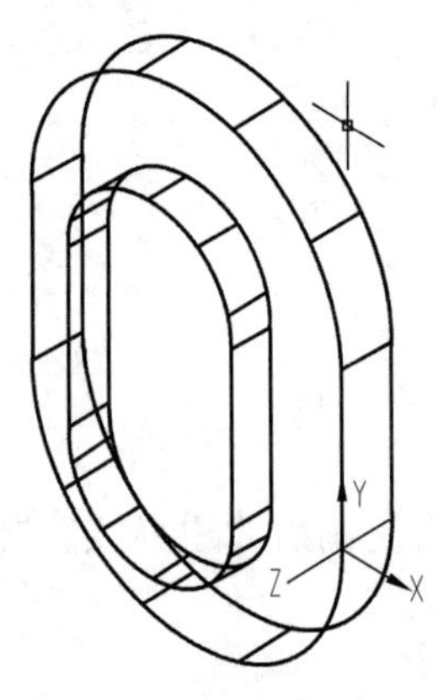

图 10 - 5　并集后的实体

二、绘制泵盖内孔

图 10 - 6 所示为泵盖零件图中其中一个内孔，截取一部分，作成面域后，将其旋转成体。

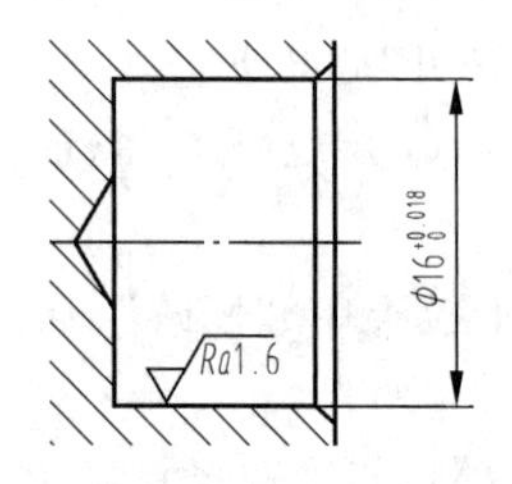

图 10 - 6　泵盖中一个内孔

（1）单击“视图”工具栏上的图标，改变坐标系方向。

（2）画出内孔的一半并修改，结果如图 10 - 7 所示。

（3）作面域。

命令:_region（单击“绘图”工具栏上的图标）

选择对象:指定对角点:找到 6 个（选择如图 10 - 7 所示的所有对象）

选择对象:↙

已提取 1 个环。

已创建 1 个面域。

（4）旋转成实体。单击“实体”工具栏上的图标，将如图 10 - 7 所示的面域绕 AB 轴线旋转为实体，单击图标，结果如图 10 - 8 所示。

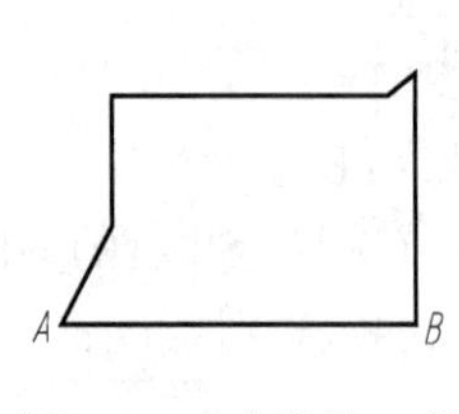

图 10 - 7　内孔的一半

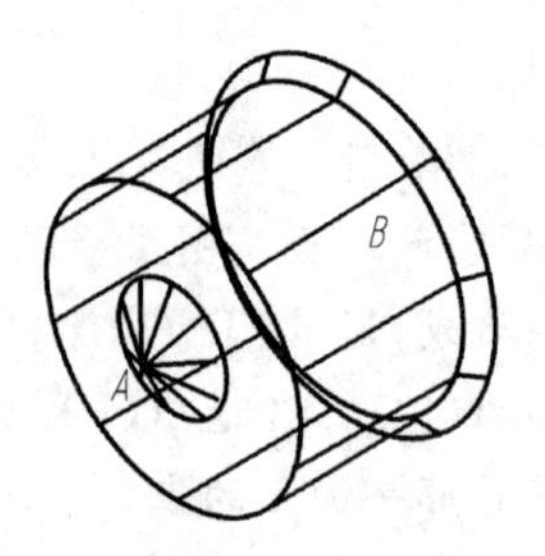

图 10 - 8　内孔实体

(5) 移动内孔到泵盖中。

命令:_move（单击“修改”工具栏上的图标）

选择对象:找到 1 个（选择所绘制内孔）

选择对象:↙

指定基点或[位移(D)]＜位移＞:（捕捉内孔右端锥面圆心）

指定第二个点或＜使用第一个点作为位移＞:（捕捉泵盖右端上半圆柱圆心）

(6) 复制内孔。

命令:_copy（单击“修改”工具栏上的图标）

选择对象:找到 1 个（选择所绘制内孔）

选择对象:↙

指定基点或[位移(D)]＜位移＞:（捕捉内孔右端锥面圆心）

指定第二个点或＜使用第一个点作为位移＞:（捕捉泵盖右端下半圆柱圆心）

指定第二个点或[退出(E)/放弃(U)]＜退出＞:↙

结果如图 10-9 所示。

(7) 差集处理。单击“实体编辑”工具栏上的图标，进行差集处理，体着色（单击“视觉样式”工具栏上的图标）后，用三维动态观察器（单击“动态观察”工具栏上的图标）观察，得到如图 10-10 所示的泵盖。

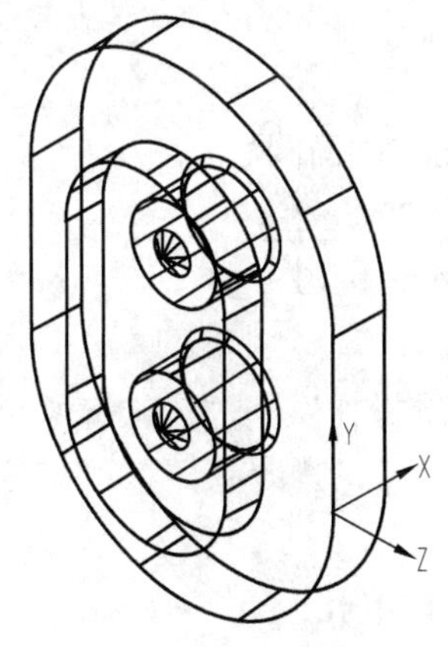

图 10-9　移动、复制内孔

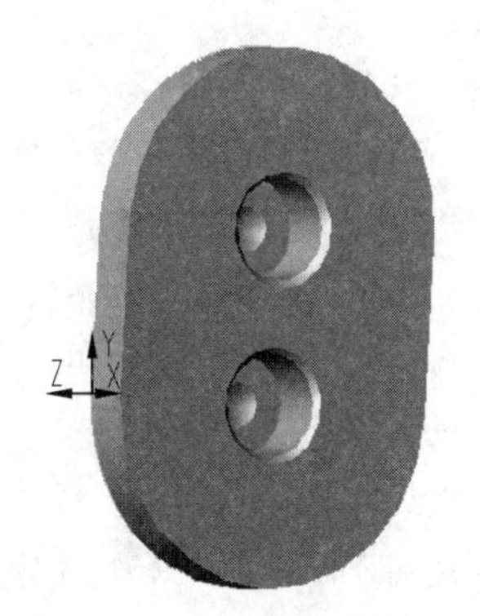

图 10-10　差集后的泵盖

命令:_subtract 选择要从中减去的实体或面域...

选择对象:找到 1 个（选择泵盖主体）

选择对象:↙

选择要减去的实体或面域...:↙

选择对象:找到 1 个（选择第一个内孔）

选择对象:总计 2 个（选择第二个内孔）

选择对象:↙

三、绘制圆柱沉孔和销孔

依次单击“视图”工具栏上的图标和，改变视图方向。

1. 绘制圆柱沉孔

(1) 绘制沉孔。

命令：_cylinder（单击“实体”工具栏上的图标）

当前线框密度：ISOLINES=10

指定圆柱体底面的中心点或[椭圆(E)]＜0,0,0＞：−6,0,0↙

指定圆柱体底面的半径或[直径(D)]：5.5↙

指定圆柱体高度或[另一个圆心(C)]：−6.8↙

命令：_cylinder（单击“实体”工具栏上的图标）

当前线框密度：ISOLINES=10↙

指定圆柱体底面的中心点或[椭圆(E)]＜0,0,0＞：（捕捉上一个圆柱右侧平面圆心）

指定圆柱体底面的半径或[直径(D)]：3.3↙

指定圆柱体高度或[另一个圆心(C)]：−2.2↙

命令：_union（单击“实体编辑”工具栏上的图标，将两个圆柱作并集）

选择对象：找到 1 个（捕捉第一个圆柱）

选择对象：找到 1 个，总计 2 个（捕捉第二个圆柱）

选择对象：↙

(2) 复制沉孔，镜像，并作差集。

命令：_copy（单击“修改”工具栏上的图标）

选择对象：找到 1 个（作好并集后的圆柱沉孔）

选择对象：↙

指定基点或[位移(D)]＜位移＞：（捕捉圆柱沉孔左端面圆心）

指定第二个点或＜使用第一个点作为位移＞：@−22,−22,0↙

指定第二个点或[退出(E)/放弃(U)]＜退出＞：@−44,0,0↙

指定第二个点或[退出(E)/放弃(U)]＜退出＞：↙

命令：_mirror3d（单击下拉菜单“修改”→“三维操作”→“三维镜像”）

选择对象：找到 1 个

选择对象：找到 1 个，总计 2 个

选择对象：找到 1 个，总计 3 个（分别选取 3 个圆柱沉孔）

选择对象：↙

指定镜像平面(三点)的第一个点或[对象(O)/最近的(L)/Z 轴(Z)/视图(V)/XY 平面(XY)/YZ 平面(YZ)/ZX 平面(ZX)/三点(3)]＜三点＞：zx↙

指定 ZX 平面上的点＜0,0,0＞：（捕捉泵盖左端平面竖直棱线的中点）

是否删除源对象？[是(Y)/否(N)]＜否＞：↙

得到结果如图 10-11 所示。

命令：_subtract（单击“实体编辑”工具栏上的图标）

选择要从中减去的实体或面域...

选择对象：找到 1 个（选择泵盖主体）

选择对象：↙

选择要减去的实体或面域...

选择对象：找到 1 个

选择对象：找到 1 个，总计 2 个

选择对象：找到 1 个，总计 3 个

选择对象：找到 1 个，总计 4 个

选择对象：找到 1 个，总计 5 个

选择对象：找到 1 个，总计 6 个（分别选取 6 个圆柱沉孔）

选择对象：↙

体着色后，用三维动态观察器查看，结果如图 10-12 所示。

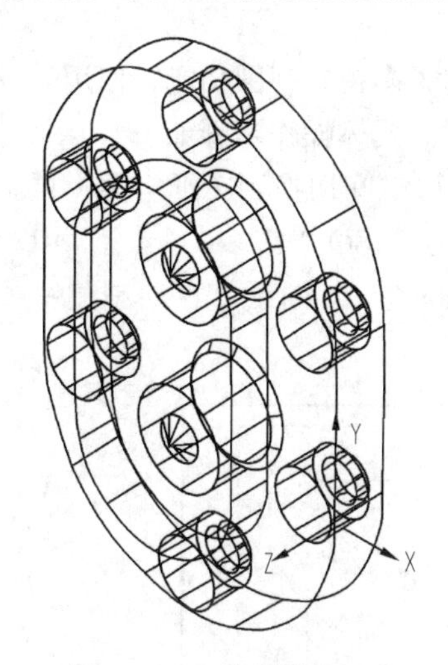

图 10-11　绘制圆柱沉孔

图 10-12　差集圆柱沉孔后的泵盖

2. 绘制销孔

（1）单击"视图"工具栏上的图标，恢复西南等轴测方向。

（2）作辅助线，找到销孔圆心。

命令：_line 指定第一点：（捕捉泵盖最左端面上半圆柱圆心）

指定下一点或[放弃(U)]：<极轴开>22↙（将极轴增量角设为 45°，当极轴角在 135°时，输入距离 22）

指定下一点或[放弃(U)]：↙

（3）作 $\phi5$ 圆柱。

命令：_cylinder（单击"实体"工具栏上的图标）

当前线框密度：ISOLINES=10

指定圆柱体底面的中心点或[椭圆(E)]<0,0,0>：（捕捉前面所画直线 22 端点处）

指定圆柱体底面的半径或[直径(D)]：2.5↙

指定圆柱体高度或[另一个圆心(C)]：−16↙

用同样方法可作出泵盖下端圆柱，然后删除两条辅助直线。

（4）作差集，得到泵盖实体。

命令：_subtract 选择要从中减去的实体或面域...

选择对象：找到 1 个（选择泵盖主体）

选择对象：↙

选择要减去的实体或面域...
选择对象:找到 1 个
选择对象:找到 1 个,总计 2 个（分别选择前面所画两个圆柱）
选择对象:↙
结果如图 10-1 所示。

第三节　由三维实体生成二维视图

所谓的由三维实体模型生成二维平面图形，是利用了多视口视图功能，使用“设置”子菜单中的命令选项，利用正投影法生成平面三视图轮廓。具体操作步骤如下。

（1）单击图形窗口底部的“布局 1”选项卡，从模型空间切换到图纸空间，再单击下拉菜单“文件”→“页面设置管理器”，将图纸尺寸设定为“ISO A4”。

（2）单击“确定”按钮，进入图纸空间，AutoCAD 在 A4 图纸上自动创建一个浮动视口，如图 10-13 所示。

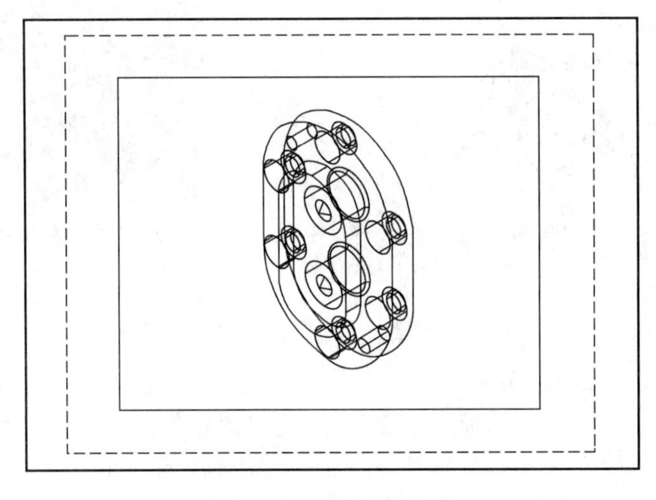

图 10-13　进入图纸空间

（3）选择浮动视口，激活它的关键点，进入拉伸模式，调整视口大小，结果如图 10-14 所示。

（4）移动该视口到适当位置后，单击“图纸”按钮，激活图纸上的浮动视口，再单击“标准”工具栏上的图标，使模型全部显示在视口中，如图 10-15 所示。

（5）设置“左视点”，单击“视图”工具栏上的图标，便可获得左视图，如图 10-16 所示。

（6）用 SOLVIEW 命令创建视口。

命令:_solview
输入选项[UCS(U)/正交(O)/辅助(A)/截面(S)]:s↙
指定剪切平面的第一个点:（捕捉如图 10-16 所示的 *A* 点）
指定剪切平面的第二个点:（捕捉如图 10-16 所示的 *B* 点）

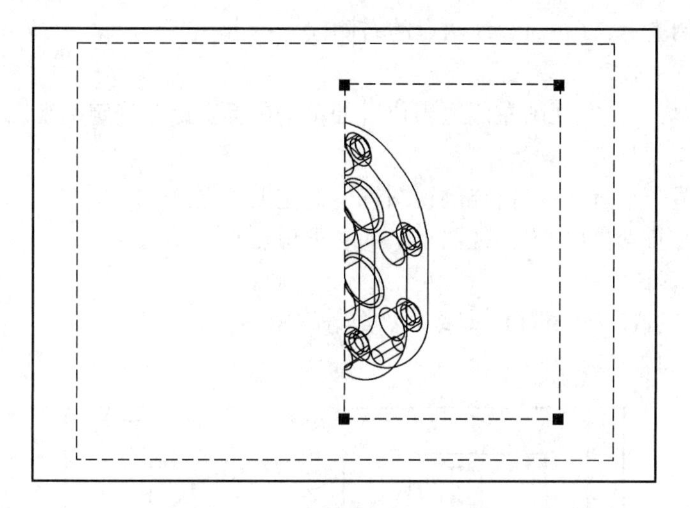

图 10-14 调整浮动视口大小

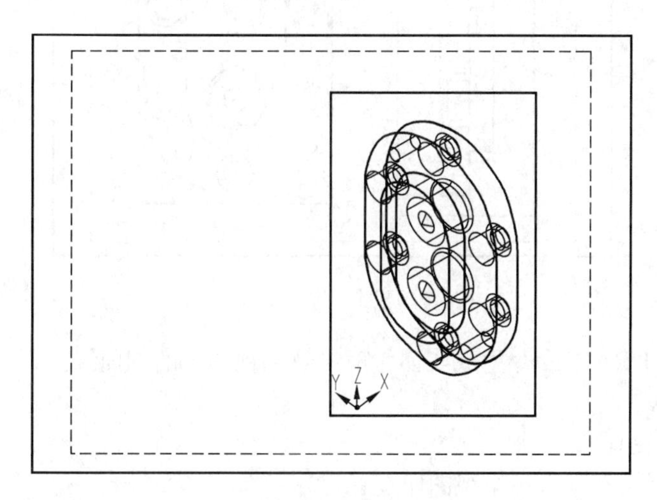

图 10-15 激活浮动视口

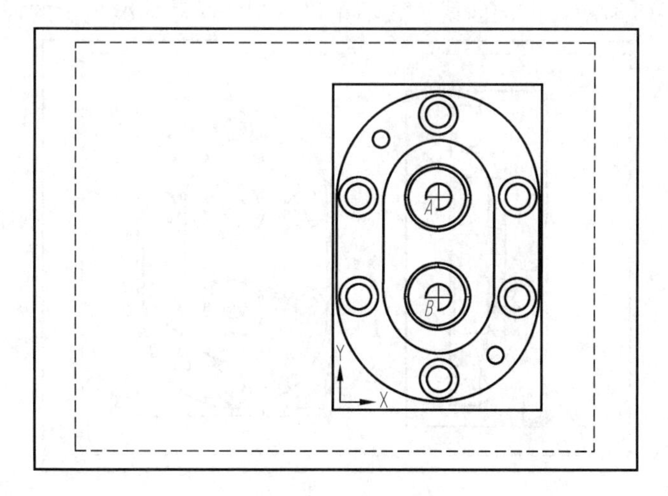

图 10-16 左视图

指定要从哪侧查看：（在 A、B 两点的右侧任意单击一点）
输入视图比例＜1.7872＞：↙
指定视图中心：（在左视图左侧适当位置处单击鼠标左键，确定剖视图视口的中心位置）
指定视图中心＜指定视口＞：↙
指定视口的第一个角点：（指定剖视图视口的左上角点）
指定视口的对角点：（指定剖视图视口的右下角点）
输入视图名：剖视图
输入选项[UCS(U)/正交(O)/辅助(A)/截面(S)]：↙
结果如图 10 - 17 所示。

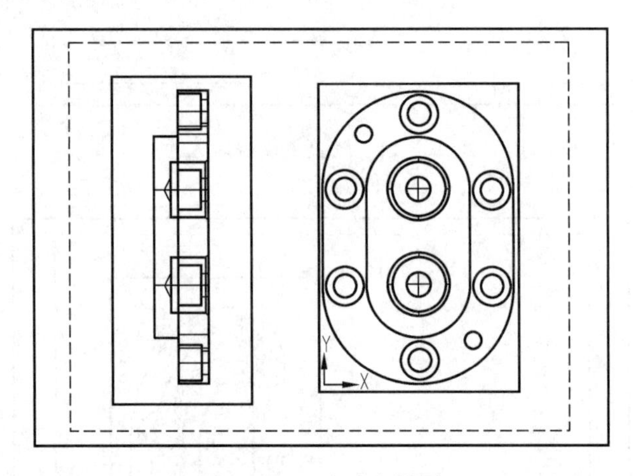

图 10 - 17 生成主视图

（7）使用 SOLDRAW 命令生成实体轮廓线及剖视图中的剖面线。
命令：_soldraw
选择要绘图的视口 ...
选择对象：找到 1 个（选择主视图所在视口）
选择对象：↙
结果如图 10 - 18 所示，但剖面线样式不是机械制图国家标准规定的样式。双击剖面线，

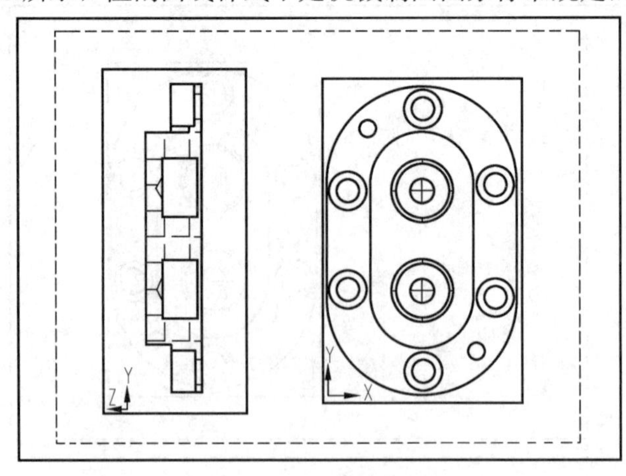

图 10 - 18 全剖的主视图

在弹出的“图案填充编辑”对话框中，设置剖面线图案样式为“ANSI31”，再调整适当比例即可，如图 10 - 19 所示。

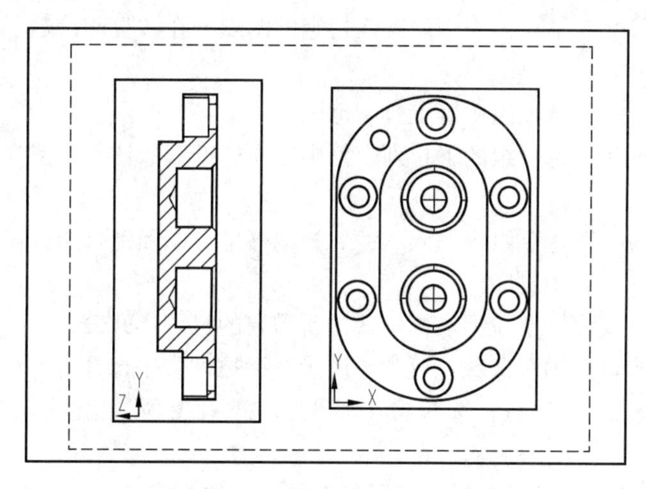

图 10 - 19　创建的剖视图和左视图

第四节　图 形 的 输 出

使用 AutoCAD 创建图形之后，通常要打印到图纸上，或者生成一份电子图纸。要想在一张图纸上得到完整的图形，必须恰当地规划图形的布局，合理安排图纸规格和尺寸，正确地选择打印设备及各种打印参数。

一、打印设置

打印设置是通过打印对话框来完成的。

(1) 单击下拉菜单“文件”→“打印”，出现如图 10 - 20 所示的对话框。

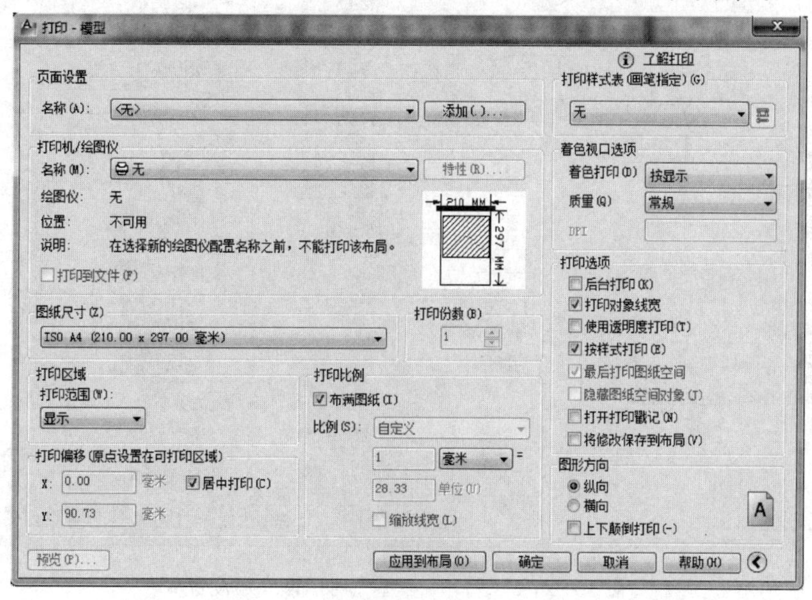

图 10 - 20　“打印 - 模型”对话框

（2）在下拉列表中选取适当页面，或单击“添加”按钮进行页面设置。

（3）从“打印机/绘图仪”选项区域的“名称”下拉列表中选择系统打印机。

（4）在“图纸尺寸”下拉列表中，确认指定的图纸；在“打印份数”编辑框中输入打印份数。

（5）在“打印区域”选项组中确定打印范围。

（6）在“打印比例”选项组的下拉列表框中选择标准缩放比例，或在下面的编辑框中输入自定义比例值。

（7）在“打印偏移”选项组中输入X、Y的偏移量，以确定打印区域相对于图纸原点的偏移距离；也可选择“居中打印”。

（8）在“打印样式表”下拉列表框中选择所需要的打印样式表。

（9）在“着色窗口选项”区域，可从“质量”下拉列表中选择打印精度。

（10）在“打印选项”区域，选择或清除“打印对象线宽”复选框，以控制是否按线宽打印图线的宽度。

（11）在“图形方向”选项区域确定图形在图纸上的方向，以及是否进行“反向打印”。

（12）单击“预览”按钮，即可按图纸上将要打印出来的样式显示图形。

（13）单击“应用到布局”按钮，则当前“打印”对话框中的设置被保存到当前布局。

（14）单击“确定”按钮，即可从指定设备输出图纸。

二、打印图形

下面以齿轮油泵中左泵盖零件图为例，介绍打印出图的过程。

（1）单击下拉菜单“文件”→“打印”，在弹出的“打印-模型”对话框中设置参数，如图10-21所示。

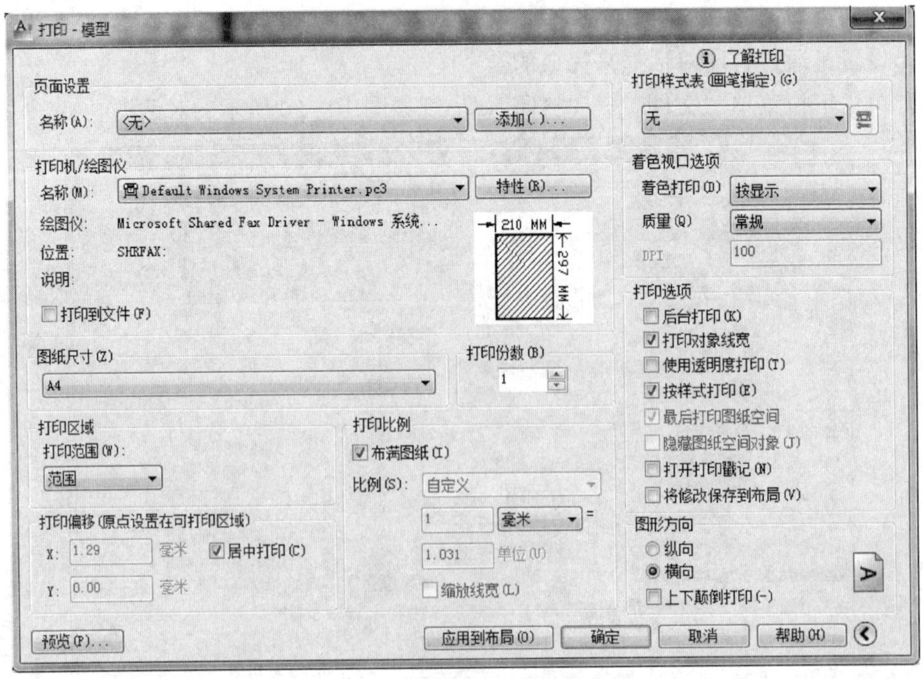

图10-21　“打印-模型”对话框参数设置

（2）单击“预览”按钮，结果如图 10-22 所示。

（3）单击“确定”按钮，即可输出图形。

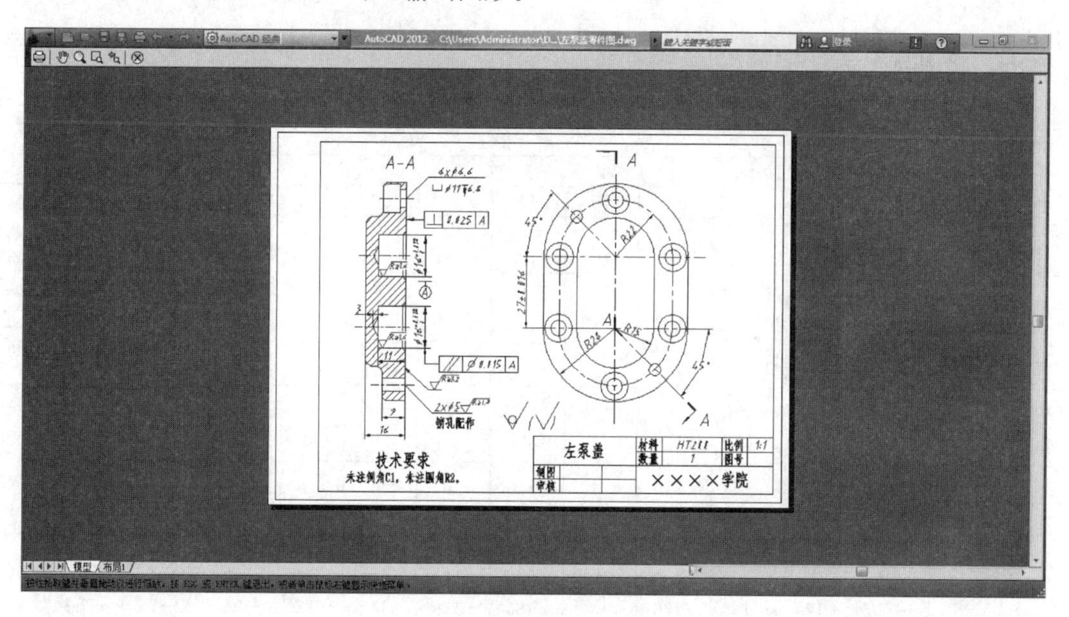

图 10-22　预览显示

附

一、极限与配合

附表 1 **常用及优先用途轴的极限偏差（尺寸**

公称尺寸(mm)		常用及优先公差带												
		a	b		c			d				e		
大于	至	11	11	12	9	10	⑩	8	⑨	10	11	7	8	9
—	3	−270 −330	−140 −200	−140 −240	−60 −85	−60 −100	−60 −120	−20 −34	−20 −45	−20 −60	−20 −30	−14 −24	−14 −28	−14 −30
3	6	−270 −345	−140 −215	−140 −260	−70 −100	−70 −118	−70 −145	−30 −48	−30 −60	−30 −78	−80 −105	−20 −32	−20 −38	−20 −50
6	10	−280 −370	−150 −240	−150 −300	−80 −116	−80 −138	−80 −170	−40 −62	−40 −76	−40 −98	−40 −130	−25 −40	−25 −47	−25 −61
10	14	−290 −400	−150 −260	−150 −330	−95 −138	−95 −165	−95 −205	−50 −77	−50 −93	−50 −120	−50 −160	−32 −50	−32 −59	−32 −75
14	18													
18	24	−300 −430	−160 −290	−160 −370	−110 −162	−110 −194	−110 −240	−65 −98	−65 −117	−65 −149	−65 −195	−40 −61	−40 −73	−40 −92
24	30													
30	40	−310 −470	−170 −330	−170 −420	−120 −182	−120 −220	−120 −280	−80 −119	−80 −142	−80 −180	−80 −240	−50 −75	−50 −189	−50 −112
40	50	−320 −480	−180 −340	−180 −430	−130 −192	−130 −230	−130 −290							
50	65	−340 −530	−190 −380	−190 −490	−140 −214	−140 −260	−140 −330	−100 −146	−100 −174	−100 −220	−100 −290	−60 −90	−60 −106	−60 −134
65	80	−360 −550	−200 −390	−200 −500	−150 −224	−150 −270	−150 −340							
80	100	−380 −600	−220 −440	−220 −570	−170 −257	−170 −310	−170 −390	−120 −174	−120 −207	−120 −260	−120 −340	−72 −107	−72 −126	−72 −159
100	120	−410 −630	−240 −460	−240 −590	−180 −267	−180 −320	−180 −400							
120	140	−460 −710	−260 −510	−260 −660	−200 −300	−200 −360	−200 −450	−145 −208	−145 −245	−145 −305	−145 −395	−85 −125	−85 −148	−85 −185
140	160	−520 −770	−280 −530	−280 −680	−210 −310	−210 −370	−210 −460							
160	180	−580 −830	−310 −560	−310 −710	−230 −330	−230 −390	−230 −480							
180	200	−660 −950	−340 −630	−340 −800	−240 −355	−240 −425	−240 −530	−170 −242	−170 −285	−170 −355	−170 −460	−100 −146	−100 −172	−100 −215
200	225	−740 −1030	−380 −670	−380 −840	−260 −375	−260 −445	−260 −550							
225	250	−820 −1110	−420 −710	−420 −880	−280 −395	−280 −465	−280 −570							
250	280	−920 −1240	−480 −800	−480 −1000	−300 −430	−300 −510	−300 −620	−190 −271	−190 −320	−190 −400	−190 −510	−110 −162	−110 −191	−110 −240
280	315	−1050 −1370	−540 −860	−540 −1060	−330 −460	−330 −540	−330 −650							
315	355	−1200 −1560	−600 −960	−600 −1170	−360 −500	−360 −590	−360 −720	−210 −299	−210 −350	−210 −440	−210 −570	−125 −182	−125 −214	−125 −265
355	400	−1350 −1710	−680 −1040	−680 −1250	−400 −540	−400 −630	−400 −760							
400	450	−1500 −1900	−760 −1160	−760 −1390	−440 −595	−440 −690	−440 −840	−230 −327	−230 −385	−230 −480	−230 −630	−135 −198	−135 −232	−135 −200
450	500	−1650 −2050	−840 −1240	−840 −1470	−480 −635	−480 −730	−480 −880							

录

至 500mm) μm

(带圈者为优先公差带)															
f					g			h							
5	6	⑦	8	9	5	⑥	7	5	⑥	⑦	8	⑨	10	⑪	12
−6 −10	−6 −12	−6 −16	−6 −20	−6 −31	−2 −6	−2 −8	−2 −12	0 −4	0 −6	0 −10	0 −14	0 −25	0 −40	0 −60	0 −100
−10 −15	−10 −18	−10 −22	−10 −28	−10 −40	−4 −9	−4 −12	−4 −16	0 −5	0 −8	0 −12	0 −18	0 −30	0 −48	0 −75	0 −120
−13 −19	−13 −22	−13 −28	−13 −35	−13 −49	−5 −11	−5 −14	−5 −20	0 −6	0 −9	0 −15	0 −22	0 −36	0 −58	0 −90	0 −150
−16 −24	−16 −27	−16 −34	−16 −43	−16 −59	−6 −14	−6 −17	−6 −24	0 −8	0 −11	0 −18	0 −27	0 −43	0 −70	0 −110	0 −180
−20 −29	−20 −33	−20 −41	−20 −53	−20 −72	−7 −16	−7 −20	−7 −28	0 −9	0 −13	0 −21	0 −33	0 −52	0 −84	0 −130	0 −210
−25 −36	−25 −41	−25 −50	−25 −64	−25 −87	−9 −20	−9 −25	−9 −34	0 −11	0 −16	0 −25	0 −39	0 −62	0 −100	0 −160	0 −250
−30 −43	−30 −49	−30 −60	−30 −76	−30 −104	−10 −23	−10 −29	−10 −40	0 −13	0 −19	0 −30	0 −46	0 −74	0 −120	0 −190	0 −300
−36 −51	−36 −58	−36 −71	−36 −90	−36 −123	−12 −27	−12 −34	−12 −47	0 −15	0 −22	0 −35	0 −54	0 −87	0 −140	0 −220	0 −350
−43 −61	−43 −68	−43 −83	−43 −106	−43 −143	−14 −32	−14 −39	−14 −54	0 −18	0 −25	0 −40	0 −63	0 −100	0 −160	0 −250	0 −400
−50 −70	−50 −79	−50 −96	−50 −122	−50 −165	−15 −35	−15 −44	−15 −61	0 −20	0 −29	0 −46	0 −72	0 −115	0 −185	0 −290	0 −460
−56 −79	−56 −88	−56 −108	−56 −137	−56 −186	−17 −40	−17 −49	−17 −69	0 −23	0 −32	0 −52	0 −81	0 −130	0 −210	0 −320	0 −520
−62 −87	−62 −98	−62 −119	−62 −151	−62 −202	−18 −43	−18 −54	−18 −75	0 −25	0 −36	0 −57	0 −89	0 −140	0 −230	0 −360	0 −570
−68 −95	−68 −108	−68 −131	−68 −165	−68 −223	−20 −47	−20 −60	−20 −83	0 −27	0 −40	0 −63	0 −97	0 −155	0 −250	0 −400	0 −630

公称尺寸（mm）		常用及优先公差带														
		js			k			m			n			p		
大于	至	5	6	7	5	⑥	7	5	6	7	5	⑥	7	5	⑥	7
—	3	+9	±3	+5	+4 0	+6 0	+10 0	+6 +2	+8 +2	+12 +2	+8 +4	+10 +4	+14 +4	+10 +6	+12 +6	+16 +6
3	6	±2.5	±4	±6	+6 +1	+9 +1	+13 +1	+9 +4	+12 +4	+16 +4	+13 +8	+16 +8	+20 +8	+17 +12	+20 +12	+24 +12
6	10	±3	±4.5	±7	+7 +1	+10 +1	+16 +1	+12 +6	+15 +6	+21 +6	+16 +10	+19 +10	+25 +10	+21 +15	+24 +15	+30 +15
10	14	±4	±5.5	±9	±9 +1	+12 +1	+19 +1	+15 +7	+18 +7	+25 +7	+20 +12	+23 +12	+30 +12	+26 +18	+29 +18	+36 +18
14	18															
18	24	±4.5	±6.5	±10	+11 +2	+15 +2	+23 +2	+17 +8	+21 +8	+29 +8	+24 +15	+28 +15	+36 +15	+31 +22	+35 +22	+43 +22
24	30															
30	40	±5.5	±8	±12	+13 +2	+18 +2	+27 +2	+20 +9	+25 +9	+34 +9	+28 +17	+33 +17	+42 +17	+37 +26	+42 +26	+51 +26
40	50															
50	65	±6.5	±9.5	±15	+15 +2	+21 +2	+32 +2	+24 +11	+30 +11	+41 +11	+33 +20	+39 +20	+50 +20	+45 +32	+51 +32	+62 +32
65	80															
80	100	±7.5	±11	±17	+18 +3	+25 +3	+38 +3	+28 +13	+35 +13	+48 +13	+38 +23	+45 +23	+58 +23	+52 +37	+59 +37	+72 +37
100	120															
120	140	±9	±12.5	±20	+21 +3	+28 +3	+43 +3	+33 +15	+40 +15	+55 +15	+45 +27	+52 +27	+67 +27	+61 +43	+68 +43	+83 +43
140	160															
160	180															
180	200	±10	±14.5	±23	+24 +4	+33 +4	+50 +4	+37 +17	+46 +17	+63 +17	+51 +31	+60 +31	+77 +31	+70 +50	+79 +50	+96 +50
200	225															
225	250															
250	280	±11.5	±16	±26	+27 +4	+36 +4	+56 +4	+43 +20	+52 +20	+72 +20	+57 +34	+66 +34	+86 +34	+79 +56	+88 +56	+108 +56
280	315															
315	355	±12.5	±18	±28	+29 +4	+40 +4	+61 +4	+46 +21	+57 +21	+78 +21	+62 +37	+73 +37	+94 +37	+87 +62	+98 +62	+119 +62
355	400															
400	450	±13.5	±20	±31	+32 +5	+45 +5	+68 +5	+50 +23	+63 +23	+86 +23	+67 +40	+80 +40	+103 +40	+95 +68	+108 +68	+131 +68
450	500															

续表

（带圈者为优先公差带）

r			s			t			u		v	x	y	z
5	6	7	5	⑥	7	5	6	7	⑥	7	6	6	6	6
+14 +10	+16 +10	+20 +10	+18 +14	+20 +14	+24 +14	—	—	—	+24 +18	+28 +18	—	+26 +20	—	+32 +26
+20 +15	+23 +15	+27 +15	+24 +19	+27 +19	+31 +19	—	—	—	+31 +23	+35 +23	—	+36 +28	—	+43 +35
+25 +19	+28 +19	+34 +19	+29 +23	+32 +23	+38 +23	—	—	—	+37 +28	+43 +28	—	+43 +34	—	+51 +42
+31 +23	+34 +23	+41 +23	+36 +28	+39 +28	+46 +28	—	—	—	+44 +33	+51 +33	—	+51 +40	—	+61 +50
						—	—	—			+50 +39	+56 +45	—	+71 +60
+37 +28	+41 +28	+49 +28	+44 +35	+48 +35	+56 +35	—	—	—	+54 +41	+62 +41	+60 +47	+67 +54	+76 +63	+86 +73
						+50 +41	+54 +41	+62 +41	+61 +48	+69 +48	+68 +55	+77 +64	+88 +75	+101 +88
+45 +34	+50 +34	+59 +34	+54 +43	+59 +43	+68 +43	+59 +48	+64 +48	+73 +48	+76 +60	+85 +60	+84 +68	+96 +80	+110 +94	+128 +112
						+65 +54	+70 +54	+79 +54	+86 +70	+95 +70	+97 +81	+113 +97	+130 +114	+152 +136
+54 +41	+60 +41	+71 +41	+66 +53	+72 +53	+83 +53	+79 +66	+85 +66	+96 +66	+106 +87	+117 +87	+121 +102	+141 +122	+163 +144	+191 +172
+56 +43	+62 +43	+73 +43	+72 +59	+78 +59	+89 +59	+88 +75	+94 +75	+105 +75	+121 +102	+132 +102	+139 +120	+165 +146	+193 +174	+229 +210
+66 +51	+73 +51	+86 +51	+86 +71	+93 +71	+106 +71	+106 +91	+113 +91	+126 +91	+146 +124	+159 +124	+168 +146	+200 +178	+236 +214	+280 +258
+69 +54	+76 +54	+89 +54	+94 +79	+101 +79	+114 +79	+119 +104	+126 +104	+139 +104	+166 +144	+179 +144	+194 +172	+232 +210	+276 +254	+332 +310
+81 +63	+88 +63	+103 +63	+110 +92	+117 +92	+132 +92	+140 +122	+147 +122	+162 +122	+195 +170	+210 +170	+227 +202	+273 +248	+325 +300	+390 +365
+83 +65	+90 +65	+105 +65	+118 +100	+125 +100	+140 +100	+152 +134	+159 +134	+174 +134	+215 +190	+230 +190	+253 +228	+305 +280	+365 +340	+440 +415
+86 +68	+93 +68	+108 +68	+126 +108	+133 +108	+148 +108	+164 +146	+171 +146	+186 +146	+235 +210	+250 +210	+277 +252	+335 +310	+405 +380	+490 +465
+97 +77	+106 +77	+123 +77	+142 +122	+151 +122	+168 +122	+186 +166	+195 +166	+212 +166	+265 +236	+282 +236	+313 +284	+379 +350	+454 +425	+549 +520
+100 +80	+109 +80	+126 +80	+150 +130	+159 +130	+176 +130	+200 +180	+209 +180	+226 +180	+287 +258	+304 +258	+339 +310	+414 +385	+499 +470	+604 +575
+104 +84	+113 +84	+130 +84	+160 +140	+169 +140	+186 +140	+216 +196	+225 +196	+242 +196	+313 +284	+330 +284	+369 +340	+454 +425	+549 +520	+669 +640
+117 +94	+126 +94	+146 +94	+181 +158	+190 +158	+210 +158	+241 +218	+250 +218	+270 +218	+347 +315	+367 +315	+417 +385	+507 +475	+612 +580	+742 +710
+121 +98	+130 +98	+150 +98	+193 +170	+202 +170	+222 +170	+263 +240	+272 +240	+292 +240	+382 +350	+402 +350	+457 +425	+557 +525	+682 +650	+822 +790
+133 +108	+144 +108	+165 +108	+215 +190	+226 +190	+247 +190	+293 +268	+304 +268	+325 +268	+426 +390	+447 +390	+511 +475	+626 +590	+766 +730	+936 +900
+139 +114	+150 +114	+171 +114	+233 +208	+244 +208	+265 +208	+319 +294	+330 +294	+351 +294	+471 +435	+492 +435	+566 +530	+696 +660	+856 +820	+1036 +1000
+153 +126	+166 +126	+189 +126	+259 +232	+272 +232	+295 +232	+357 +330	+370 +330	+393 +330	+530 +490	+553 +490	+635 +595	+780 +740	+960 +920	+1140 +1100
+159 +132	+172 +132	+195 +132	+279 +252	+292 +252	+315 +252	+387 +360	+400 +360	+423 +360	+580 +540	+603 +540	+700 +660	+860 +820	+1040 +1000	+1290 +1250

附表 2 **常用及优先用途孔的极限偏差（尺寸**

公称尺寸(mm)		常用及优先公差带														
		A	B		C	D				E		F				G
大于	至	11	11	12	⑪	8	⑨	10	11	8	9	6	7	⑧	9	6
—	3	+330 +270	+200 +140	+240 +140	+120 +60	+34 +20	+45 +20	+60 +20	+80 +20	+28 +14	+39 +14	+12 +6	+16 +6	+20 +6	+31 +6	+8 +2
3	6	+345 +270	+215 +140	+260 +140	+145 +70	+48 +30	+60 +30	+78 +30	+105 +30	+38 +20	+50 +20	+18 +10	+22 +10	+28 +10	+40 +10	+12 +4
6	10	+370 +280	+240 +150	+300 +150	+170 +80	+62 +40	+76 +40	+98 +40	+130 +40	+47 +25	+61 +25	+22 +13	+28 +13	+35 +13	+49 +13	+14 +5
10 14	14 18	+400 +290	+260 +150	+330 +150	+205 +95	+77 +50	+93 +50	+120 +50	+160 +50	+59 +32	+75 +32	+27 +16	+34 +16	+43 +16	+59 +16	+17 +6
18 24	24 30	+430 +300	+290 +160	+370 +160	+240 +110	+98 +65	+117 +65	+149 +65	+195 +65	+73 +40	+92 +40	+33 +20	+41 +20	+53 +20	+72 +20	+20 +7
30	40	+470 +310	+330 +170	+420 +170	+280 +120	+119 +80	+142 +80	+180 +80	+240 +80	+89 +50	+112 +50	+41 +25	+50 +25	+64 +25	+87 +25	+25 +9
40	50	+480 +320	+340 +180	+430 +180	+290 +130											
50	65	+530 +340	+380 +190	+490 +190	+330 +150	+146 +100	+170 +100	+220 +100	+290 +100	+106 +60	+134 +60	+49 +30	+60 +30	+76 +30	+104 +30	+29 +10
65	80	+550 +360	+390 +200	+500 +200	+340 +150											
80	100	+600 +380	+400 +220	+570 +220	+390 +170	+174 +120	+207 +120	+260 +120	+340 +120	+126 +72	+159 +72	+58 +36	+71 +36	+90 +36	+123 +36	+34 +12
100	120	+630 +410	+460 +240	+590 +240	+400 +180											
120	140	+710 +460	+510 +260	+660 +260	+450 +200	+208 +145	+245 +145	+305 +145	+395 +145	+148 +85	+185 +85	+68 +43	+83 +43	+106 +43	+143 +43	+39 +14
140	160	+770 +520	+530 +280	+680 +280	+460 +210											
160	180	+830 +580	+560 +310	+710 +310	+480 +230											
180	200	+950 +660	+630 +340	+800 +340	+530 +240	+242 +170	+285 +170	+355 +170	+460 +170	+172 +100	+215 +100	+79 +50	+96 +50	+122 +50	+165 +50	+44 +15
200	225	+1030 +740	+670 +380	+840 +380	+550 +260											
225	250	+1110 +820	+710 +420	+880 +420	+570 +280											
250	280	+1240 +920	+800 +480	+1000 +480	+620 +300	+271 +190	+320 +190	+400 +190	+510 +190	+191 +110	+240 +110	+88 +56	+108 +56	+137 +56	+186 +56	+49 +17
280	315	+1370 +1050	+860 +540	+1060 +540	+650 +330											
315	355	+1560 +1200	+960 +600	+1170 +600	+720 +360	+299 +210	+350 +210	+440 +210	+570 +210	+214 +125	+265 +125	+98 +62	+119 +62	+151 +62	+202 +62	+54 +18
355	400	+1710 +1350	+1040 +680	+1250 +680	+760 +400											
400	450	+1900 +1500	+1160 +760	+1390 +760	+840 +440	+327 +230	+385 +230	+480 +230	+630 +230	+232 +135	+290 +135	+108 +68	+131 +68	+165 +68	+223 +68	+6 +20
450	500	+2050 +1650	+1240 +840	+1470 +840	+880 +480											

至 500mm)

μm

（带圈者为优先公差带）																	
	H								JS			K			M		
⑦	6	⑦	⑧	⑨	10	⑪	12	6	7	8	6	⑦	8	6	7	8
+12 +2	+6 0	+10 0	+14 0	+25 0	+40 0	+60 0	+100 0	±3	±5	±7	0 −6	0 −10	0 −14	−2 −8	−2 −12	−2 −16
+16 +4	+8 0	+12 0	+18 0	+30 0	+48 0	+75 0	+120 0	±4	±6	±9	+2 −6	+3 −9	+5 −13	−1 −9	0 −12	+2 −16
+20 +5	+9 0	+15 0	+22 0	+36 0	+58 0	+90 0	+150 0	±4.5	±7	±11	+2 −7	+5 −10	+6 −16	−3 −12	0 −15	+1 −21
+24 +6	+11 0	+18 0	+27 0	+43 0	+70 0	+110 0	+180 0	±5.5	±9	±13	+2 −9	+6 −12	+8 −19	−4 −15	0 −18	+2 −25
+28 +7	+13 0	+21 0	+33 0	+52 0	+84 0	+130 0	+210 0	±6.5	±10	±16	+2 −11	+6 −15	+10 −23	−4 −17	0 −21	+4 −29
+34 +9	+16 0	+25 0	+39 0	+62 0	+100 0	+160 0	+250 0	±8	±12	±19	+3 −13	+7 −18	+12 −27	−4 −20	0 −25	+5 −34
+40 +10	+19 0	+30 0	+46 0	+74 0	+120 0	+190 0	+300 0	±9.5	±15	±23	+4 −15	+9 −21	+14 −32	−5 −24	0 −30	+5 −41
+47 +12	+22 0	+35 0	+54 0	+87 0	+140 0	+220 0	+350 0	±11	±17	±27	+4 −18	+10 −25	+16 −38	−6 −28	0 −35	+6 −48
+54 +14	+25 0	+40 0	+63 0	+100 0	+160 0	+250 0	+400 0	±12.5	±20	±31	+4 −21	+12 −28	+20 −43	−8 −33	0 −40	+8 −55
+61 +15	+29 0	+46 0	+72 0	+115 0	+185 0	+290 0	+460 0	±14.5	±23	±36	+5 −24	+13 −33	+22 −50	−8 −37	0 −46	+9 −63
+69 +17	+32 0	+52 0	+81 0	+130 0	+210 0	+320 0	+520 0	+16	±26	±40	+5 −27	+16 −36	+25 −56	−9 −41	0 −52	+9 −72
+75 +18	+36 0	+57 0	+89 0	+140 0	+230 0	+360 0	+570 0	±18	±28	±44	+7 −29	+17 −40	+28 −61	−10 −46	0 −57	+11 −78
+83 +20	+40 0	+63 0	+97 0	+155 0	+250 0	+400 0	+630 0	±20	±31	±48	+8 −32	+18 −45	+29 −68	−10 −50	0 −63	+11 −86

续表

公称尺寸（mm）		常用及优先公差带（带圈者为优先公差带）											
		N			P		R		S		T		U
大于	至	6	⑦	8	6	⑦		7	6	⑦	6	7	⑦
—	3	−4 −10	−4 −14	−4 −18	−6 −12	−6 −16	−10 −16	−10 −20	−14 −20	−14 −24	—	—	−18 −28
3	6	−5 −13	−4 −16	−9 −20	−9 −17	−8 −20	−12 −20	−11 −23	−16 −24	−15 −27	—	—	−19 −31
6	10	−7 −16	−4 −19	−3 −25	−12 −21	−9 −24	−16 −25	−13 −28	−20 −29	−17 −32	—	—	−22 −37
10	14	−9 −20	−5 −23	−3 −30	−15 −26	−11 −29	−20 −31	−16 −34	−25 −36	−21 −39	—	—	−26 −44
14	18												
18	24	−11 −24	−7 −28	−3 −36	−18 −31	−14 −35	−24 −37	−20 −41	−31 −44	−27 −48	—	—	−33 −54
24	30										−37 −50	−33 −54	−40 −61
30	40	−12 −28	−8 −33	−3 −42	−21 −37	−17 −42	−29 −45	−25 −50	−38 −54	−34 −59	−43 −59	−39 −64	−51 −76
40	50										−49 −65	−45 −70	−61 −86
50	65	−14 −33	−9 −39	−4 −50	−26 −45	−21 −51	−35 −54	−30 −60	−47 −66	−42 −72	−60 −79	−55 −85	−76 −106
65	80						−37 −56	−32 −62	−53 −72	−48 −78	−69 −88	−64 −94	−91 −121
80	100	−16 −38	−10 −45	−4 −58	−30 −52	−24 −59	−44 −66	−38 −73	−64 −86	−58 −93	−84 −106	−78 −113	−111 −146
100	120						−47 −69	−41 −76	−72 −94	−66 −101	−97 −119	−91 −126	−131 −166
120	140	−20 −45	−12 −52	−4 −67	−36 −61	−28 −68	−56 −81	−48 −88	−85 −110	−77 −117	−115 −140	−107 −147	−155 −195
140	160						−58 −83	−50 −90	−93 −118	−85 −125	−127 −152	−119 −159	−175 −215
160	180						−61 −86	−53 −93	−101 −126	−93 −133	−139 −164	−131 −171	−195 −235
180	200	−22 −51	−14 −60	−5 −77	−41 −70	−33 −79	−68 −97	−60 −106	−113 −142	−105 −151	−157 −186	−149 −195	−219 −265
200	225						−71 −100	−68 −109	−121 −150	−113 −159	−171 −200	−163 −209	−241 −287
225	250						−75 −104	−67 −113	−131 −160	−123 −169	−187 −216	−179 −225	−267 −313
250	280	−25 −57	−14 −66	−5 −86	−47 −79	−36 −88	−85 −117	−74 −126	−149 −181	−138 −190	−209 −241	−198 −250	−295 −347
280	315						−89 −121	−78 −130	−161 −193	−150 −202	−231 −263	−220 −272	−330 −382
315	355	−26 −62	−16 −73	−5 −94	−51 −87	−41 −98	−97 −133	−87 −144	−179 −215	−169 −226	−257 −293	−247 −304	−369 −426
355	400						−103 −139	−93 −150	−197 −233	−187 −244	−283 −319	−273 −330	−414 −471
400	450	−27 −67	−17 −80	−6 −103	−55 −95	−45 −108	−113 −153	−103 −166	−219 −259	−209 −272	−317 −357	−307 −370	−467 −530
450	500						−119 −159	−109 −172	−239 −279	−229 −292	−347 −387	−337 −400	−517 −580

附表 3　　基孔制优先、常用配合

基孔制	轴																				
	a	b	c	d	e	f	g	h	js	k	m	n	p	r	s	t	u	v	x	y	z
	间隙配合								过渡配合			过盈配合									
H6						H6/f5	H6/g5	H6/h5	H6/js5	H6/k5	H6/m5	H6/n5	H6/p5	H6/r5	H6/s5	H6/t5					
H7						▼H7/f6	▼H7/g6	▼H7/h6	H7/js6	▼H7/k6	H7/m6	▼H7/n6	▼H7/p6	H7/r6	▼H7/s6	H7/t6	▼H7/u6	H7/v6	H7/x6	H7/y6	H7/z6
H8					H8/e7	H8/f7	H8/g7	▼H8/g7	H8/js7	H8/k7	H8/m7	H8/n7	H8/p7	H8/r7	H8/s7	H8/t7	H8/u7				
				H8/d8	H8/e8	H8/f8		▼H8/h8													
H9			H9/c9	▼H9/d9	H9/e9	▼H9/f9		H9/h9													
H10			H10/c10	H10/d10				H10/h10													
H11	H11/a11	H11/b11	▼H11/c11	H11/d11				▼H11/h11													
H12		H12/b12						H12/h12													

注　标注▼的配合为优先配合。

附表 4　　基轴制优先、常用配合

基轴制	孔																				
	A	B	C	D	E	F	G	H	Js	K	M	N	P	R	S	T	U	V	X	Y	Z
	间隙配合								过渡配合			过盈配合									
h5						F6/h5	G6/H5	H6/h5	Js6/h5	K6/h5	M6/h5	N6/h5	P6/h5	R6/h5	S6/h5	T6/h5					
h6						F7/h6	▼G7/h6	▼H7/h6	Js7/h6	▼K7/h6	M7/h6	▼N7/h6	▼P7/h6	R7/h6	▼S7/h6	T7/h6	▼U7/h6				
h7					E8/h7	▼F8/h7		▼H8/h7	Js8/h7	K8/h7	M8/h7	N8/h7									
h8				D8/h8	E8/h8	F8/h8		H8/h8													
h9				▼D9/h9	E9/h9	F9/h9		▼H9/h9													
h10				D10/h10				H10/h10													
h11	A11/h11	B11/h11	▼C11/h11	D11/h11				▼H11/h11													
h12		B12/h12						H12/h12													

注　标注▼的配合为优先配合。

附表 5　**标 准 公 差 数 值**

公称尺寸 (mm)		标准公差等级																	
		IT1	IT2	IT3	IT4	IT5	IT6	IT7	IT8	IT9	IT10	IT11	IT12	IT13	IT14	IT15	IT16	IT17	IT18
大于	至	μm											mm						
—	3	0.8	1.2	2	3	4	6	10	14	25	40	60	0.1	0.14	0.25	0.4	0.6	1	1.4
3	6	1	1.5	2.5	4	5	8	12	18	30	48	75	0.12	0.18	0.3	0.48	0.75	1.2	1.8
6	10	1	1.5	2.5	4	6	9	15	22	36	58	90	0.15	0.22	0.36	0.58	0.9	1.5	2.2
10	18	1.2	2	3	5	8	11	18	27	43	70	110	0.18	0.27	0.43	0.7	1.1	1.8	2.7
18	30	1.5	2.5	4	6	9	13	21	33	52	84	130	0.21	0.33	0.52	0.84	1.3	2.1	3.3
30	50	1.5	2.5	4	7	11	16	25	39	62	100	160	0.25	0.39	0.62	1	1.6	2.5	3.9
50	80	2	3	5	8	13	19	30	46	74	120	190	0.3	0.46	0.74	1.2	1.9	3	4.6
80	120	2.5	4	6	10	15	22	35	54	87	140	220	0.35	0.54	0.87	1.4	2.2	3.5	5.4
120	180	3.5	5	8	12	18	25	40	63	100	160	250	0.4	0.63	1	1.6	2.5	4	6.3
180	250	4.5	7	10	14	20	29	46	72	115	185	290	0.46	0.72	1.15	1.85	2.9	4.6	7.2
250	315	6	8	12	16	23	32	52	81	130	210	320	0.52	0.81	1.3	2.1	3.2	5.2	8.1
315	400	7	9	13	18	25	36	57	89	140	230	360	0.57	0.89	1.4	2.3	3.6	5.7	8.9
400	500	8	10	15	20	27	40	63	97	155	250	400	0.63	0.97	1.55	2.5	4	6.3	9.7
500	630	9	11	16	22	32	44	70	110	175	280	440	0.7	1.1	1.75	2.8	4.4	7	11
630	800	10	13	18	25	36	50	80	125	200	320	500	0.8	1.25	2	3.2	5	8	12.5
800	1000	11	15	21	28	40	56	90	140	230	360	560	0.9	1.4	2.3	3.6	5.6	9	14
1000	1250	13	18	24	33	47	66	105	165	260	420	660	1.05	1.65	2.6	4.2	6.6	10.5	16.5
1250	1600	15	21	29	39	55	78	125	195	310	500	780	1.25	1.95	3.1	5	7.8	12.5	19.5
1600	2000	18	25	35	46	65	92	150	230	370	600	920	1.5	2.3	3.7	6	9.2	15	23
2000	2500	22	30	41	55	78	110	175	280	440	700	1100	1.75	2.8	4.4	7	11	17.5	28
2500	3150	26	36	50	68	96	135	210	330	540	860	1350	2.1	3.3	5.4	8.6	13.5	21	33

二、螺纹

附表 6　　普通螺纹直径和螺距系列（GB/T 193—2003）

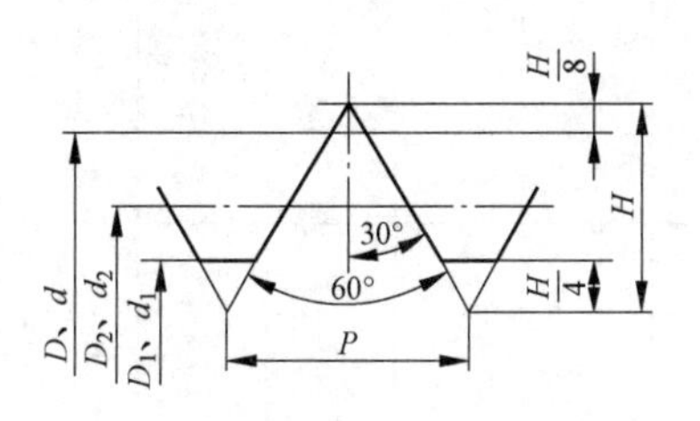

$d_2=d-2\times\frac{3}{8}H$，$D_2=D-2\times\frac{3}{8}H$

$d_1=d-2\times\frac{5}{8}H$，$D_2=D-2\times\frac{5}{8}H$

$H=\frac{\sqrt{3}}{2}P$

式中　d——外螺纹大径；D——内螺纹大径；
d_2——外螺纹中径；D_2——内螺纹大径；
d_1——外螺纹小径；D_1——内螺纹小径；
P——螺距；　H——原始三角形高度

公称直径 D、d（mm）			螺距 P（mm）										
第1系列	第2系列	第3系列	粗牙	细牙									
				3	2	1.5	1.25	1	0.75	0.5	0.35	0.25	0.2
*1			*0.25										0.2
	1.1		0.25										0.2
*1.2			*0.25										0.2
	*1.4		*0.3										0.2
*1.6			*0.35										0.2
	*1.8		*0.35										0.2
*2			*0.4									0.25	
	2.2		0.45									0.25	
*2.5			*0.45								0.35		
*3			*0.5								0.35		
	*3.5		*0.6								0.35		
*4			*0.7							0.5			
	4.5		0.75							0.5			
*5			*0.8							0.5			
		5.5								0.5			
*6			*1						0.75				
	*7		*1						0.75				
*8			*1.25					1	0.75				
		9	1.25					1	0.75				
*10			*1.5				1.25	1	0.75				
		11	1.5			1.5		1	0.75				
*12			*1.75				1.25	1					

续表

公称直径 D、d（mm）			螺距 P（mm）										
第1系列	第2系列	第3系列	粗牙	细牙									
				3	2	1.5	1.25	1	0.75	0.5	0.35	0.25	0.2
	*14		*2			1.5	1.25[a]	1					
		15				1.5		1					
*16			*2			1.5		1					
		17				1.5		1					
	*18		*2.5		2	1.5		1					
*20			*2.5		2	1.5		1					
	*22				2	1.5		1					
*24			*2.5		2	1.5		1					
		25	3		2	1.5		1					
		26				1.5							
	*27		*3		2	1.5		1					
		28			2	1.5		1					
*30			*3.5	(3)	2	1.5		1					
		32			2	1.5							
	*33		*3.5	(3)	2	1.5							
		35[b]				1.5							
*36			*4	3	2	1.5							
		38				1.5							
	*39		*4	3	2	1.5							

第1系列	第2系列	第3系列	粗牙螺距 P（mm）	细牙螺距 P(mm)					
				8	6	4	3	2	1.5
		40					3	2	1.5
*42			*4.5			4	3	2	1.5
	*45		*4.5			4	3	2	1.5
*48			*5			4	3	2	1.5
		50					3	2	1.5
	*52		*5			4	3	2	1.5
		55				4	3	2	1.5
*56			*5.5			4	3	2	1.5
		58				4	3	2	1.5
	*60		*5.5			4	3	2	1.5
		62				4	3	2	1.5
*64			*6			4	3	2	1.5

续表

第1系列	第2系列	第3系列	粗牙螺距 P (mm)	细牙螺距 P(mm)					
				8	6	4	3	2	1.5
		65				4	3	2	1.5
	68		6			4	3	2	1.5
		70			6	4	3	2	1.5
					6	4	3	2	1.5
72		75				4	3	2	1.5
	76				6	4	3	2	1.5
		78						2	
80					6	4	3	2	1.5
		82						2	
	85				6	4	3	2	
90					6	4	3	2	
	95				6	4	3	2	
100					6	4	3	2	
	105				6	4	3	2	
110					6	4	3	2	
	115				6	4	3	2	
	120				6	4	3	2	
125				8	6	4	3	2	
	130			8	6	4	3	2	
					6	4	3	2	
140		135		8	6	4	3	2	
		145			6	4	3	2	
	150			8	6	4	3	2	
		155			6	4	3	2	
160				8	6	4	3		
		165			6	4	3		
	170			8	6	4	3		
		175			6	4	3		
180				8	6	4	3		
		185			6	4	3		

注　1. 优先选用第1系列，其次是第2系列，第3系列尽可能不用。

2. 括号内尺寸尽可能不用。

a　仅用于发动机的火花塞；b 仅用于滚动轴承锁紧螺母。

*　普通螺纹优选系列。

附表 7　　基本尺寸（GB/T 196—2003）

公称直径 D、d（mm）	螺距 P（mm）	中径 D_2 或 d_2（mm）	小径 D_1 或 d_1（mm）
3	0.5	2.675	2.459
	0.35	2.773	2.621
3.5	0.6	3.110	2.850
	0.35	3.273	3.121
4	0.7	3.545	3.242
	0.5	3.675	3.459
4.5	0.75	4.013	3.688
	0.5	4.175	3.959
5	0.8	4.480	4.134
	0.5	4.675	4.459
5.5	0.5	5.175	4.959
6	1	5.350	4.917
	0.75	5.513	5.188
7	1	6.350	5.917
	0.75	6.513	6.188
8	1.25	7.188	6.647
	1	7.350	6.917
	0.75	7.513	7.188
9	1.25	8.188	7.647
	1	8.350	7.917
	0.75	8.513	8.188
10	1.5	9.026	8.376
	1.25	9.188	8.647
	1	9.350	8.917
	0.75	9.513	9.188
11	1.5	10.026	9.376
	1	10.35	9.917
	0.75	10.513	10.188
12	1.75	10.863	10.106
	1.5	11.026	10.376
	1.25	11.188	10.647
	1	11.350	10.917
14	2	12.701	11.835
	1.5	13.026	12.376
	1.25	13.188	12.647
	1	13.350	12.917
15	1.5	14.026	13.376
	1	14.350	13.917
16	2	14.701	13.835
	1.5	15.026	14.376
	1	15.350	14.917
17	1.5	16.026	15.376
	1	16.350	15.917
18	2.5	16.376	15.294
	2	16.701	15.835
	1.5	17.026	16.376
	1	17.350	16.917
20	2.5	18.376	17.294
	2	18.701	17.835
	1.5	19.026	18.376
	1	19.350	18.917
22	2.5	20.376	19.294
	2	20.701	19.835
	1.5	21.026	20.376
	1	21.350	20.917
24	3	22.051	20.752
	2	22.701	21.835
	1.5	23.026	22.376
	1	23.350	22.917
25	2	23.701	22.835
	1.5	24.026	23.376
	1	24.350	23.917
26	1.5	25.026	24.376
27	3	25.051	23.752
	2	25.701	24.835
	1.5	26.026	25.376
	1	26.350	25.917
28	2	26.701	25.835
	1.5	27.026	26.376
	1	27.350	26.917
30	3.5	27.727	26.211
	3	28.051	26.752
	2	28.701	27.835
	1	29.026	28.376
	1.5	29.350	28.917

续表

公称直径 D、d（mm）	螺距 P（mm）	中径 D_2 或 d_2（mm）	小径 D_1 或 d_1（mm）
32	2	30.701	29.835
	1.5	31.026	30.376
33	3.5	30.727	29.211
	3	31.051	29.752
	2	31.701	30.835
	1.5	32.026	31.376
35	1.5	34.026	33.376
36	4	33.402	31.670
	3	34.051	32.752
	2	34.701	33.835
	1.5	35.026	34.376
38	1.5	37.026	36.376
39	4	36.402	34.670
	3	37.051	35.752
	2	37.701	36.835
	1.5	38.026	37.376
40	3	38.051	36.752
	2	38.701	37.835
	1.5	39.026	38.376
42	4.5	39.077	37.129
	4	39.402	37.670
	3	40.051	38.752
	2	40.701	39.835
	1.5	41.026	40.376
45	4.5	42.077	40.129
	4	42.402	40.670
	3	43.051	41.752
	2	43.701	42.835
	1.5	44.026	43.376
48	5	44.752	42.587
	4	45.402	43.670
	3	46.051	44.752
48	2	46.701	45.835
	1.5	47.026	46.376
50	30	48.051	46.752
	2	48.701	47.835
	1.5	49.026	48.376
52	5	48.752	46.587
	4	49.402	47.670
	3	50.051	48.752
	2	50.701	49.835
	1.5	51.026	50.376
55	4	52.402	50.670
	3	53.051	51.752
	2	53.701	52.835
	1.5	54.026	53.376
56	5.5	52.428	50.046
	4	53.402	51.670
	3	54.051	52.752
	2	54.701	53.835
	1.5	55.026	54.376
58	4	55.402	53.670
	3	56.051	54.752
	2	56.701	55.835
	1.5	57.026	56.376
60	5.5	56.428	54.046
	4	57.402	55.670
	3	58.051	56.752
	2	58.701	57.835
	1.5	59.026	58.376
62	4	59.402	57.670
	3	60.051	58.752
	2	60.701	59.835
	1.5	61.026	60.376

附表 8　　用螺纹密封的管螺纹（GB/T 7306.1～7306.2—2000）

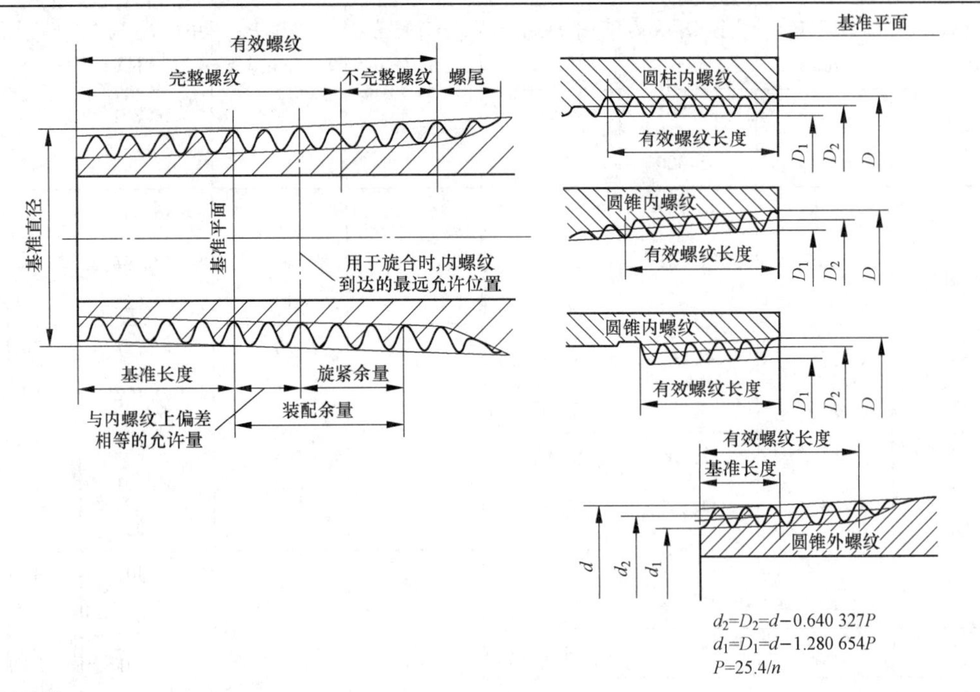

标记示例：

圆锥内螺纹 Rc1 ½。圆柱内螺纹 Rp1 ½，圆锥外螺纹 R1 ½

圆锥内螺纹与圆锥外螺纹的配合 Rc1 ½R1 ½，当螺纹为左旋时 Rc1 ½/R1 ½－LH

圆柱内螺纹与圆锥外螺纹的配合 Rp1 ½/R1 ½

尺寸代号	每 25.4mm 内的牙数 n	螺距 P(mm)	基面上直径			基准长度 (mm)	有效螺纹长度 (mm)	装配余量	
			大径 (基面直径) $d=D$(mm)	中径 $d_1=D_2$ (mm)	小径 $d_1=D_1$ (mm)			mm	圈数
1/16	28	0.907	7.723	7.142	6.561	4	6.5	2.5	$2^{3/4}$
1/8	28	0.907	9.728	9.147	8.566	4	6.5	2.5	$2^{3/4}$
1/4	19	1.337	13.157	12.301	11.445	6	9.7	3.7	$2^{3/4}$
3/8	19	1.337	16.662	15.806	14.950	6.4	10.1	3.7	$2^{3/4}$
1/2	14	1.814	20.955	19.793	18.631	8.2	13.2	5	$2^{3/4}$
3/4	14	1.814	26.441	25.279	24.117	9.5	14.5	5	$2^{3/4}$
1	11	2.309	33.249	31.770	30.291	10.4	16.8	6.4	$2^{3/4}$
1 ¼	11	2.309	41.910	40.431	38.952	12.7	19.1	6.4	$2^{3/4}$
1 ½	11	2.309	47.803	46.324	44.845	12.7	19.1	6.4	$3^{1/4}$
2	11	2.309	59.614	58.135	56.656	15.9	23.4	7.5	4
2 ½	11	2.309	75.184	73.705	72.226	17.5	26.7	9.2	4
3	11	2.309	87.884	86.405	84.926	20.6	29.8	9.2	4
3 ½ *	11	2.309	100.330	98.851	97.372	22.2	31.4	9.2	4
4	11	2.309	113.030	111.551	110.072	25.4	35.8	10.4	$4^{1/2}$
5	11	2.309	138.430	136.951	135.472	28.6	40.1	11.5	5
6	11	2.309	163.830	162.351	160.872	28.6	40.1	11.5	5

注　1. 有 * 的代号为 3½的螺纹，限用于蒸汽机车。

2. 本标准包括了圆锥内螺纹与圆锥外螺纹和圆柱内螺纹与圆锥外螺纹两种连接形式。

3. 本标准适用于管子、管接头、旋塞、阀门和其他螺纹连接的附件。

三、螺栓

附表 9　　六角头螺栓—A 和 B 级（GB/T 5782—2016）、六角头螺栓全螺纹—A 和 B 级（GB/T 5783—2016）

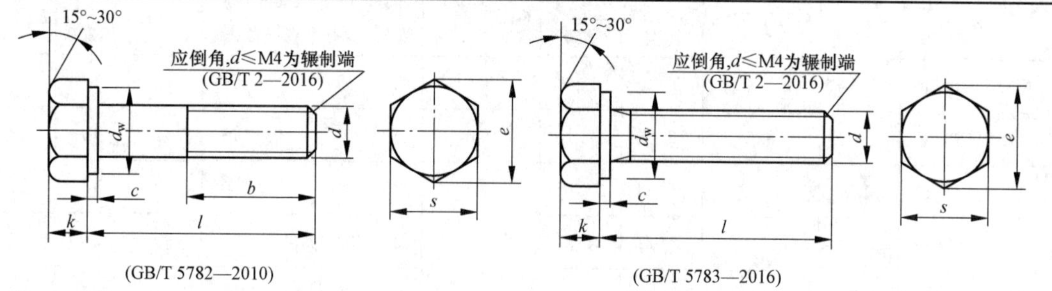

(GB/T 5782—2010)　　(GB/T 5783—2016)

标记示例：

螺纹规格 d=M12、公称长度 l=80mm、性能等级为 8.8 级、表面氧化、A 级的六角螺栓：

螺栓 GB/T 5782—2000　M12×80 或螺栓 GB/T 5782 M12×80

mm

螺纹规格 D		e_{min}		k（公称）	d_{wmin}		c_{max}	l（公称）		b（参考）		
		GB/T 5782 GB/T 5783		GB/T 5782 GB/T 5783	GB/T 5782 GB/T 5783		GB/T 5782 GB/T 5783	GB/T 5782（商品长度规格范围）	GB/T 5783（商品长度规格范围）	GB/T 5782		
		A 级	B 级		A 级	B 级				l≤125	125>l≤200	l>200
优选的螺纹规格	M1.6	3.41	3.28	1.1	2.27	2.30	0.25	12~16	2~16	9	15	28
	M2	4.32	4.18	1.4	3.07	2.95		16~20	4~20	10	16	29
	M2.5	5.45	5.31	1.7	4.07	3.95		16~25	5~25	11	17	30
	M3	6.01	5.88	2	4.57	4.45	0.4	20~30	6~30	12	18	31
	M4	7.66	7.50	2.8	5.88	5.74		25~40	8~40	14	20	33
	M5	8.79	8.63	3.5	6.88	6.74	0.5	25~50	10~50	16	22	35
	M6	11.05	10.89	4	8.88	8.74		30~60	12~60	18	24	37
	M8	14.38	14.20	5.3	11.63	11.47	0.6	40~80	16~80	22	28	41
	M10	17.77	17.59	6.4	14.63	14.47		45~100	20~100	26	32	45
	M12	20.03	19.85	7.5	16.63	16.47		50~120	25~120	30	36	49
	M16	26.75	26.17	10	22.49	22	0.8	65~160	30~150	38	44	57
	M20	33.53	32.95	12.5	28.19	27.7		80~200	40~200	46	52	65
	M24	39.98	39.55	15	33.61	33.25		90~240	50~200	54	60	73
	M30	—	50.85	18.7	—	42.75		110~300	60~200	66	72	85
	M36	—	60.79	22.5	—	51.11		140~360	70~200	—	84	97
	M42	—	71.3	26	—	59.95	1.0	106~400	80~200	—	96	109
	M48	—	82.6	30	—	69.45		180~480	100~200	—	108	121
	M56	—	93.56	35	—	78.66		220~500	110~200	—	—	137
	M64	—	104.86	40	—	88.16		260~500	120~200	—	—	153

续表

螺纹规格 D		e_{min}		k(公称)	d_{wmin}		c_{max}	l(公称)		b（参考）		
		GB/T 5782 GB/T 5783		GB/T 5782 GB/T 5783	GB/T 5782 GB/T 5783		GB/T 5782 GB/T 5783	GB/T 5782 （商品长度规格范围）	GB/T 5783 （商品长度规格范围）	GB/T 5782		
		A级	B级		A级	B级				$l\leqslant125$	$125>l\leqslant200$	$l>200$
非优选的螺纹规格	M3.5	6.58	6.44	2.4	5.07	4.95	0.4	20～35	8～35	13	19	
	M14	23.36	22.78	8.8	19.64	19.15	0.6	60～140	30～140	34	40	53
	M18	30.14	29.56	11.5	25.34	24.85	0.8	70～180	35～150	42	48	61
	M22	37.72	37.29	14	31.71	31.35		90～220	45～200	50	56	69
	M27	—	45.2	17	—	38		100～260	55～200	60	66	79
	M33	—	55.37	21	—	46.55		130～320	65～200	—	78	91
	M39	—	66.44	25	—	55.86	1.0	150～380	80～200	—	90	103
	M45	—	76.95	28	—	64.7		180～440	90～200	—	102	115
	M52	—	88.25	33	—	74.2		200～480	100～200	—	116	129
	M60	—	99.21	38	—	83.41		240～500	120～200	—	—	145

注　1. 长度系列：12、16、20、25、30、35、40、45、50、55、60、65、70、80、90、100、110、120、130、140、150、160、180、200、240、260、280、300、320、340、360、380、400、420、440、460、480、500。

2. 相应的螺距 P 值查附表 3，s_{max} 值查 1 型六角螺母表。

四、双头螺柱

附表 10　　双头螺柱 $b_m=1d$(GB 897—1988)、$b_m=1.25d$(GB 898—1988)
$b_m=1.5d$(GB 899—1988)、$b_m=2d$(GB 900—1988)

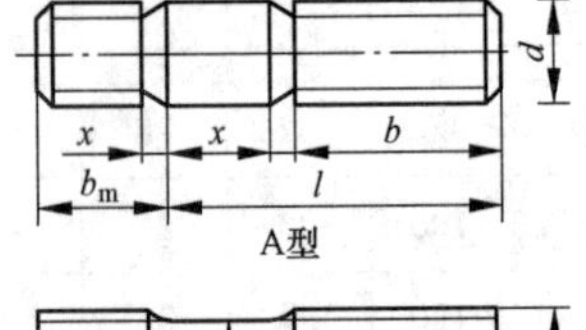

A型

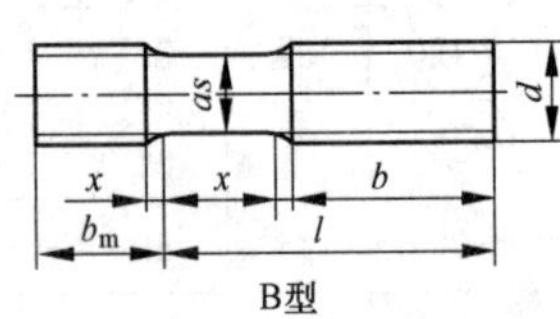

B型

标记示例：

两段均为粗牙普通螺纹，$d=10$mm、$l=50$mm、性能等级为 4.8 级、不经表面处理、B 型、$b_m=d$ 的双头螺柱：

螺柱 GB 897—1988 M10×50　或　螺柱 GB 897 M10×50

选入机体一端为粗牙普通螺纹，旋螺母一端为螺距 $P=1$mm 的细牙普通螺纹，$d=10$mm、$l=50$mm、性能等级为 4.8 级、不经表面处理、A 型、$b_m=d$ 的双头螺柱：

螺柱 GB 897—1988 AM10—M10×1×50

或　螺柱 GB 897 AM10—M10×1×50

mm

螺纹规格 d	M5	M6	M8	M10	M12	M16	M20	M24	M30	M36	M42
$b_m=1d$(GB 897)	5	6	8	10	12	16	20	24	30	36	42
$b_m=1.25d$(GB 898)	6	8	10	12	15	20	25	30	38	45	52
$b_m=1.5d$(GB 899)	8	10	12	15	18	24	30	36	45	54	63
$b_m=2d$(GB 900)	10	12	16	20	24	32	40	48	60	72	84

续表

螺纹规格 d		M5	M6	M8	M10	M12	M16	M20	M24	M30	M36	M42
$\frac{l}{b}$	l	16～22	20～22	20～22	25～28	25～30	30～38	35～40	45～50	60～65	65～75	70～80
	b	10	10	12	14	16	20	25	30	40	45	50
	l	25～50	25～30	25～30	30～38	32～40	40～55	45～65	55～75	70～90	80～110	85～100
	b	16	14	16	16	20	30	35	45	50	60	70
	l		32～75	32～90	40～120	45～120	60～120	70～120	80～120	95～120	120	120
	b		18	22	26	30	38	46	54	60	78	90
	l				130	130～180	130～200	130～200	130～200	130～200	130～200	130～200
	b				32	36	44	52	60	72	84	96
	l									210～250	210～300	210～300
	b									85	97	109
长度 l 系列	16，(18)，20，(22)，25，(28)，30，(32)，35，(38)，40，45，50，(55)，60，(65)，70，(75)，80，(85)，90，(95)，100，110，120，130，140，150，160，170，180，190，200，210，220，230，240，250，260，270，280，290，300											

注　括号内的数值尽可能不采用。

五、螺钉

附表 11　开槽圆柱头螺钉（GB/T 65—2016）、开槽沉头螺钉（GB/T 68—2016）、开槽盘头螺钉（GB/T 67—2016）、十字槽盘头螺钉（GB/T 818—2016）

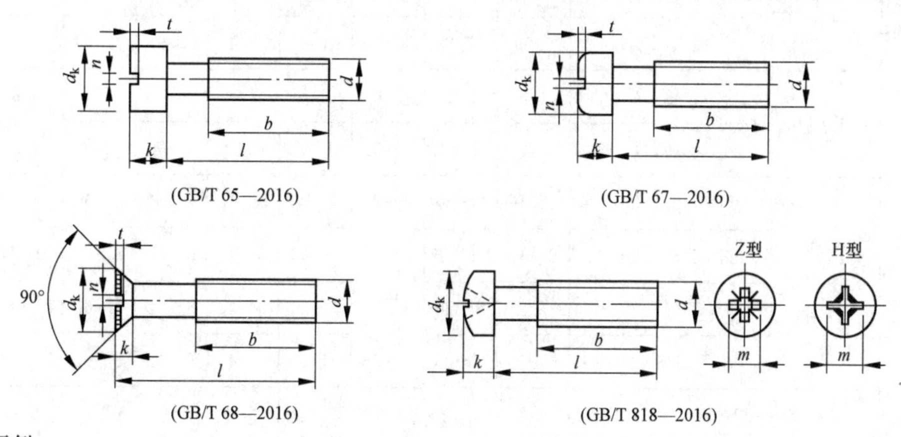

标记示例：

螺纹规格 d=M5、公称长度 l=20mm、性能等级为 4.8 级、不经表面处理的 A 级开槽圆柱头螺钉：

螺钉 GB/T 65—2016 M5×20　或　螺钉 GB/T 65 M5×20

续表

螺纹规格 d			M1.6	M2	M2.5	M3	M4	M5	M6	M8	M10
$d_{k\,max}$（公称）		GB/T 65—2016	3.0	3.8	4.5	5.5	7.0	8.5	10.0	13.0	16.0
		GB/T 67—2016	3.2	4.0	5.0	5.6	8.0	9.5	12.0	16.0	20.0
		GB/T 68—2016	3.6	4.4	5.5	6.3	9.4	10.4	12.6	17.3	20.0
		GB/T 818—2016	3.2	4.0	5.0	5.6	8.0	9.5	12.0	16.0	20.0
d_{max}（公称）		GB/T 65—2016	1.1	1.4	1.8	2	2.6	3.3	3.9	5.0	6.0
		GB/T 67—2016	1.0	1.3	1.5	1.8	2.4	3.0	3.6	4.8	6.0
		GB/T 68—2016	1	1.2	1.5	1.65	2.7	2.7	3.3	4.65	5.0
		GB/T 818—2016	1.3	1.6	2.1	2.4	3.1	3.7	4.6	6.0	7.5
b_{min}		GB/T 65，GB/T 67 GB/T 68，GB/T 818	25				38				
开槽	n（公称）	GB/T 65—2016 GB/T 67—2016 GB/T 68—2016	0.4	0.5	0.6	0.8	1.2	1.2	1.6	2	2.5
	t_{min}	GB/T 65—2016	0.45	0.6	0.7	0.85	1.1	1.3	1.6	2	2.4
		GB/T 67—2016	0.35	0.5	0.6	0.7	1	1.2	1.4	1.9	2.4
		GB/T 68—2016	0.32	0.4	0.5	0.6	1	1.1	1.2	1.8	2
十字槽 GB/T 818	H 型	m(参考)	1.7	1.9	2.7	3	4.4	4.9	6.9	9	10.1
		插入深度	0.95	1.2	1.55	1.8	2.4	2.9	3.6	4.6	5.8
	Z 型	m(参考)	1.6	2.1	2.6	2.8	4.3	4.7	6.7	8.8	9.9
		插入深度	0.9	1.42	1.5	1.75	2.34	2.74	3.46	4.5	5.69
l（公称）	商品规格范围	GB/T 65—2016	2～16	3～20	3～25	4～30	5～40	6～50	8～50	10～80	12～80
		GB/T 67—2016	2～16	2.5～20	3～25	4～30	5～40	6～50	8～60	10～80	12～80
		GB/T 68—2016	2.5～16	3～20	4～25	5～30	6～40	8～50	8～60	10～80	12～80
		GB/T 818—2016	3～16	3～20	3～25	4～30	5～40	6～45	8～60	10～60	12～60
	全螺纹范围	GB/T65，GB/T 67	l≤30				l≤40				
		GB/T 68—2016	l≤30				l≤45				
		GB/T 818—2016	l≤25				l≤40				
	系列值	2，2.5，3，4.5，5，6，8，10，12，（14），16，20，25，30，35，40，45，50，（55），60，（65），70，（75），80									

附表 12　　内六角圆柱头螺钉（GB/T 70.1—2008）

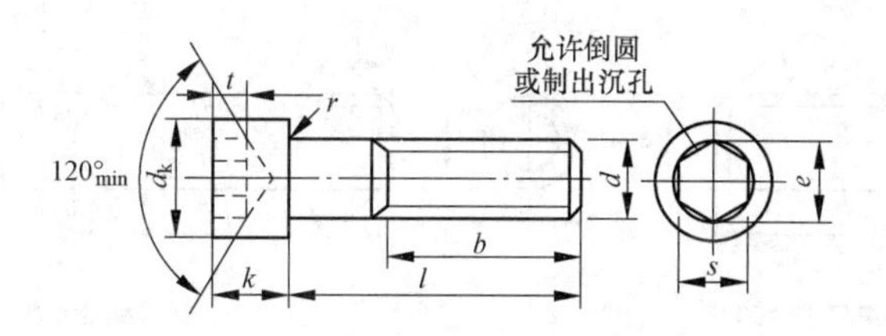

标记示例：

螺纹规格 d=M5、公称长度 l=200mm、性能等级为 8.8 级、表面氧化的内六角圆柱头螺钉：

螺钉 GB/T 70.1—2008 M5×20　或　螺钉 GB/T 70.1 M5×20

mm

螺纹规格 d	M1.6	M2	M2.5	M3	M4	M5	M6	M8	M10	M12	(M14)	M16	M20	M24	M30	M36
d_k	3	3.8	4.5	5.5	7	8.5	10	13	16	18	21	24	30	36	45	54
k	1.6	2	2.5	3	4	5	6	8	10	12	14	16	20	24	30	36
t	0.7	1	1.1	1.3	2	2.5	3	4	5	6	7	8	10	12	15.5	19
r	0.1	0.1	0.1	0.1	0.2	0.2	0.25	0.4	0.4	0.6	0.6	0.6	0.8	0.8	1	1
s	1.5	1.5	2	2.5	3	4	5	6	8	10	12	14	17	19	22	27
e	1.73	1.73	2.3	2.87	3.44	4.58	5.72	6.86	9.15	11.43	13.72	16	19.44	21.73	25.15	30.85
b(参考)	15	16	17	18	20	22	24	28	32	36	40	44	52	60	72	84
l	2.5～16	3～20	4～25	5～30	6～40	8～50	10～60	12～80	16～100	20～120	25～140	25～160	30～200	40～200	45～200	55～200
全螺纹时最大长度	16	16	20	20	25	25	30	35	40	45	55	55	65	80	90	110
l 系列	2.5、3、4、5、6、8、10、12、14、16、20、25、30、35、40、45、50、55、60、65、70、80、90、100、110、120、130、140、150、160、180、200															

注　1. 尽可能不采用括号内的规格。

2. b 不包括螺尾。

附表 13　内六角平端紧定螺钉（GB/T 77—2007）、内六角锥端紧定螺钉（GB/T 78—2007）

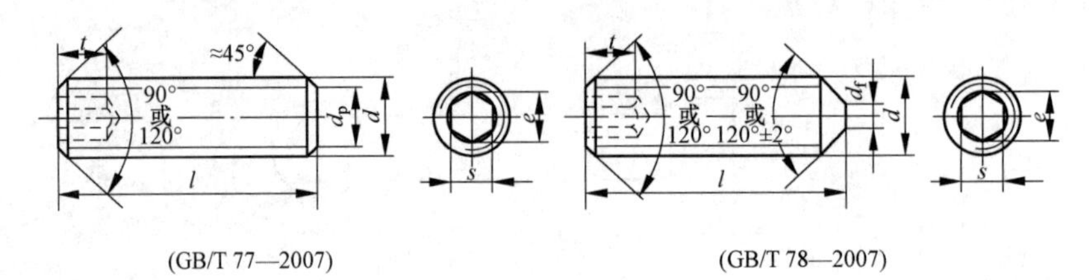

(GB/T 77—2007)　　(GB/T 78—2007)

标记示例：

螺纹规格 d=M6、公称长度 l=12mm、性能等级为 33H、表面氧化的内六角平端紧定螺钉：

螺钉 GB/T 77—2007 M6×12　或　螺钉 GB/T 77 M6×12

mm

螺纹规格 d		M1.6	M2	M2.5	M3	M4	M5	M6	M8	M10	M12	M16	M20	M24
d_p		0.8	1	1.5	2	2.5	3.5	4	5.5	7	8.5	12	15	18
d_f		0	0	0	0	0	0	1.5	2	2.5	3	4	5	6
e		0.8	1	1.4	1.7	2.3	2.9	3.4	4.6	5.7	6.9	9.2	11.4	13.7
s		0.7	0.9	1.3	1.5	2	2.5	3	4	5	6	8	10	12
公称长度 l	GB/T 77	2～8	2～10	2～12	2～16	2.5～20	3～25	4～30	5～40	6～50	8～60	10～60	12～60	14～60
	GB/T 78	2～8	2～10	2.5～12	2.5～16	3～20	4～25	5～30	6～40	8～50	10～60	12～60	14～60	20～60
公称长度 l≤右表内值时，GB 78 两端制成 120°，其他为端头制成 120°。公称长度 l>右表内值时，GB 78 两端制成 90°，其他为端头制成 90°	GB/T 77	2	2.5	3	3	4	5	6	6	8	12	16	16	20
	GB/T 78	2.5	2.5	3	3	4	5	6	8	10	12	16	20	25
l 系列		2、2.5、3、4、5、6、8、10、12、(14)、16、20、25、30、35、40、45、50、(55)、60												

注　尽可能不采用括号内的规格。

附表 14　开槽锥端紧定螺钉（GB/T 71—2018）、开槽平端紧定螺钉（GB/T 73—2017）开槽长圆柱端紧定螺钉（GB/T 75—2018）

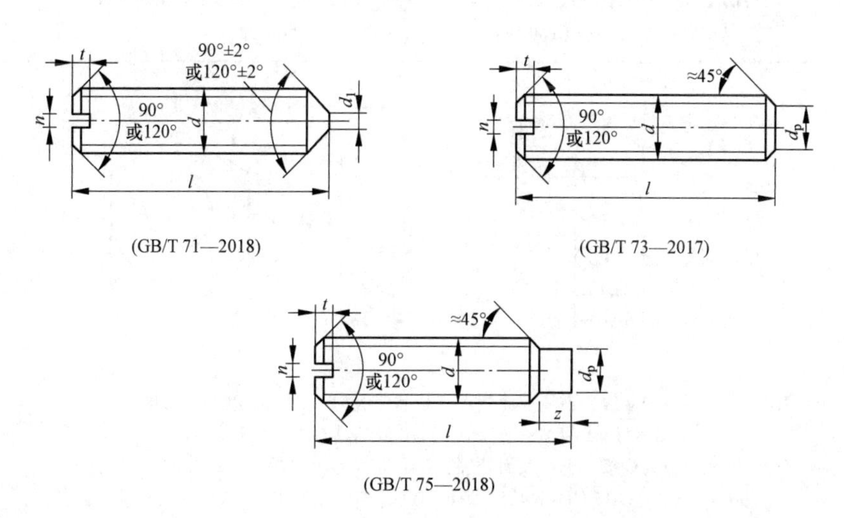

(GB/T 71—2018)　(GB/T 73—2017)　(GB/T 75—2018)

标记示例：

螺纹规格 d=M5、公称长度 l=12mm、性能等级为 14H 级，表面氧化的开槽锥端紧定螺钉：

螺钉 GB/T 71—2018 M5×12　或　螺钉 GB/T 71 M5×12

mm

螺纹规格 d			M1.2	M1.6	M2	M2.5	M3	M4	M5	M6	M8	M10	M12
n(公称)			0.2	0.25	0.25	0.4	0.4	0.6	0.8	1	1.2	1.6	2
t_{min}			0.40	0.56	0.64	0.72	0.8	1.12	1.28	1.6	2	2.4	2.8
GB/T 71	$d_{1\,max}$		0.12	0.16	0.2	0.25	0.3	0.4	0.5	1.5	2	2.5	3
	l（公称）	短	2	2、2.5		2~3	2~3	2~4	2~5	2~6	2~8	2~10	2~12
		长	2~6	2~8	3~10	3~12	4~16	6~20	8~25	8~30	10~40	12~50	14~60
GB/T 73	d_p	最大	0.6	0.8	1	1.5	2	2.5	3.5	4	5.5	7	8.5
		最小	0.35	0.5	0.75	1.25	1.75	2.25	3.2	3.7	5.2	6.64	8.14
	l（公称）	短	—	2	2、2.5	2~3	2~3	2~4	2~5	2~6	2~6	2~8	2~10
		长	2~6	2~8	2~10	2.5~12	3~16	4~20	5~25	6~30	8~40	10~50	12~60
GB/T 75	$d_{p\,max}$		—	0.8	1	1.5	2	2.5	3.5	4	5.5	7	8.5
	z_{min}		—	0.8	1	1.25	1.5	2	2.5	3	4	5	6
	l（公称）	短	—	2	2~2.5	2~3	2~4	2~5	2~6	2~6	2~6	2~8	2~10
		长	—	2.5~8	3~10	4~12	5~16	6~20	8~25	8~30	10~40	12~50	14~60
l 系列	2，2.5，3，4，5，6，8，10，12，16，20，25，30，35，45，50，55，60												

注　表中的“短”为短螺钉；“长”为长螺钉。图中“90°或 120°”，当公称长度 l 为短螺钉时，应制成 120°；长螺钉时，应制成 90°。

六、螺母

附表 15 1 型六角螺母—C 级（GB/T 41—2016）、1 型六角螺母—A 和 B 级（GB/T 6170—2015）、2 型六角螺母—A 和 B 级（GB/T 6175—2016）、六角薄螺母（GB/T 6172.1—2016）

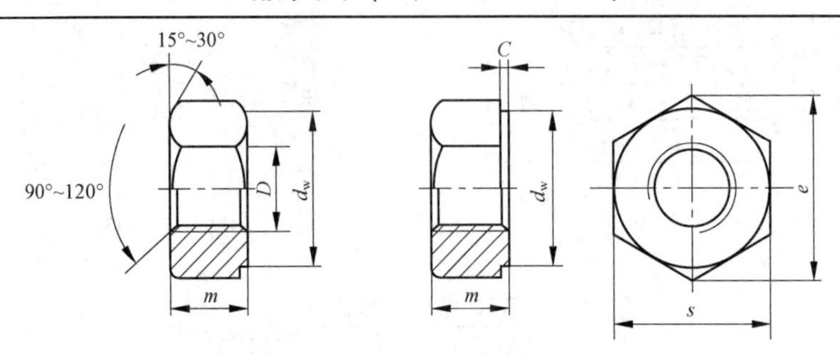

标记示例：

螺纹规格 D=M16、性能等级为 8 级、不经表面处理、产品等级为 A 级的 1 型六角螺母：

螺母 GB/T 6170—2015 M12 或螺母 GB/T 6170 M12

螺纹规格 D=M12、性能等级为 5 级、不经表面处理、产品等级为 C 级的六角螺母：

螺母 GB/T 41—2016 M12 或螺母 GB/T 41 M12

mm

<table>
<tr><th colspan="2">螺纹规格 D</th><th>M4</th><th>M5</th><th>M6</th><th>M8</th><th>M10</th><th>M12</th><th>M16</th><th>M20</th><th>M24</th><th>M30</th><th>M36</th><th>M42</th><th>M48</th></tr>
<tr><td rowspan="4">$d_{w\,min}$</td><td>GB/T 41</td><td>—</td><td>6.7</td><td>8.7</td><td>11.5</td><td>14.5</td><td>16.5</td><td>22</td><td>27.7</td><td>33.3</td><td>42.8</td><td>51.1</td><td>60</td><td>69.5</td></tr>
<tr><td>GB/T 6170</td><td>5.9</td><td rowspan="3">6.9</td><td rowspan="3">8.9</td><td rowspan="3">11.6</td><td rowspan="3">14.6</td><td rowspan="3">16.6</td><td rowspan="3">22.5</td><td rowspan="3">27.7</td><td>33.3</td><td rowspan="2">42.8</td><td rowspan="3">51.1</td><td rowspan="2">60</td><td rowspan="2">69.5</td></tr>
<tr><td>GB/T 6172.1</td><td>5.9</td><td rowspan="2">33.2</td></tr>
<tr><td>GB/T 6175</td><td>—</td><td>42.7</td><td>—</td><td>—</td></tr>
<tr><td rowspan="4">e_{min}</td><td>GB/T 41</td><td>—</td><td>8.63</td><td>10.89</td><td>14.2</td><td>17.59</td><td>19.85</td><td>26.17</td><td rowspan="4">32.95</td><td rowspan="4">39.55</td><td rowspan="4">50.85</td><td rowspan="4">60.79</td><td rowspan="3">71.3</td><td rowspan="3">82.6</td></tr>
<tr><td>GB/T 6170</td><td rowspan="2">7.66</td><td rowspan="3">8.79</td><td rowspan="3">11.05</td><td rowspan="3">14.38</td><td rowspan="3">17.77</td><td rowspan="3">20.03</td><td rowspan="3">26.75</td></tr>
<tr><td>GB/T 6172.1</td></tr>
<tr><td>GB/T 6175</td><td>—</td><td>—</td><td>—</td></tr>
<tr><td rowspan="4">s_{max}（公称）</td><td>GB/T 41</td><td>—</td><td rowspan="4">8</td><td rowspan="4">10</td><td rowspan="4">13</td><td rowspan="4">16</td><td rowspan="4">18</td><td rowspan="4">24</td><td rowspan="4">30</td><td rowspan="4">36</td><td rowspan="4">46</td><td rowspan="4">55</td><td rowspan="4">65</td><td rowspan="4">75</td></tr>
<tr><td>GB/T 6170</td><td rowspan="2">7</td></tr>
<tr><td>GB/T 6172.1</td></tr>
<tr><td>GB/T 6175</td><td>—</td></tr>
<tr><td rowspan="4">m_{max}</td><td>GB/T 41</td><td>—</td><td>5.6</td><td>6.4</td><td>7.9</td><td>9.5</td><td>12.2</td><td>15.9</td><td>19</td><td>22.3</td><td>26.4</td><td>31.9</td><td>34.9</td><td>38.9</td></tr>
<tr><td>GB/T 6170</td><td>3.2</td><td>4.7</td><td>5.2</td><td>6.8</td><td>8.4</td><td>10.8</td><td>14.8</td><td>18</td><td>21.5</td><td>25.6</td><td>31</td><td>34</td><td>38</td></tr>
<tr><td>GB/T 6175</td><td>—</td><td>5.1</td><td>5.7</td><td>7.5</td><td>9.3</td><td>12</td><td>16.4</td><td>20.3</td><td>23.9</td><td>28.6</td><td>34.7</td><td></td><td></td></tr>
<tr><td>GB/T 6172.1</td><td>2.2</td><td>2.7</td><td>3.2</td><td>4</td><td>5</td><td>6</td><td>8</td><td>10</td><td>12</td><td>15</td><td>18</td><td>21</td><td>24</td></tr>
<tr><td rowspan="2">C_{max}</td><td>GB/T 6170</td><td>0.4</td><td rowspan="2" colspan="2">0.5</td><td rowspan="2" colspan="3">0.6</td><td rowspan="2" colspan="5">0.8</td><td rowspan="2" colspan="2">1.0</td></tr>
<tr><td>GB/T 6175</td><td>—</td></tr>
</table>

附表 16　1 型六角开槽螺母—A 和 B 级（GB 6178—1986）、1 型六角开槽螺母—C 级（GB/T 6179—1986）、2 型六角开槽螺母—A 和 B 级（GB 6180—1986）、六角开槽薄螺母—A 和 B 级（GB 6181—1986）

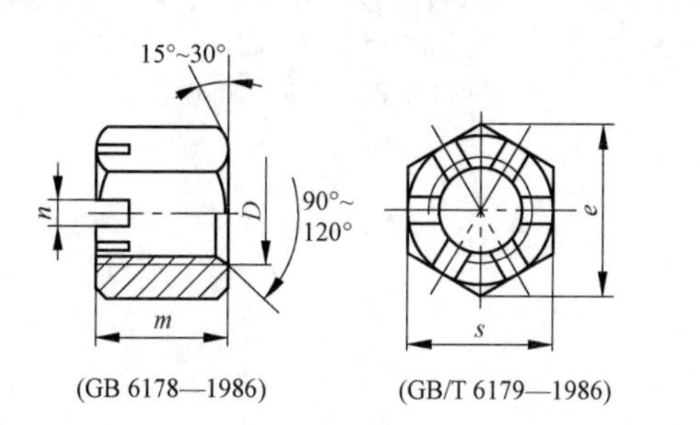

(GB 6178—1986)　(GB/T 6179—1986)　(GB 6180—1986)　(GB 6181—1986)

标记示例：

螺纹规格 D＝M5、性能等级为 8 级、不经表面处理、A 级的 1 型六角开槽螺母：

螺母 GB 6178—1986 M5 或螺母 GB/T 6178 M5

标记示例：

螺纹规格 D＝M5、性能等级为 5 级、不经表面处理、C 级的 1 型六角开槽螺母：

螺母 GB/T 6179—1986 M5 或螺母 GB/T 6179 M5

螺纹规格 D＝M5、性能等级为 04 级、不经表面处理、A 级的六角开槽薄螺母：

螺母 GB 6181—1986 M5 或螺母 GB/T 6181 M5

mm

螺纹规格 D		M4	M5	M6	M8	M10	M12	M14	M16	M20	M24	M30	M36
n		1.8	2	2.6	3.1	3.4	4.3	4.3	5.7	5.7	6.7	8.5	8.5
e		7.7	8.8	11	14	17.8	20	23	26.8	33	39.6	50.9	60.8
s		7	8	10	13	16	18	21	24	30	36	46	55
m	GB 6178	6	6.7	7.7	9.8	12.4	15.8	17.8	20.8	24	29.5	34.6	40
	GB/T 6179		6.7	7.7	9.8	12.4	15.8	17.8	20.8	24	29.5	34.6	40
	GB 6180		6.9	8.3	10	12.3	16	19.1	21.1	26.3	31.9	37.6	43.7
	GB 6181		5.1	5.7	7.5	9.3	12	14.1	16.4	20.3	23.9	28.6	34.7
开口销		1×10	1.2×12	1.6×14	2×16	2.5×20	3.2×22	3.2×25	4×28	4×36	5×40	6.3×50	6.3×63

注　1. GB 6178—1986，D 为 M4～M36；其余标准 D 为 M5～M36。

2. A 级用于 $D \leqslant 16$ 的螺母；B 级用于 $D > 16$ 的螺母。

3. GB 6178—1986、GB/T 6179—1986 代替 GB 57～58—1976；GB 6181—1986 代替 GB 59～60—1976。

附表 17　　圆螺母（GB/T 812—1988）

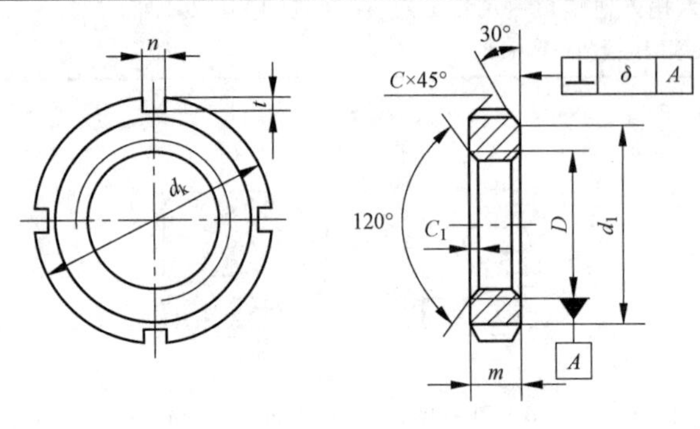

标记示例：

螺纹规格 D=M16×1.5、材料为 45 钢、槽或全部热处理后硬度 35～45HRC、表面氧化的圆螺母：

螺母 GB/T 812—1988 M16×1.5

或　螺母 GB/T 812 M16×1.5

mm

D	d_k	d_1	m	n	t	C	C_1	D	d_k	d_1	m	n	t	C	C_1
M10×1	22	16	8	4	2	0.5	0.5	M64×2	95	84	12	8	3.5	1.5	1
M12×1.25	25	19						M65×2*	95	84					
M14×1.5	28	20						M68×2	100	88		10	4		
M16×1.5	30	22		5	2.5			M72×2	105	93	15				
M18×1.5	32	24						M75×2*	105	93					
M20×1.5	35	27						M76×2	110	98					
M22×1.5	38	30	10					M80×2	115	103					
M24×1.5	42	34				1		M85×2	120	108					
M25×1.5*	42	34						M90×2	125	112	18	12	5		
M27×1.5	45	37						M95×2	130	117					
M30×1.5	48	40						M100×2	135	122					
M33×1.5	52	43		6	3			M105×2	140	127					
M35×1.5*	52	43						M110×2	150	135		14	6		
M36×1.5	55	46						M115×2	155	140	22				
M39×1.5	58	49				1.5		M120×2	160	145					
M40×1.5*	58	49						M125×2	165	150					
M42×1.5	62	53						M130×2	170	155					
M45×1.5	68	59						M140×2	180	165	26				
M48×1.5	72	61	12	8	3.5			M150×2	200	180		16	7		
M50×1.5*	72	61						M160×3	210	190				7	1.5
M52×1.5	78	67						M170×3	220	200					
M55×2*	78	67						M180×3	230	210	30				
M56×2	85	74					1	M190×3	240	220					
M60×2	90	79						M200×3	250	230					

注　槽数 n：当 D≤M100×2 时，n=4；当 D≥M105×2 时，n=6。

*　仅用于滚动轴承锁紧装置。

七、垫圈

附表 18　　平垫圈—C 级（GB/T 95—2002）、平垫圈—A 级（GB/T 97.1—2002）、平垫圈　倒角型—A 级（GB/T 97.2—2002）、小垫圈—A 级（GB/T 848—2002）

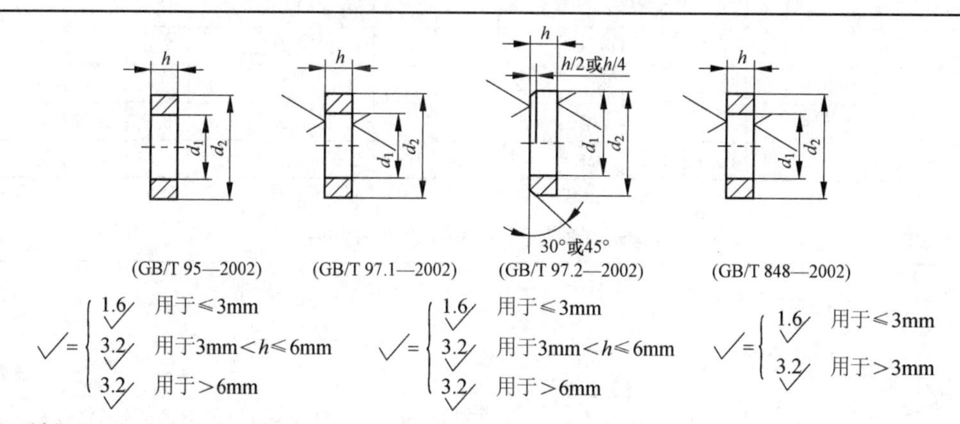

标记示例：

标准系列、公称尺寸 d=8mm、性能等级为 100HV 级、不经表面处理的平垫圈：

垫圈 GB/T 95—2002 8—100HV 或垫圈 GB/T 95 8—100HV

标准系列、公称尺寸 d=8mm、性能等级为 140HV 级、倒角型、不经表面处理的平垫圈：

垫圈 GB/T 97.2—2002 8—140HV 或垫圈 GB/T 97.2 8—140HV

mm

<table>
<tr><th colspan="2">公称规格（螺纹大径 d）</th><th>4</th><th>5</th><th>6</th><th>8</th><th>10</th><th>12</th><th>16</th><th>20</th><th>24</th><th>30</th><th>36</th><th>42</th><th>48</th><th>56</th><th>64</th></tr>
<tr><td rowspan="4">d_{1min}（公称）</td><td>GB/T 848</td><td rowspan="2">4.3</td><td rowspan="3">5.3</td><td rowspan="3">6.4</td><td rowspan="3">8.4</td><td rowspan="3">10.5</td><td rowspan="3">13</td><td rowspan="3">17</td><td rowspan="3">21</td><td rowspan="3">25</td><td rowspan="3">31</td><td rowspan="3">37</td><td>—</td><td>—</td><td>—</td><td>—</td></tr>
<tr><td>GB/T 97.1</td><td rowspan="3">45</td><td rowspan="3">52</td><td rowspan="3">62</td><td rowspan="3">70</td></tr>
<tr><td>GB/T 97.2</td><td>—</td></tr>
<tr><td>GB/T 95</td><td>4.5</td><td>5.5</td><td>6.6</td><td>9</td><td>11</td><td>13.5</td><td>17.5</td><td>22</td><td>26</td><td>33</td><td>39</td></tr>
<tr><td rowspan="4">d_{2max}（公称）</td><td>GB/T 848</td><td>8</td><td>9</td><td>11</td><td>15</td><td>18</td><td>20</td><td>28</td><td>34</td><td>39</td><td>50</td><td>60</td><td>—</td><td>—</td><td>—</td><td>—</td></tr>
<tr><td>GB/T 97.1</td><td>9</td><td rowspan="3">10</td><td rowspan="3">12</td><td rowspan="3">16</td><td rowspan="3">20</td><td rowspan="3">24</td><td rowspan="3">30</td><td rowspan="3">37</td><td rowspan="3">44</td><td rowspan="3">56</td><td rowspan="3">66</td><td rowspan="3">78</td><td rowspan="3">92</td><td rowspan="3">105</td><td rowspan="3">115</td></tr>
<tr><td>GB/T 97.2</td><td>—</td></tr>
<tr><td>GB/T 95</td><td>9</td></tr>
<tr><td rowspan="4">h_{max}（公称）</td><td>GB/T 848</td><td>0.5</td><td>1</td><td colspan="3">1.6</td><td>2</td><td>2.5</td><td>3</td><td colspan="2">4</td><td>5</td><td>—</td><td>—</td><td>—</td><td>—</td></tr>
<tr><td>GB/T 97.1</td><td>0.8</td><td rowspan="3">1</td><td colspan="2" rowspan="3">1.6</td><td rowspan="3">2</td><td rowspan="3">2.5</td><td colspan="2" rowspan="3">3</td><td colspan="2" rowspan="3">4</td><td rowspan="3">5</td><td colspan="2" rowspan="3">8</td><td colspan="2" rowspan="3">10</td></tr>
<tr><td>GB/T 97.2</td><td>—</td></tr>
<tr><td>GB/T 95</td><td>0.8</td></tr>
</table>

附表 19　　标准型弹簧垫圈（GB 93—1987）

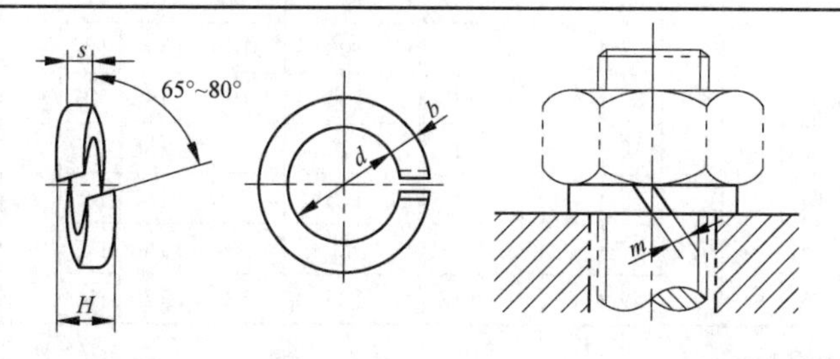

标记示例：

规格 16mm、材料为 65Mn、表面氧化的标准型弹簧垫圈：垫圈 GB 93—1987 16 或垫圈 GB 93 16

mm

续表

规格（螺纹大径）		3	4	5	6	8	10	12	16	20	24	30	36	42	48
d	最小	3.1	4.1	5.1	6.1	8.1	10.2	12.2	16.2	20.2	24.5	30.5	36.5	42.5	48.5
	最大	3.4	4.4	5.4	6.68	8.68	10.9	12.9	16.9	21.04	25.5	31.5	37.7	43.7	49.7
s（b）（公称）		0.8	1.1	1.3	1.6	2.1	2.6	3.1	4.1	5	6	7.5	9	10.5	12
H	最小	1.6	2.2	2.6	3.2	4.2	5.2	6.2	8.2	10	12	15	18	21	24
	最大	2	2.75	3.25	4	5.25	6.5	7.75	10.25	12.5	15	18.75	22.5	26.25	30
$m\leqslant$		0.4	0.55	0.65	0.8	1.05	1.3	1.55	2.05	2.5	3	3.75	4.5	5.25	6

附表 20　　**圆螺母制动垫圈（GB/T 858—1988）**

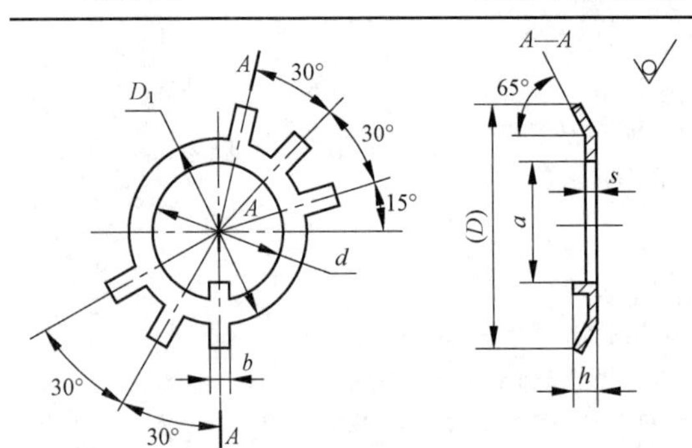

标记示例：

规格 16mm、材料为 Q235、经退火表面氧化的圆螺母用止动垫圈：

垫圈 GB/T 858—1988 16 或垫圈 GB/T 858 16

mm

规格（螺纹大径）	d	(D)	D_1	s	b	a	h	轴端 b_1	轴端 t	规格（螺纹大径）	d	(D)	D_1	s	b	a	h	轴端 b_1	轴端 t
14	14.5	32	20	1	3.8	11	3	4	10	55*	56	82	67	1.5	7.7	52	6	8	—
16	16.5	34	22		4.8	13		5	12	56	57	90	74			53			52
18	18.5	35	24			15	4		14	60	61	94	79			57			56
20	20.5	38	27			17			16	64	65	100	84			61			60
22	22.5	42	30			19			18	65*	66	100	84			62			—
24	24.5	45	34			21			20	68	69	105	88		9.6	65		10	64
25*	25.5	45	34			22			—	72	73	110	93			69	7		68
27	27.5	48	37			24	5		23	75*	76	110	93			71			—
30	30.5	52	40			27			26	76	77	115	98			72			70
33	33.5	56	43	1.5	5.7	30		6	29	80	81	120	103			76			74
35*	35.5	56	43			32			—	85	86	125	108			81			79
36	36.5	60	46			33			32	90	91	130	112	2	11.6	86		12	84
39	39.5	62	49			36			35	95	96	135	117			91			89
40*	40.5	62	49			37			—	100	101	140	122			96			94
42	42.5	66	53			39			38	105	106	145	127			101			99
45	45.5	72	59			42			41	110	111	156	135		13.5	106		14	104
48	48.5	76	61		7.7	45		8	44	115	116	160	140			111			109
50*	50.5	76	61			47			—	120	121	166	145			116			114
52	52.5	82	67			49	6		48	125	126	170	150			121			119

* 仅用于滚动轴承锁紧装置。

八、键

附表 21　　平键和键槽的断面尺寸（GB/T 1095—2003）、普通平键的型式及尺寸（GB/T 1096—2003）

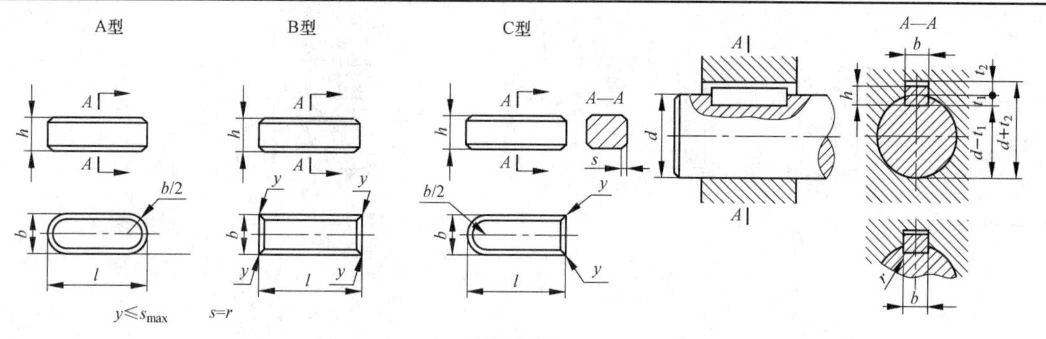

标记示例：

b=16mm、h=10mm、L=100mm

圆头普通平键（A 型）GB/T 1096—2003 键 16×10×100 或 GB/T 1096 键 16×10×100

平头普通平键（B 型）GB/T 1096—2003 键 B16×10×100 或 GB/T 1096 键 B16×10×100

单圆头普通平键（C 型）GB/T 1096—2003 键 C16×10×100 或 GB/T 1096 键 C16×10×100

mm

轴	键		键槽											
			宽度 b						深度				半径 r	
				极限偏差					轴 t_1		毂 t_2			
				松连接		正常连接		紧连接						
公称直径 d	公称尺寸 $b \times h$	长度 l	公称尺寸 b	轴 H9	毂 D10	轴 N9	毂 Js9	轴和毂 P9	公称尺寸	极限偏差	公称尺寸	极限偏差	最小	最大
自 6~8	2×2	6~20	2	+0.025 0	+0.060 +0.020	−0.004 −0.029	±0.012 5	−0.006 −0.031	1.2	+0.1 0	1	+0.1 0	0.08	0.16
>8~10	3×3	6~36	3						1.8		1.4			
>10~12	4×4	8~45	4	+0.030 0	+0.078 +0.030	0 −0.030	±0.015	−0.012 −0.042	2.5		1.8			
>12~17	5×5	10~56	5						3.0		2.3			
>17~22	6×6	14~70	6						3.5		2.8			
>22~30	8×7	18~90	8	+0.036 0	+0.098 +0.040	0 −0.036	±0.018	−0.015 −0.051	4.0	+0.2 0	3.3	+0.2 0	0.16	0.25
>30~38	10×8	22~110	10						5.0		3.3			
>38~44	12×8	28~140	12	+0.043 0	+0.120 +0.050	0 −0.043	±0.021 5	−0.018 −0.061	5.0		3.3			
>44~50	14×9	36~160	14						5.5		3.8		0.25	0.40
>50~58	16×10	45~180	16						6.0		4.3			
>58~65	18×11	50~200	18						7.0		4.4			
>65~75	20×12	56~220	20	+0.052 0	+0.149 +0.065	0 −0.052	±0.026	−0.022 −0.074	7.5		4.9			
>75~85	22×14	63~250	22						9.0		5.4		0.40	0.60
>85~95	25×14	70~280	25						9.0		5.4			
>95~110	28×16	80~320	28						10.0		6.4			
>110~130	32×18	80~360	32	+0.062 0	+0.180 +0.080	0 −0.062	±0.031	−0.026 −0.088	11.0		7.4			
>130~150	36×20	100~400	36						12.0	+0.3 0	8.4	+0.3 0	0.70	1.0
>150~170	40×22	100~400	40						13.0		9.4			
>170~200	45×25	110~450	45						15.0		10.4			

注　1.（$d-t_1$）和（$d+t_2$）两组组合尺寸的极限偏差按相应的 t_1 和 t_2 的极限偏差选取，但（$d-t_1$）极限偏差应取负号（−）。

2. L 系列：6、8、10、12、14、16、18、20、22、25、28、32、36、40、45、50、56、63、70、80、90、100、110、125、140、160、180、200、220、250、280、320、330、400、450。

附表 22　　半圆键　键和键槽的断面尺寸（GB/T 1098—2003）、半圆键的型式及尺寸（GB/T 1099.1—2003）

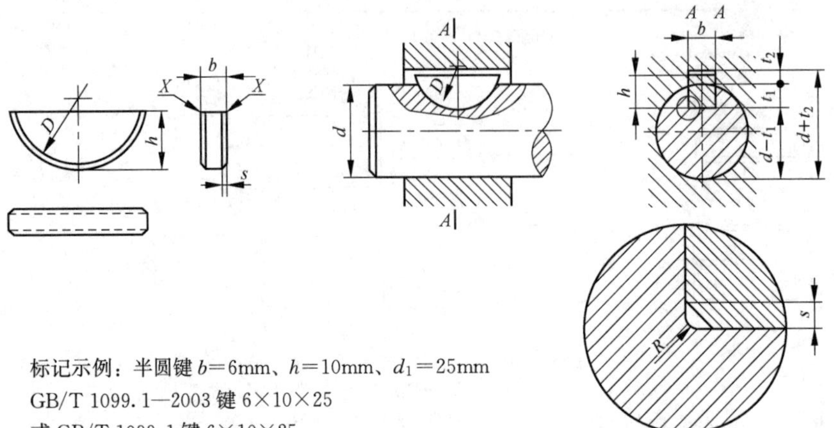

标记示例：半圆键 b=6mm、h=10mm、d_1=25mm
GB/T 1099.1—2003 键 6×10×25
或 GB/T 1099.1 键 6×10×25

mm

轴径 d		键		键槽									
				宽度 b				深度				半径 R	
					极限偏差			轴 t_1		毂 t_2			
					一般键连接		较紧键连接						
键传递转矩	键定位用	公称尺寸 $b\times h\times d_1$	长度 $L\approx$	公称尺寸	轴 N9	毂 Js9	轴和毂 P9	公称尺寸	极限偏差	公称尺寸	极限偏差	最小	最大
自 3～4	自 3～4	1.0×1.4×4	3.9	1.0	−0.004 −0.029	±0.012	−0.006 −0.031	1.0	+0.1 0	0.6	+0.1 0	0.08	0.16
>4～5	>4～6	1.5×2.6×7	6.8	1.5				2.0		0.8			
>5～6	>6～8	2.0×2.6×7	6.8	2.0				1.8		1.0			
>6～7	>8～10	2.0×3.7×10	9.7	2.0				2.9		1.0			
>7～8	>10～12	2.5×3.7×10	9.7	2.5				2.7		1.2			
>8～10	>12～15	3.0×5.0×13	12.7	3.0				3.8	+0.2 0	1.4			
>10～12	>15～18	3.0×6.5×16	15.7	3.0				5.3		1.4		0.16	0.25
>12～14	>18～20	4.0×6.5×16	15.7	4.0	0 −0.030	±0.015	−0.012 −0.042	5.0		1.8			
>14～16	>20～22	4.0×7.5×19	18.6	4.0				6.0		1.8			
>16～18	>22～25	5.0×6.5×16	15.7	5.0				4.5		2.3			
>18～20	>25～28	5.0×7.5×19	18.6	5.0				5.5	+0.3 0	2.3			
>20～22	>28～32	5.0×9.0×22	21.6	5.0				7.0		2.3			
>22～25	>32～36	6.0×9.0×22	21.6	6.0				6.5		2.8			
>25～28	>36～40	6.0×10.0×25	24.5	6.0				7.5		2.8		0.25	0.40
>28～32	40	8.0×11.0×28	27.4	8.0	0 −0.036	±0.018	−0.015 −0.051	8.0		3.3	+0.2 0		
>32～38	—	10.0×13.0×32	31.4	10.0				10.0		3.3			

注　($d-t_1$) 和 ($d-t_2$) 两个组合尺寸的极限偏差按相应的 t_1 和 t_2 的极限偏差选取，但 ($d-t_1$) 极限偏差值应取负号（−）。

九、销

附表 23　圆柱销　不淬硬钢和奥氏体不锈钢（GB/T 119.1—2000）、不淬硬钢和奥氏体不锈钢（GB/T 119.2—2000）

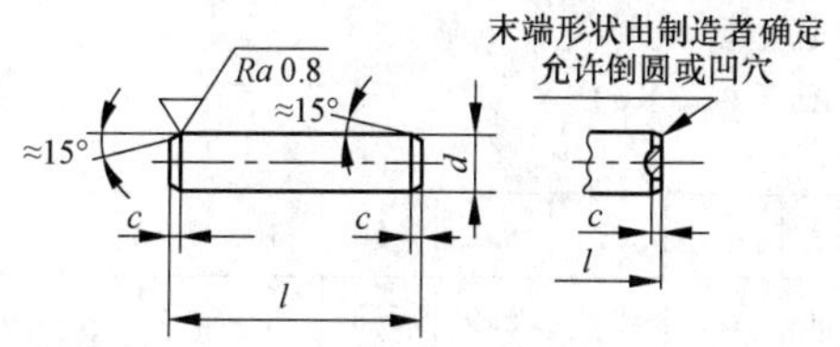

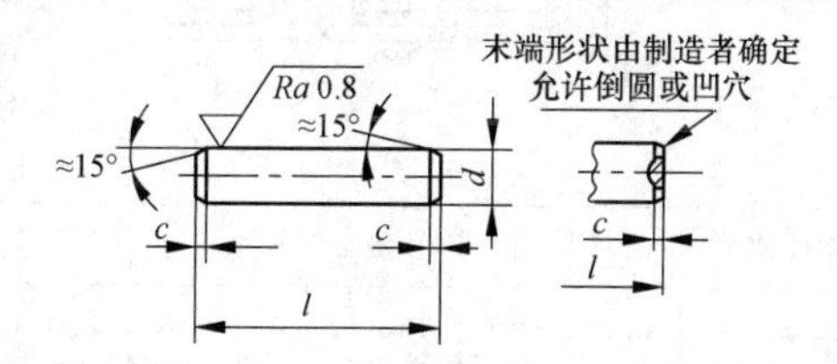

标记示例：

公称直径 d=6mm、公差为 m6、公称长度 l=30mm、材料为钢、不经淬火、不经表面处理的圆柱销：

销 GB/T 119.1—2000 6 m6×30 或销 GB/T 119.1 6 m6×30

公称直径 d=6mm、公差为 m6、公称长度 l=30mm、材料为 C1 组马氏体不锈钢、表面简单处理的圆柱销：

销 GB/T 119.2—2000 6×30 - C1 或销 GB/T 119.2 6×30 - C1

mm

d(m6/h8)		0.8	1	1.2	1.5	2	2.5	3	4	5	6	8	10	12	16	20
c≈		0.16	0.2	0.25	0.3	0.35	0.4	0.5	0.63	0.8	1.2	1.6	2	2.5	3	3.5
l	GB/T 119.1	2～8	4～10	4～12	4～16	6～20	6～24	8～30	8～40	10～50	12～60	14～80	18～95	22～140	26～180	35～200
	GB/T 119.2	—	3～10	—	4～16	5～20	6～24	8～30	10～40	12～50	14～60	18～80	22～100	26～200	40～200	50～200
l（系列）	6、8、10、12、14、16、18、20、22、24、26、28、30、32、35、40、45、50、55、60、65、70、75、80、85、90、95、100、120、140、160、180、200															

附表 24　圆锥销（GB/T 117—2000）

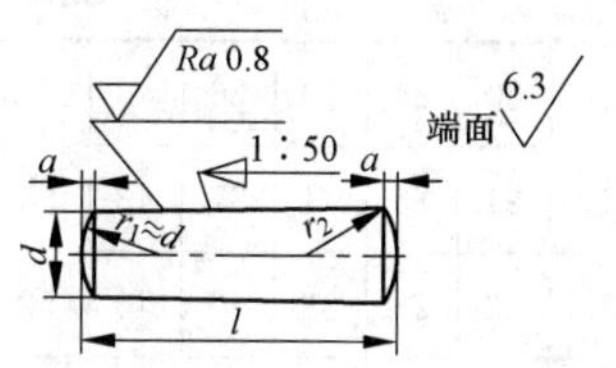

$R_1 \approx d, R_2 \approx a/2 + d + (0.021)^2/(8a)$

A 型（磨削）锥面表面粗糙度

$Ra \leqslant 0.8\mu m$

B 型（切削或冷镦）锥面表面粗糙度

$Ra \leqslant 3.2\mu m$

标记示例：

公称直径 d=10mm、公称长度 l=60mm、材料为 35 钢、热处理硬度 28～38HRC、表面氧化处理的 A 型圆锥销：

销 GB/T 117—2000 10×60

或销 GB/T 117 10×60

mm

d(h10)	0.8	1	1.2	1.5	2	2.5	3	4	5	6	8	10	12	16	20
a≈	0.1	0.12	0.16	0.2	0.25	0.3	0.4	0.5	0.63	0.8	1	1.2	1.6	2	2.5
l（商品规格范围）	5～12	6～16	6～20	8～24	10～35	10～35	12～45	14～55	18～60	22～90	22～120	26～160	32～180	40～200	45～200
l（系列）	2，3，4，5，6，8，10，12，14，16，18，20，22，24，26，28，30，32，35，40，45，50，55，60，65，70，75，80，85，90，95，100，120，140，160，180，200														

附表 25　　开口销（GB/T 91—2000）

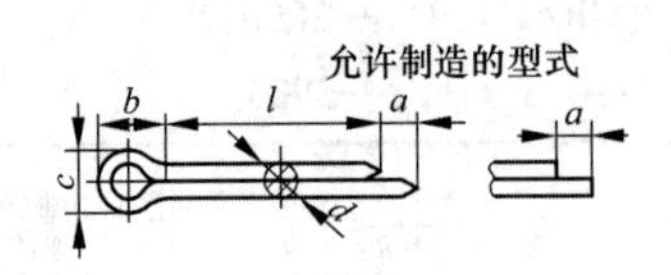

标记示例：

公称直径 d=5mm、长度 l=50mm、材料为低碳钢、不经表面处理的开口销：

销 GB/T 91—2000 5×50

或销 GB/T 91 5×50

mm

公称规格		0.8	1	1.2	1.6	2	2.5	3.2	4	5	6.3	8	10	13	16	20
d_{max}		0.7	0.9	1.0	1.4	1.8	2.3	2.9	3.7	4.6	5.9	7.5	9.5	12.4	15.4	19.3
a_{max}		1.6		2.5				3.2	4				6.3			
c	最大	1.4	1.8	2.0	2.8	3.6	4.6	5.8	7.4	9.2	11.8	15.0	19.0	24.8	30.8	38.5
	最小	1.2	1.6	1.7	2.4	3.2	4.0	5.1	6.5	8.0	10.3	13.1	16.6	21.7	27.0	33.8
适用的螺栓直径	>	2.5	3.5	4.5	5.5	7	9	11	14	20	27	39	56	80	120	170
	≤	3.5	4.5	5.5	7	9	11	14	20	27	39	56	80	120	120	—
b	≈	2.4	3	3	3.2	4	5	6.4	8	10	12.6	16	20	26	32	40
l（商品规格范围）		5~16	6~20	8~25	8~32	10~40	12~50	14~63	18~80	22~100	32~125	40~160	45~200	71~250	112~280	160~280
l（系列）		4，5，6，8，10，12，16，18，20，22，25，28，32，36，40，45，50，56，63，71，80，90，100，112，125，140，160，180，200，224，250，280														

十、紧固件通孔及沉孔尺寸

附表 26　　紧固件通孔及沉孔尺寸（GB/T 5277—1985、GB/T 152.2—2014、GB 152.3—1988、GB 152.4—1988）

mm

螺栓或螺钉直径 d			3	3.5	4	5	6	8	10	12	14	16	20	24	30	36	42	48
通孔直径 d_h（GB/T 5277—1985）	精装配		3.2	3.7	4.3	5.3	6.4	8.4	10.5	13	15	17	21	25	31	37	43	50
	中等装配		3.4	3.9	4.5	5.5	6.6	9	11	13.5	15.5	17.5	22	26	33	39	45	52
	粗装配		3.6	4.2	4.8	5.8	7	10	12	14.5	16.5	18.5	24	28	35	42	48	56
六角头螺栓和六角螺母用沉孔（GB 152.4—1988）		d_2	9	—	10	11	13	18	22	26	30	33	40	48	61	71	82	98
		t	只要能制出与通孔轴线垂直的圆平面即可															

续表

螺栓或螺钉直径 d			3	3.5	4	5	6	8	10	12	14	16	20	24	30	36	42	48
沉头用沉孔(GB/T 152.2—2014)		d_2	6.4	8.4	9.6	10.6	12.8	17.6	20.3	24.4	28.4	32.4	40.4	—	—	—	—	—
开槽圆柱头用的圆柱头沉孔(GB 152.3—1988)		d_2	—	—	8	10	11	15	18	20	24	26	33	—	—	—	—	—
		t	—	—	3.2	4	4.7	6	7	8	9	10.5	12.5	—	—	—	—	—
内六角圆柱头用的圆柱头沉孔(GB 152.3—1988)		d_2	6	—	8	10	11	15	18	20	24	26	33	40	48	57	—	—
		t	3.4	—	4.6	5.7	6.8	9	11	13	15	17.5	21.5	25.5	32	38	—	—

十一、滚动轴承

附表 27　　深沟球轴承外形尺寸（摘自 GB/T 273.3—2020）

标记示例：
滚动轴承 61806 GB/T 273.3—2020

轴承型号	尺寸（mm）			轴承型号	尺寸（mm）		
	d	D	B		d	D	B
	6000 型　18 系列			61809	45	58	7
61800	10	19	5	61810	50	65	7
61801	12	21	5	61811	55	72	9
61802	15	24	5	61812	60	78	10
61803	17	26	5	61813	65	85	10
61804	20	32	7	61814	70	90	10
61805	25	37	7	61815	75	95	10
61806	30	42	7	61816	80	100	10
61807	35	47	7	61817	85	110	13
61808	40	52	7	61818	90	115	13

续表

轴承型号	尺寸（mm）			轴承型号	尺寸（mm）		
	d	*D*	*B*		*d*	*D*	*B*
61819	95	120	13	61924	120	165	22
61820	100	125	13	61926	130	180	24
61821	105	130	13	61928	140	190	24
61822	110	140	16	61930	150	210	28
61824	120	150	16	16000 型　00 系列			
61826	130	165	18	16001	12	28	7
61828	140	175	18	16002	15	32	8
61830	150	190	20	16003	17	35	8
6000 型　19 系列				16004	20	42	8
61900	10	22	6	16005	25	47	8
61901	12	24	6	16006	30	55	9
61902	15	28	7	16007	35	62	9
61903	17	30	7	16008	40	68	9
61904	20	37	9	16009	45	75	10
61905	25	42	9	16010	50	80	10
61906	30	47	9	16011	55	90	11
61907	35	55	10	16012	60	95	11
61908	40	62	12	16013	65	100	11
61909	45	68	12	16014	70	110	13
61910	50	72	12	16015	75	115	13
61911	55	80	13	16016	80	125	14
61912	60	85	13	16017	85	130	14
61913	65	95	13	16018	90	140	16
61914	70	100	16	16019	95	145	16
61915	75	105	16	16020	100	150	16
61916	80	110	16	16021	105	160	18
61917	85	120	18	16022	110	170	19
61918	90	125	18	16024	120	180	19
61919	95	130	18	16026	130	200	22
61920	100	140	20	16028	140	210	22
61921	105	145	20	16030	150	225	24
61922	110	150	20				

附表 28　**推力球轴承外形尺寸（摘自 GB/T 273.2—2018）**

标记示例：
滚动轴承 51107 GB/T 273.2—2018

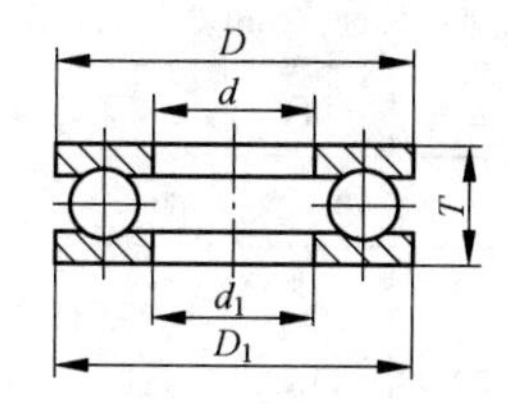

轴承型号	尺寸（mm）					轴承型号	尺寸（mm）				
	d	D	T	d_{1min}	D_{1max}		d	D	T	d_{1min}	D_{1max}
11　系列						12　系列					
51100	10	24	9	11	24	51200	10	26	11	12	26
51101	12	26	9	13	26	51201	12	28	11	14	28
51102	15	28	9	16	28	51202	15	32	12	17	32
51103	17	30	9	18	30	51203	17	35	12	19	35
51104	20	35	10	21	35	51204	20	40	14	22	40
51105	25	42	11	26	42	51205	25	47	15	27	47
51106	30	47	11	32	47	51206	30	52	16	32	52
51107	35	52	12	37	52	51207	35	62	18	37	62
51108	40	60	13	42	60	51208	40	68	19	42	68
51109	45	65	14	47	65	51209	45	73	20	47	73
51110	50	70	14	52	70	51210	50	78	22	52	78
51111	55	78	16	57	78	51211	55	90	25	57	90
51112	60	85	17	62	85	51212	60	95	26	62	95
51113	65	90	18	67	90	51213	65	100	27	67	100
51114	70	95	18	72	95	51214	70	105	27	72	105
51115	75	100	19	77	100	51215	75	110	27	77	110
51116	80	105	19	82	105	51216	80	115	28	82	115
51117	85	110	19	87	110	51217	85	125	31	88	125
51118	90	120	22	92	120	51218	90	135	35	93	135
51120	100	135	25	102	135	51220	100	150	38	103	150
51122	110	145	25	112	145	51222	110	160	38	113	160
51124	120	155	25	122	155	51224	120	170	39	123	170
51126	130	170	30	132	170	51226	130	190	45	133	187
51128	140	180	31	142	178	51228	140	200	46	143	197
51130	150	190	31	152	188	51230	150	215	50	153	212

续表

轴承型号	尺寸（mm）					轴承型号	尺寸（mm）				
	d	D	T	d_{1min}	D_{1max}		d	D	T	d_{1min}	D_{1max}
13 系列						51322	110	190	63	113	187
51304	20	47	18	22	47	51324	120	210	70	123	205
51305	25	52	18	27	52	51326	130	225	75	134	220
51306	30	60	21	32	60	51328	140	240	80	144	235
51307	35	68	24	37	68	51330	150	250	80	154	245
51308	40	78	26	42	78	14 系列					
51309	45	85	28	47	85	51405	25	60	24	27	60
51310	50	95	31	52	95	51406	30	70	28	32	70
51311	55	105	35	57	105	51407	35	80	32	37	80
51312	60	110	35	62	110	51408	40	90	36	42	90
51313	65	115	36	67	115	51409	45	100	39	47	100
51314	70	125	40	72	125	51410	50	110	43	52	110
51315	75	135	44	77	135	51411	55	120	48	57	120
51316	80	140	44	82	140	51412	60	130	51	62	130
51317	85	150	49	88	150	51413	65	140	56	68	140
51318	90	155	50	93	155	51414	70	150	60	73	150
51320	100	170	55	103	170	51415	75	160	65	78	160

附表 29　　　圆锥滚子轴承外形尺寸（摘自 GB/T 273.1—2011）

标记示例：
滚动轴承 30207 GB/T 273.1—2011

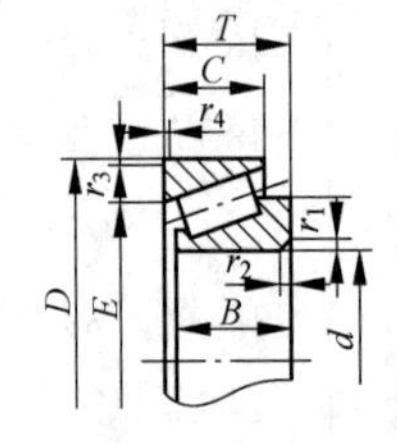

轴承型号	d	D	T	B	C	α	E	轴承型号	d	D	T	B	C	α	E
02 系列								30211	55	100	22.75	21	18	15°06′34″	84.197
30205	25	52	16.25	15	13	14°02′10″	41.135	30212	60	110	23.75	22	19	15°06′34″	91.876
30206	30	62	17.25	16	14	14°02′10″	49.990	30213	65	120	24.25	23	20	15°06′34″	101.934
30232	32	65	18.25	17	15	14°	52.500	30214	70	125	26.25	24	21	15°38′32″	105.748
30207	35	72	18.25	17	15	14°02′10″	58.884	30215	75	130	27.25	25	22	16°10′20″	110.408
30208	40	80	19.75	18	16	14°02′10″	65.730	03 系列							
30209	45	85	20.75	19	16	15°06′34″	70.440	30305	25	62	18.25	17	15	11°18′36″	50.637
30210	50	90	21.75	20	17	15°38′32″	75.078	30306	30	72	20.75	19	16	11°51′35″	58.287

续表

轴承型号	d	D	T	B	C	α	E	轴承型号	d	D	T	B	C	α	E
30307	35	80	22.75	21	18	11°51′35″	65.769	31306	30	72	20.75	19	14	28°48′39″	51.771
30308	40	90	25.25	23	20	12°57′10″	72.703	31307	35	80	22.75	21	15	28°48′39″	58.861
30309	45	100	27.25	25	22	12°57′10″	81.780	31308	40	90	25.25	23	17	28°48′39″	66.984
30310	50	110	29.25	27	23	12°57′10″	90.633	31309	45	100	27.25	25	18	28°48′39″	75.107
30311	55	120	31.5	29	25	12°57′10″	99.146	31310	50	110	29.25	27	19	28°48′39″	82.747
30312	60	130	33.5	31	26	12°57′10″	107.769	31311	55	120	31.5	29	21	28°48′39″	89.563
30313	65	140	36	33	28	12°57′10″	116.846	31312	60	130	33.5	31	22	28°48′39″	98.236
30314	70	159	38	25	30	12°57′10″	125.244	31313	65	140	36	33	23	28°48′39″	106.539
30315	75	160	40	37	31	12°57′10″	134.097	31314	70	150	38	35	25	28°48′39″	113.449
13　系列								31315	75	160	40	37	26	28°48′39″	122.122
31305	25	62	18.25	17	13	28°48′39″	44.130								

十二、常用标注尺寸的符号比例画法

1. 标注尺寸的符号及缩写词（摘自 GB/T 18594—2001）

附表 30　　**标注尺寸的常用符号及缩写词**

序号	1	2	3	4	5	6	7	8	9	10	11	12	13	14
含义	直径	半径	球直径	球半径	厚度	均布（缩写词）	45°倒角	正方形	深度	沉孔或锪平	埋头扎	弧长	斜度	锥度
符号	ϕ	R	$S\phi$	SR	t	EQS	C	□	↧	⊔	∨	⌒	∠	◁

2. 常用符号的比例画法

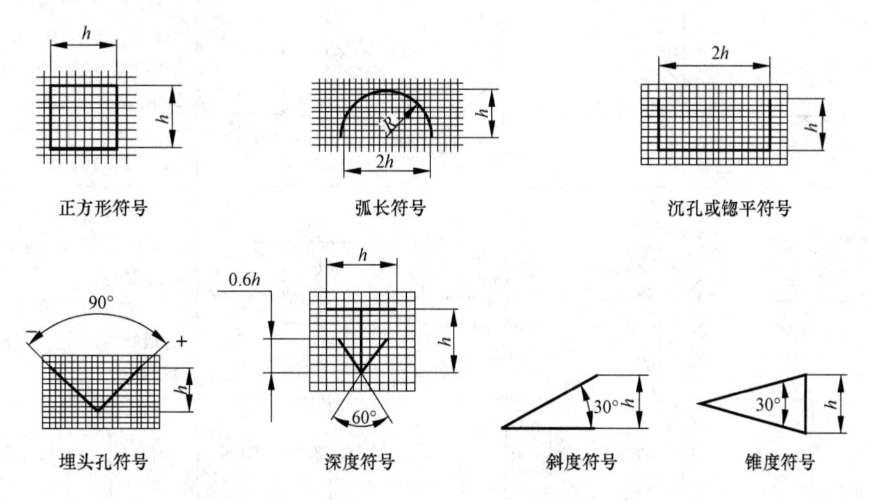

正方形符号　弧长符号　沉孔或锪平符号

埋头孔符号　深度符号　斜度符号　锥度符号

符号的线宽为 $h/10$（h 为尺寸数字的字体高度）。

十三、常用的机械加工一般规范和零件的结构要求

附表 31　　标准尺寸（GB/T 2822—2005）　　mm

R10	1.00，1.25，1.60，2.00，2.50，3.15，4.00，5.00，6.30，8.00，10.0，12.5，16.0，20.0，25.0，31.5，40.0，50.0，63.0，80.0，100，125，160，200，250，315，400，500，630，800，1000
R20	1.12，1.40，1.80，2.24，2.80，3.55，4.50，5.60，7.10，9.00，11.2，14.0，18.0，22.4，28.0，35.5，45.0，56.0，71.0，90.0，112，140，180，224，280，355，450，560，710，900
R40	13.2，15.0，17.0，19.0，21.0，23.6，26.5，30.0，33.5，37.5，42.5，47.5，53.0，60.0，67.0，75.0，85.0，95.0，106，118，132，150，170，190，212，236，265，300，335，375，425，475，530，600，670，750，850，950

注　1. 本表仅摘录 1～1000mm 范围内优先数系 R 系列中的标准尺寸。

2. 使用时按优先顺序（R10、R20、R40）选取标准尺寸。

附表 32　　砂轮越程槽（GB/T 6403.5—2008）　　mm

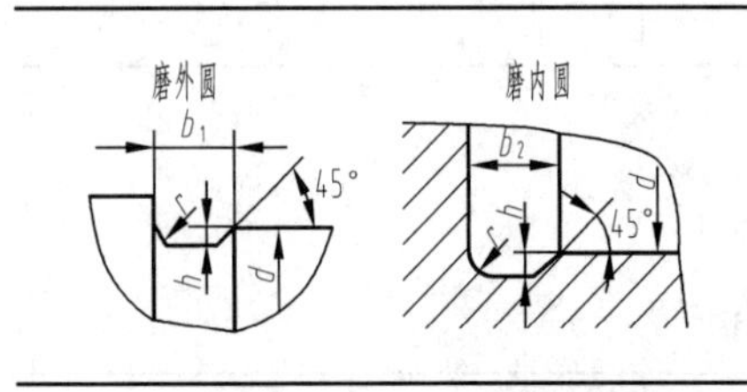

b_1	0.6	1.0	1.6	2.0	3.0	4.0	5.0	8.0	10
b_2	2.0	3.0		4.0		5.0		8.0	10
h	0.1	0.2		0.3	0.4		0.6	0.8	1.2
r	0.2	0.5		0.8	1.0		1.6	2.0	3.0
d	～10			>10～50		>50～100		>100	

注　1. 越程槽内两直线相交处，不允许产生尖角。

2. 越程槽深度 h 与圆弧半径 r，要满足 $r \leqslant 3h$。

3. 磨削具有数个直径的工件时，可使用同一规格的越程槽。

4. 直径 d 值大的零件，允许选择小规格的砂轮越程槽。

5. 砂轮越程槽的尺寸公差和表面粗糙度根据该零件的结构、性能确定。

附表 33　　零件倒圆与倒角（GB/T 6403.4—2008）　　mm

形式：R　R　C α　C α

R、C 尺寸系列：

0.1，0.2，0.3，0.4，0.5，0.6，0.8，1.0，1.2，1.6，2.0，2.5，3.0，4.0，5.0，6.0，8.0，10，12，16，20，25，32，40，50

装配形式：$C_1>R$　$R_1>R$　$C<0.58R_1$　$C_1>C$

尺寸规定：

1. R_1、C_1 的偏差为正；R、C 的偏差为负。

2. 左起第三种装配方式，C 的最大值 C_{max} 与 R_1 的关系如下

R_1	0.1	0.2	0.3	0.4	0.5	0.6	0.8	1.0	1.2	1.6	2.0	2.5	3.0	4.0	5.0	6.0	8.0	10	12	16	20	25
C_{max}	—	0.1	0.1	0.2	0.2	0.3	0.4	0.5	0.6	0.8	1.0	1.2	1.6	2.0	2.5	3.0	4.0	5.0	6.0	8.0	10	12

附表 34　　普通螺纹收尾、肩距、退刀槽、倒角（GB/T 3—1997）

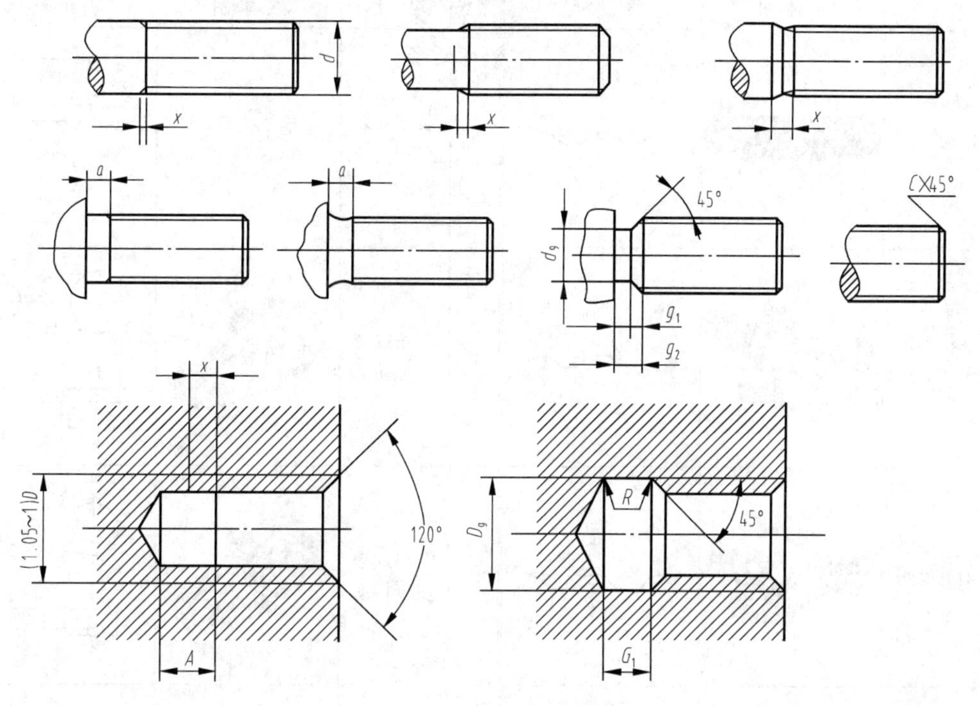

螺距 P	外螺纹									内螺纹							
	收尾 x max		肩距 a max			退刀槽				收尾 X max		肩距 A		退刀槽			
						g_2 max	g_1 min	r ≈	d_g max					G_1		R ≈	D_g
	一般	短的	一般	长的	短的					一般	短的	一般	长的	一般	短的		
0.2	0.5	0.25	0.6	0.8	0.4	—	—	—	—	0.8	0.4	1.2	1.6	—	—	—	—
0.25	0.6	0.3	0.75	1	0.5	0.75	0.4	0.12	d-0.4	1	0.5	1.5	2	—	—	—	—
0.3	0.75	0.4	0.9	1.2	0.6	0.9	0.5	0.16	d-0.5	1.2	0.6	1.8	2.4	—	—	—	—
0.35	0.9	0.45	1.05	1.4	0.7	1.05	0.6	0.16	d-0.6	1.4	0.7	2.2	2.8	—	—	—	—
0.4	1	0.5	1.2	1.6	0.8	1.2	1.6	0.2	d-0.7	1.6	0.8	2.5	3.2	—	—	—	—
0.45	1.1	0.6	1.35	1.8	0.9	1.35	0.7	0.2	d-0.7	1.8	0.9	2.8	7.6	—	—	—	—

附表 35　　机动示意图中的规定符号

序号	名　称	立体图	符　　号	序号	名　称	立体图	符　　号
1	传动螺杆			8	装在支架上的电动机		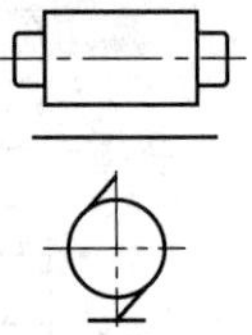
2	在传动螺杆上的螺母			9	三角皮带传动		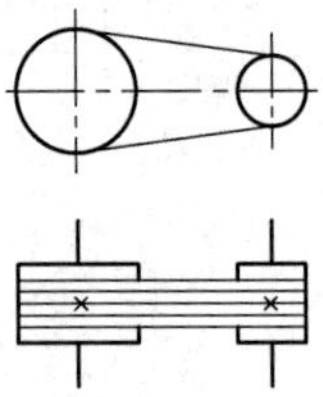
3	对开螺母		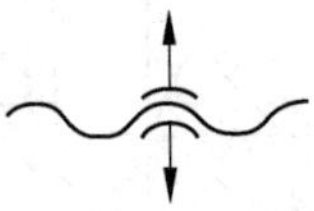	10	开口式平皮带传动		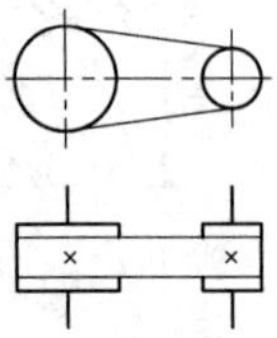
4	手轮		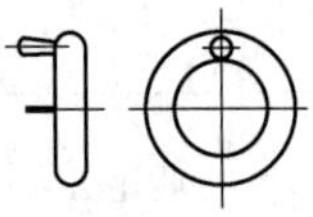	11	圆皮带及绳索传动		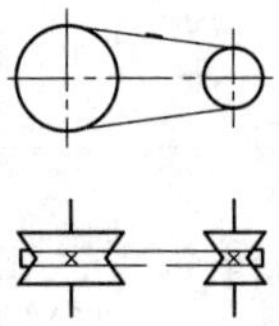
5	压缩弹簧			12	两轴线平行的圆柱齿轮传动		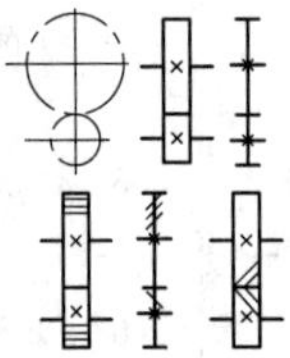
6	顶尖			13	两轴线相交的圆锥齿轮传动		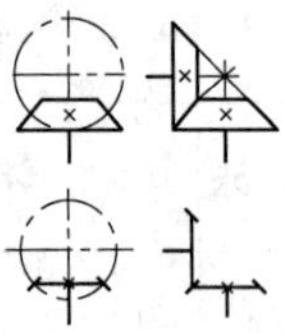
7	电动机（一般表示法）		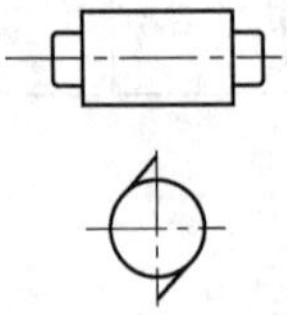	14	两轴线交叉的齿轮传动 蜗轮蜗杆传动		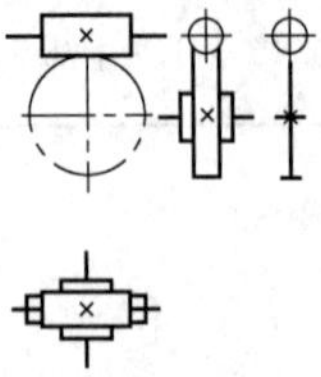

续表

序号	名　称	立体图	符　号	序号	名　称	立体图	符　号
15	齿条啮合		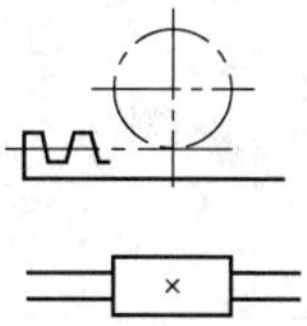	22	圆盘式平凸轮	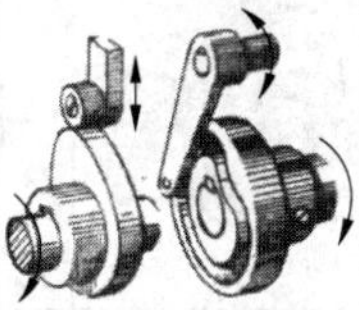	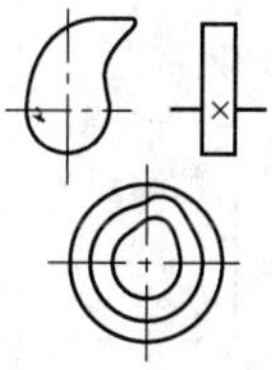
16	轴与轴的紧固连接		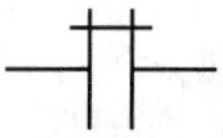	23	圆柱式滚动凸轮	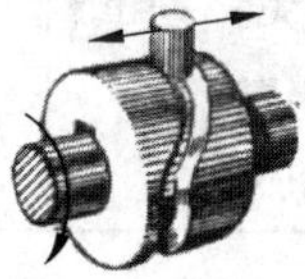	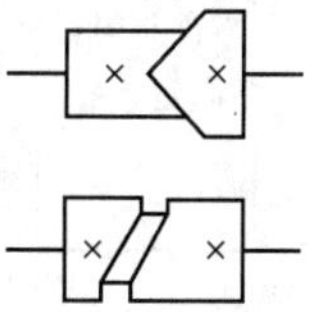
17	万向联轴器连接		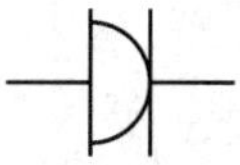	24	轴杆、连杆等		
18	单向啮合式离合器		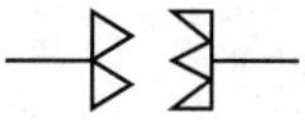	25	向心滑动轴承		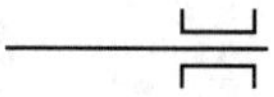
19	双向啮合式离合器		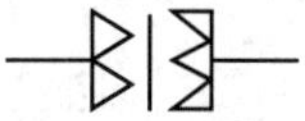	26	向心滚动轴承		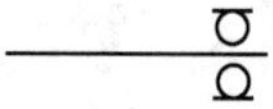
20	锥体式摩擦离合器		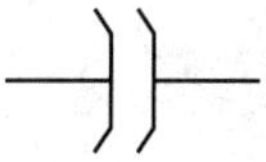	27	向心推力滚子轴承		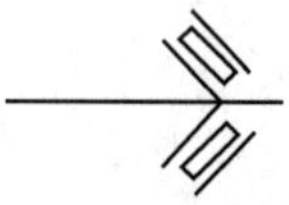
21	韧带式制动器		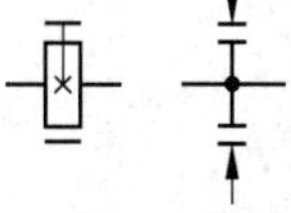	28	单向推力轴承	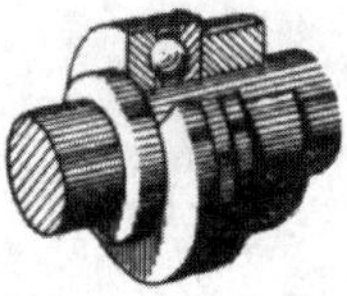	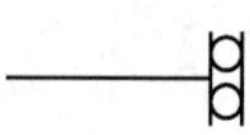

续表

序号	名 称	立体图	符 号	序号	名 称	立体图	符 号
29	零件与轴的活动连接		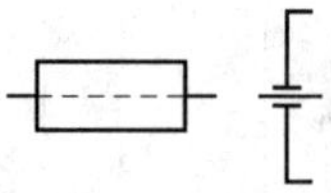	31	花键连接		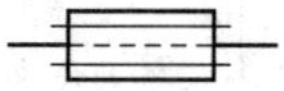
30	零件与轴的固定连接		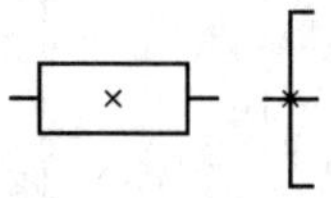				

参 考 文 献

[1] 高红，马洪勃. 工程制图. 北京：中国电力出版社，2007.
[2] 马慧，孙曙光. 机械制图. 4版. 北京：机械工业出版社，2013.
[3] 李月琴，何培英，殷红杰. 机械零部件测绘. 北京：中国电力出版社，2007.
[4] 孙振东，高红. 电气电子工程制图与CAD. 2版. 北京：中国电力出版社，2015.
[5] 郭艳艳. 机械制图及计算机绘图技能实训. 北京：人民邮电出版社，2007.
[6] 贺光谊，唐之清. 画法几何及机械制图. 重庆：重庆大学出版社，1994.
[7] 程军，李虹. 画法几何及机械制图. 北京：国防工业出版社，2005.